Nutrição de plantas

CB053440

FUNDAÇÃO EDITORA DA UNESP

Presidente do Conselho Curador
Mário Sérgio Vasconcelos

Diretor-Presidente
Jézio Hernani Bomfim Gutierre

Superintendente Administrativo e Financeiro
William de Souza Agostinho

Conselho Editorial Acadêmico
Danilo Rothberg
Luis Fernando Ayerbe
Marcelo Takeshi Yamashita
Maria Cristina Pereira Lima
Milton Terumitsu Sogabe
Newton La Scala Júnior
Pedro Angelo Pagni
Renata Junqueira de Souza
Sandra Aparecida Ferreira
Valéria dos Santos Guimarães

Editores-Adjuntos
Anderson Nobara
Leandro Rodrigues

RENATO DE MELLO PRADO

Nutrição de plantas

2ª edição revista e ampliada

editora
unesp

© 2020 Editora Unesp

Direitos de publicação reservados à:
Fundação Editora da Unesp (FEU)

Praça da Sé, 108
01001-900 – São Paulo – SP
Tel.: (0xx11) 3242-7171
Fax: (0xx11) 3242-7172
www.editoraunesp.com.br
www.livrariaunesp.com.br
atendimento.editora@unesp.br

Dados Internacionais de Catalogação na Publicação (CIP) de acordo com ISBD
Elaborado por Vagner Rodolfo da Silva – CRB-8/9410

P896n
    Prado, Renato de Mello
        Nutrição de plantas / Renato de Mello Prado. – 2.ed. – São Paulo: Editora Unesp, 2020.

        Inclui bibliografia e anexo.
        ISBN: 978-85-393-0824-8

        1. Plantas. 2. Biologia. 3. Nutrição. I. Título.

2020-133   CDD 580
                                                                                                                  CDU 58

Este livro é publicado pelo projeto *Edição de Textos de Docentes e Pós-Graduados da UNESP* – Pró-Reitoria de Pós-Graduação da UNESP (PROPG) / Fundação Editora da UNESP (FEU)

Editora afiliada:

Asociación de Editoriales Universitarias
de América Latina y el Caribe

Associação Brasileira de
Editoras Universitárias

Sumário

1 Introdução à nutrição de plantas   7
2 Absorção iônica radicular   47
3 Absorção iônica foliar   73
4 Nitrogênio   83
5 Enxofre   121
6 Fósforo   139
7 Potássio   161
8 Cálcio   181
9 Magnésio   201
10 Boro   213
11 Zinco   231
12 Manganês   245
13 Ferro   259
14 Cobre   269
15 Molibdênio   281
16 Cloro   291
17 Níquel   299
18 Diagnose visual e foliar   305
19 Interações entre nutrientes   347
Considerações finais   359

Referências bibliográficas   363
Glossário   399
Anexo – Prática experimental: diagnose de deficiência nutricional em culturas   407

1
Introdução à nutrição de plantas

Conceitos em nutrição de plantas e a sua relação com as disciplinas afins

O conhecimento atual do conceito de nutrição de plantas é historicamente recente. Resumidamente, serão apresentadas algumas ocorrências ao longo da história da nutrição de plantas. A primeira inferência sobre alguns aspectos da nutrição mineral de plantas teve início na Antiguidade, quando Aristóteles (384-322 a.C.), filósofo e biólogo grego, já fazia afirmações de como as plantas se alimentavam. Nessa época, indicava que as plantas são como animais invertidos e mantêm a boca no chão. Para ele, os alimentos seriam previamente digeridos pela terra, uma vez que os vegetais não apresentavam excreções visíveis, como o fazem os animais. As investigações a respeito das formas pelas quais as plantas se alimentavam prosseguiram, e a cada fase da história da humanidade eram dadas ao conhecimento novas descobertas.

No século XIX, o pesquisador suíço De Saussure (1804) fez uma importante publicação, estabelecendo que a planta obtinha C do CO_2 da atmosfera, energia da respiração, hidrogênio e oxigênio eram absorvidos junto com o carbono. Essa publicação estabelecia, ainda, que o aumento da matéria seca da planta ocorria, principalmente, por causa de C, H e O absorvidos, e que o solo era o fornecedor de minerais indispensáveis à vida da planta. Nesse mesmo século, o químico Just Von Liebig (1803-1873), "pai da nutrição mineral de plantas", estabelecia, na Alemanha, que os alimentos de todas as plantas verdes são as substâncias inorgânicas ou minerais. Esse trabalho foi apresentado no evento da Associação Britânica para o Progresso da Ciência e resultou, em

1840, na publicação do livro *Química orgânica e suas aplicações na agricultura e fisiologia*. Liebig, com seu vigor dominante, conseguiu convencer a comunidade científica da época com sua teoria, embora seja uma compilação de trabalhos de outros autores (De Saussure, Sprengel etc.) (Browne et al., 1942). Pois Sprengel (professor de Agronomia), em 1826, publica um trabalho que reconhece vinte elementos como nutrientes, entre eles os macronutrientes.

Segundo Epstein (1975), portanto, a principal contribuição de Liebig à nutrição de plantas foi a de ter liquidado com a "teoria do húmus" de que a matéria orgânica do solo era a fonte do carbono absorvido pelas plantas. Dessa forma, segundo a teoria de Liebig, a planta vive de ácido carbônico, amoníaco (ácido azótico), água, ácido fosfórico, ácido sulfúrico, ácido silícico, cal magnésia, potassa (soda) e ferro. Assim, durante todo o fim do século XIX, a lista clássica dos nutrientes de plantas era composta basicamente de N, P, S, K, Ca, Mg e Fe. Definindo-se, assim, a exigência das plantas especialmente dos macronutrientes e o ferro. E ainda, nessa época, Liebig contribuiu para o surgimento das indústrias de adubos. No século XX é que se estabeleceu o conceito de micronutrientes, ou seja, aqueles igualmente essenciais, porém exigidos em menores quantidades pelas plantas. Uma nova era da nutrição de plantas iniciou-se nas décadas de 1930-50, com a escola de Hoagland, quando se determinou a solução nutritiva ideal para cultivo de plantas, e em seguida surgiram os cientistas modernos com os livros clássicos da literatura mundial como Epstein, em 1972, Mengel & Kirkby, em 1978, Marschner, em 1986, e, destacando-se no Brasil, Malavolta, em 1980. No Brasil, nessa época foram criadas as primeiras instituições de ensino e pesquisa (UFBA em 1877, IAC em 1887 e Esalq em 1901), estabelecendo a base dos estudos em nutrição de plantas, com início na década de 1950.

Embora a nutrição de plantas seja ciência nova, com apenas 180 anos, observa-se um extraordinário avanço do conhecimento, saindo da desmistificação da teoria do húmus, em 1840, até as descobertas recentes referentes à absorção de nutrientes, a partir da identificação dos genes que codificam as proteínas (carregadores).

Assim, o estudo de nutrição de plantas estabelece quais são os elementos essenciais para o ciclo de vida da planta, como são absorvidos, translocados e acumulados, suas funções, exigências e os distúrbios que causam quando em quantidades deficientes ou excessivas.

Percebe-se, desse modo, que a nutrição de plantas apresenta aspectos ligados desde a aquisição do nutriente pelas raízes, ligados à ciência do solo, como as funções que desempenham nas plantas, relacionados aos aspectos estudados na bioquímica e na fisiologia vegetal. E assim, de forma mais ampla, tem-se uma relação estreita entre a nutrição de plantas e a agronomia. Pois é conhecido que os objetivos principais da ciência agronômica estão voltados para a produção de alimentos, fibras e energia. Para isso, existem mais de cinquenta fatores de produção que devem ser considerados para atingir a máxima eficiência dos sistemas de produção agrícolas. Esses fatores de produção estão arranjados em três grandes sistemas: solo, planta e ambiente. A área de nutrição de plantas está centrada no sistema planta, assim como outras (fisiologia vegetal, biologia molecular, melhoramento vegetal, fitotecnia etc.). No solo, estão as áreas de fertilidade do solo, fertilizantes/corretivos, adubação, entre outras, e no ambiente, irrigação e drenagem, climatologia etc. Ressalta-se que a maioria desses fatores de produção pode ser controlada, no campo, pelo produtor; entretanto, alguns são de difícil controle, como a luz e a temperatura.

Os fatores ambientais estão ganhando destaque com as mudanças climáticas, especialmente pela elevação da temperatura do ar e a irregularidade hídrica (inundação e seca), podendo afetar a nutrição de plantas e a produção (Viciedo et al., 2019) e a qualidade vista em forrageiras (Habermann et al., 2019).

A nutrição de plantas tem relação estreita com a agronomia, especificamente com as disciplinas de fertilidade do solo, fertilizantes/corretivos e a adubação das culturas. Adubação = (QP–QS) . fator f; QP = Quantidade de nutriente requerida pela planta (exigência nutricional); QS = Quantidade de nutriente contido no solo; f = fator de eficiência de fertilizantes, que pode ser diminuído pelas perdas (volatilização; adsorção; lixiviação, erosão etc.) no solo. Admitem-se, em sistema de cultivo com preparo do solo, fatores de eficiência de 50%, 30% e 70% para N, P e K, respectivamente, correspondendo ao valor de f igual a 0,50, 0,30, 0,70, respectivamente. Assim, observa-se que são utilizadas na adubação duas vezes mais N; 3,3 vezes mais P, e 1,4 vez mais K para garantir a adequada nutrição das plantas.

Acrescenta-se que apenas em sistema plantio direto consolidado com presença de "raízes vivas" em todo o ano agrícola aumenta a ciclagem dos nutrientes. Isso melhora fatores de eficiência de todos os nutrientes, podendo, no caso do fósforo, dobrar essa eficiência.

Existem outras áreas correlatas à nutrição de plantas, como microbiologia, melhoramento vegetal e até a mecanização, entre outras.

Conceito de nutriente e critérios de essencialidade

Na natureza existem muitos elementos químicos sem considerar os isótopos, conforme ilustra a tabela periódica a seguir, com mais de uma centena de elementos químicos, sujeita a aumento com novas descobertas pela ciência, que podem ocorrer mesmo por síntese em laboratório.

IA																	0
1 H	IIA											IIIA	IVA	VA	VIA	VIIA	2 He
3 Li	4 Be											5 B	6 C	7 N	8 O	9 F	10 Ne
11 Na	12 Mg	IIIB	IVB	VB	VIB	VIIB	———	VIII	———	IB	IIB	13 Al	14 Si	15 P	16 S	17 Cl	18 Ar
19 K	20 Ca	21 Sc	22 Ti	23 V	24 Cr	25 Mn	26 Fe	27 Co	28 Ni	29 Cu	30 Zn	31 Ga	32 Ge	33 As	34 Se	35 Br	36 Kr
37 Rb	38 Sr	39 Y	40 Zr	41 Nb	42 Mo	43 Tc	44 Ru	45 Rh	46 Pd	47 Ag	48 Cd	49 In	50 Sn	51 Sb	52 Te	53 I	54 Xe
55 Cs	56 Ba	57 *La	72 Hf	73 Ta	74 W	75 Re	76 Os	77 Ir	78 Pt	79 Au	80 Hg	81 Tl	82 Pb	83 Bi	84 Po	85 At	86 Rn
87 Fr	88 Ra	89 *Ac	104 Rf	105 Ha	106	107	108	109	110	111	112						

*Lantanídeos

58 Ce	59 Pr	60 Nd	61 Pm	62 Sm	63 Eu	64 Gd	65 Tb	66 Dy	67 Ho	68 Er	69 Tm	70 Yb	71 Lu

*Actinídeos

90 Th	91 Pa	92 U	93 Np	94 Pu	95 Am	96 Cm	97 Bk	98 Cf	99 Es	100 Fm	101 Md	102 No	103 Lr

Radionuclídeos

3 H	14 C	40 K	60 Co	89 Sr	90 Sr	137 Cs	210 Pb	210 Po	222 Rn	226 Ra	228 Ra	228 Th	230 Th	232 Th	235 U	238 U

Quando, entretanto, se realiza a análise química do tecido vegetal, é comum encontrar cerca de meia centena de elementos químicos. Nem todos, porém, são considerados nutrientes de planta. Isso ocorre porque as plantas têm habilidade de absorver do solo ou da solução nutritiva os elementos químicos disponíveis sem grandes restrições, podendo ser um nutriente ou um elemento benéfico e/ou tóxico. Salienta-se que as considerações a respeito do elemento benéfico e/ou tóxico serão abordadas no próximo item.

Quanto ao nutriente, esse é definido como um elemento químico essencial às plantas, ou seja, sem ele a planta não vive. Para que um elemento químico seja considerado nutriente é preciso atender aos dois critérios de essencialidade, o direto e o indireto, ou ambos, que foram propostos por Arnon & Stout (1939), fisiologistas da Universidade da Califórnia, graças ao avanço da ciência referente à química analítica que permitiu a determinação dos

elementos químicos traços e também pelo avanço das técnicas de cultivo em solução nutritiva. Os critérios de essencialidade estão descritos a seguir:
• *Direto*:
a) O elemento participa de algum composto ou de alguma reação, sem a qual a planta não vive.
• *Indireto*:
a) Na ausência do elemento a planta não completa o ciclo de vida;
b) O elemento não pode ser substituído por nenhum outro;
c) O elemento deve ter um efeito direto na vida da planta e não exercer apenas o papel de, com sua presença no meio, neutralizar efeitos físicos, químicos ou biológicos desfavoráveis ao vegetal.

Epstein & Bloom (2006) propuseram uma adequação aos critérios de essencialidade, ou seja, um elemento é essencial se preencher um ou ambos os critérios:
a) O elemento é parte de uma molécula que é um componente intrínseco da estrutura ou do metabolismo da planta;
b) A planta pode ser tão severamente privada do elemento que exibe anormalidades em seu crescimento, desenvolvimento ou reprodução – isto é, sua *performance* –, em comparação com plantas menos privadas.

A literatura mundial considera *dezessete* elementos químicos como nutrientes de plantas, a saber: C, H, O, N, P, K, Ca, Mg, S, Fe, Mn, Zn, Cu, B, Cl, Mo e Ni. Os nutrientes são importantes para a vida porque desempenham funções significativas no seu metabolismo, sejam como substrato (composto orgânico), sejam como sistemas enzimáticos. De forma sucinta, tais funções podem ser classificadas como (Malavolta et al., 1997):
• Estrutural (faz parte da estrutura de qualquer composto orgânico vital para a planta).
• Constituinte de enzima (faz parte de uma estrutura específica, grupo prostético/sítio ativo de enzimas).
• Ativador enzimático (não faz parte da estrutura). Salienta-se que o nutriente não só ativa como também inibe sistemas enzimáticos, afetando a velocidade de muitas reações no metabolismo do vegetal.

Epstein & Bloom (2006) propuseram uma outra classificação dos nutrientes, mais detalhada, organizados pelas suas funções que desempenham nas plantas:
• Nutrientes que são elementos integrais de compostos orgânicos. Ex.: N, S.
• Nutriente para a aquisição e utilização de energia e para o genoma. Ex.: P.

- Nutrientes estruturalmente associados com a parede celular. Ex.: Ca, B (Si).
- Nutrientes que são compostos integrais de enzimas e outras entidades essenciais do metabolismo. Ex.: Mg, Fe, Mn, Zn, Cu, Mo, Ni.
- Nutrientes que servem para ativar ou controlar a atividade de enzimas. Ex.: K, Cl, Mg, Ca, Mn, Fe, Zn, Cu (Na).
- Funções não específicas: nutrientes que servem como contraíons, para cargas positivas ou negativas. Ex.: K^+, NO_3^-, Cl^-, SO_4^{-2}, Ca^{+2}, Mg^{+2}, (Na^+).
- Funções não específicas: nutrientes que servem como agente osmótico celular. Ex.: K^+, NO_3^-, Cl^-, (Na^+).

Nos próximos capítulos será discutido o papel de cada nutriente, após terem atingido seus destinos, ou seja, os locais onde as várias funções são exercidas, na unidade funcional básica da planta, a célula (as paredes celulares, o citoplasma e o vacúolo).

Quando um dado nutriente desempenha sua função na planta, ou seja, a integração das funções bioquímicas, afeta um ou diversos processos fisiológicos importantes (fotossíntese, respiração etc.) que têm influência no crescimento e na produção das culturas.

A fotossíntese é a reação físico-química mais importante do planeta, pois todas as formas de vida dependem dela. Ocorre a síntese de compostos orgânicos a partir da luz (visível 400 a 740 nm), feita por pigmentos fotossintéticos (clorofilas, carotenoides e ficobilinas) presentes nas plantas. Entretanto, uma pequena fração da radiação solar (~5%) que atinge a Terra é convertida pela fotossíntese foliar em compostos orgânicos.

Em síntese, a reação físico-química da fotossíntese ocorre em dois passos. Durante a *fase fotoquímica ou luminosa*, a luz do Sol é utilizada para desdobrar a molécula de água (H_2O) em oxigênio (O_2) – conversão da energia luminosa em energia elétrica – que por sua vez gera a energia química tendo como produtos primários o ATP e o NADPH. Assim, a captura da energia luminosa é usada para permitir a transferência de elétrons por uma série de compostos que agem como doadores e receptores de elétrons. A fotólise da molécula de água e o transporte de elétrons permitem a criação de um gradiente de prótons entre o lúmen do tilacoide e o estroma do cloroplasto. A maioria de elétrons no fim das contas reduz $NADP^+$ em NADPH. A energia luminosa também é usada para gerar uma força motiva de próton através da membrana do tilacoide, que é usada para sintetizar ATP via complexo ATP-sintase. A *fase não luminosa* ou ciclo fotossintético redutivo do carbono é uma etapa basicamente enzimática, na qual a luz não é necessária, os produtos primários da etapa anterior serão utilizados para, a partir do dióxido de carbono (CO_2), obter hidratos de carbono ($Cn(H_2O)n$), como a glicose. A energia livre para a redução de 1 mol de CO_2 até o nível de glicose é de 478 kJ mol^{-1}.

Salienta-se que o processo fotossintético ocorre dentro dos cloroplastos, que são plastídeos localizados em células do mesófilo paliçádico e do lacunoso. O número de cloroplastos por célula varia de um a mais de cem, dependendo do tipo de planta e das condições de crescimento. Os cloroplastos têm forma discoide com diâmetro de 5 a 10 micras, limitado por uma dupla membrana (externa e interna). A membrana interna atua como uma barreira controlando o fluxo de moléculas orgânicas e íons dentro e fora do cloroplasto. Moléculas pequenas como CO_2, O_2 e H_2O passam livremente através das membranas do cloroplasto. Internamente, o cloroplasto é composto de um sistema complexo de membranas *tilacoidais*, que contêm a maioria das proteínas necessárias para a etapa fotoquímica da fotossíntese. As proteínas requeridas para a fixação e redução do CO_2 estão localizadas na matriz incolor denominada *estroma*. As membranas tilacoidais formam os *tilacoides*, que são vesículas achatadas com um espaço interno aquoso chamado *lúmen*. Os tilacoides, em certas regiões, se dispõem em pilhas chamadas de *granum* (Figura 1). Assim, a primeira etapa da fotossíntese ocorre nas membranas internas dos cloroplastos, os tilacoides, enquanto a segunda etapa se dá no estroma dos cloroplastos, a região aquosa que cerca o tilacoides. Desse modo, os produtos formados na fotossíntese, fontes de carbono, são acumulados como a sacorose nos vacúolos e o amido nos cloroplastos, para depois serem utilizados na própria fotossíntese, como na respiração, na síntese de reservas e na de materiais estruturais.

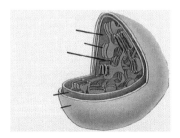

Figura 1 – Esquema do cloroplasto composto por sistemas de membranas organizadas em tilacoides.

Pode-se adiantar que o processo fotossintético em si depende também de alguns nutrientes que atuam com função estrutural ou enzimática, e ainda os produtos formados pela fotossíntese também dependerão dos nutrientes para produzir outros compostos orgânicos vitais para o desenvolvimento e a produção das plantas, a serem detalhados nos próximos capítulos.

Percebe-se, assim, a importância dos nutrientes na vida das plantas. De acordo com a história da nutrição de plantas, esses elementos químicos, que atualmente são considerados nutrientes de plantas, foram descobertos e tiveram demonstrada a sua essencialidade a partir de 1804 até recentemente, sendo o último em 1987 (Tabela 1).

Tabela 1 – Descoberta e demonstração da essencialidade dos nutrientes de plantas (adaptado de Class, 1989)

Nutrientes	Massa atômica	Descobridor	Ano	Demonstração	Ano
C	12,01	-	-	De Saussure	1804
H	1,01	Cavendish	1774	De Saussure	1804
O	16,00	Priestley	1774	De Saussure	1804
N	14,01	Rutherford	1772	De Saussure	1804
P	30,98	Brand	1772	Ville	1860
S	32,07	-	-	Von Sachs, Knop	1865
K	39,10	Davy	1807	Von Sachs, Knop	1860
Ca	40,08	Davy	1807	Von Sachs, Knop	1860
Mg	24,32	Davy	1808	Von Sachs, Knop	1860
Fe	55,85	-	-	Von Sachs, Knop	1860
Mn	54,94	Scheele	1744	McHargue	1922
Cu	63,54	-	-	Sommer	1931
Zn	65,38	-	-	Sommer & Lipman	1926
B	10,82	Gay Lussac & Thenard	1808	Sommer & Lipman[1]	1939
Mo	95,95	Hzelm	1782	Arnon & Stout	1939
Cl	35,46	Schell	1774	Broyer et al.	1954
Ni	58,69	-	-	Brown et al.	1987

[1] Definiram a essencialidade do B para plantas não leguminosas.

É pertinente salientar que na literatura existem divergências sobre o autor que demonstrou a essencialidade de um dado nutriente, muitas vezes em razão dos problemas verificados quanto ao rigor científico da pesquisa. Um exemplo desse fato é o boro, cuja autoria da sua essencialidade é atribuída a Warington (1923).

Embora esses nutrientes sejam igualmente importantes para a produção vegetal, existe uma classificação baseada na proporção em que aparecem na matéria seca dos vegetais. Portanto, existem dois grandes grupos de nutrientes de plantas (não considerando C, H e O):

- *Macronutrientes* – São os nutrientes que são absorvidos ou exigidos pelas plantas em maiores quantidades: N, P, K, Ca, Mg e S (expresso em g kg^{-1} de matéria seca). Os macronutrientes podem ainda ser divididos em macronutrientes primários, que são N, P e K, e macronutrientes secundários, que são o Ca, Mg e S.
- *Micronutrientes* – São os nutrientes absorvidos ou exigidos pelas plantas em menores quantidades: Fe, Mn, Zn, Cu, B, Cl, Mo e Ni (expresso em mg kg^{-1} de matéria seca).

Em alguns casos, culturas acumuladoras de determinados micronutrientes podem apresentar teor desse nutriente maior que um macronutriente. Nesse sentido, Prado (2003) verificou em caramboleira em formação que o teor foliar de Mn (1,7 g kg^{-1}) superou até um macronutriente S (1,4 g kg^{-1}). Assim, surgiram outros sistemas de classificação dos nutrientes, baseados não na quantidade acumulada pela planta, e sim agrupados em razão do papel (bioquímico) que desempenham na vida da planta. Desse modo, Mengel & Kirkby (1987) classificaram os nutrientes em quatro grupos. O primeiro grupo é formado por C, H, O, N e S, considerados nutrientes estruturais constituintes da matéria orgânica e também com participação em sistemas enzimáticos; assimilação em reações de oxirredução. O segundo grupo é composto por P e B, e em algumas culturas o Si, sendo nutrientes que formam com facilidade ligações do tipo éster (transferidores de energia). O terceiro grupo é formado por K, Mg, Ca, Mn, Cl, (Na), considerados nutrientes responsáveis pela atividade enzimática, e também atuam na manutenção do potencial osmótico, no balanço de íons e no potencial elétrico, especialmente K e Mg. E no último grupo têm-se Fe, Cu, Zn e Mo, que atuam como grupos prostéticos de sistemas enzimáticos e também participam do transporte de elétrons (Fe e Cu) para diversos sistemas bioquímicos.

Cabe salientar que a lista dos dezessete elementos químicos, considerados essenciais, pode aumentar com o avanço da pesquisa. Embora existam estudos isolados, nos quais alguns autores indicam certos elementos como essenciais às plantas, como Si em tomateiro (Miyake & Takahashi, 1978), Na em *Atriplex vesicoria* (Brownell & Wood, 1957), Co em alface (Delwiche et al.,1961) e alfafa (Loué, 1993) e Se (Wen et al., 1988). Para que um elemento químico seja incluído nessa lista (caso ocorra, é mais provável ser um micronutriente), considera-se que estudos adicionais sejam necessários, de forma que satisfaça os critérios de essencialidade, em número considerável de espécies de plantas, para que a comunidade científica internacional seja convencida. Nesse sentido, existem "fortes candidatos" para a ampliação da lista de nutrientes, como o Si e o Na (Malavolta et al.,1997) e o Se e o Co (Malavolta, 2006).

Composição relativa de nutrientes nas plantas

Em uma planta colhida fresca, dependendo da espécie, pode-se observar que a maior proporção de sua massa, de 70% até 95%, é constituída de água (H_2O). Após a secagem dessa planta em estufa (circulação forçada de ar, a ±70°C por 24-48 horas), evapora-se a água e obtém-se a matéria seca ou massa seca; e, quando submetida à mineralização, seja em forno mufla (300°C), seja em ácido forte, separam-se o componente orgânico e o mineral (nutrientes). Realizando-se análise desse material vegetal seco, observa-se, de maneira geral, o predomínio de C, H e O, compondo 92% da matéria seca das plantas (Tabela 2).

Salienta-se que os resultados da análise química do material vegetal são expressos com base na matéria seca, pois essa é mais estável que a fresca, que varia de acordo com o meio, ou seja, com a hora do dia, com água disponível no solo, temperatura, entre outros.

Ressalta-se que o C provém do ar atmosférico na forma de gás carbono, CO_2; H e O vêm da água, H_2O; enquanto os minerais (macronutrientes e micronutrientes) vêm do solo, direta ou indiretamente; portanto, percebe-se que o nutriente das plantas provém de três sistemas: ar, água e solo. Assim, cerca de 92% da matéria seca das plantas provém dos sistemas ar e água, e apenas 8% provêm do solo; entretanto, embora este último seja menos importante, quantitativamente, em relação aos demais, é o mais discutido nos estudos de nutrição de plantas e, também, o mais dispendioso aos sistemas de produção agrícola, especialmente se considerarmos que o ar e a água da chuva têm "custo zero" (em sistema de produção não irrigado).

Tabela 2 – Composição relativa dos nutrientes presentes na matéria seca das plantas

Classificação	Nutriente (forma elementar)[1]	Participação	Total
		%	
	C	42	
Macronutrientes orgânicos	O	44	
	H	6	
			92
	N	2,0	
	P	0,4	
Macronutrientes	K	2,5	
	Ca	1,3	
	Mg	0,4	
	S	0,4	
			7
Micronutrientes	Cl, Fe, Mn, Zn, B, Cu, Mo, Ni		1
Total geral			100

[1] Nem sempre a forma elementar dos nutrientes é a forma química que as plantas absorvem.

Acúmulo de nutrientes pelas culturas e a formação de colheita

O acúmulo de nutrientes nas plantas reflete a exigência nutricional, que varia em função de vários fatores como do nível de produção, da espécie ou cultivar, da fertilidade do solo e/ou adubação, do clima e dos tratos culturais.

De forma geral, as culturas apresentam suas necessidades nutricionais, que representam as quantidades de macro e micronutrientes que as plantas retiram do solo, ao longo do cultivo, para atender a todas as fases de desenvolvimento, expressando em colheitas adequadas (máximas econômicas).

Observa-se, assim, que as culturas em geral, e também a cana-de-açúcar, a soja e o trigo, apresentam como regra alta exigência em nitrogênio e/ou potássio e baixa em cobre e molibdênio (Tabela 3); entretanto, a ordem de exigências para os demais nutrientes pode sofrer variações entre as culturas e até entre cultivar/híbrido.

A ordem-padrão, decrescente de extração das culturas em geral, é a seguinte:

Macronutrientes: N > K > Ca > Mg > P ↔ S
Micronutrientes: Cl > Fe > Mn > Zn > B > Cu > Mo > Ni

Considerando, porém, as culturas apresentadas na Tabela 3, nota-se que houve alteração para essa ordem de extração total de nutrientes. Nos macronutrientes, observa-se na cana-de-açúcar maior exigência para o K em relação ao N, enquanto no trigo o S aparece como terceiro nutriente mais exigido. Para os micronutrientes, nota-se que o Cl é o mais extraído (não citado); entretanto, o mesmo na alteração da ordem-padrão ocorre especialmente entre o Zn e o B, sendo, por exemplo, a cana-de-açúcar mais exigente em Zn, e a soja e o trigo em B.

Com relação à *exportação* dos nutrientes levados da área agrícola, tem-se significativa quantidade de elementos mobilizados no produto da colheita (colmo ou grão) (Tabela 3). Nota-se que parte significativa do N, S, P, Zn, entre outros, é mobilizada nos grãos. Desse modo, os nutrientes são estocados

Tabela 3 – Extração total (parte aérea) e exportação pela colheita (colmos/grãos) de nutrientes por culturas comerciais

	Nutriente	Cana-de-açúcar (100 t ha^{-1})			Soja (5,6 t ha^{-1})			Trigo (3,0 t ha^{-1})		
		Colmos	Folhas	Total	Grãos	Restos culturais	Total	Grãos	Restos culturais	Total
					kg ha^{-1}					
Macronutriente	N	90	60	**150**	152	29	**181**	75	50	**125**
	P	10	10	**20**	11	2	**13**	15	7	**22**
	K	65	90	**155**	43	34	**77**	12	80	**92**
	Ca	60	40	**100**	8	43	**51**	3	13	**16**
	Mg	35	17	**52**	6	20	**26**	9	5	**14**
	S	25	20	**45**	4	2	**6**	5	9	**14**
					g ha^{-1}					
Micronutriente	B	200	100	**300**	58	131	**189**	100	200	**300**
	Cu	180	90	**270**	34	30	**64**	17	14	**31**
	Fe	2500	6400	**8900**	275	840	**1115**	190	500	**690**
	Mn	1200	4500	**5700**	102	210	**312**	140	320	**460**
	Mo	-	-	**-**	11	2	**13**	-	-	**-**
	Zn	500	220	**720**	102	43	**145**	120	80	**200**

nas sementes na forma de compostos orgânicos específicos; a exemplo do N e S, acumulam-se em proteínas específicas de armazenamento (Müntz, 1998), o P e vários cátions estão na forma de fitatos (Raboy, 2001). E cada molécula de fitato contém seis grupos de fosfatos que formam complexos com cátions, e, então, a maioria do K, Mg, Mn, Ca, Fe e Zn em sementes é associada ao fitato (Epstein & Bloom, 2006). Consequentemente, para os seres vivos (humanos e animais), sementes são mais nutritivas que o resto da planta. Assim, teores de nutrientes mais elevados nas sementes terão benefícios na qualidade do alimento. E ainda, em campos de produção de sementes, essa qualidade terá reflexos no crescimento inicial da nova cultura. Muitas plantas podem viver do P contido na semente por cerca de duas semanas (Grant et al., 2001).

Na prática, as culturas que exportam com a colheita grande parte dos nutrientes absorvidos, ou aquelas em que o produto colhido é toda a parte aérea (cana-de-açúcar, milho silagem, pastagem), deixam muito pouco restos de cultura e, assim, merecem mais atenção em termos de necessidade de reposição desses nutrientes, por meios de adubação de manutenção.

Nesse sentido, os estudos sobre a extração de nutrientes podem identificar nas culturas a exigência nutricional para um determinado nutriente e, assim, é possível atender à sua demanda, incrementando a produção da cultura.

Na agricultura brasileira, muitas vezes, a aplicação dos fertilizantes pode não estar satisfazendo as exigências nutricionais das culturas, e consequentemente a produção agrícola pode ser limitada. Esse fato pode ser verificado quando se compara a exigência nutricional das plantas com o consumo médio de fertilizantes utilizados nas respectivas culturas (Tabela 4). Salienta-se que, além dos fertilizantes, existem outras fontes de nutrientes como escória de siderurgia (Ca, Mg, micronutrientes) (Prado & Fernandes, 2000a; Prado et al., 2002a,b), silicatos de cálcio (Ca) (Prado & Natale, 2005), cinzas de biomassa (Prado et al.,2002c), entre outras, o que não foi considerado na Tabela 4.

Ressalta-se que a exigência das culturas foi obtida para nível de produtividade próxima da média nacional. Por esses resultados médios pode-se inferir que pode estar ocorrendo um esgotamento da fertilidade dos solos (já pobre).

Esses resultados estão de acordo com os observados pelos pesquisadores do Centro Internacional de Desenvolvimento de Fertilizantes (IFDC) que,

Tabela 4 – Exigência nutricional e consumo aparente de fertilizantes $(N+P_2O_5+K_2O)$ de algumas culturas

Cultura	Exigência nutricional total [4] N+P+K	$N+P_2O_5+K_2O$ [1]	Consumo de fertilizantes[2] $N+P_2O_5+K_2O$
Soja [3] (2,8 t ha^{-1})	90(54)+7+38	152 (97)	145
Cana-de-açúcar (73,0 t ha^{-1})	73+9,7+76	186	206
Citros (26 t ha^{-1}) (fruta fresca)	66,5+8,3+52	192	122
Milho (3,7 t ha^{-1})	176+32+149	430	110
Arroz (3,2 t ha^{-1})	82+8+47	157	77
Feijão (1 t ha^{-1})	102+9+93	235	31
Mandioca (16,6 mil plantas)	187+15+98	339	8

Obs. [1] $Px2,29136 = P_2O_5$; $Kx1,20458 = K_2O$; [2] ANDA (1999); [3] Na soja, estima-se que 60% ou mais da exigência em N provém da fixação biológica, e o restante do solo (54 kg ha^{-1} de N). [4] A necessidade de adubação é maior que a exigência nutricional, pois existem perdas dos nutrientes no solo, em média para N, P e K é de 50, 70 e 30%, respectivamente.

recentemente, constataram, também, que a maioria dos solos agricultáveis do mundo está sendo exaurida, em alguns nutrientes, exceto na América do Norte, no Oeste Europeu e na Austrália/Nova Zelândia. Os autores concluem que, se mantida essa tecnologia agrícola, a produção necessária de alimentos para o futuro não será atingida. O crescimento da economia mundial e o emprego de matéria-prima agrícola na produção de combustível têm aumentado a demanda mundial de alimentos, o que será garantida apenas com incremento da produção agrícola a partir do atendimento da necessidade nutricional das culturas.

Ainda em relação à exigência nutricional, é satisfatório admitir que a extração dos nutrientes do solo não ocorre de forma constante ao longo do ciclo de produção da cultura. Na prática, a curva de extração ou acúmulo de nutriente ao longo do tempo de cultivo (marcha de absorção) segue a do crescimento da planta, explicado por uma "curva sigmoide". É caracterizada por uma fase inicial de baixo crescimento e absorção de nutrientes e, na fase seguinte, tem-se crescimento rápido (quase linear) da planta com elevada taxa de absorção/acúmulo de nutrientes e, depois, uma estabilização no crescimento/desenvolvimento e também na absorção de nutrientes da planta, até completar o ciclo de produção. Entretanto, no fim desta última fase, o acúmulo de certos nutrientes (K, N) pode estabilizar ou até apresentar diminuição, em razão das perdas de folhas senescentes e também pela perda do nutriente da própria folha (lavagem de K). Esse padrão da marcha de absorção de nutrientes ocorre tanto em culturas perenes, como o cafeeiro (Figura 2a), quanto em anuais, como o milho (Figura 2b).

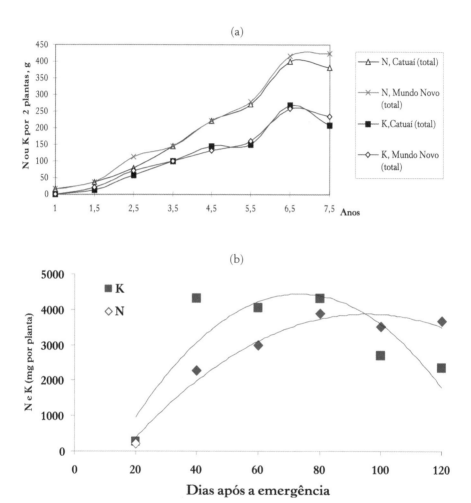

Figura 2 – Marcha de absorção do N e do K pelo cafeeiro (Corrêa et al.,1986) (a) e pela cultura do milho, c.v. Agroceres 256 (b) (Andrade et al., 1975), em função da idade da planta.

Em soja, Bataglia & Mascarenhas (1977) verificaram, para cada nutriente, um período de exigência máxima, que corresponderia à velocidade máxima de acúmulo do nutriente pela planta (Tabela 5). No milho, para a maioria dos nutrientes, a velocidade máxima de acúmulo seria no período de 60-90 dias, que também corresponde à máxima acumulação de matéria seca. Para o P e o K, a máxima velocidade de acumulação ocorre mais precocemente, aos 30-60 dias. Entretanto, a aplicação do nutriente, a exemplo do K, deve ocorrer, preferencialmente, até os 30 dias, que corresponde ao início do período de exigência máxima da cultura.

É pertinente salientar que, embora a maioria dos trabalhos da literatura tenha estabelecido a marcha de absorção utilizando dados cronológicos (em dias), entretanto, as plantas desenvolvem-se à medida que se acumulam unidades térmicas acima de uma temperatura base, ao passo que abaixo dessa temperatura o crescimento cessa. Assim, mediante o acúmulo térmico, também conhecido como graus-dia, têm-se obtido ótimas correlações com a duração do ciclo da cultura, ou com os estádios do desenvolvimento fenológico de uma dada cultivar. Portanto, seria interessante que novos trabalhos que tratam de marcha de absorção ou curva de acúmulo de nutrientes sejam desenvolvidos em razão dos graus-dias acumulados durante o ciclo da cultura.

Assim, estudos de marcha de absorção tornam-se importantes para detectar em que fase de desenvolvimento a cultura apresenta maior exigência em um determinado nutriente, ou seja, em qual fase se tem a maior velocidade de absorção do nutriente. Logo, diante dessa informação, pode-se prever com antecedência o momento da aplicação do nutriente para satisfazer a exigência nutricional no respectivo estádio de desenvolvimento da cultura evitando deficiência nutricional e menor produção.

Assim, a definição da melhor época de aplicação dos fertilizantes dependerá da avaliação da marcha de absorção do nutriente pela cultura e também dependendo do nutriente da sua dinâmica de liberação no solo.

Cabe salientar que a exigência nutricional das culturas é específica para a espécie e até para o cultivar/variedade de uma mesma espécie. Dessa forma, serão discutidas para cada nutriente essas diferenças nutricionais entre as culturas durante apresentação dos capítulos. Assim, para garantir a máxima eficiência da adubação, ou seja, o momento mais adequado para aplicação do nutriente/fertilizante, é preciso conhecer a planta, isto é, a marcha de absorção dos nutrientes e também os fatores ambientais como solo (textura), água (irrigado ou não irrigado), sistema de cultivo (convencional ou semeadura direta).

A agricultura moderna exige a máxima produção econômica com respeito ao meio ambiente. Para isso, o produtor brasileiro tem um grande desafio

Tabela 5 – Velocidade de acúmulo de matéria seca (M.S.) e de absorção de nutrientes em razão do estádio de desenvolvimento da soja cv. Santa Rosa (Bataglia & Mascarenhas, 1977)

Nutriente/M.S.	Dias após a semeadura			
	0-30	30-60	60-90	90-120
	kg/ha/dia			
M.S.	12,00	69,00	80,00	42,00
N	0,38	1,69	2,90	2,30
P	0,03	0,17	0,17	0,17
K	0,16	1,21	0,78	0,27
Ca	0,11	0,78	0,86	-
Mg	0,05	0,36	0,39	0,19
S	0,01	0,04	0,09	0,05
	g/ha/dia			
B	0,2	1,0	1,8	0,6
Cl	2,2	17,4	14,9	17,2
Cu	0,2	0,9	1,2	0,02
Fe	5,7	9,0	15,4	2,6
Mn	0,3	3,2	5,7	-
Mo	0,01	0,17	0,24	0,23
Zn	0,4	2,0	2,1	1,2

diante da baixa fertilidade dos solos tropicais e do alto valor dos fertilizantes, fonte dos nutrientes. Uma saída racional para a exploração agrícola em bases sustentáveis seria "adaptar a planta ao solo" a partir do uso de culturas/cultivares que sejam eficientes no processo de formação de colheita "fazendo mais com menos". Nas últimas décadas, especialmente nos anos 1990, a produção agrícola tem aumentado; entretanto, a aplicação de fertilizantes diminuiu. Isso poderia ser explicado pela maior eficiência de uso de nutrientes pelas culturas (Epstein & Bloom, 2006).

Desse modo, como a absorção, o transporte e a utilização de nutrientes apresentam controle genético, existe a possibilidade de melhorar e/ou selecionar cultivares mais eficientes quanto ao uso de nutrientes (Gabelman & Gerloff, 1983). Portanto, para que a planta apresente alta eficiência de uso dos nutrientes, é preciso otimizar diversos processos fisiológicos e bioquímicos para a formação da colheita. Nesse sentido, os possíveis mecanismos de controle das necessidades nutricionais das plantas abrangem a aquisição dos nutrientes do ambiente (solo ou solução nutritiva), sua movimentação por meio das raízes e liberação no xilema, sua distribuição nos órgãos e utilização no metabolismo e crescimento (Marschner, 1986).

Pode existir, assim, uma cultura com a mesma exigência nutricional, mas agronomicamente mais eficiente. Nesse sentido, um determinado híbrido de trigo A pode acumular a mesma quantidade de nitrogênio, por exemplo, que um híbrido B. Entretanto, o híbrido B usa o N para maior produção de grãos, comparado ao híbrido A que prioriza maior produção de órgãos vegetativos (restos culturais). Assim, para a mesma produção de matéria seca (6 t ha^{-1}), o híbrido B produz 40% mais grãos que o híbrido A, mas ambos acumulam na parte aérea a mesma quantidade de N (90 kg ha^{-1}) (Figura 3).

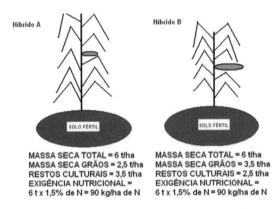

Figura 3 – Esquema ilustrativo do acúmulo de matéria seca em diversos órgãos em dois híbridos de trigo e a exigência quanto ao nitrogênio.

Esses resultados ilustram a tendência atual da agricultura, ou seja, é mais interessante o melhorista vegetal selecionar plantas com maior habilidade em produzir grãos (produto comercial), em vez de apenas biomassa total, portanto com maior índice de colheita. O termo de índice de colheita é a razão entre a matéria seca colhida (grãos) e a matéria seca total da planta. Nota-se, portanto, que a partição dos fotoassimilados pelas plantas torna-se também um fator de produção importante à agricultura moderna.

E, ainda, os cultivares modernos desenvolvem sistemas radiculares menos profundos (Rublo et al., 2003), com taxas de recuperação maior dos fertilizantes aplicados ou provindos da mineralização da matéria orgânica.

Nesse contexto, surgiu o termo eficiência de uso de nutrientes, que é a habilidade de uma espécie ou genótipo em fornecer altas produções mesmo num solo deficiente do nutriente em estudo (Graham, 1984), ou ainda, é a relação entre produção e concentração do nutriente no tecido (Lauchli, 1987). Portanto, uma espécie ou cultivar com eficiência nutricional superior é capaz de desenvolver e ter uma adequada produção em solo de baixa fertilidade em razão da alta habilidade de absorver os nutrientes necessários, em menor quantidade, e/ou distribuí-los de maneira mais eficiente nos diversos componentes da planta, garantindo adequado metabolismo vegetal com alta conversão em matéria seca.

Uma forma simples de aumentar a eficiência nutricional seria diminuir as doses de fertilizantes para níveis que ainda a produção seja econômica ou pelo melhoramento genético selecionando plantas com melhores índices nutricionais.

A partir da matéria seca e do conteúdo dos nutrientes na planta, podem-se calcular os índices nutricionais que compreendem a eficiência de absorção, de translocação/transporte e, por fim, de utilização dos nutrientes para conversão em matéria seca. Esses índices são apresentados a seguir:

a. Eficiência de absorção = (conteúdo total do nutriente na planta)/(matéria seca de raízes) (Swiader et al., 1994). Esse índice indica a capacidade de "extração" da planta de nutrientes do meio de cultivo (solo). Salienta-se que os mecanismos desenvolvidos nas plantas para alta eficiência de absorção diferem entre as espécies. Algumas produzem extensivo sistema radicular e outras têm alta taxa de absorção por unidade de comprimento radicular, ou seja, alto influxo de nutrientes (Föhse et al., 1988).

b. Eficiência de translocação = ((conteúdo do nutriente na parte aérea)/(conteúdo total do nutriente na planta)) x 100 (Li et al., 1991). Esse índice indica a capacidade da planta de transportar os nutrientes da raiz para a parte aérea. Samonte et al. (2006) observaram correlação entre o índice de translocação de N e o teor de proteína em grãos de arroz.

c. Eficiência de utilização (coeficiente de utilização biológica) = (matéria seca total produzida)^2/(conteúdo total do nutriente na planta) (Siddiqi & Glass, 1981). Esse índice indica a capacidade da planta em converter o nutriente absorvido em matéria seca total. Segundo Gerloff & Gabelman (1983), a capacidade de uma planta redistribuir e reutilizar os minerais de um órgão mais velho e senescente caracteriza eficiência de uso no metabolismo do processo de crescimento.

Normalmente, as eficiências citadas anteriormente são mais utilizadas em ensaios em vasos, pela maior facilidade em trabalhar com sistema radicular das plantas, comparado às condições de campo. Essa linha de pesquisa na nutrição de plantas torna-se muito importante, pois o uso adequado de nutrientes é fundamental para aumentar ou sustentar a produção agrícola.

É pertinente salientar que tais eficiências terão maior correlação com a produtividade agrícola se os cultivares possuírem maior habilidade na partição de assimilados para os órgãos de interesse (exemplo dos grãos).

Assim, com a experimentação de campo, surgiram outros índices nutricionais semelhantes aos anteriores, entretanto com a preocupação em indicar eficiências nutricionais que leve em conta a matéria seca da parte comercial (exemplo dos grãos).

Nesse sentido, Fageria (2000) verificou uma maior correlação com a produção do arroz, a eficiência agronômica e a eficiência agrofisiológica, e, por último, a eficiência fisiológica (semelhante à eficiência de uso apresentada anteriormente). Nessa mesma cultura, Samonte et al. (2006), estudando aplicação de N, observaram que o rendimento de grãos esteve correlacionado com a eficiência de utilização do N e o conteúdo de N. Os autores acrescentam, ainda, que é interessante seleção de plantas que não só tenham alto rendimento, mas também utilizem o nutriente eficientemente e com qualidade (grãos com alto teor de proteína). Svecnjak & Rengel (2006) observaram diferenças na eficiência de utilização de N, em cultivares de canola, embora tivessem absorção do nutriente semelhante, pois determinadas cultivares ditas eficientes produziram mais matéria seca com teor menor de N em diferentes órgãos das plantas, exceto a raiz. Em plantas de milho a eficiência de absorção de N foi mais importante que a eficiência de utilização (Erying et al., 2020).

Assim, serão apresentadas as formas de cálculo das eficiências nutricionais (agronômica, fisiológica, agrofisiológica, recuperação e utilização), sendo utilizadas em ensaios de campo, conforme indicação de Fageria et al. (1997):

d. *Eficiência agronômica (EA)* = $(PG_{cf} - PG_{sf})/(QN_a)$, dada em mg mg^{-1}, onde: PG_{cf} = produção de grãos com fertilizante, PG_{sf} = produção de grãos sem fertilizante e QN_a = quantidade de nutriente aplicado. Esse índice indica a capacidade de produção de grãos por unidade de fertilizantes aplicada no solo.

e. *Eficiência fisiológica (EF)* = $(PTB_{cf} - PTB_{sf})/(AN_{cf} - AN_{sf})$, dada em mg mg^{-1}, onde: PTB_{cf} = produção total biológica (parte aérea e grãos) com fertilizante; PTB_{sf} = produção total biológica sem fertilizante; AN_{cf} = acumulação de nutriente com fertilizante e AN_{sf} = acumulação de nutriente sem fertilizante. Esse índice indica a capacidade de produção da parte aérea total por unidade de nutriente acumulado na planta.

f. *Eficiência agrofisiológica (EAF)* = $(PG_{cf} - PG_{sf})/(AN_{cf} - AN_{sf})$, dada em mg mg^{-1}, onde: PG_{cf} = produção de grãos com fertilizante, PG_{sf} = produção de grãos sem fertilizante, AN_{cf} = acumulação de nutriente com fertilizante e AN_{sf} = acumulação de nutriente sem fertilizante. Esse índice é semelhante ao anterior; entretanto, indica a capacidade específica de produção de grãos por unidade de nutriente acumulado na planta.

g. *Eficiência de recuperação (ER)* = $(AN_{cf} - AN_{sf})/100(QN_a)$, dada em porcentagem, onde: AN_{cf} = acumulação de nutriente com fertilizante, AN_{sf} = acumulação de nutriente sem fertilizante e QN_a = quantidade de nutriente aplicado. Esse índice indica quanto do nutriente aplicado no solo a planta conseguiu absorver.

h. *Eficiência de utilização (EU)* = eficiência fisiológica (EF) x eficiência de recuperação (ER). Esse índice indica a capacidade de produção da parte aérea total por unidade de nutriente aplicado. O presente índice difere do índice (c), pois esse computa eficiência de recuperação do fertilizante, ou seja, a capacidade da planta para absorção/aquisição de nutriente do solo.

Assim, nesses experimentos, cultivam-se as plantas em solo com teor baixo e alto do dado nutriente. As plantas que tiverem melhor eficiência nutricional em solo com baixo teor do nutriente são ditas eficientes, ou seja, produzem mais em condições de estresse. Enquanto as plantas que apresentam os melhores índices nutricionais, quando submetidas a teor alto no solo do dado nutriente, são plantas responsivas.

Outros elementos químicos de interesse na nutrição vegetal

Além dos elementos ditos essenciais à vida das plantas, existem outros considerados benéficos e, também, o grupo dos elementos tóxicos. Quanto ao *elemento benéfico*, esse é definido como aquele que estimula o crescimento dos vegetais, mas que não são essenciais ou que são somente para certas espécies ou sob determinadas condições (Marschner, 1986). O silício e o cobalto são considerados benéficos ao crescimento de certas plantas, bem como o N e o Se. Entretanto, Malavolta (2006) considera como benéfico apenas o Si e o Na. Salienta-se que mesmo um nutriente ou elemento benéfico, quando presente em concentrações elevadas na solução do solo, poderá ser tóxico às plantas. Entretanto, é considerado um *elemento tóxico*, o que não se enquadra como um nutriente ou elemento benéfico. Assim, os elementos tóxicos, mesmo em concentrações baixas no ambiente, podem apresentar alto potencial maléfico, acumulando-se na cadeia trófica e diminuindo o crescimento, podendo levar o vegetal à morte. Como exemplo, têm-se: Al, Cd, Pb, Hg etc. E o potencial maléfico desses elementos depende da dose.

O alumínio tem sido muito estudado, tendo em vista que os solos tropicais têm reação ácida com alta concentração do Al^{+3} tóxico, pois em baixa concentração (0,2 mg L^{-1}) pode até reduzir toxicidade de outros elementos (Cu, Mn). Normalmente o excesso de Al nos solos promove a toxicidade nas plantas, constituindo o principal fator limitante à produção de alimentos e biomassa no mundo (Vitorello et al., 2005). A presença desse elemento pode afetar desde a germinação (Marin et al., 2004) até o crescimento das raízes, interferindo na absorção de nutrientes (como P, Mg, Ca e K) (Freitas et al., 2006). O estresse com alumínio aumenta a massa molecular de hemicelulose da parede celular deixando-a rígida, inibindo o alongamento das raízes (Zakir Hossain et al., 2006) e também maior vazamento das membranas; entretanto, isso pode ser a consequência à exposição do elemento e não a causa dos prejuízos no crescimento das raízes (Yamamoto et al., 2002).

Os sintomas de toxicidade de Al provocam engrossamento das raízes, tornando-as curtas, com aspecto quebradiço, podendo desenvolver coloração castanha (Furlani & Clark, 1981). Na parte aérea, os sintomas de toxicidade de Al podem não ser claramente identificáveis, podendo mesmo ser confundidos com desbalanço nutricional (P, Ca, Fe ou Mn). Segundo Malavolta (1980), é semelhante a deficiência de P e K, ou seja, o amarelecimento da margem e secamento das folhas. O efeito do Al na parte aérea, aspecto nutricional ou déficit hídrico, pode ocorrer pelo bloqueio dos plasmodesmos (impedindo o transporte de solutos e água, via simplasto), induzido pela produção de calose, um polissacarídeo que as plantas produzem no floema quando submetidas a um estresse de natureza patogênica ou ambiental (temperatura, Al ou Ca no citosol).

Assim, uma linha de pesquisa da nutrição de plantas busca selecionar genótipos tolerantes e os mecanismos que as plantas utilizam para atenuar o efeito tóxico do elemento. Nesse sentido, Jo et al. (1997) indicam dois tipos de mecanismos que as plantas tolerantes ao Al dispõem, tais como: i) mecanismos externos, em que as plantas tolerantes liberam ácidos orgânicos pela raiz, geralmente citrato e malato, que se ligam ao alumínio formando complexos estáveis impedindo a absorção pela planta; ii) mecanismos internos, em que o alumínio é absorvido para o interior da planta e consequentemente para a célula, onde é inativado por alguma enzima ou isolado no interior do vacúolo. Menosso et al. (2001) observaram que cultivares de soja consideradas tolerantes ao Al podem ser diferenciadas das sensíveis pelo maior acúmulo de ácido orgânico (cítrico). E Mendonça et al. (2005) observaram em arroz que a cultivar tolerante ao Al foi capaz de ajustar mais eficientemente seu balanço de prótons, de modo a absorver menos Al, e a tolerar mais a presença desse cátion na solução nutritiva. Entretanto, Braccini et al. (2000) verificaram que a alteração no pH da rizosfera não está relacionada à tolerância ao alumínio nos genótipos de café cultivado em solo.

Além do Al, outros elementos tóxicos são muito estudados, buscando conhecer os mecanismos que as plantas tolerantes desempenham para minimizar o efeito maléfico. Pesquisas dessa natureza permitem introduzir plantas em áreas com alta carga de metais pesados. Como já dito, as plantas tendem a acumular o metal nos vacúolos e também formam quelatos com esses metais a partir da cisteína de dois tipos, fitoquelatinas ou metalotioneínas.

Um dos elementos benéficos, ultimamente mais estudados no Brasil, é o silício. As plantas, normalmente, absorvem o silício na forma de ácido (H_4SiO_4) com gasto de energia (ativo) (Rains et al., 2006) e que em seguida interage com a pectina e deposita-se na parede celular, ficando praticamente imóvel na planta. Na literatura, existem indicações da divisão das plantas quanto à capacidade de acumulação desse elemento, conforme sugere Marschner (1995); *plantas acumuladoras*: contêm teores de 10% a 15% de SiO_2, sendo exemplo as gramíneas como o arroz; *plantas intermediárias*: contêm teores de 1% a 5% de SiO_2, sendo algumas gramíneas e cereais; *plantas não acumuladoras*: contêm menos de 0,5% de SiO_2, sendo exemplo a maioria das dicotiledôneas, como as leguminosas.

Miyake & Takahashi (1985) acrescentam, ainda, que existem outras diferenças nas plantas quanto à absorção de Si, além do seu teor na planta, referente à taxa de transporte. As plantas acumuladoras de Si apresentam alta taxa de transporte, e nas plantas intermediárias o transporte é inferior, ao passo que nas plantas não acumuladoras o Si absorvido concentra-se nas raízes.

Atualmente, o Si não é considerado um nutriente "universal" das plantas; entretanto, a maioria dos autores coloca-o como benéfico, ou, segundo Epstein (2002), utiliza-se o termo *quase essencial*.

Na literatura, existem muitos relatos dos benefícios do Si nas plantas, mas o mais discutido é sua ação na resistência às doenças fúngicas em diversas culturas, como no arroz (Figura 4a), e também diminuição da incidência de pragas, pela maior dificuldade de alimentação delas, maior desgaste das mandíbulas (Figura 4b) e aumento da taxa de mortalidade (Goussain et al., 2002).

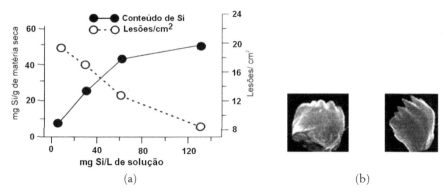

Figura 4 – Efeito do Si na incidência de lesões foliares causado pela bruzone na cultura do arroz (Marschner, 1986) (a) e mandíbulas de lagartas (*S. frugiperda*) alimentadas com folhas de milho com aplicação de Si (esquerda) e sem aplicação de Si (direita) (b).

Esse efeito do Si na diminuição de doenças ocorre não apenas por um fator físico (formação de compostos que agem como barreira física abaixo da cutícula das folhas) como também químico (formação de compostos fitotóxicos aos patógenos). Salienta-se que os estudos recentes têm indicado que as plantas ricas em Si podem apresentar "buracos" na epiderme, sem a proteção física, de forma que isolar os compostos químicos produzidos pelas plantas tem sido um desafio aos fitopatologistas.

Apenas a título de ilustração, os efeitos do Si nas plantas apresentados na literatura podem ser resumidos em:
• Aumenta a resistência das plantas a doenças fúngicas.
• Atenua a salinidade (Calero Hurtado et al., 2019).
• Aumento da rigidez da célula pela maior produção de compostos como a lignina (Alvarez et al., 2018; Deus et al., 2019).
• A maior rigidez celular melhora a arquitetura foliar da planta e favorece a fotossíntese (Flores et al., 2018).

- Reduz a taxa de senescência foliar (Prado & Fernandes, 2000b).
- Atenua a toxicidade de Fe, Mn e Al em plantas cultivadas em solos com altos teores desses elementos.
- Atenua a deficiência de K, Zn, Mn, Fe e B (Prado et al., 2018), Mn (Oliveira et al., 2019; Oliveira et al., 2020) e B (Souza Júnior et al., 2019).
- Maior utilização do P.
- Atenua a toxicidade de amônio (Barreto et al., 2016; 2017; Viciedo et al., 2019b; Silva Júnior et al., 2019).
- Redução da transpiração excessiva.
- Incrementa o crescimento reprodutivo (Miyake & Takahashi, 1978) e a produção e viabilidade do grão de pólen.
- Atenua o déficit hídrico (Teixeira et al., 2020a).

Quando se compara a composição química de plantas acumuladoras de Si como o arroz, vê-se que esse é o elemento mais acumulado pela planta (Figura 5). Assim, observa-se acúmulo de até 250 kg ha^{-1} de Si, indicando alta exigência da planta com relação a esse elemento.

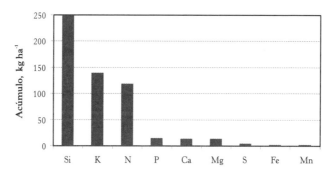

Figura 5 – Acúmulo de nutrientes e de silício pela cultura do arroz (Körndorfer et al., 2002).

Desse modo, constata-se uma relação positiva entre o Si na planta e a produção do arroz (Figura 6).

Em cana-de-açúcar pode ocorrer efeito benéfico do Si, a exemplo da aplicação de escória de siderurgia, como material corretivo e fonte de Si, que promoveu efeito linear na produção de colmos (Prado & Fernandes, 2001a; Prado et al., 2003a). A pulverização foliar é uma alternativa para o fornecimento de Si com fontes solúveis e pode aumentar a produtividade (Flores et al., 2018; Deus et al., 2019) e a biofortificação de hortaliças (Souza et al., 2018).

Salienta-se que a resposta das plantas ao silício é mais significativa em sistemas de produção com algum tipo de estresse, seja biótico (doenças/

pragas; cultivar pouco ereta etc.), seja abiótico (déficit hídrico; excesso de metais como Al; pH baixo etc.).

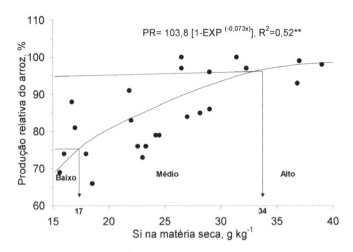

Figura 6 – Relação do Si na planta com a produção relativa de arroz (Korndörfer et al., 2001).

A toxicidade de Si nos cultivos em condição de campo não é conhecida. Existem relatos em orquídeas com aplicações foliares com alta concentração de Si durante 18 meses (Mantovani et al., 2018; 2020). Esse efeito pode ter ocorrido pela diminuição das trocas gasosas foliares.

O sódio também é considerado elemento benéfico, embora uma halófita (*Atriplex vesicaria*), tolerante a salinidade, tenha se apresentado como um nutriente, segundo Brownell & Wood (1957). E em outras como efeito benéfico como aspargo, cevada, brócolis, cenoura, algodão, tomate, trigo, ervilha, aveia e alface (Subbarao et al., 2003). Um dos aspectos importantes do sódio é sua capacidade de substituir parte do K em funções não específicas, como o K vacuolar quando o suprimento desse é limitado. Desse modo, o Na substituiria o K em sua contribuição ao potencial de soluto e, consequentemente, na geração do tugor celular. Isso ocorre de forma significativa apenas em grupo específico de plantas, como beterraba, espinafre, repolho, coqueiro, algodão, couve, tremoço e aveia (Lehr, 1953). Nessas culturas, há a possibilidade do uso de fertilizantes potássicos com maior proporção de sódio (menor custo), em solos não sódicos. Além disso, é indicado que Na pode afetar a fotossíntese, especialmente em plantas C4, embora esse papel não esteja totalmente esclarecido. O Na participaria do aumento da concentração de CO_2 e da integridade dos cloroplastos nas células do mesófilo da bainha (Brownell &

Bielig, 1996), e também da regeneração do PEP no cloroplasto e da síntese de clorofila. Entretanto, em altas concentrações o Na pode prejudicar a ação enzimática do K, desalojando-o dos sítios de ação das enzimas.

Na literatura existem indicações que o Se é essencial participando de compostos orgânicos como aminoácidos, proteínas, compostos voláteis, ferrodixinas e hidrogenases (Malavolta, 2006), RNA transportador (Wen et al., 1998) e pode ativar algumas enzimas como a dismutase de superóxidos, catalase, redutase de glutatione, peroxidase de guaiacol/ascorbato (Djanaguiraman et al., 2005). O Se ao diminuir atividade de peroxidases diminui a taxa de senescência foliar, o que pode elevar a incremento na eficiência de uso do N, beneficiando a produção das culturas. No entanto, em alta concentração na planta promove estresse oxidativo/distúrbio nutricional, causando prejuízo na fotossíntese (Ferreira et al., 2020).

A biofortificação de Se via adubação é viável por aumentar o teor do elemento nos alimentos. Isso é importante porque o Se é um nutriente para o ser humano e os animais, mas ser ingerido em excesso é altamente tóxico e esse fato é pouco abordado nos estudos de biofortificação (Prado et al., 2017).

Cultivo hidropônico. Preparo e uso de soluções nutritivas

O termo hidroponia (do grego: *hydro* = água e *ponos* = trabalho) é relativamente novo, designado como cultivo sem solo.

Ultimamente, o sistema de cultivo alternativo, via hidroponia, pode otimizar a produção com maior número de safras por ano e, consequentemente, maior produção, comparado ao sistema convencional (Tabela 6). Entretanto, a aplicação do cultivo hidropônico está restrita às culturas de ciclo rápido e de pequeno porte, como hortaliças, flores, entre outras.

Em cultivo comercial, a hidroponia pode ser utilizada na produção de culturas nobres de alta qualidade (livres de micro-organismos, defensivos), com maior valor agregado ao produto, a exemplo de várias hortaliças.

Assim, existem algumas vantagens e desvantagens do sistema hidropônico comercial, tais como:
• *Vantagens*
a) Exige menos trabalho operacional.
b) Eliminação do preparo do solo (gastos com combustível e de aquisição de máquinas).

c) Eliminação da rotação de culturas.
d) Reutilização do meio de cultivo.
e) Aumento da produção, sem a competição por nutrientes e água.
f) Plantas uniformes quanto ao desenvolvimento.
g) Melhor desenvolvimento radicular com maior qualidade e aumenta-se a vida de prateleira dos produtos.
h) Baixa perda de água e nutrientes.
i) Redução da incidência de pragas e doenças (queda na pulverização).
j) Maior aproveitamento da área agrícola.
k) Implantação da cultura sem restrição ao tipo de área (solos rasos, baixa drenagem ou alta declividade).
l) Imune a adversidades climáticas (geada/granizo).

• *Desvantagens*

a) Elevados custos e trabalhos iniciais.
b) Maior risco de perdas por falta de energia elétrica em sistemas automáticos.
c) Exige habilidade técnica e conhecimentos de fisiologia vegetal.
d) Balanço inadequado da solução nutritiva pode causar graves problemas às plantas.
e) Necessidade de suporte às raízes e estruturas aéreas.
f) Somente materiais inertes devem entrar em contato com as plantas.
g) Rotinas regulares.
h) Boa drenagem para não haver morte das raízes.
i) Contaminação da água afeta todo o sistema.

Na pesquisa, a hidroponia pode ser utilizada em diversos estudos, como:

a) Demonstração da essencialidade de nutrientes.
b) Definição de sintomatologia de desordem nutricional, seja por deficiência, seja por excesso (toxicidade).
c) Conhecer a exigência nutricional das plantas.
d) Seleção de plantas tolerantes a estresse nutricional.
e) Mecanismos de absorção, transporte e redistribuição iônica.
f) Controle de doenças.
g) Qualidade de produtos em hidroponia (exemplo: o acúmulo de nitrato).

Para o cultivo hidropônico, o uso adequado da solução nutritiva é fundamental para o sucesso do cultivo, seja para fins experimentais, seja para fins comerciais. A solução nutritiva é um sistema homogêneo, com os nutrientes dispersos, na forma iônica ou molecular, em proporções e quantidades adequadas, assim como o oxigênio. Após a solução nutritiva entrar em contato com as raízes das plantas, a sua homogeneidade é alterada, pois se tem a presença de compostos orgânicos provindos da atividade microbiana, especialmente da decomposição de fragmentos de raízes ou outras impurezas (vindo com a planta ou do sistema hidropônico), ou ainda, os próprios exsudatos de ácidos orgânicos das raízes.

Um dos estudos clássicos na área de nutrição empregando a hidroponia é o uso da técnica de indução de deficiência ou técnica do elemento faltante. Essa técnica, aliás, foi muito empregada para investigar as funções dos nutrientes nas plantas, a partir dos efeitos da falta do nutriente na atividade bioquímica da planta e também em atividade de ensino em disciplina de nutrição de plantas. Nessa técnica, utiliza-se uma solução completa menos o nutriente em estudo, cultivando a planta até o aparecimento da sintomatologia característica do elemento faltante, que identifica a deficiência (Figura 7). Quando a planta é submetida ao nível de estresse, como nutricional, ela tenta aclimatação, com uma série de alterações no sistema hormonal (Morgan, 1990). E, se o estresse prosseguir, ocorre uma série de eventos antes de a injúria ser visível; e, se ocorrer, esse será o último evento biológico, ou seja, já no nível de tecido (Figura 8), e nessa fase a metade da produção deverá estar comprometida dependendo da espécie. Em espécies de ciclo longo as perdas da produção podem ser inferiores a 50%. A forma da sintomatologia é dependente da função que o respectivo nutriente desempenha na planta, e o local de ocorrência (folha velha ou nova) depende da sua mobilidade no floema das plantas.

Tabela 6 – Produção de algumas hortaliças cultivadas, em estufa, com sistema hidropônico e em campo (Adaptado de Jensen & Collins, 1985).

Culturas	Sistema hidropônico			Campo
	t/ha	Nº cultivos	t/ha/ano	t/ha/ano
Brócolis	32,5	3	97,5	10,5
Feijão-vagem	11,5	4	46,0	6,0
Repolho	57,5	3	172,5	30,0
Couve-chinesa	50,0	4	200,0	-
Pepino	250,0	3	750,0	30,0
Berinjela	28,0	2	56,0	20,0
Alface	31,3	10	313,0	52,0
Pimentão	32,0	3	96,0	16,0

Figura 7 – Plantas cultivadas em solução nutritiva com todos os nutrientes (completo) com crescimento normal e o completo menos o nitrogênio (-N) (beterraba) (a) e o fósforo (-P) (feijão) (b), demonstrando os sintomas visuais de deficiência.

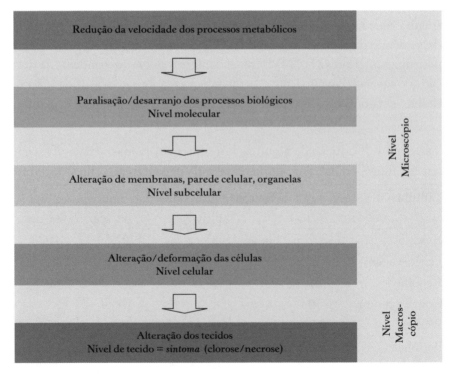

Figura 8 – Sequência de eventos biológicos em plantas deficientes de nutriente.

Além da descrição da sintomatologia, acompanham-se as respostas das plantas ao longo do cultivo. Isso é feito por meio do desenvolvimento das plantas cultivadas na solução completa nutritiva e da deficiente (geralmente com omissão total ou com 10% da concentração adequada), a partir de avaliações de crescimento (altura, diâmetro do caule, área foliar e matéria seca). Algumas plantas são sensíveis a deficiência e excesso de nutrientes. Assim, existem as plantas indicadores de deficiência dos nutrientes, como para o N (milho, maçã), o P (alface, cevada), o K (batata), o Ca (alfafa, amendoim), o Mg (couve-flor, brócolis), o S (algodão, alfafa), o Zn (citrus, pêssego), o B (beterraba, nabo, aipo, couve-flor), o Mn (maçã, cereja, citrus), o Cu (citrus, ameixa), o Fe (couve-flor, brócolis), o Mo (tomate, alface, espinafre) (Malavolta et al., 1997). Desse modo, na literatura existem diversos trabalhos com a omissão de nutrientes e os reflexos característicos sobre a desordem nutricional em culturas como algodão (Rosolem & Bastos, 1997), brachiária (Monteiro et al., 1995), capim-tanzânia (Prado et al., 2011), sorgo (Santi et al., 2006), arroz (Alves et al., 2002), milho (Coelho et al., 2002), feijoeiro (Cobra Netto et al., 1971; Dantas et al., 1979), girassol (Prado & Leal, 2006), cana-de-açúcar (Mccray et al., 2006), malva (Fasabi, 1996), maxixe-do-reino (Fernandes et al., 2005), café (Haag et al., 1969), acácia (Dias et al., 1994; Sarcinelli et al., 2004), açaí (Viegas et al., 2004), cupuaçu (Salvador et al., 1994), camucazeiro (Viegas et al.,2004), estévia (Lima Filho & Malavolta, 1997), pinheiro (Simões & Couto, 1973); eucalipto (Rocha Filho et al., 1978; Silveira et al., 2002), seringueira (Amaral, 1983), teca (Barroso et al., 2005), goiabeira (Salvador et al., 1999), gravioleira (Avilán, 1975; Batista et al., 2003), maracujazeiro (Avilán, 1974), umbuzeiro (Gonçalves et al., 2006), quina (Viégas et al., 1998), mamoneira (Lavres Júnior et al., 2005), pimenta-do-reino (Veloso & Muraoka, 1993; Veloso et al., 1998), pupunha (Silva & Falcão, 2002), beterraba (Alves et al., 2008), manjericão (Borges et al., 2016), berinjela (Flores et al., 2014), amendoim (Correia et al., 2012), soja (Malavolta et al., 1980), melancia (Cavalcante et al., 2019) e orquídea (David et al., 2019).

As técnicas de cultivo, sem solo, podem ser divididas em várias categorias, em razão dos substratos (material distinto do solo) utilizados (Castellane & Araújo, 1995):

- Cultura em água ou hidroponia: as raízes das plantas são imersas em uma solução formada por água e nutrientes, denominada solução nutritiva em NFT (Técnica do Filme de Nutrientes).
- Cultura em areia: as plantas são sustentadas por um substrato sólido, partículas de diâmetro 0,6 e 3,0 mm.

- Cultura em cascalho: o substrato é sólido, partículas de diâmetro maior que 3 mm.
- Cultura em vermiculita: quando o substrato utilizado é a vermiculita ou a sua mistura com outros materiais.
- Cultura em lã de rocha: utiliza como substrato a lã de rocha, lã de vidro ou outro material semelhante (alta porosidade e absorção de água, nutrientes e ar próximo às raízes). A lã de rocha tem inconveniente com relação ao aspecto ambiental, na época do descarte, visto que sua decomposição é muito lenta.

Salienta-se que em estudos de nutrição de plantas o cultivo em solução nutritiva, sem uso de componentes sólidos, é a técnica mais utilizada pelos pesquisadores da área.

Em tese, é difícil considerar que uma solução nutritiva seja ideal para todas as culturas, que apresente formulação que garanta um desenvolvimento máximo e que todos os nutrientes sejam fornecidos exatamente na proporção em que são absorvidos. Sendo assim, a composição da solução nutritiva é influenciada por uma série de fatores: espécie de planta cultivada (exigência nutricional é geneticamente controlada); idade da planta e estádio de crescimento; época do ano (duração do período de luz); fatores ambientais (temperatura, umidade, luminosidade); parte da planta colhida etc. Para o cálculo da composição química da solução nutritiva deve-se considerar, além da exigência da cultura ao longo do cultivo, o ambiente, pois esse afetaria a luminosidade e a temperatura, com reflexos diretos na taxa de transpiração. A taxa de transpiração é importante, tendo em vista que condições que favoreçam a alta transpiração elevariam a perda de água da solução em velocidade superior à da absorção de nutrientes, podendo ocasionar efeito salino. Desse modo, quanto maior a taxa de transpiração prevista para a cultura, menor deverá ser a concentração dos nutrientes na solução nutritiva. Por exemplo, considerando uma cultura qualquer que exige um teor de N adequado igual a 50 g kg^{-1} de matéria seca, associado a uma transpiração de 300 L kg^{-1} de matéria seca, teria 50 g de K em 300 L de água, ou 166 mg L^{-1} de K. Ao passo que se a taxa de transpiração for de 400 L kg^{-1}, a solução necessitaria ser diluída, ou seja, 50 g por 400 L, ou 125 mg L^{-1} de K.

Assim, a composição química ou a formulação ideal da solução nutritiva é aquela que atende às exigências nutricionais da espécie cultivada em todas as fases do ciclo de produção. A solução nutritiva pode apresentar, além dos nutrientes, outros elementos, podendo atingir cerca de 20 elementos (Jones Jr., 1998).

Nesse sentido, em um estudo realizado por Santos (2000), utilizando cultivo hidropônico NFT, foram testadas quatro soluções nutritivas (Tabela 7).

Tabela 7 – Massa fresca de plantas de alface cultivadas em quatro soluções nutritivas em NFT, no inverno e na primavera (Santos, 2000)

Solução nutritiva	Inverno	Primavera
	g por planta	
UEDA (1990)	84 c[1]	107c
Furlani (1995)	242a	283a
Bernardes (1997)	234a	265a
Castellane & Araújo (1995)	204b	240b
Média	191	224

[1] Médias seguidas por letras distintas diferem entre si pelo teste de Tukey (p<0,05).

Pelos resultados, a solução proposta por Castellane & Araújo (1995) foi a de melhor desempenho, proporcionando maior produtividade, seguida da proposta por Furlani (1995). Assim, o autor tem recomendado as duas soluções para o cultivo da alface, em sistema hidropônico, no estado do Rio Grande do Sul. Embora esse trabalho tenha indicado diferenças entre as soluções, esse fato, contudo, pode não ocorrer frequentemente, pois as soluções citadas e mais cerca de uma centena de soluções indicadas da literatura foram derivadas da solução de Hoagland & Arnon (1950) modificada ($N-NO_3^- + NH_4^+$) (Tabela 8), considerada uma das que apresentam maior concentração de sais; entretanto, apresenta baixa concentração de Fe e Mn que pode afetar plantas exigentes como gramíneas. Salienta-se que todas as soluções nutritivas fornecem os elementos essenciais às plantas. Nesse sentido, Franco & Prado (2006) observaram semelhança em quatro soluções nutritivas testadas (Hoagland & Arnon; Sarruge; Castellane & Araújo; Furlani) no crescimento de mudas de goiabeira. Em um estudo semelhante ao anterior com mudas de caramboleira, observou-se que o uso dessas soluções nutritivas afetaram as eficiências nutricionais das plantas (Rozane et al., 2007).

Na literatura, a concentração dos nutrientes indicada para formular a solução nutritiva é muito variável, independentemente do nutriente, como (em mg L⁻¹) N-NO₃⁻: 70 a 250; N-NH₄⁺: 0 a 33; P: 15 a 80; K: 150 a 400; Ca: 70 a 200; Mg: 15 a 80; S: 20 a 200; B: 0,1 a 0,6; Cu: 0,05 a 0,3; Fe: 0,8 a 6,0; Mn: 0,5 a 2,0; Mo: 0,01 a 0,15; Zn: 0,05 a 0,5 e Cl: 1 a 188 (Cometti et al., 2006).

A solução nutritiva apresentada (Tabela 8) em concentração integral (100%) é utilizada em plantas já com certo desenvolvimento ou em época muito fria, pois em plantas jovens, em estádios iniciais de crescimento, essas soluções estão muito concentradas, com risco de danos fisiológicos (efeito salino) às plantas. Assim, no início do crescimento, utilizam-se as soluções diluídas (25% até 75%) e, à medida que a planta se desenvolve, empregam-se soluções menos diluídas, até atingir a concentração integral (100%).

Além dos nutrientes, pode-se utilizar ainda o elemento benéfico na solução nutritiva, a exemplo do Si. Assim, a concentração utilizada de Si é de 0,5 mmol L⁻¹, na forma de Na_2SiO_3 9 H_2O, devendo ser adicionado primeiro, mantendo neste momento pH da solução baixo (Epstein, 1995). A concentração máxima de Si é de 2,0 mmol/L⁻¹ sem risco de polimerização.

Em estudos básicos de nutrição de plantas, usando solução nutritiva, nem sempre a concentração do elemento na solução pode explicar o crescimento das plantas. Isso ocorre porque a disponibilidade do íon para absorção da planta, ou seja, sua atividade na solução, pode ser influenciada por diversos fatores, desde a força iônica da solução, o valor pH e os tipos de quelatos (Cometti et al., 2006). A força iônica é mais importante em trabalhos com metais pesados, e em especial o Al, em que a atividade do íon é reduzida pelo aumento da força iônica. Em solução nutritiva diferentemente da solução do solo, existe variação alta no pH ao longo do cultivo, o que pode alterar as formas livres e complexadas do elemento. Em valor pH alto (>6,0) promove diminuição da disponibilidade dos macronutrientes Ca e P e dos micronutrientes Mn, Cu, Zn, B, pela formação de precipitados, além de diminuir o transporte do nutriente para o interior das células. O uso de quelatos de Fe na solução pode levar à quelação do Cu, Zn e Mn. Assim, o uso do quelato Fe-EDDHA promoverá em parte apenas a quelação do Cu, ao passo que o uso do quelato DTPA ou EDTA também forma complexos com Zn e Mn, especialmente em valor de pH>5,5 para o Zn e pH>7,0 para o Mn. Isso é importante porque os micronutrientes Cu, Mn e Zn são absorvidos na forma livre. E, portanto, a qualidade do quelato de Fe pode induzir à deficiência de Fe e também de outros micronutrientes (Zn, Mn e Cu). O Fe EDDHA (muito estável) evita reações químicas com outros elementos na solução, mas pode ter menor liberação do Fe^{+2} no citosol celular, dependendo da espécie, e causar deficiência.

Tabela 8 – Composição química de algumas soluções nutritivas: Castellane & Araújo (1995), Furlani (1995) e Hoagland & Arnon (1950) e a solubilidade em água (fria e quente) e índice salino

Componentes	Castellane & Araújo (1995)	Furlani (1995)	Hoagland & Arnon (1950)[2]	Solubilidade[3] ($g\ L^{-1}$) (0,5 e 100°C)	Índice salino
	g/1000 L de solução				
Nitrato de cálcio	950	1000	1200	1212 e 6598	53
Monoamônio fosfato (MAP)	-	150	150	224 e 1730	30
Fosfato MB. de potássio (MKP)	272	-			
Cloreto de potássio	-	150	250	277 e 561	116
Nitrato de potássio	900	600	260	134 e 2471	74
Sulfato de magnésio	246	250	500	700 e 906	2
Cloreto de manganês	-	1,17			
Sulfato de manganês	1,70	-			
Sulfato de zinco	1,15	0,44			
Sulfato de cobre	0,19	0,10			
Ácido bórico	2,85	1,02		19,5 e 389	
Molibdato de sódio	0,12	0,13			
Ferro-EDTA[1]	1 (L)	0,5 (L)			

[1] Em ambas as soluções utilizaram-se ferro-EDTA como fonte de ferro, obtido a partir da dissolução de 24,1 g de sulfato de ferro em 400 mL de água e 25,1 g sódio-EDTA em 400 mL de água quente (80°C), misturando-se as duas soluções frias, completando o volume para 1 L.
[2] Solução de micronutrientes (L/1000 L de solução) e de Fe-EDTA (L/1000 L de solução).
[3] Resh (2002). Obs. Solubilidade de outros sais (em $g\ L^{-1}$): nitrato de amônio (1183 e 8711); fosfato diamônio (426 e 1063); sulfato de amônio (704 e 1033); sulfato de magnésio (700 e 906); sulfato de potássio (67 e 239).

Desse modo, para a escolha da solução adequada, é preciso considerar os fatores de manejo da solução nutritiva, visando aumentar a eficiência produtiva de sistemas hidropônicos, tais como:

Fontes de fertilizantes

As fontes de nutrientes a serem utilizadas dependem da natureza do cultivo, sendo permitidas fontes de fertilizantes comerciais para o cultivo comercial e, também, fontes p.a. (pro-análise), com alto grau de pureza, destinadas especialmente em pesquisas básicas na área nutrição de plantas. Salienta-se que as fontes p.a. devem ser adquiridas de empresas idôneas, com especial atenção para escolha de produtos livres de inertes que apresentem outros elementos em sua composição que podem comprometer os resultados e o rigor científico do trabalho.

Como fonte de Mo, usar molibdato de amônio ou ácido molíbdico, pois o molibdato de sódio é muito alcalino, o que pode acarretar reações de precipitação com outros micronutrientes.

Água

Em hidroponia comercial, pode ser utilizada água potável, enquanto em hidroponia científica se utiliza, em geral, a água destilada; entretanto, em alguns casos é melhor a água deionizada (até duas vezes), a exemplo de ensaios, cujo objetivo é induzir deficiência nutricional, especialmente de micronutrientes.

Caso a água seja da rede urbana, é conveniente deixá-la em repouso por cerca de 24 horas para a eliminação do cloro usado em seu tratamento (Martinez & Silva Filho, 2004).

Ordem de adição dos nutrientes

Para evitar reações de precipitação de fertilizantes (pouco solúveis), que se tornariam indisponíveis para as plantas, é necessário seguir determinada ordem de adição dos nutrientes. Antes da adição dos fertilizantes (nutrientes), deve-se acertar o valor do pH da água a padrões adequados (discutido no item subsequente).

a) Adicionar os fertilizantes à base de macronutrientes sem cálcio, como fosfato de potássio, nitrato de potássio e sulfato de magnésio. Esse procedimento é necessário por incompatibilidade entre nitrato de cálcio e os sais que contêm fósforo e enxofre, formando compostos precipitados de baixa solubilidade.
b) Sais de cálcio (nitrato de cálcio).
c) Micronutrientes sem ferro, como fontes de fertilizantes à base de Mn, Zn, Cu, B e Mo.
d) Fonte de ferro (Fe-EDTA, Fe-EDDHA ou outro).

Em seguida, efetuar imediatamente o ajuste do valor pH e fazer a determinação da CE (condutividade elétrica) (discutido no item subsequente).

Assim, ser for formulada solução-estoque, é necessário ter solução A à base de nitrato de cálcio e outra B com demais macronutrientes, e C para os micronutrientes.

Manutenção do pH adequado da solução nutritiva

Quanto à questão do pH, tem-se:
a) Calibrar o aparelho antes de cada medição.
b) Ajuste diário, visando manter o valor pH da solução na faixa 5,5-6,5. Em caso de valor pH acima desta faixa, adicionar "gotas" de um ácido a 0,1 M (HCl; HNO_3; H_2SO_4; H_3PO_4) ou, caso contrário, adicionar uma base a 0,1M (NaOH; KOH). Entretanto, o melhor ajuste do pH da solução é o manejo de fontes do nitrogênio (NO_3^- ou NH_4^+) da solução nutritiva. Para isso, tem sido adotada parte do N na forma NH_4^+ na proporção de 10%-20% do N total. O uso da solução com N na forma de amônio e nitrato poderá inicialmente diminuir o valor pH, até o momento que praticamente todo amônio da solução tivesse sido absorvido pela planta, e na sequência tem-se maior absorção de nitrato e aumento do valor pH (Silva et al., 2002). O manejo do pH da solução é importante, porque valores baixos (~3-4) afetam a integridade das membranas (H^+ afeta as células, a permeabilidade das membranas), podendo haver perda de nutrientes já absorvidos, e também afetam a disponibilidade e a absorção de cátions. Em solução com pH alto (>7) pode haver problemas no gradiente eletroquímico e cotransporte próton/ânion pelas membranas, além de haver perda de compostos fenólicos e de eletrólitos das células e também diminuição da absorção de ânions. E indiretamente o pH elevado afeta reações químicas indesejadas na solução, podendo levar a deficiências nutricionais nas plantas (Fe, Mn, B e P).

Rozane et al. (dados não publicados) observaram que o cultivo de alface em pH ácido provocou maior prejuízo no crescimento das plantas que em pH alcalino, comparado à faixa adequada. Notaram que na faixa pH 5 a 7 a produção de massa seca da planta (relativo) foi de 100,0%, enquanto, nas demais faixas de pH 4-5, 3-4, 2-3 e 7-9, foi de 94,5, 1,2, 0,6 e 60,0%, respectivamente.

Manutenção da pressão osmótica adequada da solução nutritiva

A pressão osmótica da solução nutritiva deve estar na faixa de 0,5-1,0 atm, pois valores altos podem indicar excesso de sais na solução, com danos sérios às raízes.

Manutenção da temperatura adequada da solução nutritiva

Para evitar aquecimento da solução nutritiva (>25-30°C), é importante evitar também a incidência de luz nela, mantendo-a em local sombreado e ventilado. Salienta-se, ainda, que a incidência de luz na solução permite a proliferação de algas na solução.

Manutenção da oxigenação da solução nutritiva

É consenso que a oxigenação da solução nutritiva é obrigatória para manutenção de teor de O_2 adequado às raízes (~3 ppm de O_2). O nível adequado de oxigenação pode variar em razão da cultura, tendo plantas com baixa exigência (arroz = 3 mg L^{-1} de O_2) e outras com alta exigência (tomateiro = 16 mg L^{-1} de O_2) ao oxigênio na solução nutritiva. Como o aumento da temperatura da solução nutritiva causa diminuição do teor de O_2 dissolvido, é importante evitar altas temperaturas. Esse arejamento é próprio para cada sistema hidropônico, pois apenas a queda no retorno da solução nutritiva ao reservatório ou, em caso de vasos isolados, a injeção de ar comprimido, podem fornecer o oxigênio necessário às plantas.

Manutenção da CE adequada da solução nutritiva

Durante o cultivo das plantas em solução nutritiva tem-se esgotamento dos elementos da solução que pode variar em razão do nutriente. Isso ocorre em razão das diferenças na taxa de absorção de nutrientes que pode ser rápida (N, P, K e Mn), intermediária (Mg, S, Fe, Zn, Cu e Mo) ou lenta (Ca e B) (Bugbee, 1995). Desse modo, há necessidade de reposição dos nutrientes da solução que pode ser feita utilizando dados da condutividade elétrica.

A condutividade de uma solução eletrolítica é a expressão numérica quantitativa da sua capacidade de transportar a corrente elétrica. Ela é definida como o inverso da resistência elétrica de 1 cm cúbico do líquido a uma temperatura de 25°C. Convencionou-se que a condutividade elétrica é a unidade equivalente a 1 mhos = 1 Siemens = 10^3 mS = 10^6 μS (mS = miliSiemens; μS = microSiemens).

Normalmente, a CE da solução nutritiva varia de 1,5 a 4,0 mS/cm, em razão da solução escolhida para a respectiva cultura. A CE obtida em uma solução nutritiva é a soma da CE de todos os fertilizantes utilizados na formulação dessa solução. Para Castellane & Araújo (1995) é obtido CE de 2,6 a 2,8 mS/cm. Como 1 mS/cm corresponde a 640 ppm de nutrientes, nota-se que o uso dessa variável durante o cultivo da cultura evitaria que a solução nutritiva apresentasse baixa concentração de nutrientes, o que poderia levar à deficiência nutricional. Normalmente, quando a condutividade elétrica é reduzida a um determinado nível da solução inicial (cerca de 30%-50%), é recomendável substituí-la. Backes et al. (2004) indicaram a reposição da solução quando esta diminuiu 50% da CE inicial. Em cultivo comercial, pode-se trabalhar utilizando a CE para o manejo da solução nutritiva da seguinte forma (Carmello & Rossi, 1997):

a) Adicionar-se, diariamente, uma quantidade de solução nova equivalente à quantidade de solução que foi reduzida no recipiente. Após 21 dias, renovar a solução nutritiva se a condutividade atingir 4 mS/cm.

b) Adicionar-se somente água, para repor a quantidade de solução evapotranspirada, e acompanhar a condutividade; quando ela estiver menor que 1 mS/cm, adicionar os sais para recompô-la ou trocá-la. Em 21 dias, renovar a solução nutritiva.

Medidas de prevenção de doenças

No cultivo em sistema hidropônico poderão ocorrer doenças, especialmente fúngicas. Assim, são necessárias medidas de prevenção. Para isso, é importante a desinfecção dos materiais a cada cultivo. Pode ser utilizado o hipoclorito de sódio ou hipoclorito de cálcio, na base de 1.000 mg/L ou 10.000 mg/L de cloro ativo, respectivamente. Salienta-se a necessidade de enxaguar rigorosamente os materiais, pois resíduos de Cl (>0,5 mg/L) podem promover injúrias nas plantas, especialmente com uso na solução nutritiva de sais amoniacais (Martinez & Silva Filho, 2004).

Além disso, a própria solução nutritiva pode ser desinfectada a partir do processo da pasteurização. A pasteurização ocorre da seguinte forma: aquecer a solução nutritiva a 95°C a 105°C por período de 30 segundos e, em seguida, resfriá-la rapidamente até a temperatura ambiente (em 30 segundos) (Martinez & Silva Filho, 2004).

2
Absorção iônica radicular

Absorção iônica

Para estudar os fenômenos da absorção iônica radicular, inicialmente é preciso entender os processos de *contato íon-raiz*. Em seguida, conhecer os *aspectos anatômicos da raiz*, das estruturas que os nutrientes devem percorrer, as quais podem constituir "barreiras" ou "canais livres" à passagem dos elementos. O *processo de absorção* propriamente dito é governado por mecanismos de transferências desses nutrientes, podendo ser de forma ativa (com gasto de energia) ou passiva (sem gasto de energia). Por fim, é importante, também, conhecer os *fatores externos (do meio) e internos (da planta)* que podem influenciar a absorção desses nutrientes pelos vegetais.

Contato íon-raiz

Antes de ocorrer o processo de absorção dos nutrientes pelas raízes, é preciso que haja o contato íon-raiz, seja pelo movimento do íon na solução do solo da rizosfera (difusão ou fluxo de massa), seja pelo próprio crescimento da raiz que encontra o íon (interceptação radicular). O movimento dos nutrientes no solo é maior em condições hídricas adequadas (água retida com tensões entre a capacidade de campo, -0,03Mpa, e o coeficiente de murcha, -1,5Mpa).

a) *Interceptação radicular*. Ao desenvolver-se, a raiz encontra o elemento na solução do solo: a presença desse é necessária para que possa ser absorvido.

Normalmente, pode ser estimado como a quantidade de nutrientes existente num volume de solo (rizosférico) igual à ocupada pelas raízes. Esse valor da interceptação radicular é relativamente baixo porque o volume de raízes que ocupa a camada de 0-20 cm é, em geral, cerca de 1 a 3% do volume do solo, dependendo da espécie.

b) *Fluxo de massa*: é o movimento do elemento da solução do solo, fase aquosa móvel, para próximo da raiz (rizosfera), à medida que a planta transpira. Isso acontece em razão de uma ligação ininterrupta entre as moléculas que evaporam pela folha e a molécula da solução do solo; a quantidade do nutriente (ou íon) que pode entrar em contato com a raiz pelo transporte de fluxo de massa da solução é calculada multiplicando-se o volume de água transpirada (ou absorvida) pela planta e a concentração do nutriente da solução.

c) *Difusão*: o nutriente caminha por distâncias curtas, dentro de uma fase aquosa estacionária, indo de uma região de maior concentração para outra de concentração menor, na superfície da raiz; o cálculo desse contato íon-raiz é feito pela diferença entre o total absorvido pela planta e a soma da interceptação radicular e fluxo de massa.

Os íons têm diferentes capacidades de caminhamento no solo e/ou na água (Malavolta et al., 1997) (Tabela 9).

Tabela 9 – Distância relativa percorrida pelo NPK na água e no solo (Malavolta et al., 1997)

Nutriente	Água	Solo
	$m^2 s^{-1}$	
NO_3^-	$1,9 \cdot 10^{-9}$	10^{-10} a 10^{-11}
K^+	$2,0 \cdot 10^{-9}$	10^{-11} a 10^{-12}
$H_2PO_4^-$	$0,9 \cdot 10^{-9}$	10^{-12} a 10^{-15}

Calcula-se que o NO_3^- se difunde 3 mm por dia; o K^+ caminharia 0,9 mm, e o $H_2PO_4^-$ alcançaria 0,13 mm.

Existem, portanto, três maneiras de ocorrer o contato íon-raiz: interceptação radicular, difusão e fluxo de massa, que estão esquematizadas na Figura 9a.

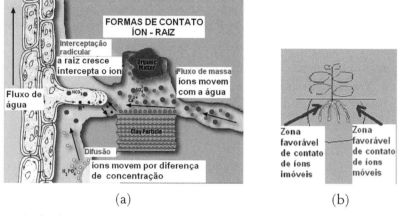

(a)   (b)

Figura 9 – Os elementos entram em contato com a raiz por interceptação radicular, fluxo de massa e difusão (a) e zona favorável da rizosfera para o contato de íons imóveis e móveis (b).

A contribuição relativa dos três processos de contato íon-raiz, no suprimento de nutrientes pelos vegetais, foi estudada utilizando como planta-teste o milho (Tabela 10).

Tabela 10 – Contribuição relativa da interceptação radicular, do fluxo de massa e da difusão de nutrientes para as raízes de milho num solo "barro limoso" (Barber apud Malavolta et al., 1997)

Nutriente	Absorção (kg ha^{-1})	Quantidade disponível	Extrato de saturação	Quantidade fornecida (kg ha^{-1})		
		(0-20 cm) (kg ha^{-1})	ppm	Interceptação	Fluxo de massa	Difusão
NO_3^-	170	-	-	2	168	0
$H_2PO_4^-$	39	45	0,5	0,9	1,8	36,3
K^+	135	190	10	3,8	35	92,2
Ca^{2+}	23	3.300	50	66	175	0
Mg^{2+}	28	800	30	16	105	0
SO_4^{2-}	20	-	-	1	19	0
H_3BO_3	0,07	1	0,20	0,02	0,70	0
Cu^{2+}	0,16	0,6	0,10	0,01	0,35	0
Fe^{2+}	0,80	6	0,15	0,1	0,53	0,17
Mn^{2+}	0,23	6	0,015	0,1	0,05	0,08
MoO_4^{-2}	0,01	-	-	0,001	0,02	0
Zn^{2+}	0,23	6	0,15	0,1	0,1	0,53

Observa-se que o fluxo de massa é mais importante para o N, Ca, Mg, S e alguns micronutrientes (B, Cu, Fe e Mo), e a difusão é o principal meio de contato do P e K e os micros Mn e Zn do solo com as raízes.

Esses processos são importantes porque têm implicações na determinação da localização do fertilizante em relação à semente ou à planta, no sentido de garantir maior contato dos nutrientes com pelos absorventes e, consequentemente, maior eficiência da adubação, conforme ilustra a Tabela 11.

Tabela 11 – Participação relativa entre os processos de contato e a localização de adubos

Elemento	Processo de contato			Modos de aplicação de adubos no solo
	Interceptação	Fluxo de massa	Difusão	
		% do total		
N	1	99	0	Área total/cobertura
P	2	5	93	Localizado/semeadura
K	3	27	70	Localizado/semeadura
Ca	27	73	0	Área total/pré-semeadura
Mg	13	87	0	Área total/pré-semeadura
S	5	95	0	Área total/cobertura
B	3	97	0	Área total/cobertura
Cu	3	97	0	Área total/semeadura
Fe	13	66	21	Área total/semeadura
Mn	43	22	35	Localizado/semeadura
Mo	5	95	0	Área total/semeadura
Zn	20	20	60	Localizado/semeadura

Obs. Área total/cobertura – refere-se à aplicação em área total após ~ 30 dias da emergência da cultura. A época de aplicação pode variar em razão da cultura, visando atender aos períodos de maior exigência nutricional. Localizado/semeadura – refere-se à aplicação localizada no sulco de semeadura.

Assim, nota-se que o nutriente que se move por difusão, por exemplo, deve ser localizado (próximo da raiz) de modo a garantir o maior contato com a raiz, pois, caso contrário, em razão do pequeno movimento, as necessidades da planta poderão não ser atendidas, enquanto os nutrientes que apresentam maior mobilidade no solo, a exemplo do processo de fluxo de massa, têm a possibilidade de aplicação a distâncias maiores da planta em adubação a lanço ou em cobertura, entretanto, existe maior risco de lixiviação. Portanto, pode-se inferir que os nutrientes que caminham muito pouco no solo (imóveis) e os que têm maior mobilidade no solo (móveis) têm uma restrita e ampla zona favorável para que ocorra o contato íon-raiz, respectivamente (Figura 9b), com consequência para o local da adubação.

Apenas em situações de cultivo específico em áreas com solo com médio a alto teor de K e P em sistemas de semeadura direta consolidada com adequado manejo da calagem é possível realizar a aplicação dos fertilizantes em área total.

Aspectos anatômicos da raiz e os processos ativos e passivos da absorção

a) *Aspectos anatômicos da raiz*

É importante conhecer alguns aspectos anatômicos da raiz. Para isso, será apresentado um corte transversal da raiz, indicando os tipos de células existentes (Figura 10).

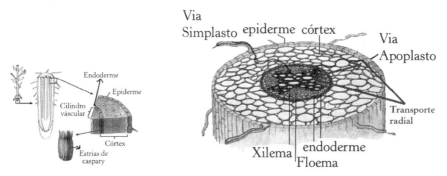

Figura 10 – Aspectos da anatomia da raiz a partir de um corte transversal, ilustrando o movimento do nutriente pelo simplasto (através das membranas das células) e apoplasto (espaço entre as células vegetais, constituído da parede celular).

Observam-se os seguintes tipos de células: a) epiderme – camada geralmente única de células compactas com pelos absorventes; b) parênquima cortical (córtex) – várias camadas de células com espaços entre elas; c) endoderme – camada única de células compactas cujas paredes radiais e transversais apresentam um reforço de suberina (= estrias de Caspary) que bloqueia a passagem dos íons pelas paredes e espaços intercelulares (exigindo que o caminho do íon seja via simplasto); d) cilindro central – camada de células compactas que circundam os elementos condutores do floema e do xilema.

b) *Processos de absorção dos nutrientes pelas raízes*

Imaginou-se, durante muito tempo, que os elementos contidos na solução do solo fossem absorvidos por simples difusão, caminhando a favor de um gradiente de concentração, indo de um local de maior concentração (a solução externa) para outro de menor (o suco celular). Entretanto, quando comparadas as análises do suco celular com as do meio em que viviam diferentes espécies, verificou-se que, de modo geral, a concentração interna dos elementos era muito maior que aquela do meio externo e que havia certa seletividade na absorção dos elementos. Assim, o avanço das pesquisas definiu que a absorção de nutrientes é caracterizada por alguns fatores:

- Seletividade – é uma consequência da ação específica dos carregadores que atuam nas membranas no transporte de solutos para o citosol da célula. Assim, a absorção de íons é específica e seletiva. Certos elementos minerais são absorvidos preferencialmente.
- Acumulação – a concentração dos elementos, de modo geral, é muito maior no suco celular do que na solução externa.
- Genótipos – existem diferenças entre espécies de plantas nas características de absorção.

Logo após o contato do nutriente com a raiz (discutido anteriormente), inicia-se o processo da absorção. A absorção de nutrientes pelas plantas é definida como a entrada de um elemento, na forma iônica ou molecular, no espaço intercelular ou em qualquer região da célula viva da raiz, como as membranas (plasmalema). A primeira camada de células da raiz a ser vencida pelos nutrientes é a epiderme, e depois o córtex, a endoderme até o xilema. Para isso, os nutrientes caminham pela via apoplástica (ELA) ou pela via simplástica, pelo interior das células, sem cruzar a membrana plasmática (Figura 10). Isso ocorre porque a membrana plasmática das duas células adjacentes são contínuas, graças aos poros plasmodesmatal (prolongamento do citoplasma entre células). O deslocamento por via simplástica resulta em significativo aumento das possibilidades de partição ao longo da via de transporte. Isso pode ser verificado no caso do P, em que esse íon tem que percorrer a longa via simplática, sob deficiência; a demanda metabólica ao longo da via de transporte retira o P da rota de deslocamento e o incorpora ao metabolismo das células da raiz, implicando partição desequilibrada de matéria seca, tendo maior acúmulo de massa seca de raiz em relação à parte aérea (Fernandes & Souza, 2006).

Desde a entrada do nutriente na primeira camada de células da raiz (epiderme) ou em outros tecidos, a absorção propriamente dita ocorre em duas fases distintas: passiva e ativa.

a) *Fase passiva*

A fase passiva corresponde à entrada do nutriente nos espaços intercelulares, pela parede celular ou até parte externa da plasmalema (que é a membrana que envolve o citoplasma) (Figura 11). Nessa fase, o nutriente caminha a favor de um gradiente de concentração, ou seja, de uma região de maior concentração para uma de menor concentração, sendo um processo chamado "morro abaixo"; portanto, sem gasto de energia, vindo diretamente pelo transportador (sistema que gera gradiente de potencial, e é a força que ajuda a transportar os íons de fora para dentro da célula). Nesse caso, fora da raiz, a concentração do nutriente é maior do que a concentração do mesmo nutriente nos espaços intercelulares, na parede celular e na superfície externa da plasmalema. Essas regiões da célula delimitam o chamado *Espaço Livre Aparente* (ELA), composto pelos espaços intercelulares e pelos macroporos, um espaço livre da água (ELágua) e pelos microporos (Espaço livre de Donnan), por onde ocorre a troca de cátions e a repulsão dos ânions, visto que a superfície desses canais contém cargas negativas (R-COO$^-$ das fibras da parede celular) que atraem os cátions e repelem os ânions. Na parede celular os cátions tri e divalentes são atraídos mais fortemente que os monovalentes, seguindo a série liotrópica ($Al^{+3}=H^+>Ca^{2+}>Mg^{2+}>K^+ = NH_4^+>Na^+$). Assim, plantas que contêm maior quantidade de grupos carboxílicos (R-COO$^-$) nas paredes celulares das células das raízes (ou seja, maior CTC) podem ter maior reserva de cátions, que podem ser trocados por H$^+$ ou por outros íons e, consequentemente, favorecer sua absorção para o interior das células das raízes. Assim, a CTC da raiz pode ter reflexos na sensibilidade de genótipos à deficiência nutricional (micronutrientes catiônicos).

Saliente-se, ainda, que a absorção passiva se dá por meio de diversos processos, tais como: fluxo de massa, difusão, troca iônica e equilíbrio de Donnan. A maioria desses processos é semelhante aos que ocorrem no solo. Esse mecanismo de absorção é rápido e reversível; ou seja, o nutriente já contido no ELA ou na parede celular pode sair com certa facilidade. Assim, alguns autores não consideram absorvido um nutriente no ELA.

b) *Fase ativa*

Quando o nutriente atinge a membrana plasmática (dupla camada de fosfolipídeos incrustada de proteínas), tem-se uma barreira, pois os lipídeos das membranas impedem a passagem de íons em solução aquosa. Nesse contexto, inicia-se a fase ativa da absorção, que corresponde, portanto, à passagem dos nutrientes pela membrana plasmática (plasmalema), especificamente pelas proteínas integrais (Figura 11), atingindo o citoplasma e depois a membrana do vacúolo (tonoplasto) até o seu interior. Nessa fase, o caminhamento do íon (nutriente) se dá contra um gradiente de concentração, ou seja, o nutriente vai de uma região de menor concentração para uma de maior, e até mesmo contra o gradiente elétrico. É o processo "morro acima", que exige gasto de energia metabólica. Essa fase corresponde à travessia da membrana citoplasmática (plasmalema) e do vacúolo (tonoplasto). Esse processo é governado por fenômeno enzimático, descrito pela primeira vez por Epstein & Hagen (1952). As teorias defendidas para explicar o mecanismo ativo de absorção não são ainda muito claras, mas é possível citar algumas principais, tais como: a teoria do carregador, a teoria de Lundengardh e a teoria quimiosmótica.

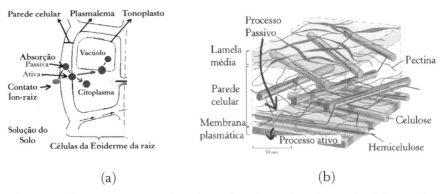

(a) (b)

Figura 11 – Esquema do contato íon-raiz e a absorção passiva pela parede celular e a ativa de um nutriente (M^+) pelas membranas (a) e um detalhe da parede celular e membrana plasmática (b).

Atualmente, a teoria mais aceita é a do carregador, que postula que ocorre o "carregamento" do nutriente por um carregador específico (uma proteína com características de uma enzima) para atravessar a membrana, e no lado interno ocorreria ruptura da ligação que une o complexo (NR) e o nutriente (ou íon) seria liberado. A equação a seguir esquematiza essa teoria:

$$Ne + R \leftrightarrow NR \leftrightarrow Ni + R'$$

onde: Ne = nutriente externo; Ni = nutriente interno; R = carregador.

Esses transportadores podem ser caracterizados como bombas (ATPases) e até mesmo canais. Nas membranas plasmáticas e também no tonoplasto e nos tilacoides, as H^+-ATPases funcionam como bomba de H^+, que, acionadas pela hidrólise do ATP (Energia+ADP$^-$ + P), liberam H^+ do interior da célula para o apoplasma, gerando transporte ativo primário. Com isso, a ATPase libera para o exterior H^+ e torna o citoplasma "negativo", gerando situação favorável "de energia" para o transporte secundário via carregador (por difusão facilitada) ou outro tipo de transporte ativo tipo simporte (dois íons atravessam juntos no mesmo sentido), uniporte (um íon atravessa sozinho), antiporte (dois atravessam juntos em sentidos opostos), sendo esses dois últimos conhecidos como cotransporte. Esse gradiente de H^+ para fora do citoplasma gera um gradiente eletroquímico que pode ser ligado à saída de outros cátions (antiporte de cátions: H^+/Na^+), entrada de cátions (uniporte) ou ânions (simporte: H^+/NO_3^-). Simultaneamente, o ADP$^-$ reage com H_2O formando OH^- no citoplasma, de forma que o carregador troca OH^- produzido por um ânion. Além disso, o gradiente de pH entre o citosol e a parede celular favorece diretamente a reabsorção de prótons para o citosol, podendo estar associado ao transporte simultâneo de ânions. E ainda, além dos íons, o gradiente eletroquímico de H^+ também fornece a energia necessária para o transporte de alguns compostos orgânicos (Maathuis et al., 2003).

Assim, o sistema "bomba iônica" caracterizado pela H^+-ATPase, presente nas membranas, além de desencadear o sistema ativo primário, e portanto gerar a energia para sistema simporte e antiporte de transporte de nutrientes, pode estar envolvido diretamente com transporte (Figura 12). As proteínas integrais das membranas constituem os transportadores.

Saliente-se que existem genes múltiplos que codificam as ATPases do plasmalema e do tonoplasto. Outro tipo de transportadores são os canais, que dependem de energia, muito estudados na absorção do K, pois foram os primeiros a ser caracterizados a nível molecular. Os canais são proteínas integrais que fazem que o nutriente seja transportado em resposta ao gradiente eletroquímico, a exemplo do K; a parte negativa da proteína atrai o K, e o converge para o canal, sem a presença da água, e depois, com a chegada de outros cátions no canal, gera uma série de repulsão bombeando nesse final do canal atingindo o meio externo. Saliente-se que os canais apresentam baixa especificidade por solutos ou nutrientes.

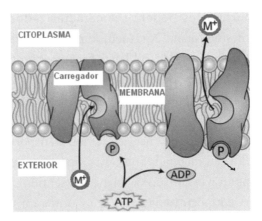

Figura 12 – Esquema com detalhe da membrana plasmática, ilustrando o processo ativo de absorção de um nutriente (M^+), por meio do carregador dependente de ATP.

Os transportadores de metais pesados caem em quatro famílias de ATPases. Transportadores para fosfato e sulfato foram identificados. Os genes que codificam os canais para Ca ainda não foram elucidados. O conhecimento dos genes que codificam seus carregadores, canais ou bombas que permitem a absorção dos nutrientes, pelos estudos de biologia molecular, poderia auxiliar no melhoramento genético no sentido de seleção de genótipos com maior habilidade na absorção de nutrientes, com maior eficiência nutricional.

Alguns aspectos podem ser destacados quando se comparam as fases passiva e ativa da absorção (Tabela 12).

Conforme anunciado, o transporte dos nutrientes pelas membranas pode ocorrer também por canais proteicos integrais especializados no transporte seletivos de íons, cuja ação é modulada pela abertura e pelo fechamento do poro proteico. Na membrana, diversos fatores regulam o transporte de íons através desses canais, incluindo luz, hormônios específicos e concentração intracelular de Ca^{+2} (Satter & Moran, 1988). Os mesmos autores salientam, ainda, que esse transporte é passivo, pois segue o gradiente de potencial eletroquímico, sendo mais rápido (mil vezes ou mais) do que o transporte por carregadores.

Assim, a cinética de absorção de certos íons segue duas fases, uma característica das baixas concentrações e outra mais relacionada às altas concentrações (Epstein, 1972). A cinética de absorção em baixas concentrações

Tabela 12 – Aspectos básicos que caracterizam as fases passiva e ativa durante o processo de absorção de nutrientes

Fase passiva	Fase ativa
1. Processo físico ou químico, ocorre em sistemas vivos ou não	1. Processo metabólico, ocorre em célula viva
2. Não está ligado à respiração e à fosforilação	2. Está ligado à respiração e à fosforilação
3. Não há gasto de energia direto para o transportador	3. Há gasto de energia direto para o transportador
4. Espontâneo	4. Não é espontâneo
5. Inibidores e temperatura não influem	5. Inibidores e temperatura influem
6. Não seletivos	6. Seletivos
7. Reversível	7. Não reversível

do nutriente possui Km muito baixo (o que indica alta afinidade do transportador), e a de altas concentrações possui Km alto e parece não mostrar saturação. Assim, é sabido que o transporte de K pelas membranas é atribuído ao ativo pelo sistema de alta afinidade, ou seja, ocorre em concentrações externas muito baixas; e o sistema de baixa afinidade é atribuído aos canais, que, sendo passivo, ocorre quando há altas concentrações desse elemento.

É oportuno salientar que o movimento dos íons nas células das raízes até a endoderme, a curta distância, ocorre predominantemente pela via simplasto, visto que a presença dos "canais livres" (ELA), via apoplasto, nessa região, representa pequena fração do volume total da raiz (<10%).

Após os nutrientes (e a água) terem vencido essas barreiras e atingido os vasos do xilema, eles são movimentados, a longa distância, pela pressão da raiz (hipótese mais aceita) de forma passiva, tendo esse mecanismo sido denominado transporte, e será abordado em seguida.

Por fim, saliente-se que o processo final de absorção de nutrientes pelas plantas é constituído num processo vital para a vida na Terra, pois nesse momento o nutriente fará parte da biosfera, a partir do consumo dessa planta por humanos ou animais (Epstein & Bloom, 2006).

Fatores internos e externos que afetam a absorção de nutrientes pela raiz

A absorção iônica é influenciada por fatores do meio, isto é, externos, e por fatores internos, ligados à própria planta, podendo modificar a velocidade de absorção, aumentando-a ou diminuindo-a. Esses fatores, portanto, podem alterar a eficiência de absorção dos nutrientes (EA) pelas plantas, ou seja, a capacidade da planta na absorção de nutrientes por unidade de raiz. É calculada pela seguinte fórmula: EA= (conteúdo total do nutriente na planta)/(matéria seca de raízes) (Swiader et al., 1994). Os mecanismos desenvolvidos nas plantas para alta eficiência de absorção diferem entre as espécies. Algumas produzem extensivo sistema radicular e outras têm alta taxa de absorção por unidade de comprimento radicular, ou seja, alto influxo de nutrientes (Föhse et al., 1988).

a) *Fatores externos*
• Disponibilidade

A primeira condição para que o nutriente seja absorvido refere-se à necessidade de ele estar na forma disponível à planta, ou seja, a forma química que a planta "reconhece" como um nutriente. Por exemplo: boro (H_3BO_3); cobre (Cu^{2+}); molibdênio (MoO_4^{2-}) etc., conforme mostrado na Figura 13.

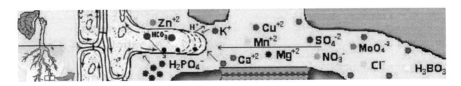

Figura 13 – Formas químicas dos nutrientes na solução do solo passível de ser absorvido.

Desse modo, para que o nutriente seja absorvido, é preciso estar na forma disponível na solução do solo. Assim, os fatores que governam a passagem dos nutrientes da fase sólida para a fase líquida também afetam a futura absorção do mesmo. Dentro de certos limites, o aumento na disponibilidade, medido pelo incremento na concentração do nutriente na solução do solo, resulta em aumento na quantidade absorvida por unidade de tempo (Figura 14). Nota-se que em concentrações baixas do nutriente a taxa de reação ou da ação do carregador aumenta quase que linearmente, ao passo que em altas concentrações a taxa de reações é menor, pois a maioria dos sítios dos carregadores deve estar ocupada.

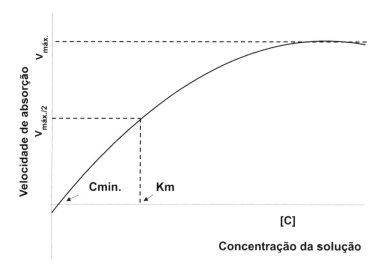

Figura 14 – Relação da concentração iônica da solução e a velocidade de absorção, conforme a equação de Michaelis-Menten. (K_m – concentração do elemento que garante ½ de $V_{máx.}$ = medida da afinidade do nutriente pelo carregador; $C_{min.}$ – concentração inicial mínima em que não há absorção).

Dentre esses fatores que afetam a disponibilidade de nutrientes na solução do solo, têm-se: pH, aeração, umidade, matéria orgânica, temperatura, presença de outros íons, entre outros.

Ressalte-se que, das variáveis citadas, a mais importante e a mais estudada refere-se ao valor do pH.

• *pH "efeito direto"* – no processo de absorção pode existir a competição entre o H^+ e os outros cátions, e do OH^- com os outros ânions, pelos mesmos sítios dos carregadores na membrana. Assim, pode-se afirmar que em solo com reação ácida [H^+] ou alcalina [OH^-] tem-se diminuição da absorção de cátions ou de ânions, respectivamente.

Em solos tropicais predomina a reação ácida; portanto, o risco de deficiência nutricional de macronutrientes como K^+, Ca^{+2} e Mg^{+2} mostra-se significativo. São vários fatores que levam à acidez do solo, como a precipitação atmosférica, a lixiviação de bases e a adubação nitrogenada. Além desses, a própria planta poderá acidificar o meio na região da rizosfera, visto que toda vez que ela absorve um cátion libera no meio um H^+, ou, se for um ânion, libera no meio OH^-. A planta utiliza esse artifício para manter o equilíbrio cátion-ânion no meio (Figura 15).

Em solo ácido, portanto, mesmo a pequena absorção de cátion tende a agravar o problema de acidez na rizosfera por esse mecanismo da planta (liberação de H^+ no meio).

Saliente-se, ainda, o N por ser o nutriente mais absorvido: é o que contribui para o balanço dos nutrientes absorvidos e para a liberação de H^+ ou OH^- pelas raízes, além do K, Ca, Mg, P e Fe (Marschner, 1995).

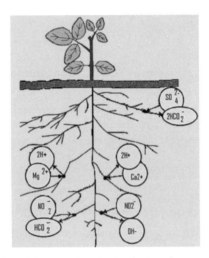

Figura 15 – Absorção de nutrientes pelas plantas ilustrando o processo de troca de cátions e ânions.

- *pH "efeito indireto"* – caracterizado pelo fato de que a maior disponibilidade aumenta a concentração do elemento na solução do solo e, portanto, ocorre maior absorção. Nos valores de pH (em água) na faixa de 5,5 a 6,5, a disponibilidade de alguns nutrientes é máxima (macronutrientes) e não limitante para outros (micronutrientes) (Figura 16).

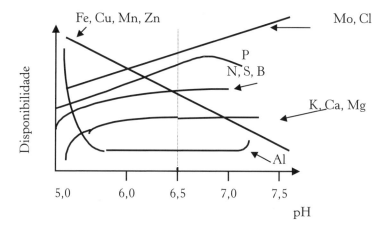

Figura 16 – Relação entre o valor de pH do solo e a disponibilidade de nutrientes.

• *Aeração* – é importante o oxigênio durante o processo da absorção ativa, a qual depende da energia metabólica (ATP) originada na respiração. Assim, solo compactado impede o fluxo de O_2, comparado ao solo não compactado, conforme ilustra o esquema da Figura 17. Verificou-se que o aumento do CO_2 na zona radicular da soja diminui a absorção de água e nitrogênio e a abertura dos estômatos (Araki, 2006), e a atividade fotossintética em Pinus (Norisada et al., 2006).

Além disso, a aeração pode aumentar a disponibilidade dos nutrientes no solo pela atividade da microbiota aeróbica do solo, que oxida NH_4^+ a NO_3^- e S^{2-} a SO_4^{2-}, a partir do O_2.

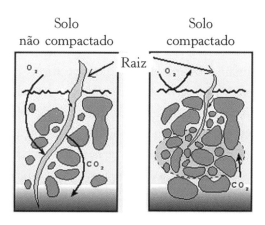

Figura 17 – Fluxo de O_2 em solo não compactado e compactado.

- *Temperatura* – na faixa de 0 a 30°C, a absorção cresce de modo praticamente linear, com a elevação da temperatura. Isso se explica pelo fato de que dentro de certos limites há um aumento da atividade metabólica da planta, principalmente pela intensidade respiratória.
- *Umidade* – além de influenciar a disponibilidade de elementos no solo, a umidade afeta, também, o processo de absorção, visto ser a água o veículo natural de entrada dos nutrientes. Assim, a precipitação pluvial ou níveis de irrigação, utilizados na área agrícola, podem influenciar a absorção dos nutrientes pelas culturas. Não existe, porém, uma relação muito estreita entre a velocidade de absorção da água e dos íons. K^+ e NO_3^-, por exemplo, são absorvidos muito mais rapidamente em relação à água; o contrário se observa para o Ca^{+2} e condições de absorção semelhantes à água são obtidas com o Mg^{+2}.
- *Elemento* – a velocidade de absorção depende, em parte, do elemento considerado, obedecendo à seguinte ordem decrescente:

Ânions: $NO_3^- > Cl^- > SO_4^{-2} > H_2PO_4^-$;

Cátions: $NH_4^+ > K^+ > Na^+ > Mg^{+2} > Ca^{+2}$

É pertinente salientar que normalmente os solutos hidrofóbicos movimentam-se mais rapidamente pelas membranas em taxas proporcionais à sua solubilidade em lipídeos. Portanto, os solutos mais hidrofóbicos movimentam-se mais que os hidrifílicos. Já moléculas hidrofílicas e íons com similar solubilidade em lipídios penetram em taxas proporcionais ao tamanho do íon hidratado. Analogamente, os cátions ou ânions divalentes são mais absorvidos que os trivalentes.
- *Outros íons* – a absorção de um dado elemento pode ser influenciada pela presença de outro, caracterizando a interação entre nutrientes, que será abordada oportunamente, em um capítulo específico.
- *Micorrizas* – fungos micorrízicos arbusculares, uma das mais antigas e difundidas simbioses da natureza, aumentam a superfície de exposição das raízes e, com isso, cresce a capacidade de absorção dos elementos, particularmente a do P, que, geralmente, só se manifesta quando é baixa a concentração desse elemento na solução do solo. Na Tabela 13, a inoculação das mudas de café com fungos micorrízicos aumentou naturalmente o crescimento, e esse efeito não foi compensado com o aumento do suprimento de P às plantas;

Tabela 13 – Matéria seca de mudas de cafeeiro (g por planta) inoculadas ou não com o fungo *Gigaspora margarita* (Lopes et al., 1983)

P aplicado	Inoculação	
(mg kg⁻¹ de solo)	Não	Sim
0	0,60	2,17
16	0,47	4,33
32	0,45	3,74
65	0,40	5,90
130	0,51	6,30

O efeito do fungo micorrízico no crescimento do cafeeiro refletiu, também, na produção dessa cultura (Figura 18). Esse efeito é importante apenas em plantas que aceitam a associação micorrízica.

• Ácidos orgânicos

Os ácidos orgânicos, como ácidos húmicos e fúlvicos, induzem a atividade ou expressão da enzima H^+-ATPase, de forma semelhante à auxina, que representa o sistema primário de transporte de H^+ da membrana, que por sua vez fornece a energia para ativar os sistemas secundários de absorção ativos (carregadores). Esse efeito benéfico dos ácidos orgânicos na absorção de nutrientes resultaria em estímulo do crescimento radicular (Pinton et al., 1999).

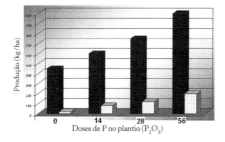

Figura 18 – Efeito da inoculação de fungo micorrízico na altura e na produção do cafeeiro (a) (Lopes et al., 1983) e no volume de raízes de plantas (gramíneas) micorrizadas (b).

b) *Fatores internos*
• Potencial genético

O potencial genético da planta pode determinar uma maior facilidade ou não na absorção de um determinado elemento. Assim, existem espécies vegetais e/ou variedades que absorvem e concentram mais determinados nutrientes enquanto outros são ineficientes na absorção de outros elementos. Desse modo, o processo de absorção iônica está sob controle genético. As diferenças podem se manifestar de diversas maneiras: nos valores e parâmetros de Km, V e $[M]_{min}$; na capacidade de solubilizar elementos na rizosfera, mediante excreções radiculares; na mudança de valência do ferro (Fe^{3+} a Fe^{2+}), que aumenta a sua absorção.

• Estado iônico interno

A planta saturada em íons absorve menos que outra planta que tenha poucos íons. Isso ocorre em razão de o fato ter atingido a $V_{máx.}$ e $I_{máx.}$, que é o limite máximo da absorção de um dado nutriente.

As plantas ligeiramente deficientes têm velocidade de absorção maior que as plantas bem nutridas. Nesse sentido, Calvache et al. (1994) estudaram a absorção de ^{32}P da solução pelas raízes destacadas do arroz. Pelos resultados, nas raízes das plantas deficientes em P (0,0 mM P) a absorção de ^{32}P foi 12 vezes maior que nas raízes das plantas não deficientes (0,5 e 2,0 mM $P.L^{-1}$).

Se a deficiência for muito acentuada, a velocidade de absorção diminui, pois ocorrem desarranjos metabólicos irreversíveis.

• Intensidade do metabolismo

O teor de carboidrato da planta determina o seu nível metabólico, em razão de essas substâncias constituírem o principal substrato respiratório e a consequente produção de energia (ATP) para suprir absorção ativa; ou seja, quanto maior o nível dessas reservas, drenadas da parte aérea à raiz, maior será a absorção radicular.

• Intensidade transpiratória

O efeito da transpiração é indireto:

A corrente transpiratória, que no xilema conduz o nutriente para a parte aérea, pode aumentar a tensão, "puxando" os elementos contidos nos espaços intercelulares e na parede celular das células da raiz.

Havendo maior transpiração, é favorecido o gradiente de umidade no solo, o que aumenta o fluxo de massa para a raiz.

• Intensidade de crescimento e morfologia das raízes

Quanto maior for a intensidade de crescimento das plantas, maior será a absorção. Além disso, as plantas com raízes bem desenvolvidas, mais finas, bem distribuídas, com maior proporção de pelos absorventes, absorvem mais, especialmente elementos cujo contato com a raiz se faz por difusão. Assim, para avaliar a eficiência de absorção de nutrientes pelas plantas têm sido muito utilizados parâmetros morfológicos da raiz, destacando-se a área e o comprimento das raízes (Tachibana & Ohta, 1983). Como a absorção de nutrientes depende, entre outros fatores, da morfologia da raiz e da concentração do nutriente na solução do solo, e sendo este último limitante em regiões tropicais, os parâmetros de raiz têm papel relevante no processo de absorção dos nutrientes. Diante disso, Barber (1995) desenvolveu um modelo matemático envolvendo variáveis de solo e de planta que poderia explicar e/ou eleger os parâmetros que mais afetariam a absorção dos nutrientes pelas plantas. Por exemplo, em soja, os fatores importantes para prever a absorção do K seriam a taxa de crescimento radicular e o raio da raiz, e em seguida outros fatores ([K] inicial na solução do solo; o poder tampão e o coeficiente de difusão do nutriente no solo).

Transporte

A maioria das plantas verdes terrestres, por sua vez, possui tecidos que estão muito afastados do solo, que é fonte de água e nutrientes. Assim, as plantas elaboram estruturas e mecanismos que realizam o transporte de água e nutrientes no interior de seu corpo. Consequentemente, o transporte de substâncias é um dos tópicos importantes da nutrição de plantas (Epstein & Bloom, 2006).

Após o nutriente ser absorvido pelas raízes por meio das células da epiderme, ocorrerá o transporte, definido como movimento do nutriente do local de absorção para outro local qualquer. Têm-se dois tipos de transporte dos nutrientes nas plantas, o radial (da epiderme até o xilema) e o de longa distância (do xilema até a parte aérea). O transporte radial compreende o movimento do nutriente da célula da epiderme até os vasos do xilema e pode ocorrer por dois caminhos: via apoplasto e/ou simplasto (Figura 19). Pela via apoplasto, os nutrientes podem percorrer os espaços intercelulares ou deslocar-se pelas paredes celulares de uma célula para outra, até chegar à endoderme, que a partir daí é impedida pelas estrias de Caspary. Na via simplasto os nutrientes têm caminhamento pelo interior das células até a endoderme, e mais para dentro pode também ser feito por meio de comunicações citoplasmáticas entre uma célula e outra (plasmodesma), sendo esse caminho obrigatório além da endoderme (Malavolta, 1980).

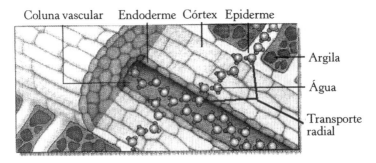

Figura 19 – Corte longitudinal da raiz ilustrando o transporte radial de água e nutrientes por via simplasto até a coluna vascular (xilema).

E, após o nutriente ter atingido o xilema, tem-se o transporte a longa distância até a parte aérea, que ocorre pelo processo totalmente passivo, para todos os nutrientes. Com a morte das células do xilema, formam-se tubos longos livres, permitindo o transporte da solução de nutrientes até a parte aérea.

Saliente-se que a eficiência de transporte/translocação (ET) dos nutrientes pelas plantas pode variar em razão da espécie vegetal e do nutriente. Conforme dito anteriormente, ET pode ser calculada pela fórmula: ET = ((conteúdo do nutriente na parte aérea)/(conteúdo total do nutriente na planta)) 100 (Li et al., 1991).

Estudos sobre a eficiência de transporte entre cultivares podem ser importantes para obtenção de plantas mais produtivas e com qualidade. Além disso, observou-se na cultura do arroz correlação positiva entre a eficiência de transporte e o teor de proteína no grão (Samonte et al., 2006).

Redistribuição

O termo redistribuição refere-se à transferência do nutriente de um órgão ou região de residência para outro ou outra, em forma igual ou diferente da absorvida. Exemplo: de uma folha qualquer para o fruto em desenvolvimento; de uma folha velha para uma folha mais nova; da casca para uma folha mais nova.

A redistribuição de um nutriente na planta é processo secundário e se refere à sua translocação desde os locais onde foram depositados pelo movimento da água no xilema (Cerda et al., 1982) até atingir outros órgãos via vasos do floema. Assim, normalmente, os solutos (nutrientes), depois de absorvidos, tendem a se acumular em órgãos com maior taxa de transpiração (folhas maduras) em detrimento a outros órgãos (brotações; frutos). Para equacionar isso, as plantas redistribuem nos diferentes órgãos os nutrientes via vasos do floema. Saliente-se que a literatura que aborda a temática de mobilidade de solutos nas plantas provém da fisiologia vegetal, que focaliza apenas o movimento de fotossintatos, com pouca referência aos nutrientes.

A teoria mais citada que explicaria o movimento de solutos no floema é de Münch (1930), que seria a hipótese "pressão-fluxo", ocorrendo movimento da fonte para o dreno.

Para isso, os solutos passam por três sistemas: difusão no simplasto e espaço livre; transporte ativo através da membrana para o floema; fluxo passivo pelos tubos crivados (poros com juntas de calose) (Figura 20).

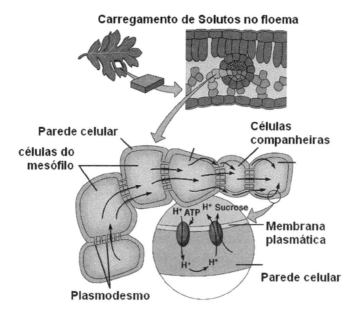

Figura 20 – Movimento de solutos (açúcar e nutrientes) pelo floema.

Desse modo, os nutrientes com grande mobilidade na planta apresentam alta concentração desse nutriente no floema, pois a imobilidade no floema é causada presumivelmente pela incapacidade desses elementos de entrar nos tubos crivados.

Assim, a mobilidade dos nutrientes (redistribuição pelos órgãos no floema) nas plantas varia de elemento para elemento, ou seja, as funções que o nutriente exerce na planta determinam sua mobilidade, e também ocorre interferências do meio de cultivo e da espécie/cultivar. Malavolta (2006) sugere algumas explicações para o fato de que alguns elementos são mais móveis que outros: (1) permanência na forma iônica e menor incorporação em moléculas grandes favorecendo a mobilidade; (2) formação de quelados evita a precipitação nos vasos por OH^-, HCO_3^- ou $H_2PO_4^-$; (3) a carga negativa predominante do quelado dificulta a fixação do cátion na parede celular dos vasos; (4) a adsorção ou incorporação maior ou menor na cutícula (caso do Zn) ou parede celular (caso do B) dificulta o movimento.

Inicialmente, a mobilidade dos nutrientes foi classificada por Marschner (1986) como móvel, parcialmente móvel e até imóvel, e em seguida houve novas alterações na classificação (Tabela 14). Nota-se que N, P, K, Mg e Cl são considerados móveis por todos os autores; entretanto, para o S existem divergências, embora nas culturas as deficiências visuais ocorrem em folhas novas. Assim, as pesquisas recentes indicaram nova classificação de mobilidade "variável ou condicional", pois a espécie da planta e mesmo o estado nutricional interno podem alterar a dinâmica do nutriente entre os órgãos das plantas. Para a maioria das culturas os micronutrientes apresentam mobilidade restrita, a exemplo do Zn e B. Entretanto, estudos indicam que o Zn pode ter mobilidade no floema, a exemplo da cultura do trigo (Haslett et al., 2001). Em outros trabalhos, utilizando como planta teste a macieira, verificou-se que ocorre a translocação de B em quantidades significativas na forma de um complexo orgânico (B-itóis) móvel na seiva do floema (Hu & Brown, 1997).

O grupo de nutrientes metálicos com mobilidade intermediária pode apresentar mobilidade muito baixa se ocorrerem reações de precipitações com óxidos, hidróxidos ou carbonatos; entretanto, se houver formação de complexos com ácidos orgânicos (quelatos), sua mobilidade será aumentada.

É pertinente reforçar que não se deve pensar que a imobilidade dos nutrientes nas plantas seja absoluta. Todos os nutrientes têm maior ou menor

Tabela 14 – Classificação da mobilidade comparada apenas dos nutrientes de plantas

Fonte	Classificação de mobilidade		
Marschner (1986)	Móvel N, P, K, Mg, Cl	Parcialmente/pouco móvel S, Zn, Cu, Mn, Fe, Mo	Imóvel B, Ca
Marschner (1995)	Alta N, P, K, Mg, S, Cl	Intermediária Fe, Zn, Cu, B, Mo	Baixa Ca, Mn
Malavolta et al. (1997)	Móvel N, P, K, Mg, Cl, Mo	Pouco móvel S, Cu, Fe, Mn, Zn	Imóvel Ca, B
Welch (1999)	Móvel N, P, K, Mg, S, Cl	Variável Fe, Zn, Cu, Mo, (Ni e Co)	Condicional Ca, B, Mn
Epstein & Bloom (2006)	Móvel K, N, Mg, P, S, Cl, B[1]	Intermediário Fe, Mn, Zn, Cu, Mo	Imóvel Ca, Si, B

[1] O B é móvel em algumas plantas (amendoim, trevo e frutíferas produtoras de nozes).

mobilidade, falando-se da absorção pelas raízes. O que ocorre é que, no caso dos imóveis, a redistribuição não é suficiente para satisfazer as exigências ou necessidades dos órgãos novos (folhas, ramos, frutos ou raízes) (Malavolta, 2006).

De toda a forma, pode-se inferir que para aqueles nutrientes imóveis no floema a aplicação foliar pode não ser a medida mais satisfatória de fornecimento do nutriente à planta, sendo a aplicação no solo a mais vantajosa. Entretanto, em algumas situações, em razão da baixa transpiração de frutos, a absorção radicular pode não ser suficiente para suprir esses frutos; assim, aplicações localizadas têm sido recomendadas, a exemplo do Ca em tomateiro (fruto) para prevenir podridão apical, e também em maçã (bitter pit).

Ressalte-se que o aspecto da mobilidade de cada nutriente na planta será abordado com mais detalhes nos próximos capítulos.

Uma consequência prática importante de redistribuição, em condições não caracterizadas por falta de suprimento, é o fato de que parte da necessidade da planta pode ser satisfeita por esse movimento – desde que os órgãos mais velhos acumulem quantidade suficiente. Nesse sentido, Franco et al. (2005) observaram em mudas de lichieira que quanto maior o diâmetro do alporque que iria originar a muda, maior o acúmulo de nutrientes na parte aérea. Paredes & Primo-Millo (1988) relataram que parte da necessidade dos novos órgãos da laranjeira é satisfeita pela mobilização das reservas (Tabela 15).

Observa-se que os nutrientes contidos nos órgãos de reserva atendem a parte do consumo dos órgãos novos de N, P e K, em 25-32; 12-17 e 22-29%, respectivamente.

Tabela 15 – Necessidades nutricionais da laranjeira (Paredes & Primo-Millo, 1988)

Fase/idade	Massa seca (planta)	Massa fresca (frutos)	Consumo anual para novos órgãos (C)			Coberto pelas reservas (R)			Necessidades anuais (NA)[1]		
			N	P	K	N	P	K	N	P	K
	kg		g			%			g		
Mudas (2 anos)	1,2	-	6,8	0,8	3,6	25	12	22	5,1	0,7	2,8
Formação (6 anos)	32	28	210	18	121	32	16	28	142	15	87
Produção (12 anos)	102	120	667	53	347	32	17	29	453	44	246

[1] NA= C - (Cx R/100)

Em culturas anuais, a taxa de redistribuição dos nutrientes na fase reprodutiva pode ser fator de produção, pois satisfaz parte significativa da exigência da cultura. Em trigo, observou-se correlação entre a produção e a redistribuição do nitrogênio da parte vegetativa para o grão (Xu et al., 2005), e essa redistribuição pode ser afetada pelo meio ambiente, sendo maior em condições de déficit hídrico (Xu et al., 2006). Em soja, a fixação biológica do N diminui muito no florescimento, e, para atender à alta exigência de N para enchimento dos grãos, é necessária a redistribuição do N de outros órgãos como as folhas que devem ter essa reserva (5%) ou N do solo (Fauconnier & Malavolta, citado por Malavolta, 2006). Portanto, se a reserva de N nas folhas estiver baixa, provavelmente a produção de grãos será afetada. Em arroz, Souza et al. (1998) acrescentaram, aliás, que na fase reprodutiva o N perdido da parte aérea correspondeu a 42% e 75% do N acumulado nos grãos, para cv. IAC 47 e variedade Piauí, respectivamente. Os autores acrescentaram que esta última variedade, não melhorada, apresentou maior eficiência na redistribuição, como medida de adaptação à eventual deficiência.

Em cana-de-açúcar, as raízes podem acumular mais de 30% do N aplicado (Sampaio et al., 1988). Assim, existe correlação positiva entre o conteúdo do N (e do S) do sistema radicular da cana e a produção da soqueira seguinte

(Vitti et al., 2007). Desse modo, a soqueira de cana-de-açúcar que eventualmente recebeu aplicação de N no ciclo anterior poderá ter "poupança de N" e com reflexo na maior produção, comparado àquela soqueira que não recebeu previamente o dado nutriente.

A redistribuição pode ser afetada pelo nutriente e o estado nutricional das plantas. Nesse sentido, Boaretto (2006) observou que, quando as plantas jovens de citrus estavam bem nutridas em boro, cerca de 40% do micronutriente presente nos órgãos novos foi proveniente das reservas da planta, mas quando a planta estava deficiente, apenas 20% do B presente nos órgãos novos veio da reserva da planta. Segundo o autor, possivelmente esse fato ocorreu porque nas plantas cultivadas em solução deficiente o nutriente apresentava-se nas partes mais velhas da planta, principalmente em formas insolúveis, como constituinte de um composto orgânico (parede celular). Enquanto as plantas se desenvolvessem em solução nutritiva adequada, maior seria a quantidade do nutriente em formas solúveis em água (localizado na região apoplástica na forma de ácido bórico).

Malavolta (2005) relatou um decréscimo quadrático na utilização de N e K de órgãos de reservas durante a frutificação em razão do teor foliar desses nutrientes. Assim, em plantas bem nutridas de N e K a redistribuição é baixa, e a exigência dos frutos pode ser satisfeita com as reservas do meio e não da própria planta.

Na seiva do floema, portanto, podem ser transportados em maior quantidade os sacarídeos, os aminoácidos e os minerais. Além desses, têm-se: proteínas (~200); quase todos os fito-hormônios vegetais (auxina; giberelinas; citocianinas; ácido abscísico); moléculas de RNA; compostos do metabolismo secundário, e até compostos químicos como inseticidas, fungicidas e herbicidas (Marenco & Lopes, 2005). Assim, na seiva do floema predominam os açúcares (10% a 25% em massa por volume). O açúcar que predomina no floema é a sacarose; entretanto, em algumas espécies têm-se outros açúcares como álcoois-açúcares (D-manitol em plantas da família Oleaceae; Sorbitol em Prunus serotina e Malus doméstica; rosáceas e Dulcitol em plantas da família Celastraceae) (Castro et al., 2005).

De acordo com Shelp (1988), a razão da concentração de determinado nutriente entre as folhas novas e as folhas velhas evidencia se esse é redistribuído via floema ou não. Quando a razão é muito menor que 1, por exemplo 0,5, indica que o nutriente não é redistribuído pelo floema, portanto imóvel, e quando é maior que 1, por exemplo 1,5, indica que o nutriente é redistribuído via floema.

Saliente-se que essa técnica é apenas uma indicação de mobilidade, não sendo um método conclusivo, como o método direto pelo uso da técnica isotópica ou do nutriente "marcado".

3
Absorção Iônica Foliar

Introdução

Atualmente, é aceito que a vida vegetal teve seu início na água. Nesse hábitat, onde hoje vive ainda a maioria dos vegetais, as plantas tinham à sua disposição todos os fatores necessários. Com a adaptação das plantas fora da água, por meio da evolução, as partes da planta se especializaram e passaram a executar determinadas funções. As raízes se especializaram em fixação e absorção de nutrientes; as folhas, em fotossíntese e respiração; e o caule, em transporte de solutos, ligando as raízes às folhas. Entretanto, as partes aéreas não perderam a capacidade de absorver nutrientes.

Em um breve histórico da adubação foliar temos:
1844 – Relatos de aplicação de Fe em videira.
1874 – Aplicação de chorume diluído em água em plantas de jardim na Alemanha.
1940-1945 – Grande impulso na absorção iônica em razão de sobras de radioisótopos.
1945 – Início de pesquisas com adubação foliar no Brasil, pelo IAC e pela Esalq.
1960-1970 – Grande número de empresas vendendo produtos para aplicação foliar, muitas vezes prometendo substituir a adubação do solo.

Aspectos anatômicos da folha e os processos ativos e passivos de absorção

O contato entre o nutriente e a folha é feito por meio da adubação foliar, principalmente. Na adubação foliar, aplicam-se os nutrientes em solução aquosa, e esses necessitam entrar na célula (citoplasma, vacúolo, organelas) para aí desempenhar suas funções, pois um nutriente é considerado absorvido quando está dentro da célula. Para isso, há duas barreiras a serem vencidas: a primeira é a cutícula/epiderme; a segunda são as membranas, plasmalema e tonoplasto.

A epiderme e a cutícula revestem a página superior e inferior das folhas, sendo a cutícula, que é a sua parte mais externa, de natureza química complexa, formada por ceras, cutina, pectina e celulose. É permeável à água. É a epiderme que confere as propriedades de molhamento e hidrofilia.

A absorção foliar, tal como a radicular, compreende uma fase passiva (penetração cuticular) e uma ativa (absorção celular).

a) *Passiva* – consiste num processo não metabólico, em que o nutriente aplicado à superfície foliar atravessa a cutícula superior ou inferior (Figura 20) ocupando o ELA (Espaço Livre Aparente), formado por parede celular, espaços intercelulares e superfície externa do plasmalema (Figura 21a). Para absorção cuticular, as moléculas solutos devem ter diâmetro inferior a 4-5 nanômetros.

Seria a entrada do nutriente no apoplasto foliar. A ordem decrescente de hidrofilia é: pectina > cutina > ceras cuticulares. Nota-se que, pela sua estrutura na forma de "escamas" imbricadas, e não contínua como antes se pensava, existe algum espaço por onde é possível a passagem de soluções.

É oportuno salientar, ainda, que algumas substâncias, quando aplicadas à superfície da folha, são capazes de desfazer algumas ligações químicas existentes entre as unidades da estrutura cerosa da cutícula. O rompimento dessas ligações resulta em algumas aberturas na cutícula, o que facilita a penetração de soluções. Esse fenômeno é conhecido como *Difusão Facilitada*, e um exemplo de substância capaz de promover essas alterações é a ureia, e por essa razão essa é frequentemente empregada em pulverização foliar. Assim, a ureia tem se destacado como aditivo por aumentar a velocidade de absorção de cátions e ânions (Freire et al., 1981).

b) *Ativa* – depois de vencida a cutícula, o nutriente é efetivamente absorvido, passando pelas membranas (plasmalema e/ou tonoplasto) das células da epiderme e do mesófilo. Assim é atingido o simplasto, podendo ser metabolizado ou transportado entre células por meio de projeções citoplasmáticas "plasmodesmos", atingindo o floema. Desse modo tem-se o transporte a longa distância, da mesma forma que na raiz, embora nas folhas não haja as estrias de Caspary (Figura 21b). Entretanto, diferentemente da

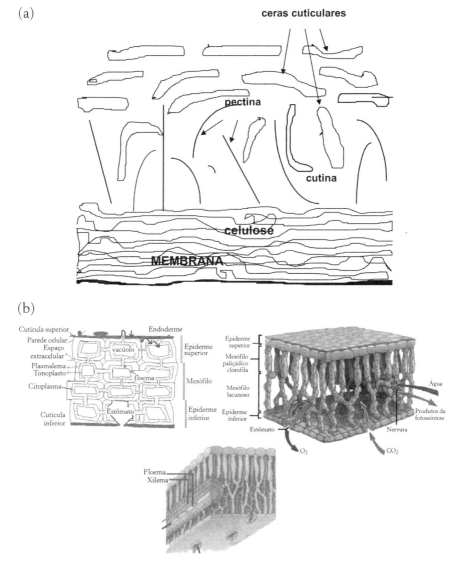

Figura 21 – Estrutura cuticular (Fonte: Hess, 1985) (a) e esquema da anatomia foliar a partir de um corte transversal da lâmina e um detalhe da nervura (b).

raiz, na folha existe a possibilidade do carregamento do floema a partir do apoplasto. Ressalte-se que essa fase constitui-se num processo metabólico lento, dá-se contra um gradiente de concentração e exige o fornecimento de energia (ATP). Seria a ocupação do simplasto foliar. A absorção ativa dos nutrientes é moderada por um carregador específico.

No floema os nutrientes são redistribuídos em formas diferentes das absorvidas, a exemplo do P (hexosefosfato), N (amidas), S (S elementar ou orgânico) e os micros Cu, Fe, Mn e Zn (orgânica como quelados) (Malavolta, 2006).

Fatores externos e internos que afetam a absorção de nutrientes pelas folhas

A exemplo do que foi visto na absorção radicular, a absorção foliar é também influenciada por diversos fatores externos (ambiente) e internos (planta).

a) *Fatores externos*

Entre os fatores externos que influenciam a absorção foliar são considerados: o ângulo de contato da solução e a folha, a temperatura e a umidade, a concentração e a composição da solução e a luz.

O *ângulo de contato* entre a solução e a superfície foliar diz respeito ao maior ou menor molhamento da folha pela solução. Assim, quanto mais espalhada for a gota da solução, maior será o contato dessa com a superfície foliar e, portanto, maior será a possibilidade de absorção dela.

A *temperatura e a umidade* do ambiente determinam a velocidade de secamento da solução aplicada à superfície foliar. Dessa forma, quando se têm altas temperaturas ou baixa umidade relativa do ar (< 60%), a evaporação da solução é facilitada, o que concorre para uma menor permanência dessa na superfície foliar, consequentemente diminuindo a possibilidade de absorção.

A *concentração da solução* a ser aplicada deve levar em conta a possibilidade de sua evaporação, podendo, portanto, se tornar muito concentrada a ponto de causar danos à folha. Assim, ao preparar-se uma solução, é necessário que antes da sua aplicação sejam consideradas as reais condições de sua evaporação a partir dos dados da temperatura e da umidade do ar.

A *composição da solução* é outro aspecto que deve ser considerado, pois cada elemento químico nela contido apresenta uma velocidade de absorção (Tabela 16), e que, portanto, têm-se nutrientes com absorção (50% do nutriente aplicado na folha) relativamente rápida, como o N (0,5 a 36 h), e outros muito lentos, como Fe e Mo (até 20 dias). Observa-se uma variação do tempo de absorção em cada nutriente, tendo em vista ser dados obtidos em diferentes condições experimentais. Pesquisas recentes, a exemplo do S, estão de acordo com os dados apresentados na Tabela 16, ou seja, cerca de 33% do enxofre aplicado ao primeiro trifólio de feijoeiro foi absorvido no período de sete dias (Oliveira et al., 1995). Com relação ao B (em citrus), observou-se que a maior eficiência de absorção ocorreu depois de 16 horas da pulverização (Boaretto, 2006).

Há diferenças na absorção foliar em razão da natureza química do íon (cátions ou ânions) e mesmo pelo íon acompanhante. Com relação à natureza química do íon, observa-se que os poros da cutícula contêm cargas negativas (ácidos poligalacturônicos), e isso implica maior absorção de cátions em relação aos ânions que ocorre uma repulsão. Assim, a taxa de absorção de NH_4^+ é maior do que a de NO_3^-. Com relação ao íon acompanhante, estudos indicam que o Mg aplicado em folhas de macieira tem maior absorção quando o íon acompanhante está na forma de cloreto comparado a nitrato ou sulfato, em razão da variação na solubilidade e na higroscopicidade desses tipos de sais (Allen, 1960).

Tabela 16 – Velocidade de absorção de nutrientes aplicados às folhas (Malavolta, 1980)

Nutriente	Tempo para 50% da absorção total
N – Ureia $(CO-NH_2)_2$	0,5 a 36 h
P - $H_2PO_4^-$	1 a 15 dias
K - K^+	1 a 4 dias
Ca - Ca^{2+}	10 a 96 h
Mg - Mg^{2+}	10 a 24 h
S - SO_4^{2-}	5 a 10 dias
Cl - Cl^-	1 a 4 dias
Fe - Fe-EDTA	10 a 20 dias
Mn - Mn^{2+}	1 a 2 dias
Mo - MoO_4^{2-}	10 a 20 dias
Zn - Zn^{2+}	1 a 2 dias

Cada nutriente apresenta, portanto, características específicas durante o processo de absorção, caracterizando diferentes velocidades de entrada na planta, e também após a sua absorção se diferenciam na mobilidade (transporte dos nutrientes das folhas para outros órgãos pelo floema), que varia de elemento para elemento conforme discutido anteriormente (Tabela 14).

Quanto aos nutrientes ditos parcialmente móveis, estudos recentes com citrus, utilizando a técnica isotópica, indicam a baixa eficiência desses nutrientes na nutrição da planta. Nesse sentido, Boaretto et al. (2003), a partir dos resultados obtidos, concluíram que a adubação foliar com micronutrientes tem sido um meio eficiente de fornecimento de Zn, Mn e B às folhas que recebem a pulverização, mas é insuficiente para alterar o teor desses micronutrientes nas folhas novas das laranjeiras que nascem após a pulverização foliar. Os resultados indicam que menos de 10% das quantidades Zn e Mn que são depositadas na superfície das folhas de laranjeira são absorvidas, mas são insuficientes para elevar os teores dos micronutrientes das folhas que recebem a adubação foliar. Menos de 1% das quantidades do Zn e do Mn depositadas nas folhas é transportado às partes da laranjeira que crescem após a adubação foliar e é insuficiente para alterar significativamente os teores foliares desses micronutrientes nessas partes. Saliente-se que a quantidade translocada é pequena (1%) e não chega a impressionar o filme radiográfico posto em contato com as partes novas das folhas (Figura 22).

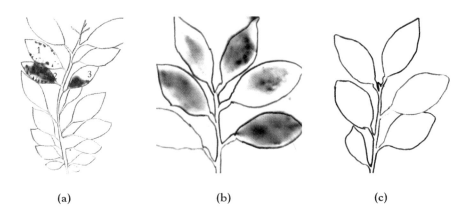

(a) (b) (c)

Figura 22 – Radioautografia. a - Folhas 1, 2 e 3 receberam ^{54}Mn; b - Folhas que receberam ^{65}Zn e c - Ramo novo que desenvolveu depois que o ^{65}Zn foi aplicado. O contorno das folhas foi desenhado para localizar o ramo no filme radiográfico (Boaretto et al., 2003).

pH da solução: a solução pode modificar o pH da superfície foliar, alterando a permeabilidade da cutícula, aumentando a velocidade de absorção logo no início do processo e também a disponibilidade dos nutrientes na solução. Nesse sentido, Rosolem et al. (1990) verificaram que o N das soluções de pH baixo (3,0 a 4,0) foi absorvido mais rapidamente que o de soluções com pH mais alto (6,0-7,0), atingindo 50% do N aplicado após 5,5 e 11,5 horas, respectivamente (Figura 23).

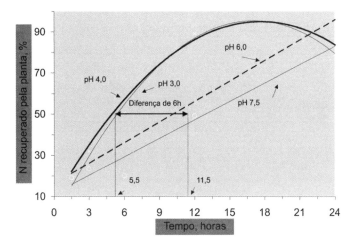

Figura 23 – Taxa do N recuperado na planta de algodão, em função do pH da solução e do tempo de absorção (adaptado de Rosolem et al.,1990).

Swanson & Whitney (1953), ao trabalharem com fontes de fosfato de pH variável, observaram maior absorção de fósforo por folhas de feijoeiro a partir de soluções que apresentaram menor valor de pH. Isso ocorreu provavelmente pela maior facilidade de absorção do íon H_2PO_4, presente em pH ácido. Resultados semelhantes foram obtidos por Oliveira et al. (1995), que observaram maior absorção de S pelo feijoeiro a partir de fontes com pH de menor valor. A maior rapidez de absorção do K foi em pH 3, quando a aplicação foi efetuada na forma de fosfatos ou citratos; para a ureia a maior intensidade de absorção ocorre em pH 5 a 8, e a menor, entre 6 e 9 (Castro et al., 2005).

A *luz* é outro fator a ser considerado, tendo em vista a sua participação no processo fotossintético e produção de energia indispensável para a fase ativa da absorção. Assim, no escuro, inexiste essa fonte de energia e ocorre menor velocidade de absorção.

b) *Fatores internos*

Entre os fatores internos, ou seja, aqueles ligados à planta, são considerados a umidade da cutícula, a superfície da folha, a idade e o estado iônico interno.

A *umidade da cutícula* apresenta-se como fator importante para o caminhamento do elemento químico na fase passiva da absorção. Considerando que o processo de difusão dos elementos faz parte dessa dinâmica, um nível mínimo de umidade é indispensável para a sua ocorrência. Assim, as cutículas desidratadas, em folhas murchas, são consideradas praticamente impermeáveis.

A *superfície da folha* é considerada um fator interno importante, à medida que as páginas superior e inferior da folha se apresentam com alguns aspectos anatômicos distintos.

Na literatura, tem sido indicado que a absorção foliar de nutrientes ocorre preferencialmente na face da folha, onde a cutícula é mais fina (a exemplo da face inferior ou folha sombreada), sendo também a região na qual predomina maior quantidade de estômatos. Nessa face com maior quantidade de estômatos há muitas células-guarda, que por sua vez têm alta quantidade de poros. Associado a isso, a composição da cera cuticular das células-guarda oferece menor resistência à passagem de solutos (Karabourniotis et al., 2001). Já a entrada de íons pela cavidade estomatal é pouco provável, pois a entrada de líquidos é insignificante por causa de sua arquitetura (Ziegler, 1987) e da presença do revestimento da cutícula, embora de espessura fina, e de gases CO_2, O_2 ou vapor de água (pressão positiva), que também podem impedir a passagem da solução.

A *idade da folha* é considerada importante à medida que, com o amadurecimento e envelhecimento da folha, há um maior desenvolvimento da cutícula, o que aumenta a resistência da solução à penetração e, consequentemente, o processo de absorção ficaria mais difícil.

A *idade da planta* afetará a taxa de crescimento e absorção de nutrientes, que normalmente segue uma curva sigmoidal, onde na parte linear da curva se espera maior resposta da planta à aplicação do nutriente.

O *estado iônico interno (estado nutricional)*, tal como visto para a absorção radicular, dentro de limites, regula a quantidade de elementos a serem absorvidos. Nesse sentido, quanto maior a concentração de elementos químicos nas células da folha, maior será a dificuldade na absorção de novos elementos.

Por fim, salienta-se que a nutrição das plantas com a aplicação foliar de nutrientes deve ser utilizada sempre como um complemento da adubação via solo (Figura 24).

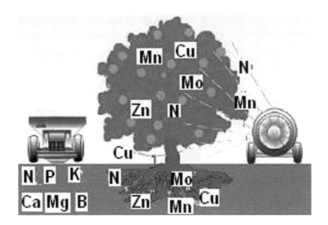

Figura 24 – Aplicação de nutrientes via solo e folha.

Além dos nutrientes, têm sido indicados aminoácidos em pulverização foliar, mas existem dúvidas sobre sua absorção e utilização nas plantas.

Aspectos gerais da pulverização foliar

A aplicação foliar com formulações como N-P-K tem se apresentado negativa, com exceção do N-Ureia, pelos seguintes motivos:
• grande quantidade de nutrientes exigidos pelas plantas no início de seu desenvolvimento;
• pouca área foliar, no início da cultura;
• problemas de queima de folhas;
• dentre as muitas formas de P e K estudadas, poucas se adaptam à aplicação foliar;
• custo da operação.

Além de problemas estritamente de compatibilidade, a presença de um nutriente na solução pode afetar negativamente a absorção de outro, em especial nas soluções multinutrientes.

A adubação foliar tem algumas vantagens, como:
• o alto índice de utilização, pelas plantas, dos nutrientes aplicados nas folhas;

- correção de algumas deficiências de micronutrientes em curto prazo de tempo;
- possibilidade da aplicação de micronutrientes juntamente com os defensivos agrícolas.

Cabe salientar que a aplicação foliar de nutrientes exige uma série de cuidados fundamentais para sua máxima eficiência, tais como:
- a aplicação foliar de nutrientes não pode ser utilizada como regra de substituição da adubação via solo e, sim, como complemento, conforme dito anteriormente;
- a aplicação foliar para macronutrientes não introduz o incremento suficiente no tecido foliar, pois as plantas apresentam alta exigência e, consequentemente, não apresentam reflexos significativos na produção; portanto, para esses nutrientes, não seria vantajoso o uso dessa técnica;
- a aplicação foliar para micronutrientes tem como ponto positivo a baixa exigência das plantas e, portanto, requer pequena quantidade aplicada; o ponto negativo seria a baixa mobilidade na planta, ou seja, ele permanecerá em maior quantidade nas folhas que receberam a aplicação. Assim, com o surgimento de novas folhas dever-se-á repetir eventual sintoma de deficiência. Desse modo, a frequência de aplicação dos micronutrientes poderá melhorar a sua eficiência;
- a água utilizada deve ser limpa, pois a presença de impurezas como argila pode causar reações com nutrientes, reduzindo sua ação;
- o valor do pH da solução deve ser controlado;
- o uso de tecnologia de aplicação apropriado, como equipamentos bem regulados (bicos específicos, pressão, altura da barra) para que garanta maior homogeneidade e com reduzida deriva;
- condições ambientais favoráveis tendo temperatura abaixo de 30°C, umidade relativa do ar acima de 50%, vento abaixo de 3m/s e alta probabilidade de chuva.

O uso de espalhante adesivo ou surfactante é importante para aumentar a superfície de contato da cauda-folha e, consequentemente, o incremento da absorção.

O uso do umectante para retardar a secagem da solução pelo abaixamento do ponto de deliquescência da calda na superfície da folha, mantendo o nutriente na forma iônica por mais tempo. Essas substâncias (ex.: Sorbitol) são obrigatórias na adubação foliar, pois muitas vezes são realizadas em condição ambiental limitante e especialmente pelo fato de garantir a adequada absorção cuticular do nutriente.

4
Nitrogênio

Introdução

Analisando a distribuição do nitrogênio (N) na natureza, observa-se sua predominância na atmosfera (78,3%), sendo encontrado na biosfera (0,27%). Entretanto, na litosfera e na hidrosfera inexiste o elemento. Assim, a atmosfera é o principal reservatório de N, atingindo 82 mil t no ar que circunda 1 ha. Esse reservatório é praticamente inesgotável, pois existem processos (desnitrificação) que reabastecem constantemente a atmosfera. Apesar dessa abundância, a forma N_2 presente no ar não é diretamente aproveitável pelas plantas, pois elas apenas reconhecem o nitrogênio nas formas assimiláveis amônio (NH_4^+) ou nitrato (NO_3^-). Assim, para a nutrição das plantas, torna-se necessária a transformação do N_2 gasoso para as formas assimiláveis. Para isso, existem três processos que podem ser utilizados: fixação biológica, fixação industrial e fixação atmosférica (Figura 25).

Dentre os processos, o que apresenta maior potencial de adição de nitrogênio ao solo e também com maior taxa de benefício/custo é o processo da fixação biológica. Os principais sistemas fixadores são os livres e os simbióticos.

Os sistemas livres podem ocorrer em cultivo de arroz inundado, por meio de algas azuis verdes (*Azolla*); sendo capaz de fixar cerca de 500 kg de N ha^{-1} e, também, em gramíneas (arroz, pastagem, milho, sorgo e cana-de-açúcar) esses fixadores livres (Azotobacter e Beijerinckia) podem fixar cerca de 30 kg de N ha^{-1}.

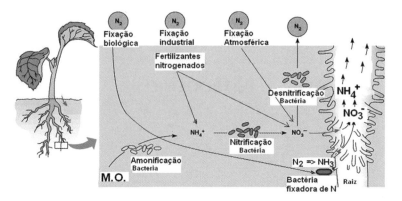

Figura 25 – Processos de fixação do nitrogênio atmosférico (N_2).

O sistema simbiótico de maior interesse agrícola é constituído pela associação específica entre bactérias do gênero Rhizobium e leguminosas que desenvolvem nódulos característicos. Assim, a fixação biológica do N_2 (FBN) é um processo significativo que, segundo estimativas, fornece entre 139 e 170 milhões de toneladas de N por ano para a biosfera, valores superiores aos 80 milhões aplicados com fertilizantes.

No Brasil, estudos com FBN tiveram início em 1963, com Joana Döbereiner, em uma época em que poucos cientistas acreditavam que essas pesquisas poderiam competir com fertilizantes minerais. Desde então, a maioria das pesquisas nessa área, nas regiões tropicais, tem sido, de alguma maneira, influenciada pelas descobertas de Döbereiner da Embrapa. O programa brasileiro de melhoramento da soja, iniciado em 1964, também foi influenciado, entre outros, pelos trabalhos de Döbereiner. Tornou-se o programa de melhoramento de soja de maior êxito, totalmente baseado no processo de FBN. Sem o uso de adubos nitrogenados, o Brasil pôde competir com sucesso no mercado internacional, tornando-se o segundo produtor mundial de soja. Esse fato tem representado para o Brasil uma economia anual de mais de um bilhão de dólares em fertilizantes nitrogenados.

Assim, em soja, esse sistema simbiótico permite, em muitos casos, suspender a adubação nitrogenada, pois o sistema pode fornecer cerca de 60% da exigência de N da planta. E em guandu, até 90% do N provém da FBN (Valarini & Godoy, 1994). Ressalte-se que, para ocorrer a fixação biológica do N, conforme dito anteriormente, a ligação tripla (N≡N) precisa ser rompida e, em seguida, 3 átomos de H são ligados a cada N, formando-se 2 NH_3 (amônia). Para isso, a planta hospedeira cede o carboidrato (que vem da fotossíntese) ao microrganismo, e esse, a partir de um sistema bioquímico, realiza a "quebra" da ligação tripla do N_2, fornecendo em troca a amônia (NH_3) à planta. A energia (ATP, elétrons e H) utilizada pelo microrganismo provém dos compostos da fotossíntese, sob o processo da respiração via metabolismo oxidativo. Assim, a fixação biológica do nitrogênio depende do metabolismo oxidativo que irá fornecer **ATP, elétrons e H**, de um sistema transportador de elétrons e, por fim, da atuação do complexo da nitrogenase (Figura 26).

Ressalte-se que durante o metabolismo oxidativo é produzido o **H,** que é transferido diretamente ao complexo da nitrogenase, enquanto os **elétrons** precisam de um sistema transportador (a ferrodoxina), para esses chegarem ao complexo da nitrogenase. Ou seja, a Fe-proteína I (4 átomos de Fe e 4 átomos de S) transfere os elétrons para a Fe-Mo proteína II (até 40 átomos de Fe e 2 átomos de Mo), tendo como seu cofator o Mo e o Fe; e N_2 se liga, na presença dos elétrons que serão utilizados para quebrar a ligação N≡N. Para cada elétron transferido da Fe-proteína para Fe-Mo proteína são consumidos 2 ATPs e, portanto, para reduzir 1~2 são necessários 8 elétrons e assim 16 ATPs. Salienta-se que a energia (**ATP**), que tem origem no metabolismo oxidativo, é "alimentada" pelo O_2, transportado pela leg-hemoglobina e evitando o excesso de O_2 que inibe a enzima. A presença dessa proteína no nódulo resulta em uma cor vermelha no seu interior, característica de nódulos ativos. Salienta-se que o Co faz parte da vitamina B12, sendo necessário para síntese da leg-hemoglobina.

No final, a amônia (NH_3) produzida no processo é transferida para fora do bacterioide por difusão e, na célula (citoplasma) do hospedeiro, é incorporada à alfa-ceto-ácidos pela ação da enzima glutamina sintase, formando compostos como amidas (glutamina e asparagina) em leguminosas de regiões temperadas (ervilha e lentilha) e ureídeos em leguminosas de origem tropical (feijão e soja). Esta, pela ação de outra enzima, se converte em glutamato (detalhes da ação dessas enzimas serão dados no próximo item), e, em seguida, em ureídeos e asparagina, que serão transportados via xilema para a parte aérea da planta, onde entrarão no metabolismo normal do N.

É pertinente destacar que o sistema simbiótico é um processo mediado por um complexo enzimático denominado **nitrogenase**, com a participação direta de alguns elementos como o Ca, Fe, Mo, Mg, Co, Ni e P. Assim, a deficiência desses nutrientes e elemento benéfico pode induzir à baixa fixação biológica de N, podendo causar sintomas de deficiência do elemento na leguminosa (Figura 27).

Sendo assim, pesquisas têm indicado que a atividade do complexo da nitrogenase pode responder positivamente à aplicação de certos nutrientes, como Ca, P e Mo (Figura 28) e também o B e o Cu. Além deles, o próprio N em doses elevadas diminui drasticamente a FBN. Nesse sentido, Waterer & Vessey (1993) demonstraram que, embora seja particularmente inibitório ao crescimento do nódulo e à atividade da nitrogenase, o nitrogênio é menos prejudicial ao processo de infecção. Entretanto, pequena quantidade de N no solo (vindo da mineralização da MO) pode favorecer a simbiose (Marschener, 1995), possivelmente pelo aumento na fotossíntese, proporcionando maior energia para o sistema simbiótico.

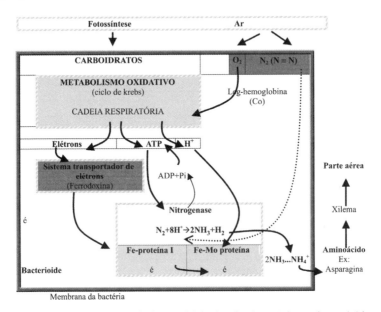

Figura 26 – Reações metabólicas de fixação biológica do nitrogênio nos bacterioides.

Figura 27 – Plantas de soja infectadas com *B. japonicum*, bem desenvolvidas, e um controle (a) e o sistema radicular com presença dos nódulos (b).

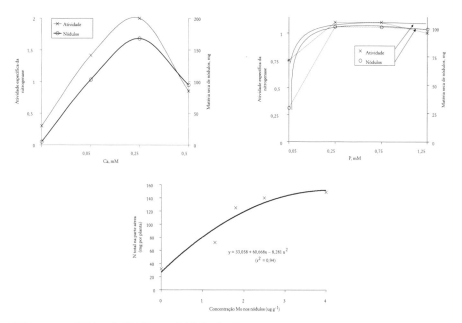

Figura 28 – Efeito do Ca, P na atividade da nitrogenase e na matéria seca de nódulos e do Mo no teor de N na parte aérea do feijoeiro.

A fixação industrial refere-se à produção de fertilizantes nitrogenados por processo industrial, que exige alta quantidade de energia (1035 kJ/mol) para "quebrar" a forte ligação tripla da molécula N≡N presente no ar, a partir do ferro metálico como catalisador, e depende de altas temperaturas (» 500 °C) e pressões (200-600 atm) para combinar N_2 e H_2 produzindo amônia (NH_3), origem de vários fertilizantes nitrogenados (ureia, sulfato de amônio entre outros).

A fixação atmosférica refere-se às descargas elétricas, comuns na época chuvosa, que unem N e O_2, formando óxidos que se podem decompor ou unir à água, atingindo o solo pela ação da chuva. Essa adição de nitrogênio, considerada baixa, pode fornecer de 2 até 70 kg de N ha^{-1}, dependendo da precipitação, da frequência das descargas elétricas, da proximidade de indústrias que liberam gases nitrogenados para a atmosfera etc.

Assim, com a fixação do N_2 da atmosfera, por via industrial, biológica ou atmosférica, tem-se um aumento da concentração do nitrogênio na solução do solo e o aproveitamento pela planta.

No solo, o nitrogênio encontra-se na maior parte na forma orgânica (95%) não assimilável pela planta, e o restante, na forma mineral assimilável, especialmente na forma de nitrato (NO_3^-) ou amônio (NH_4^+).

Um aspecto que beneficia a predominância do N na forma orgânica é que sua adição na forma mineral tende a passar para a forma orgânica, pela alta atividade microbiótica presente no solo, na qual grande parte do N aplicado no solo é imediatamente absorvida pelos microrganismos (incorporados aos seus corpos), e apenas após sua morte passará para a forma mineral assimilável pelas plantas.

A passagem do N da forma orgânica para a mineral como amônio (NH_4^+) ou nitrato (NO_3^-) é denominada mineralização, compreendendo vários processos, ou seja:

N-orgânico (proteína: C-C-N-C-...) => N-amídico (R-NH$_2$) => N-amoniacal (NH$_4^+$) => N-nitrato (NO$_3^-$)
(aminização)   (amonificação)   (nitrificação)

Saliente-se que o primeiro passo na mineralização do N-proteico no solo envolve sua hidrólise, catalisada por enzimas denominadas proteases. A ação dessas enzimas dá origem a uma mistura de aminoácidos (Burns, 1982) e em seguida sofre uma série de reações, até a produção do primeiro composto nitrogenado, na forma mineral (NH_4^+). O amônio pode estar sujeito a volatilização ($NH_4^+ \Leftrightarrow NH_3 aq + H^+$) com aumento da sua concentração em solução deslocando o equilíbrio da reação para a direita (>NH_3) e/ou pela diminuição da concentração de H^+ (pH>7), visto que o pKa da reação é 9,5, ou seja, é o pH da solução em que a concentração de NH_4^+ e NH_3 é de 50%; portanto, valor de pH menor de 7 ou 9 terá, respectivamente, 0,4% e 36% do N total na forma de NH_3. É pertinente salientar que a atividade de proteases do solo tem correlação com o N-foliar (Silva & Melo, 2004).

Assim, conhecer os fatores que favorecem a mineralização (temperatura = 30°C; umidade = 50%-60% da capacidade de retenção; solo arejado; pH > 6,0; C/N de resíduo vegetal <20/1) é importante para manter maior concentração de N na forma mineral na solução do solo, favorecendo maior absorção pela planta.

Desse modo, em solos com alto aporte de material vegetal, especialmente de gramíneas que apresentam alta relação C/N (40-80), o fenômeno da mineralização somente será efetivo, ou seja, predomínio do N na forma mineral, após 15-30 dias da aplicação do fertilizante. Logo, no manejo da cultura é importante considerar isso, para evitar que a planta tenha certa deficiência de N, mesmo após a aplicação do fertilizante.

No estudo do nitrogênio e dos demais nutrientes no sistema planta, é importante conhecer todos os "compartimentos" que o nutriente percorre, desde a solução do solo, raiz e parte aérea (folhas/frutos), ou seja, do solo até sua incorporação em um composto orgânico ou como um ativador enzimático, que desempenhará funções vitais para possibilitar a máxima acumulação de matéria seca do produto agrícola final (grão, fruta etc.) (Figura 29).

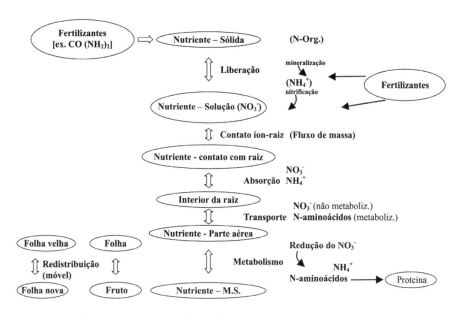

Figura 29 – Dinâmica do nitrogênio no sistema solo-planta, indicando os processos de passagem do nutriente nos diferentes compartimentos da planta.

Para isso, existem vários processos (liberação da fase sólida para a líquida, contato íon-raiz, absorção, transporte, redistribuição) que governam a passagem do nutriente nos diferentes compartimentos a ser devidamente metabolizados, desempenhando as suas funções específicas na vida do vegetal, para propiciar o acúmulo de matéria seca na planta. Além disso, para maximizar a conversão do nutriente aplicado em produção agrícola, é preciso satisfazer a exigência nutricional da planta, ou seja, atender, em termos quantitativos, aos nutrientes (macronutrientes e micronutrientes) em todos os estádios de crescimento/desenvolvimento para atingir a produção agrícola esperada (máxima econômica).

Ressalte-se que cada cultura apresenta uma exigência nutricional específica que garantirá maior conversão em produto agrícola, desde que não ocorra nenhuma desordem nutricional, seja por deficiência, seja por excesso.

Absorção, transporte e redistribuição do nitrogênio

Absorção do nitrogênio

Antes que ocorra a absorção propriamente dita do nitrogênio pela planta, é preciso ocorrer o contato desse nutriente com a raiz. Especificamente, para o N (conforme dito anteriormente no Capítulo 2), esse movimento do nutriente no solo é governado pelo fenômeno de fluxo de massa (movimento de íons "junto com" água), responsável por mais de 99% do contato N-raiz (Tabela 10). Isso depende, além da concentração do elemento na solução do solo, do fluxo da água (solo-planta) que aumenta com o volume de água absorvido pela planta (taxa de transpiração). Assim, para garantir o maior contato N-raiz e, consequentemente, maior absorção, é preciso manter a umidade do solo adequada.

Logo após o contato N-raiz tem-se o processo de absorção. As formas de absorção do nitrogênio pelas plantas são: N_2 (fixação biológica); aminoácidos; ureia; **NH_4^+** e **NO_3^-** (predomina).

Dentre as diferentes formas do nitrogênio absorvidas pelas plantas não inoculadas com microrganismo, as mais importantes são nítrica (NO_3^-) e amoniacal (NH_4^+). Entretanto, a forma de nitrato é a que predomina durante o processo de absorção, por ser a mais abundante na solução do solo, pela alta atividade da microbiota em solos tropicais, em desenvolver o processo de nitrificação ($NH_4^+ => NO_3^-$). Assim, a concentração de NO_3^- e NH_4^+ na solução do solo é de 100-50.000 e 100-2.000 $\mu mol\ L^{-1}$, respectivamente (Barber, 1995). Cabe salientar que o nitrogênio absorvido na forma de nitrato pode ser armazenado no vacúolo das células ou metabolizado, ao passo que o amônio absorvido deve ser todo metabolizado, pois não se acumula na planta por ser tóxico. Entretanto, em proporções semelhantes no meio de cultivo das duas formas de N, observa-se maior absorção de NH_4^+, comparativamente à de NO_3^-, isso ocorre provavelmente pelo fato de esse cátion ser absorvido por meio de canal iônico, sem gasto energético direto, enquanto a absorção de NO_3^-, usualmente, requer quantidade apreciável de energia pelo transportador (simporte). Conforme já dito, o sistema transportador é seletivo, ou seja, o nitrato tem um transportador, a exemplo do sistema NRT1 (Crawford & Glass, 1998), e o amônio outro sistema AMT1 (von Wiren et al., 2000), embora a pesquisa tenha identificado outros transportadores.

A absorção de NH_4^+ (sistema uniporte) resulta na liberação de prótons (H^+) para o meio, bombeado pelas H^+-ATPases das membranas, para restaurar o equilíbrio elétrico anterior, acidificando-o; entretanto, o contrário é verificado quando a planta absorve NO_3^-, pelo processo de cotransporte de prótons ($2H^+$), retirando H^+ da solução (Figura 30). Esses fenômenos ocorrem pelo fato de a planta "procurar" uma manutenção da neutralidade elétrica interna no citoplasma.

Assim, o uso da fonte de N na forma amoniacal promove acidificação do solo, por extrusão de um próton (H^+), e associado com a inibição do processo da nitrificação promove reação ácida no solo rizosférico. É pertinente salientar que a medida que tem diminuição do pH da rizosfera poderá afetar a aquisição de micronutrientes (Mn e Zn) e Si, com reflexos na diminuição da incidência de doenças (Hömheld, 2005).

Observa-se, ainda, que existem fatores que podem afetar o processo de absorção do nitrogênio, a exemplo dos fatores externos e internos discutidos anteriormente (Capítulo 2). Entretanto, têm-se alguns fatores específicos para o N, como:

• **pH "efeito direto"**

Em pH ácido, ou seja, alta concentração de H^+, tem-se uma competição com NH_4^+ inibindo a sua absorção pela planta, enquanto em pH próximo do alcalino tem-se alta concentração de OH^- e, assim, existe inibição de fontes à base de NO_3^-. Desse modo, com relação ao nitrato, o pH ótimo seria abaixo de 6, visto que o processo de absorção envolve cotransporte $H+$ (Ulrich, 1992).

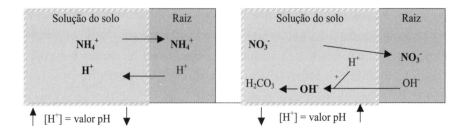

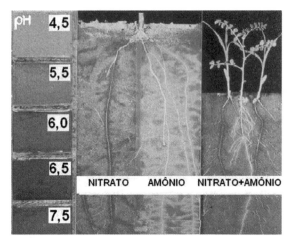

Figura 30 – Esquema ilustrativo de variação média no valor pH da solução do solo em razão de a fonte de nitrogênio ser amônio (NH_4^+), nitrato (NO_3^-) ou a mistura de ambas, fornecida a uma planta qualquer.

Saliente-se que é importante um equilíbrio das formas de nitrogênio (NO_3^-, NH_4^+) para manter um valor de pH satisfatório que não prejudique a taxa de absorção de N pela planta. E, além disso, o uso de uma proporção de N na forma de amônio promoveria uma economia de energia para a planta, pois esse não precisa ser reduzido e já entraria direto nos esqueletos de carbono. Ao passo que o fornecimento de apenas amônio para a planta deverá ter redução na produção de matéria seca, pois a planta não teria a capacidade de incorporar todo o N amoniacal nos esqueletos de carbono (por falta dos esqueletos) em tempo hábil, e com pH celular alcalino teria a conversão em NH_3, o que provocaria toxidez.

Nesse sentido, dados de pesquisa em meio hidropônico indicam o efeito positivo do equilíbrio das fontes de nitrogênio. A maior proporção do nitrogênio na forma de nitrato é mais vantajosa no crescimento das plantas do que a maior proporção do N na forma de amônio. Em forrageiras, o maior desenvolvimento ocorreu quando cultivadas na solução de nitrato/amônio de 100/0 a 55/45, ao passo que houve prejuízo no atributo produtivo quando a proporção de nitrato/amônio foi de 25/75 (Santos, 2003); em mudas de grápia a quantidade de amônio deve ser moderada, não ultrapassando a relação 75/25 ou 4:1 (Nicoloso et al., 2005), enquanto na cultura do milho a relação NO_3^-/NH_4^+ 50/50 foi superior à relação 100/0 (Below, 2002) (Tabela 17). Conforme dito, o nível muito alto de amônio na planta pode atingir níveis tóxicos nas plantas e diminuir a produção.

Por fim, a relação ideal de nitrato e amônio para as plantas depende da espécie, da idade da planta e do pH médio de crescimento da cultura (Haynes & Goh, 1978).

A forma de N utilizada nas culturas também pode afetar a absorção de cátions e ânions do solo. Nesse sentido, Noller & Rhykerd (1974), trabalhando com forrageira, ao utilizarem o nitrogênio na forma de nitrato (NO_3^-) observaram aumento no teor de cátions Ca, Mg e K e menores de ânions P e S. No caso da utilização de N na forma de amônio (NH_4^+), encontraram maior teor de P e S na massa seca das plantas. O comportamento diferenciado para cada forma empregada se deve ao balanço entre cátion e ânion.

Tabela 17 – Efeito da forma de N na produção e nos parâmetros fisiológicos de milho em cultivo sob meio hidropônico (Below, 2002)

Variáveis	NO_3^-/NH_4^+ 50/50	NO_3^-/NH_4^+ 100/0
Produção (t ha^{-1})	12,3	13,8
Número de grãos (número por planta)	652	737
Absorção de N pela planta (kg ha^{-1})	279	343

E, ainda, existem algumas indicações para evitar a aplicação do nitrogênio na forma amoniacal, pela sua relação com doenças. Nesse sentido, Martinez & Silva Filho (2004) informam que não é conveniente empregar o N amonical em hortaliças frutos, pois esse íon aumenta a incidência de podridão-estiolar ou fundo-preto.

• **Idade da raiz**

As raízes novas apresentam alta capacidade de absorção do nitrogênio, enquanto as raízes mais velhas apresentam baixa capacidade (Tabela 18).

Tabela 18 – Taxas de absorção de nutriente pelo milho, em função da idade da planta (dias)

Idade da planta (dias)	N (µmol/m raiz/dias)
20	227
30	32
40	19
50	11
60	6
70	1
80	0,5

• **Presença de outros nutrientes**

Em culturas anuais, a presença do K pode aumentar a absorção de N, e também serve como contraíon, favorecendo o transporte do nitrato para a parte aérea. E a presença do K na parte aérea "transportará" o malato para a raiz e, por meio do seu "metabolismo oxidativo", ocorrerá descarboxilação, liberando o HCO_3^- para meio e em troca tem-se absorção do nitrato (Figura 31).

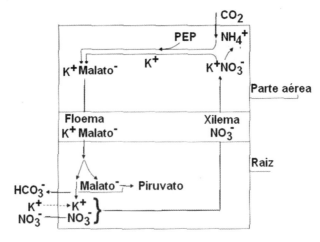

Figura 31 – Modelo para circulação de K entre a raiz e a parte aérea no transporte de nitrato e malato (Marschner, 1995).

Além disso, a presença do P também aumenta a absorção do N, especialmente do nitrato. Nesse sentido, Magalhães (1996) verificou em solução nutritiva que a omissão de P, por dois dias, diminuiu a absorção do nitrato (63%) em plantas de milho. E, em solos com baixo teor de água a difusão do P é prejudicada, e, consequentemente, a sua absorção, com reflexos na absorção do N.

Saliente-se, ainda, que existe um efeito negativo do NH_4^+ na absorção de outros cátions (Mg^{+2}, K^+ e Ca^{+2}), mais em razão de seu efeito acidificante no citosol do que da competição pelos sítios de absorção.

Por fim, estudos sobre remoção das folhas indicam diminuição da absorção de N pelas plantas (Lestienne et al., 2006).

Transporte do nitrogênio

O modo como o nitrogênio é transportado depende da forma absorvida amoniacal (NH_4^+) ou nítrica (NO_3^-) e do metabolismo das raízes. A maior parte do NH_4^+ absorvido é, geralmente, assimilada nas raízes, enquanto o NO_3^- é metabolizado pelas raízes ou transportado para a parte aérea como tal (Mengel & Kirkby, 1987), ou ainda, estocado no vacúolo das células das raízes. Portanto, o nitrato (NO_3^-) absorvido em plantas lenhosas como a seringueira pode aí ser metabolizado através da "redução do nitrato", pois a enzima "redutase" concentra-se nas raízes e, assim, tem-se acúmulo de NH_4^+, de forma que esse é transportado para a parte aérea para, em seguida, sofrer a incorporação nos esqueletos de C, transformando-se em N-aminoácidos, visto que nas folhas se concentram as enzimas GS e GOGAT (Delu Filho et al., 1994). Em *Vaccinium macrocarpon* também foi observada redução do nitrato nas raízes e, portanto, ausência da atividade dessa enzima na parte aérea (Dirr, 1974). A presença dessa enzima nas raízes ocorre especialmente em plantas perenes lenhosas, e em plantas anuais essa redução assimilatória não ocorre, pela ausência/baixa atividade da enzima na raiz; dessa forma, o nitrato é transportado para a parte aérea. Nas plantas perenes herbáceas, uma parte do nitrato absorvido é metabolizada nas raízes e a outra parte não sofre tal redução. Assim, têm-se as duas formas presentes ("N-aminoácido" e $N-NO_3^-$) no processo de transporte desse grupo de plantas. Em cana-de-açúcar, a atividade da redutase nas folhas é muitas vezes maior que nas raízes (Silveira & Crocomo, 1981). Enquanto em plantas fixadoras de N_2 a maior parte do N provém da FBN, nas raízes predominam os N-aminoácidos (asparagina), que são transportados à parte aérea (Figura 32).

Em leguminosas tropicais, como caupi, soja e feijão, predominam transporte de N na forma de ureídeos (exemplo, alantoína), ou amidas em amendoim, alfafa, tremoço, trevo, ervilha e lentilha (exemplo, asparagina; glutamina) (Marenco & Lopes, 2005).

Some-se a isso que na literatura existe uma indicação geral que em grande parte das espécies adaptadas a regiões de clima temperado e em condições de baixa concentração de nitrato no solo a redução do nitrato absorvido se dá nas raízes, portanto o N é transportado na forma de amônio, ao passo que em espécies de clima tropical a redução do nitrato tende a ocorrer na parte aérea da planta, sem depender da concentração externa desse íon, e assim o transporte ocorre da mesma forma que foi absorvido o nutriente (Nambiar et al., 1988). Portanto, no transporte a longa distância os nutrientes não são necessariamente transportados na forma iônica absorvida, podendo ser levados na forma orgânica em compostos de baixo peso molecular (N-aminoácidos).

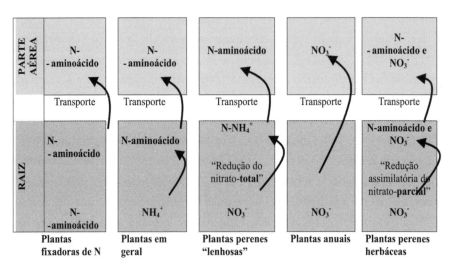

Figura 32 – Formas de transporte do nitrogênio em razão da forma absorvida e o respectivo metabolismo "redução assimilatória do nitrato" de grupos de plantas.

Além dos aminoácidos, existem vários compostos orgânicos de baixo peso molecular que armazenam N (aminas, ureídeos etc.) que também servem para transportar o N-orgânico a longa distância.

O aspecto do metabolismo do N, pela "redução assimilatória do nitrato", será abordado no próximo item. É importante ressaltar que nesse processo de transporte do nitrogênio e dos demais nutrientes é necessário percorrer o seguinte caminho:

Epiderme => parênquima cortical => endoderme => cilindro central (xilema e floema).

Da epiderme até a camada única de células da endoderme, o nutriente deve "vencer" a parede celular e espaços intercelulares (apoplasto); pode, também, passar de uma célula para outra, caminhando pelo citoplasma e seus prolongamentos entre duas células (plasmodesmos), que é o simplasto. A passagem do nutriente pela via apoplasto, através da endoderme, é impedida pela presença das estrias de Caspary (suberina cimentada). Assim, tem que recorrer à via simplástica (processo ativo) e, em seguida, os nutrientes atingem os vasos do xilema. Desse modo, tem-se o transporte a longa distância até a parte aérea, por meio de um processo inteiramente passivo (Figura 33).

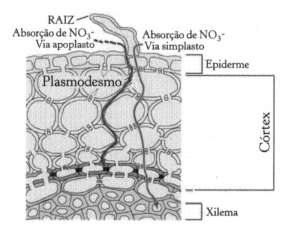

Figura 33 – Corte transversal da ponta da raiz, indicando o transporte do nutriente, via caminhamento pelo apoplasto e/ou simplasto das células da epiderme, parênquima, endoderme e cilindro central.

Redistribuição do nitrogênio

O processo de redistribuição do nitrogênio ocorre exclusivamente na forma de N-aminoácidos, pois nessa fase todo o $N-NO_3^-$ já foi metabolizado. Esse processo de redistribuição ocorre no floema, e o N-aminoácido (asparagina) apresenta alta mobilidade, ou seja, significa que, se por qualquer razão for interrompido o processo de absorção e/ou transporte do N, a planta tem a capacidade de mobilizar o N presente na folha velha para uma folha nova ou outro órgão em crescimento que apresente alta demanda desse nutriente. Em consequência, a planta que teve um suprimento de N insuficiente (planta deficiente em N) deve demonstrar primeiramente os sintomas de deficiência na folha velha. Portanto, conhecer os aspectos da redistribuição dos nutrientes nas plantas tem uma importância prática significativa, visto que é possível identificar, no campo, a sintomatologia, característica do nutriente em plantas com deficiência nutricional. Ressaltamos que os detalhes da sintomatologia de deficiência nutricional do N serão abordados em item específico no final ("Sintomatologia de deficiências").

Participação no metabolismo vegetal

O nitrogênio, antes de desempenhar suas funções nas plantas, tem-se um processo de metabolização passando pela "redução assimilatória do nitrato" ($NO_3^- => NH_3$), a partir da ação de enzimas redutases pois apenas na forma NH_3 é possível participar da via metabólica (GDH e GS/GOGAT) para a "incorporação do nitrogênio" em esqueletos de carbono (provindos da fotossíntese), gerando os aminoácidos (...-C-C-C**N**-C-C-...), e depois "deriva-se" em proteínas, coenzimas, vitaminas, pigmentos e bases nitrogenadas, que apresentam funções específicas no ciclo de vida dos vegetais (Figura 34). É oportuno ressaltar que o metabolismo do N (redução e incorporação do N) e a fixação biológica do N são os processos que mais consomem energia pelas plantas.

A formação da amônia durante o metabolismo ocorre durante vários processos:
a) Redução do nitrato e fixação biológica.
b) Fotorrespiração.
c) Metabolismo de componentes de transporte: é liberada durante degradação de Asn, Arg e ureídeos.

NUTRIÇÃO DE PLANTAS 99

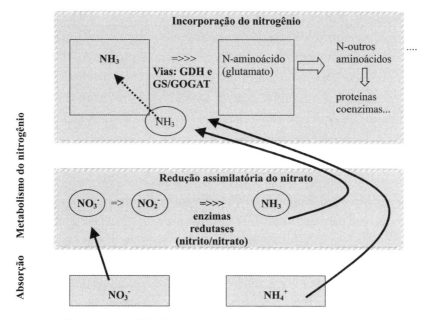

Figura 34 – Esquema simplificado do metabolismo do nitrogênio nas plantas (redução assimilatória do nitrato e incorporação do nitrogênio).

Redução assimilatória do nitrato

Em razão da predominância na absorção de nitrato, cujo número de oxidação do nitrogênio é +5, há a necessidade de redução de seu número de oxidação, pois a forma assimilável pela planta, forma amoniacal (NH_4^+) ou NH_3, apresenta número de oxidação igual a -3. Saliente-se que o amônio e a amônia se transformam um no outro em meio aquoso (NH_4^+ <=> NH_3 + H^+). Essa redução exige a doação de 8 elétrons que é feita pela ação das enzimas redutase do nitrito e redutase do nitrato, com alto consumo de energia respiratória. Essa transformação é denominada *redução assimilatória do nitrato* e é indispensável para que ocorra a incorporação do nitrogênio a um composto orgânico na planta e passe a exercer suas diversas funções. Essas etapas da incorporação do nitrogênio e as suas funções nas plantas serão detalhadas nos próximos itens.

A redução assimilatória do nitrato ocorre em duas fases:
a) redução do nitrato a nitrito (transferência de 2 elétrons);
b) redução de nitrito a amônia (transferência de 6 elétrons).

Para ocorrer a primeira fase, a redução do nitrato, há necessidade da atuação da enzima redutase do nitrato (RNO_3^-). Ela é constituída por duas unidades idênticas, tendo cada unidade três grupos prostéticos: FAD, heme e complexo molibdênio (Campbell, 1996), sendo este último centro ativo desse complexo. Entretanto, a enzima pode ter outros grupos prostéticos (citocromo). A atividade dessa enzima é facilmente determinada em tecido *in vivo* (Cazetta & Villela, 2004). Essa enzima localiza-se no citoplasma (células meristemáticas) e tem a capacidade de obter elétrons do NADH (é principal doador de elétrons em plantas) ou do NADPH (somente fungos e também em algumas plantas), que transfere esses dois elétrons para o Mo que os repassa para a redução do nitrato em nitrito. O NAD(P)H (coenzima) é obtido de células fotossintetizadoras, por meio do gliceraldeído fosfato (plantas C3) ou do malato (plantas C4) ou mesmo da própria respiração, caso essa redução esteja ocorrendo na raiz. A passagem dos elétrons ocorre pela própria enzima R NO_3^-, pela parte que contém grupo prostético (heme) e o complexo Mo, presente na sua composição, até o NO_3^- que é reduzido a NO_2^- (Figura 35).

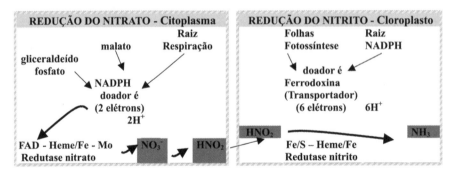

Figura 35 – Esquema da redução do nitrato e do nitrito utilizados pelas plantas.

Assim, experimentos indicam que aumento do NADH incrementa a produção de nitrito, ou seja, a redução do nitrato (Viegas & Silveira, 2002). Além disso, presença de elementos como Fe e especialmente Mo também é importante para a redução do nitrato. As pesquisas têm indicado que a baixa atividade da enzima redutase do nitrato é observada sob condições de baixa concentração do nitrato e de molibdênio. E essa enzima pode ser inibida pela presença de alta concentração de amônio ou certos aminoácidos/amidas. Assim, a atividade da enzima redutase de nitrato pode ser usada para avaliação do estado nutricional para o nitrogênio. Plantas com alta atividade dessa enzima são indicadores de nível adequado de nitrogênio, pois o próprio nitrato é substrato da enzima. Esse método de diagnóstico seja pela medida da atividade enzimática ou do conteúdo de metabólito é interessante, pois apresenta alta sensibilidade (conteúdo alto do nutriente = atividade alta da enzima ou conteúdo metabólito), entretanto, tem como desvantagem o alto custo relativo da análise e o fato de que outros fatores podem interferir na atividade da enzima e ainda, a interpretação dos resultados é dificultada (falta de padrões para confrontação dos dados), por não ser método de rotina, restrito a pesquisa.

Fatores ambientais promovem a expressão de genes que induzem produção de novas redutases de nitrato, como concentração de NO_3^-, a luz e os níveis de carboidratos (Sivasankar & Oaks, 1996).

No segundo estádio tem-se a redução do nitrito a amônia, catalisada pela redutase do nitrito (RNO_2^-), que apresenta elevada atividade nas plantas. Ela é constituída por um polipeptídeo único que contém dois grupos prostéticos: um agrupamento Fe-S (Fe2S4) e um grupo heme especializado (Siegel & Wilkerson, 1989). O nitrito é um íon altamente reativo, potencialmente tóxico. Admite-se que essa reação ocorra nos plastídeos na raiz e nos cloroplastos nas folhas, na superfície externa da membrana dos tilacoides, e que exige a participação de um agente poderoso, a ferrodoxina, que, nas folhas, recebe elétrons diretamente da cadeia de transporte eletrônico da fotossíntese (fotossistema I) durante o dia, e, no escuro, vem da respiração; nas raízes, o doador de elétrons é o NADPH. Entretanto, o carregador na raiz é desconhecido, visto que inexiste a ferrodoxina na raiz (Figura 35). Salienta-se, ainda, que a redução do nitrito é muito dependente da luz, pois a ferrodoxina tem a capacidade de agente doador apenas na presença da luz. No escuro, a redução do nitrito ocorre em taxas muito baixas.

É oportuno salientar que na falta de Mo pode haver acúmulo de NO_3^- em plantas alimentícias, o que é prejudicial aos animais, como nas forragens; se houver acúmulo de NO_3^-, esse pode ser reduzido a NO_2^- no trato digestivo, que, por sua vez, combina com a hemoglobina do sangue, produzindo um composto que não pode funcionar como transportador de O_2, levando o animal a sofrer a sua deficiência.

E, ainda, foi descoberta uma dependência entre a redução do nitrato na parte aérea e a fotorrespiração, ou seja, altas concentrações de CO_2 inibem a redução do nitrato (Bloom et al., 2002).

Por fim, a presença do nitrato afeta o metabolismo do carbono, pois redireciona o C da síntese de amido para produção de ácidos orgânicos ou "esqueletos de carbono" necessários para a incorporação do N em um composto orgânico, reação essa que será discutida no próximo item.

Incorporação do nitrogênio

Uma vez reduzido o nitrogênio para a forma NH_3/NH_4^+, ele precisa ser prontamente incorporado pelas plantas que apresentam baixa tolerância a essa forma de nitrogênio, já que ele pode ser tóxico, causando inibição de respiração, desacoplamento da fotofosforilação nos cloroplastos e até repressão na atividade da nitrogenase em plantas fixadoras de N. Epstein & Boom (1996) explicam que a toxidez de NH_4^+ ocorre pelo fato de dissipar os gradientes de prótons transmembrana, ou seja, se o NH_4^+ está em altas concentrações ele reagirá com OH^- no lado de fora da membrana, para produzir NH_3. Esse NH_3 é permeável na membrana e se difundirá através dela, ao longo de seu gradiente de concentração. Na parte interna da membrana, o NH_3 reagirá com H^+ para formar NH_4^+. O resultado líquido é que tanto a concentração de OH^- na parte externa quanto a concentração de H^+, na interna, foram diminuídas, isto é, o gradiente de pH foi dissipado.

Salienta-se que o $N-NH_4^+$ a ser metalizado pode vir da absorção radicular e também da degradação de compostos orgânicos (catabolismo), provindo da senescência das folhas ou até das reservas das sementes.

Com relação ao metabolismo, o nitrogênio é incorporado ao primeiro composto orgânico na planta (ácido alfa-cetoglutárico), converte-se em *ácido glutâmico* (N combinado com C-H-O), e essas formas reduzidas de N vão gerar principalmente aminoácidos, fazendo parte de proteínas, enzimas, ácidos nucleicos e outros compostos nitrogenados, entre eles a clorofila, pigmento que confere cor verde às folhas e tem o nitrogênio na sua composição.

A incorporação do nitrogênio, na forma de amônio, a compostos orgânicos foi descrita segundo Hewitt & Cutting (1979), principalmente por duas vias, que ocorrem simultaneamente.

1- *Via GDH: desidrogenase glutâmica*, que ocorre nas mitocôndrias das folhas e raízes, a partir da reação de aminação do ácido alfa-cetoglutárico, da seguinte forma:

$$\begin{array}{c} COOH \\ | \\ C=O \\ | \\ (CH_2)_2 \\ | \\ COOH \end{array} + NH_3 + NADH + H^+ \underset{}{\overset{GDH}{\rightleftharpoons}} \begin{array}{c} COOH \\ | \\ (CH_2)_2 \\ | \\ CHNH_2 \\ | \\ COOH \end{array} + NAD + H_2O$$

ácido alfa-cetoglutárico   **ácido glutâmico**

2- *Via GS-GOGAT: glutamina sintetase (GS) e glutamato sintase (GOGAT)*, descoberto por Lea & Miflin (1974), que a partir do ácido glutâmico resulta no aminoácido glutamina e depois se tem a última reação, que a partir da glutamina produz duas moléculas do aminoácido glutamato.

$$\text{Ácido glutâmico} + NH_3 + ATP \xrightarrow{GS} \text{Glutamina} + ADP + Pi$$

$$\text{Glutamina} + \text{ácido } \alpha\text{-Cetoglutárico} + NAD(P)H + H \xrightarrow{GOGAT} 2\,\text{glutamato} + NAD(P)^+$$

Existem duas formas de GOGAT presentes nas plantas, uma que utiliza a ferrodoxina reduzida como poder redutor presente em alta concentração nos cloroplastos das folhas e outra que utiliza o NADH, presente em baixa concentração nas folhas e alta concentração nos nódulos (plastídeos) de leguminosas.

Ressalte-se que a segunda via, por meio das duas reações, constitui via preferencial para introdução de NH_3/NH_4^+, em aminoácidos, pelas plantas. Assim, a enzima GS é principal via de incorporação de N, pois é favorecida em razão de sua maior afinidade pelo NH_3 (Km= 50 µmol L^{-1}), em relação à enzima GDH (Km até 70µmol L^{-1}), ou seja, mesmo em baixas concentrações de NH_4^+, a GS é ativa. E, também, pelo fato de que a glutamina é o primeiro produto formado, em plantas submetidas à aplicação de N (NH_4^+

ou NO_3^-) (Magalhães et al., 1990). Além dessas duas vias, podem ocorrer outras como:

$$NH_3 + CO_2 + ATP \xrightarrow{\text{Carbamil quinase (Mg)}} NH_2 - CO - OP3H_2 + ADP \text{ (Carbamil fosfato)}$$

Em plantas que apresentam excesso de NH_3, entretanto, a primeira via desidrogenase glutâmica torna-se importante, pois incorpora NH_3/NH_4^+ em radicais alfa-cetoglutárico, dando a formação do ácido glutâmico. Esses radicais alfa-cetoglutárico são provenientes, principalmente, da respiração de carboidratos nos mitocôndrios. Infere-se, portanto, que as plantas, como mecanismo de defesa, intensificam o processo respiratório, consumindo mais carboidratos para a produção de radicais ácidos que incorporarão NH_4^+, dando a formação a aminoácidos. As plantas nessa situação acabarão produzindo mais proteína, em detrimento dos carboidratos e seus derivados, resultando disso uma série de distúrbios relacionados ao excesso de N metabolizado, como: desequilíbrio entre a parte aérea e raízes; excesso de crescimento vegetativo em relação à produção; menor resistência à seca; acamamento; suculência dos tecidos; menor resistência ao transporte (frutas); menor conteúdo de açúcar etc.

Assim, o N metabolizado é incorporado em diversos compostos orgânicos, ricos em N, além dos aminoácidos. No metabolismo do nitrogênio são produzidos diversos aminoácidos, como a asparagina, que envolve a sintetase de asparagina, que facilita a transferência do nitrogênio amida da glutamina para o aspartato. Além dos citados, temos outros aminoácidos conhecidos, como amidas (glutamina, 2N/5C) e ureídeo (ácido alantoico, 4N/4C) etc.

Pelo processo conhecido como transaminação, por meio de enzimas denominadas aminotransferases ou transaminases, o grupo amino do ácido glutâmico ou de outro aminoácido pode ser transferido para outros radicais alfa-ceto-ácidos, dando formação a outros aminoácidos (N/C>0,4). Uma vez formados os 20 ou 21 aminoácidos pode haver a síntese de proteínas. O processo ocorre nos ribossomos e exige: tRNA; mRNA; ATP; Mg^{2+}; Mn^{2+}; K^+ e os 20-21 aminoácidos para a formação dos polipeptídios (proteínas). De acordo com o código genético do DNA, diferentes proteínas e outros compostos nitrogenados (bases nitrogenadas, coenzimas, pigmentos, vitaminas) podem ser sintetizados.

É oportuno acrescentar que esses aminoácidos produzidos durante o metabolismo do nitrogênio podem funcionar também como um sistema hormonal, regulando o crescimento da parte aérea e da raiz das plantas. Isso foi explicado por Lam et al. (1996), para os quais, em condições de alta luminosidade ou nível de carboidrato, são estimuladas a sintetase de glutamina e a sintetase de glutamato, e é inibida a sintetase de asparagina, favorecendo assimilação de N em glutamina e glutamato, compostos ricos em carbono, e estimulando o crescimento radicular. Em contraste, em condições de luz e carboidrato limitado, são inibidas sintetase de glutamina e sintetase de glutamato e estimulada a sintetase de asparagina, favorecendo a assimilação de N em asparagina, um composto rico em nitrogênio (estável em transporte a longa distância), o que favorece o crescimento da parte aérea.

Percebe-se, contudo, que o nitrogênio, após a sua metabolização, se encontra na planta quase todo na forma orgânica (90%), e assim apresentando como função principal a estrutural, como constituinte de compostos orgânicos como a clorofila (Figura 36). Portanto, a aplicação de N incrementa linearmente o teor de clorofila das folhas, a exemplo do tomateiro cv. Santa clara (Figura 37a). O aumento do teor de clorofila deixa a folha com o verde mais intenso e isso poderá ser medido/estimado com clorofilômetro (Figura 37b).

As pesquisas que avaliam os efeitos do nitrogênio nas plantas na maioria das vezes apontam aumento da área foliar (Lin et al., 2006) e da biomassa vegetal, explicado pelo aumento da capacidade fotossintética da planta, medida pela assimilação do CO_2, e também mantendo a folha verde por mais tempo, e a fotossíntese ativa, proporcionando maior produção de grãos (Figura 38) (Wolfe et al., 1988), pois se têm espigas maiores com maior número de grãos (Figura 39) (Below, 2002). Esse maior número de grãos está também em razão da menor taxa de abordamento.

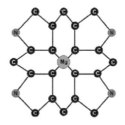

Figura 36 – Esquema ilustrando o pigmento da clorofila (exemplo típico de quelado natural com Mg na parte central do composto).

Figura 37 – Efeito do N no incremento da clorofila do tomateiro cultivado em dois solos (PVC e AQ) (Guimarães et al., 1999) (a), e clorofilômetro que estima o teor de clorofila (índice SPAD) (b)

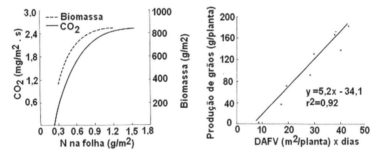

Figura 38 – Taxa de assimilação de CO_2 e produção de biomassa em razão do conteúdo foliar de N do milho (a) e relação entre a produção de grãos e a duração da área foliar verde (DAFV) no milho, no período de 63 a 125 dias após o plantio (b) (Wolfe et al., 1988).

Esse efeito do N, no incremento da fotossíntese, pode ser explicado pela participação desse nutriente na síntese de clorofila, conforme dito anteriormente, e também pelo seu papel na síntese das enzimas PEPC e RuBisCO (fosfoenolpiruvato carboxilase e ribulose 1,5 bifosfato carboxilase/oxigenase, respectivamente), que participam da fixação do CO_2 atmosférico. Ranjith et al. (1995) verificaram, em variedades de cana-de-açúcar, que, quando o conteúdo foliar de N aumentou de 50 para 97 mmol m^{-2}, a atividade das enzimas PEPC e RuBisCO e o conteúdo de clorofila também praticamente dobraram.

Yamazaki et al. (1986) observaram que em milho (planta C4) o N é um fator essencial para que a luz estimule a produção do mRNA para a síntese da

PEPC e RuBisCo. Entretanto, como a deficiência de N reduz o crescimento, a utilização de assimilados pela planta é reduzida, e maiores quantidades de carbono podem ser desviadas para a formação de amido (Rufty Jr. et al., 1988). Se o acúmulo de amido no cloroplasto for excessivo, a fotossíntese pode ser seriamente afetada, por dificultar a chegada do CO_2 aos sítios de carboxilação da RuBisCO (Guidi et al., 1998).

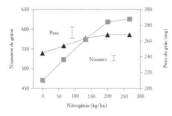 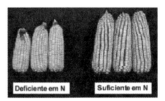

Figura 39 – Efeito do N no número e peso de grãos de milho e espigas em nível de deficiência e suficiência de N. Notar que a ponta das espigas com deficiência de N tem número de fileiras reduzido (Below, 2002).

Assim, o nitrogênio desempenha um papel importante para o crescimento e produção das culturas, participando de diversos processos fisiológicos vitais para o ciclo de vida das plantas (Tabela 19). O N, em quantidades adequadas, pode favorecer o crescimento da raiz, pelo fato de que o crescimento da parte aérea aumenta a área foliar e a fotossíntese e, com isso, maior fluxo de carboidratos para a raiz, favorecendo o seu crescimento (Tabela 20). Um aspecto visual do sistema radicular da cevada indica o efeito benéfico do N, verificado na parte da raiz em que o fertilizante esteve em contato (Figura 40). Na maioria das culturas observa-se alta resposta à aplicação do nitrogênio. Salienta-se que a irrigação é importante para maximizar a resposta das plantas a nutrição nitrogenada, a exemplo do maracujazeiro (Figura 41).

Tabela 19 – Resumo das principais funções do nitrogênio nas plantas (Malavolta et al., 1997)

Estrutural	Constituinte de enzimas	Processos
Aminoácidos e proteínas	Todas	Absorção iônica
Bases nitrogenadas e ácidos nucleicos		Fotossíntese
Enzimas e coenzimas		Respiração
Vitaminas		Multiplicação e diferenciação celulares
Glico e lipoproteínas		Herança
Pigmentos (clorofila)		

Tabela 20 – Efeito do nitrogênio no crescimento radicular de híbridos de milho

Híbridos	N aplicado kg ha^{-1}	Crescimento da raiz cm/10^2.s
P 3732	0	2,4
	227	**3,5**
B73 x Mo17	0	2,7
	227	**5,3**

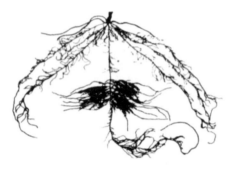

Figura 40 – Modificação no sistema radicular de cevada pelo suprimento de 1 mL de nitrato na parte mediana de um eixo radicular por 15 dias; o restante da raiz recebeu apenas 0,01 mM de nitrato (Drew & Saker, 1975, citados por Marschner, 1995).

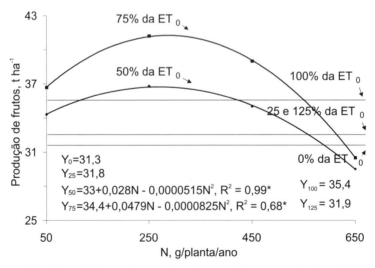

Figura 41 – Produção de frutos do maracujazeiro-amarelo em razão de doses de nitrogênio sob lâminas de irrigação (% da ET0) (Carvalho et al., 2000).

Diante da questão ambiental, novos estudos se apresentam necessários no sentido de avaliar genótipos mais produtivos e com menores exigências em água e nitrogênio. Nesse sentido, O'Neill et al. (2004) constataram em 12 híbridos de milho que houve híbridos que produziram cerca de 27% sob certo déficit hídrico e 42% sob déficit de nitrogênio, comparado a níveis adequados de água e nitrogênio.

Calvache & Reichardt (1996) também verificaram que no feijão e no trigo a irrigação deficitária influi na menor absorção de N do fertilizante. No citros, a aplicação do N refletiu na mesma proporção no teor de N na folha e na produção (Figura 42). Os teores de N foliares considerados adequados para as culturas serão apresentados no Capítulo 18.

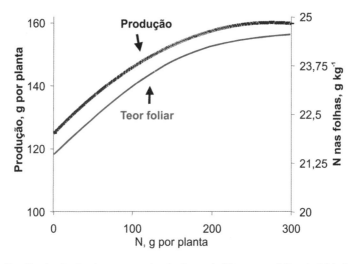

Figura 42 – Produção de citros em razão de doses de N e o teor foliar de N (adaptado de Malavolta et al., 1997).

Exigências nutricionais das culturas

A exigência nutricional é a quantidade de nutrientes acumulados na planta inteira durante seu ciclo de produção. Para contabilizar a exigência nutricional (EN) de uma cultura é necessário considerar os nutrientes absorvidos pela planta inteira, e não somente a parte colhida, ou seja, EN (kg ha^{-1}) = teor do nutriente na planta (%=g kg^{-1}x10) x matéria seca da planta inteira (kg ha^{-1}). Normalmente, o incremento da produção da cultura implicará aumento da quantidade de nutrientes acumulados pela planta, ou melhor, a exigência nutricional. Segundo Grove (1979), existe uma relação linear entre a produção de grãos e o acúmulo de N na parte aérea do milho, em diferentes locais (Brasil, Nova York, Porto Rico, Nebraska). Entretanto, o maior acúmulo de nutrientes, como o P, não indica que as plantas são mais ou menos eficientes, pois híbridos por meio de adaptações genéticas podem se desenvolver e produzir bem com menor quantidade do nutriente, ou seja, plantas com alta quantidade desse nutriente podem não ser mais produtivas, e vice-versa (Machado, 2000).

Extração e exportação de nutrientes

Cerca de 60% dos fertilizantes nitrogenados produzidos são destinados exclusivamente para atender exclusivamente às exigências nutricionais dos cereais (milho, arroz e trigo) (Ladha et al., 2005). Pela literatura, observa-se variação no total de N exigido ou acumulado pelas culturas (Tabela 21).

Tabela 21 – Exigências de nitrogênio das principais culturas (Malavolta et al., 1997)

Cultura	Parte da planta	Matéria seca produzida	N acumulado Parte da planta	Total [2]	N requerido para produção de 1 t de grãos [3]
		t ha^{-1}	kg ha^{-1}		kg t^{-1}
		Anuais			
Algodoeiro	Parte reprodutiva (semente)	1,3	29 (22,3)[1]	84	65
	Parte vegetativa (caule/ramo/folha)	1,7 (m.s.)	49		
	Raiz	0,5 (m.s.)	6		
Soja	Grãos	2,4	152 (63,3)	181	75
	Caule, ramos e folhas	5,6 (m.s.)	29		
Feijão	Vagem	1	47 (47)	110	110
	Caule	0,4	8		
	Folhas	1,2	53		
	Raiz	0,1	2		
Milho	Grãos	5,0	67 (13,4)	117	23
	Colmos, folhas	4,5	50		

Continua

Tabela 21 – Exigências de nitrogênio das principais culturas (Malavolta et al., 1997) – *Continuação*

Cultura	Parte da planta	Matéria seca produzida	N acumulado Parte da planta	Total [2]	N requerido para produção de 1 t de grãos [3]
		t ha^{-1}	kg ha^{-1}		kg t^{-1}
		Anuais			
Arroz	Grãos	3	45 (15)	103	34
	Colmos	2 (m.s.)	15		
	Folhas	2 (m.s.)	15		
	Casca	1	8		
	Raiz	1 (m.s.)	20		
Trigo	Grãos	3	50 (16,7)	70	23
	Palha	3,7	20		
		Perene e/ou semiperene			
Cana-de-açúcar	Colmos	100	90 (0,9)	150	1,5
	Folhas	25	60		
Café	Grãos (coco)	2	33 (16,5)	253	127
	Tronco, ramos e folhas	-	220		

[1] Exportação relativa de nutrientes através dos grãos produzidos (kg t^{-1}): N acumulado nos grãos/matéria seca dos grãos; [2] sugere a exigência nutricional (total) por área da cultura para o respectivo nível de produtividade; [3] sugere a exigência nutricional relativa de N da cultura para produção de uma tonelada do produto comercial (grãos/colmos); obtido pela fórmula: N acumulado na planta (parte vegetativa+reprodutiva)/matéria seca do produto comercial.

Logo, como os teores de nutrientes nos tecidos e a produção de matéria seca das culturas são distintos, espera-se que a exigência nutricional seja específica para cada cultura.

Dentre as estudadas, observa-se que o cafeeiro e a soja são as culturas que mais extraíram nitrogênio, atingindo 253 e 181 kg para uma produção de 2,0 e 2,4 t de produção, respectivamente. A soja e o feijão são as culturas que mais exportam N pelos grãos na época da colheita, atingindo 63,3 e 47 kg t^{-1} de grãos produzidos (Tabela 21).

Considerando, contudo, a necessidade absoluta, isto é, a quantidade total de nutrientes para a produção de 1 tonelada de produto agrícola (grãos), o cafeeiro e o feijoeiro indicam-se mais exigentes em N, necessitando 127 e 110 kg de N para cada t de produto colhido, respectivamente.

Enquanto a exportação (E) se refere aos nutrientes retirados da lavoura junto com a colheita, ou seja, E (kg t^{-1}) = acúmulo de nutriente mobilizado nos grãos (kg) x matéria seca da parte exportada (t), normalmente, após a colheita de culturas anuais, parte dos nutrientes é exportada no produto colhido (grãos), e o restante fica na área agrícola, na forma de restos culturais (raiz, caule e folhas), ao passo que em plantas perenes pouco dos nutrientes é exportado em relação ao que fica imobilizado na planta inteira. Entretanto, em culturas como o milho para silagem é exportada a planta inteira, exceto as raízes, e assim a maior parte dos nutrientes acumulados na planta é exportada.

Marcha de absorção

Outro ponto tão importante, como a definição da quantidade de nutrientes, é conhecer com precisão em quais épocas do seu estádio de crescimento/desenvolvimento a cultura apresenta tal exigência nutricional, pois a extração dos nutrientes do solo pelas plantas, ao longo de seu crescimento, varia com o tempo de cultivo. Em sistema irrigado (fertirrigação), é amplamente utilizado o parcelamento da aplicação dos fertilizantes nitrogenados de acordo com a demanda da cultura, reduzindo as perdas sem onerar o custo de produção. Desse modo, o sucesso do parcelamento do nitrogênio para aumentar a eficiência das adubações deverá ser influenciado além da planta, ou seja, a marcha de absorção dos nutrientes, também pelo ambiente, ou seja, sistema de cultivo (irrigado ou não irrigado), o solo como textura (arenosa ou média/argilosa) e manejo (semeadura direta consolidada ou convencional). Um outro aspecto que deve ser considerado é a necessidade de evitar as perdas gasosas do N aplicado no solo, especialmente na forma de ureia, a partir da incorporação no solo ou associação com outros fertilizantes como KCl, para diminuir o valor do pH da mistura.

Assim, para as culturas em geral, nos seus estádios produtivos, a curva que descreve a extração dos nutrientes em razão do tempo é uma sigmoide, da mesma forma que ocorre com a curva de acúmulo de matéria seca. Desse modo, quando a planta é jovem, a acumulação de nutrientes é pequena, bem como o acúmulo de matéria seca; em seguida, tem-se um aumento "abrupto" no acúmulo de matéria seca e, portanto, na absorção de nutrientes, descrevendo uma curva logarítmica; no período final de maturação fisiológica, há uma fase de estabilização, em que a absorção de nutrientes é pequena ou até nula como no milho (Figura 43).

Considerando, entretanto, a necessidade absoluta, ou melhor, a quantidade total de nutrientes necessária para produção de uma tonelada de produto agrícola (grãos), o cafeeiro e o feijoeiro são mais exigentes em N, necessitando 127 e 110 kg de N para cada t de produto colhido, respectivamente (Tabela 21).

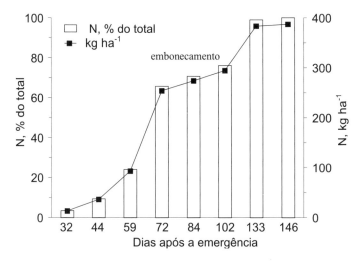

Figura 43 – Marcha de absorção do nitrogênio pela cultura do milho (adaptado de Flannery, 1987).

Especificamente, para o milho, nota-se baixa acumulação de N (9%) até os 44 dias após a semeadura; em seguida, a taxa de acumulação desse nutriente é praticamente linear com o tempo, atingindo o máximo aos 133 dias da semeadura. Cabe salientar que a cultura do milho, mesmo nos estádios iniciais de crescimento (4-5 folhas), tem indicado resposta benéfica em termos de produção à aplicação de N, visto que esse nutriente tem relação fisiológica na definição do número potencial de óvulos por espiga. E, associado a isso, deve-se atentar para o fato de que existe um tempo entre a aplicação do N no solo e a sua disponibilidade para a planta, tendo em vista a sua imobilização pela microbiota do solo, conforme comentado anteriormente. Desse modo, levando em conta as alterações do N do solo e a sua importância na fisiologia da planta, a aplicação de parte do N na fase inicial de crescimento das plantas torna-se interessante.

No caso de hortaliças como o tomate tem-se acumulação lenta até próximo aos 40 dias, e seguida de uma rápida no período de 40 a 80 dias, e a partir desse período tem-se absorção lenta até atingir os 120 dias do transplantio (Figura 44) (adaptado de Fayad et al., 2002).

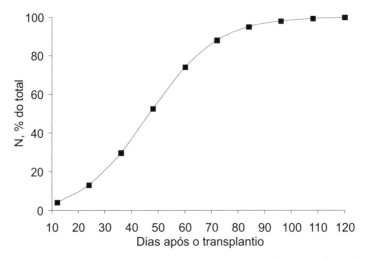

Figura 44 – Absorção de N pelo tomate (cv. Santa clara) cultivado em condições de campo (adaptado de Fayad et al., 2002).

Essas informações têm um aspecto prático muito importante, relacionado ao momento da aplicação do nutriente, na adubação de cobertura com N, devendo ser realizada nos períodos iniciais que antecedem a alta absorção. Assim, o conhecimento da melhor época de aplicação do nitrogênio e o uso de genótipos com alta habilidade para absorção do nutriente poderão aumentar a eficiência agronômica da adubação nitrogenada. A maior eficiência do uso do N torna-se importante pelo fato de que a taxa de recuperação do N pelas culturas, no primeiro ano, é no máximo de 50%, e após isso diminui drasticamente (< 7% em seis colheitas sucessivas) (Ladha et al., 2005).

Por fim, o parcelamento da adubação nitrogenada pode proporcionar rendimento de grãos de milho superior ao obtido quando aplicado numa só vez (Melgar et al., 1991), especialmente sob condições de alto potencial de perda, ou seja, em solos de textura arenosa e altas doses de N. Reichardt et al. (1982) concluíram que perdas por lixiviação não constituem problema, com aplicações moderadas na ordem de 90 kg de N ha^{-1}.

Estudos recentes sobre a possibilidade de antecipação da aplicação do N (antes ou na semeadura) em sistema de semeadura direta revelam que essa pode não ser vantajosa sob condições tropicais (região central do Brasil), caracterizadas pela alta taxa de decomposição da cobertura morta, associadas à alta precipitação na época do verão e à alta exigência das plantas a nitrogênio. Nesse sentido, Wolschick et al. (2003) observaram na cultura do milho que não é econômica a aplicação antecipada de N, em altas doses, pois a produtividade obtida com 90 kg ha^{-1} de N, parcelados em três vezes, não diferiu da obtida com 180 kg ha^{-1} de N, aplicados de maneira antecipada e na semeadura. Soratto et al. (2001) constataram em feijoeiro irrigado em sistema de semeadura direta que a aplicação de N em cobertura, aos 15, 25 e 35 dias, após a emergência, proporcionou melhor desenvolvimento e aumentos da produtividade da cultura.

Sintomatologia de deficiências e excessos nutricionais

Deficiência

Comprovando tratar-se de desordem nutricional, no caso da deficiência de nitrogênio, o sintoma típico de deficiência é um amarelecimento da folha por falta de clorofila, que deixa de ser sintetizada, ou é degradada (hidrólise e redistribuição de proteínas), para a liberação do nitrogênio para suprir a deficiência nas folhas novas. O sintoma aparece nas folhas mais velhas em razão do transporte do nitrogênio dessas folhas para as mais novas ou para frutos em formação. A sintomatologia é semelhante nas culturas com pequenas diferenças (Figura 45). Entretanto, com o tempo, tem-se agravamento da deficiência, com clorose atingindo todas as folhas, seguida de necrose.

Existem outros sintomas de deficiência de nitrogênio nas plantas em geral:
a) Pequeno ângulo de inserção entre folhas e ramos.
b) Maturidade e senescência abreviada (pela redução da citocianina, responsável pela permanência da cor verde dos tecidos por mais tempo); queda prematura de folhas.
c) Diminuição de flores e dormência de gemas laterais.
d) Produção reduzida.
e) Cloroplastos pequenos.
f) Baixo conteúdo de clorofila e proteínas.
g) Altos teores de açúcares.
h) Aumento da pressão osmótica.

DESORDEM NUTRICIONAL: DEFICIÊNCIA	NUTRIENTE: NITROGÊNIO
FOTOS	DESCRIÇÃO DOS SINTOMAS
Foto 1. CANA-DE-AÇÚCAR (a) (b)	Lâminas foliares uniformemente verde-claras a amarelas das folhas mais velhas (Foto 1a – folha à esquerda deficiente de N e à direita normal); pontas e margens das folhas mais velhas tornam-se necróticas prematuramente; colmos ficam mais curtos e mais finos; atraso no desenvolvimento vegetativo (Foto 1b – planta à esquerda com deficiência e à direita planta normal). Notam-se efeitos generalizados sobre toda a planta.
Foto 2. MILHO (a) (b)	Amarelecimento das folhas mais velhas, com mais intensidade na ponta para a base em forma de "V" que progride para o secamento (necrose) ao longo da nervura principal (Foto 2a); e têm-se colmos finos e com reduzido crescimento da planta (Foto 2b).
Foto 3. FEIJÃO (a) (b) (c)	Amarelecimento nos folíolos das folhas mais velhas (Foto 3a). No estádio avançado, tem-se a necrose das folhas mais velhas (Foto 3b). Nesta fase podem aparecer áreas esbranquiçadas em várias partes do limbo foliar. A falta de N reduz drasticamente o desenvolvimento da planta (Foto 3c – à esquerda planta normal, tratamento completo, e à direita planta com deficiência de N).
Foto 4. CITRUS (a)	A clorose uniforme ocorre nas folhas mais velhas dos ramos, sendo que estas caem prematuramente; folhas novas verde-pálidas, tornando-se amarelo-esverdeadas quando crescem (Foto 4a). E, ainda, o pomar terá vegetação rala; ausência ou poucos frutos.

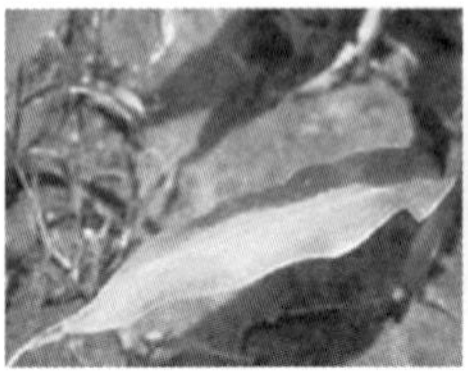

Figura 45 – Fotos e descrição geral dos sintomas visuais de deficiência de N em diversas culturas.
Fonte: Prado (não publicado); Malavolta et al. (1989)

Excessos

Os principais aspectos de excesso de nitrogênio absorvido e metabolizado estão relacionados ao desvio de carboidratos para as proteínas, como já explicado anteriormente, que promove excesso de desenvolvimento vegetativo da parte aérea, em detrimento do reprodutivo (produção) (talvez por desequilíbrio dos fitormônios), causando também aumento da relação parte aérea/raiz, prejudicando o desenvolvimento do sistema radicular e diminuindo a capacidade de resistência das plantas a períodos secos (veranicos), bem como o acamamento das plantas. Na cultura do milho, o excesso do nutriente é também verificado na fase reprodutiva, em que os cabelos da espiga permanecem verdes. Um outro fator que explicaria os efeitos do excesso de N na diminuição da produção estaria relacionado com o sombreamento mútuo, ocasionado pelo aumento da área foliar induzida por doses elevadas de nitrogênio (Stone et al., 1999). Isso poderia ser minimizado pelo incremento do Si no sistema por conferir rigidez aos tecidos e melhorar a arquitetura da planta.

O maior controle genético em culturas anuais pode contribuir para a capacidade das cultivares de porte baixo em repartir mais N para o grão e menos para colmos e folhas. Em consequência, responder à adubação nitrogenada sem acamar.

O excesso da aplicação do nitrogênio pode promover problemas na planta, pelo efeito da salinidade do fertilizante utilizado, e também danos ao meio ambiente, pela alta mobilidade do nitrato no perfil do solo, que pode atingir o lençol freático.

Além disso, há outros efeitos negativos do excesso do N na qualidade de produtos agrícolas, como nas frutas, em que o aumento da suculência diminui o armazenamento e a resistência ao transporte; no cafeeiro, prejudica a qualidade da bebida; na cana-de-açúcar, reduz o teor de sacarose. No algodoeiro, o excesso de N causa prejuízo na abertura das maçãs. Em girassol, o excesso de N ocasiona decréscimo na porcentagem de óleo (Robinson, 1978).

Em hortaliças existem algumas indicações de que o excesso de nitrato, ao ser reduzido a nitrito, pode causar toxicidade nos seres humanos e também em animais com uso de forrageiras. Na corrente sanguínea o $N-NO_2^-$ oxida o íon ferroso presente na hemoglobina a íon férrico, formando a meta-hemoglobina. Esse composto impede o transporte de O_2, entre tecidos (Keeney,

1982). Considera-se a meta-hemoglobiemia moderada, ou seja, menos que 30% da hemoglobina oxidada, que causa náuseas e cefaleia, e mais que 50% é severa e pode ser fatal (Boink & Speijers, 2001). Assim, uma forma de diminuir o acúmulo de nitrato nas plantas seria maximizar as reações de redução do nitrato ou a atividade das redutases. Além disso, a coleta das plantas (hortaliça ou mesmo forrageira) deve ocorrer no horário de máxima intensidade luminosa, pois a energia da fotossíntese para atividade enzimática de redução será maior. Nesse sentido, Krohn et al (2003) verificaram que o teor de nitrato em alface foi menor às 12 horas, comparado à noite (0 hora) e ao início da manhã (6 horas).

Em resumo, têm-se os seguintes sintomas gerais de excessos de nitrogênio:
• **Sintomas (visíveis)**
a) Coloração verde-escura.
b) Folhagem abundante.
c) Acamamento.
d) Atraso na maturação.
• **Outros sintomas**
a) Sistema radicular pouco desenvolvido.
b) Baixo transporte de açúcares para raízes e tubérculos.
c) Aumento da suculência dos tecidos.

É conhecido que a deficiência de Mg pode ser induzida pelo excesso de K ou NH_4^+, especialmente em solos com teor de Mg no limite do médio para baixo.

É pertinente salientar que o excesso de NH_4^+ na planta que provocaria toxidez pode ser agravado pela deficiência de K, visto que este último é importante para a assimilação do nitrogênio reduzido (NH_4^+), formando aminoácidos (Dibb & Welch, 1976). Além disso, a diminuição na quantidade ofertada de esqueletos de carbono (carboidratos) em razão da diminuição na fotossíntese (estresse de outros nutrientes ou dias nublados) ou do aumento da respiração (aumento da temperatura) prejudicaria a assimilação do nitrogênio, acumulando-se o NH_4^+. Normalmente a toxidez de amônio pode incluir clorose, necrose e até a morte da planta.

Assim, níveis altos de N na forma de amônio resultam em sintomas de toxicidade, a exemplo em plantas de estilosantes (clorose e por lesões necróticas das folhas, do ápice em direção à base, e por queda das folhas inferiores)

(Amaral et al., 2000), especialmente na parte aérea das plantas, onde ele é tóxico em concentrações relativamente baixas (Hageman & Below, 1990), podendo desacoplar a fotofosforilação (Trebst et al., 1960), inibir a síntese de clorofila (Bogorad, 1976) e promover a degradação de cloroplastídios (Puritch & Barker, 1967) e de proteínas (Barker et al., 1966). Em espinafre a toxicidade amoniacal causa clorose nas bordas para o centro das folhas novas, associado com deformação foliar semelhante a deficiência de Ca (Silva et al., 2016). E, ainda, a planta pode desenvolver mecanismo de desintoxicação do amônio, levando à biossíntese de putrecina (Smith, 1990), um produto tóxico, o que explicaria a necrose nos tecidos vegetais.

Bennett & Adams (1970) verificaram em raízes de algodão que o aumento do valor do pH promovia aumento da toxicidade de N amoniacal. Entretanto, existem indicações que a aplicação de Ca pode anular em parte a severidade da toxicidade do amônio. É conhecido que o Si alivia a toxicidade amoniacal a exemplo de plantas de milho (Campos et al., 2015; 2020).

5
ENXOFRE

Introdução

A concentração de enxofre nos solos varia de 0,1% em solos minerais até 1% em solos orgânicos; entretanto, grande parte desse elemento está na forma orgânica (60%-90% do total, ou seja, S-aminoácidos, S-fenóis, S-carboidratos, S-lipídeos, S-húmus). Desse modo, como a maior parte do S do solo é orgânica, os processos microbiológicos nos solos tornam-se importantes no estudo desse nutriente. Entretanto, o reservatório de S do solo é a matéria orgânica. Os solos de textura arenosa e com baixo teor de matéria orgânica (<20 g kg^{-1}) podem apresentar pouca capacidade de suprir as plantas com esse elemento, pois cada 10 g kg^{-1} liberaria apenas cerca de 6 kg ha^{-1} ano de S.

O enxofre, como o nitrogênio, apresenta muitas transformações no solo (imobilização/mineralização e oxidação/redução), por meio principalmente dos microrganismos, e também do manejo do solo (drenagem, porosidade) que pode afetar a química do elemento (estado de oxidação).

Durante o processo de mineralização, o primeiro mineral formado é o H_2S, principalmente conforme a equação que segue:

Cistina + H_2O =>> ácido acético + ácido fórmico + CO_2 + NH_3 + $2H_2S$

Em condições aeróbicas, o enxofre do H_2S é oxidado até SO_4^{-2}, ao passo que em meio anaeróbico o H_2S produz enxofre elementar (S) (Figura 46).

Observa-se que a maior parte do enxofre no solo está "presa a um composto orgânico", que, por via microbiana, é convertida às formas minerais, e em solos aerados passa à forma disponível para as plantas (SO_4^{2-}). Assim,

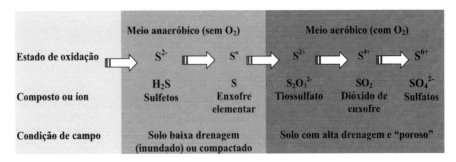

Figura 46 – Fluxo do estado de oxidação do enxofre no solo.

conhecer os fatores que afetam a atividade da microbiota do solo, que favoreçam o processo da mineralização (C/S <200) e também um manejo físico do solo adequado que favoreça maior aeração incrementa o S-disponível e, consequentemente, a absorção e a nutrição da planta.

Em solos que recebem sulfato, seja pelo processo da mineralização, seja pela adubação (superfosfato simples, sulfato de amônio) e gessagem (sulfato de cálcio), esse, por apresentar alta mobilidade no solo, pode ocorrer também perdas consideráveis pelo fenômeno da lixiviação.

No estudo do enxofre e dos demais nutrientes no sistema planta, é importante conhecer todos os "compartimentos" que o nutriente percorre, a solução do solo, a raiz e a parte aérea (folhas/frutos), ou seja, do solo até a sua incorporação na matéria seca do produto agrícola final (grão, fruta etc.) (Figura 47).

Para isso, existem vários processos (liberação da fase sólida para a líquida; contato íon-raiz; absorção; transporte; redistribuição) que governam a passagem do nutriente nos diferentes compartimentos para ser devidamente metabolizado, desempenhando suas funções específicas na vida do vegetal para propiciar o acúmulo de matéria seca na planta. Assim, para maximizar a conversão do nutriente aplicado em produto agrícola é preciso satisfazer a exigência nutricional em enxofre da planta, ou seja, atender, em termos quantitativos, todos os estádios de crescimento/desenvolvimento para atingir a produção agrícola esperada (máxima econômica). Porém, essa exigência nutricional é específica em cada cultura.

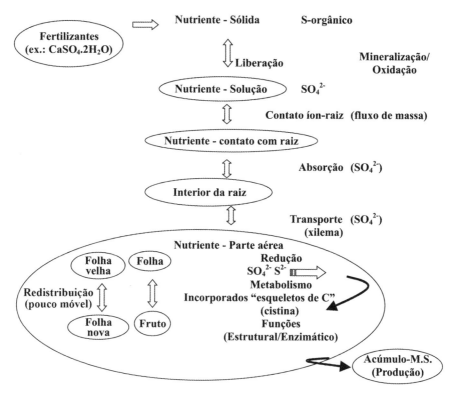

Figura 47 – Dinâmica do enxofre no sistema solo-planta indicando os processos de passagem do nutriente nos diferentes compartimentos da planta.

Absorção, transporte e redistribuição do enxofre

Absorção do enxofre

Antes da absorção, o contato S-raiz ocorre por fluxo de massa, ou seja, é um processo que depende da taxa de movimento de água no sistema solo-planta. Assim, quanto maior a concentração do elemento na solução e o volume de água absorvido, maior será o contato íon-raiz, que favorecerá, em seguida, o processo de absorção propriamente dito.

Silva et al. (2002) inicialmente estabeleceram a dose mínima necessária em cada solo para atingir o ponto em que o S absorvido pela planta passa a ser transportado no solo exclusivamente por fluxo em massa. Determinou-se, também, a contribuição porcentual do fluxo em massa e da difusão para o transporte de S até as raízes. Como os mecanismos (fluxo de massa e difusão) atuam de forma complementar até atingir tal ponto, foram analisados apenas os dados referentes ao fluxo em massa.

A contribuição da difusão pode ser obtida subtraindo-se de 100 a porcentagem de S transportado por fluxo em massa. Ajustaram-se equações quadrática no solo de Lassance e linear no solo de Paracatu (Figura 48).

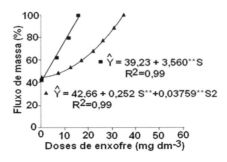

Figura 48 – Contribuição porcentual do fluxo em massa na absorção de S por plantas de soja, em função das doses de S aplicadas em amostras dos solos de Paracatu e Lassance (Silva et al., 2002).

Observou-se que na dose 0 mg dm^{-3} de S o fluxo de massa transportou apenas 39% e 43% do S absorvido pelas plantas nos solos de Paracatu e Lassance, respectivamente.

A principal forma de enxofre absorvido pelas plantas é a do sulfato SO_4^{2-} pelas raízes. Entretanto, como destacaram Mengel & Kirkby (1987), a partir de pesquisas com milho e girassol, existem evidências de que as plantas utilizam o enxofre na forma gasosa, o SO_2 atmosférico, para atender à parte de suas necessidades. Nesse caso, as plantas captam por meio dos estômatos e depois o redistribuem para a planta inteira. O enxofre pode também ser absorvido na forma orgânica (aminoácidos: cistina e cisteína). Nesse sentido, Miller (1947) verificou que o fornecimento de aminoácidos sulfurados, a exemplo da metionina, poderia atender à nutrição das plantas. Embora na prática esse fato seja pouco importante.

Com relação ao SO_4^{2-}, as evidências são de que esse é absorvido ativamente pelas raízes, contra um gradiente de concentração, de forma ativa (Legget & Epstein, 1956). Smith et al. (1995) identificaram algum sistema transportador de sulfato, SHST1; SHST2 e SHST3. A absorção de sulfato ocorre graças ao gradiente eletroquímico movido pela bomba de prótons (presente na membrana) que retira H^+ do interior da célula para o exterior, e possibilitando a entrada do nutriente na membrana, portanto, é necessário sair $3H^+$ para entrar $1SO_4^{2-}$. O sistema transportador de S para o vacúolo e cloroplasto utiliza o sistema uniporte e antiporte, respectivamente. No processo de absorção, o enxofre é pouco afetado pelas variações no valor pH; entretanto, existem indicações que demonstram maior absorção em pH próximo de 6,5. Também no processo de absorção parece não ocorrer o consumo de luxo, ou seja, acúmulo do nutriente pelas plantas além da sua necessidade (Simon-Sylvestre, 1960).

Transporte do enxofre

Logo após a absorção do enxofre, desencadeia-se o processo de transporte, que ocorre de forma semelhante à forma absorvida, ou seja, predominantemente como sulfato (SO_4^{2-}). Entretanto, pequena proporção pode ser transportada na forma orgânica, porque uma fração é metabolizável para suprir esse órgão.

O transporte do S da epiderme até a endoderme pode ocorrer de forma passiva pelo ELA (parede celular e espaços intercelulares) ou pelo interior das células, de forma ativa, graças aos seus prolongamentos citoplasmáticos (plasmodesmos). Da endoderme até o xilema ocorre, necessariamente, um transporte ativo, em razão da barreira existente na endoderme (estrias de Caspary). Após atingir o xilema, tem-se o transporte a longa distância, de forma passiva, até a parte aérea da planta (Figura 49).

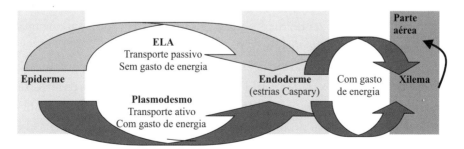

Figura 49 – Esquema do processo de transporte do enxofre nas plantas.

Redistribuição do enxofre

O movimento do enxofre nas plantas ocorre, basicamente, durante o transporte para a parte aérea, via xilema (direção acrópeta=base da planta para cima), conforme explicado anteriormente. O movimento do enxofre basípeta (de cima para baixo), ou seja, a redistribuição, é muito pequeno, sendo considerado, portanto, pouco móvel na planta. Oliveira et al. (1995) observaram que apenas 27% do S absorvidos pela folha foram redistribuídos para o restante da parte aérea e raízes do feijoeiro. Naeve & Shibles (2005) relataram que em soja o S contido nas folhas pode satisfazer 20% da exigência das sementes. As folhas novas dependem mais do S absorvido que do S armazenado; o contrário ocorre com as vagens em desenvolvimento e as sementes. Assim, as vagens fazem um papel importante no armazenamento do S para sua mobilização à semente. Os autores concluem que o desenvolvimento das sementes de soja depende do S mobilizado de outros tecidos da planta.

Salienta-se, ainda, que a forma de SO_4^{2-}, praticamente, não é detectada na seiva do floema. A glutationa seria a principal forma de S reduzido transportada no floema (Garsed & Read, 1977). Se houver deficiência do enxofre no solo, a planta, tendo dificuldade de remobilizá-lo, em quantidade suficiente, por exemplo, de uma folha velha, a sintomatologia de deficiência apareceria na folha nova, o que será descrito com detalhes no fim deste capítulo.

Participação no metabolismo vegetal

Redução assimilatória do sulfato (redução e incorporação)

O gasto energético para assimilação do enxofre (redução e incorporação) é alto (732 kJ mol^{-1}), sendo maior que o nitrato (347 kJ mol^{-1}) e o carbono (478 kJ mol^{-1}), respectivamente.

De forma semelhante ao nitrogênio, o enxofre que é predominantemente absorvido na forma oxidada, SO_4^{2-} (+6), precisa ser previamente reduzido a sulfeto S^{2-} (-2), para posteriormente ser incorporado aos compostos orgânicos, como aminoácidos, proteínas e coenzimas. Para isso, exige energia (14 ATP) e um poder redutor (transferência de oito elétrons). Portanto, essa reação exige alto consumo de energia respiratória. Entretanto, existem casos em que o sulfato não precisa ser reduzido para ser incorporado em alguns compostos orgânicos (sulfolipídeos ou polissacarídeos).

O processo de redução do sulfato ocorre, principalmente, durante o período luminoso, e as enzimas que participam das reações estão localizadas nas membranas dos cloroplastos, tendo-se a ferrodoxina como doador de elétrons. Em tecidos não clorofilados, como as raízes, esse processo de redução do sulfato ocorre nos plastídios, tendo NADPH como doador de elétrons, entretanto, com velocidade bem inferior àquela que ocorre nas folhas (cloroplastos).

Assim, o processo de redução do sulfato pode ser dividido em três etapas, mais uma última etapa, com a incorporação do S a um composto orgânico:

(a) O primeiro passo para a redução do sulfato consiste na sua ativação ou formação de sulfato ativo. Ocorre inicialmente uma reação entre o SO_4^{2-} e o ATP, mediada pela enzima ATP-Sulfurilase, que resulta na substituição de um radical pirofosfórico (P-P) do ATP, por sulfato. Forma-se, desse modo, a adenosina fosfo-sulfato (APS) ou "sulfato ativo". E o PPi formado é hidrolisado em fosfato inorgânico, via pirofosfatase inorgânica (PPi + H_2O => 2Pi).

SO_4^{2-} + ATP →[ATP sulfurilase] APS   +   PPi

Adenosina   fosfo-sulfato   **Pirofosfato**

(b) O APS produzido é metabolizado nos plastídeos, sendo rapidamente reduzido ou sulfatado, embora predomine a primeira. Os grupos sulfúricos do APS são transferidos para um complexo, carregador de grupos sulfidrílicos, por meio da atuação da APS transferases, segundo o esquema:

APS + Car-SH   →[APS transferase]   AMP + Car-S-SO_3H

Assim, tem-se a formação do SO_3^{2-} (sulfito) ao complexo carregador de SH (em substituição ao H).

(c) O complexo carregador (Car-S-SO_3^{2-}H) sofre redução até S^{2-} - H, recebendo elétrons fornecidos pela tioredoxina e pela ferrodoxina, mediado pela ação da PAPS redutase do sulfito.

Car-S-SO_3H + 6H+ + 6 é   →[Redutase]   Car-S-S^{-2}H + 3H_2O

(d) Posteriormente, o radical do grupo SH é transferido para α acetilserina, requerendo 2 elétrons que se originam da ferrodoxina, ocorrendo, nessa etapa, a incorporação do enxofre ao composto orgânico, dando a cisteína (aminoácido com S) e regenerando-se o carregador-SH.

Car-S-SH + acetilserina →[Sulfidrase da serina]→ cisteína + ácido acético + Car-SH

Em resumo, o processo de redução assimilatória do sulfato ocorre da seguinte forma:

SO_4^{2-} + ATP + 8H + acetilserina ⟹ cisteína + acetato + 3 H_2O + AMP + PPi

Logo, no final da redução do sulfato, tem-se o primeiro composto estável com S, a cisteína, que pode se derivar em metionina, e depois deverá ser precursora de outros compostos orgânicos com S (outros S-aminoácidos; glutadionas, fitoquelatinas, proteínas; sulfolipídeos e coenzimas), enquanto pequena quantidade de S não reduzido (éster de sulfato) é componente dos sulfolipídeos presente em todas as membranas, assim, importante no transporte iônico nas células das raízes, relacionado com a tolerância a salinidade.

As proteínas são os compostos orgânicos, às quais a maior parte do S (e também o N) se incorpora. Assim, nas proteínas normalmente são encontrados cerca de 34 átomos de N para cada átomo de S. Os aminoácidos que contêm pontes dissulfetos auxiliam na estrutura terciária/quaternária de inúmeras proteínas conferindo a sua estabilidade. É pertinente salientar que os estudos de engenharia genética, a partir de pesquisas que promovam a melhoria nas taxas de assimilação do S, terão um efeito direto na qualidade dos produtos agrícolas, a exemplo da soja, não por aumentar somente o conteúdo de proteínas, e sim o conteúdo de aminoácidos essenciais (metionina e cistina), o que realmente confere qualidade superior ao alimento (Krishnan, 2005).

A maior parte do enxofre que foi reduzido nas plantas (~90%) faz parte dos aminoácidos essenciais; a cistina e a metionina (-SH) (Salisbury & Ross, 1992). Esses aminoácidos entram na composição de todas as proteínas, tendo função estrutural graças à formação de ligações dissulfeto (S-S). Essas ligações atuam na estabilidade da estrutura das proteínas. Outra função é enzimática, pela participação do grupo sulfidrilo (-SH) como grupo ativo de determinado complexo enzimático (exemplo, urease, sulfotransferase, coenzima A) envolvido nas reações metabólicas e de outros compostos (vitaminas B_1, H). Nessa forma, já reduzida, é que está a maior fração do enxofre das plantas.

Além disso, o enxofre faz parte de outros compostos orgânicos, que influenciam diversos processos fisiológicos importantes na vida das plantas (Marschner, 1986), tais como:

Ferrodoxina – proteínas de baixo peso molecular, que contêm Fe e S. Servem nas reações de oxirredução na fotossíntese; na redução de NO_3^- (redutase do nitrito); na fixação biológica do N, na redução do SO_4^{-2}; e na síntese do glutamato.

Coenzimas (CoA) – estão ligadas ao metabolismo de carboidratos, gorduras e proteínas, na respiração.

Grupo SH que participa de reações enzimáticas, que pode conferir às plantas maior resistência ao frio.

Nitrogenase – enzima envolvida na fixação biológica do N.

Existem outros compostos que contêm S, e os ésteres de sulfato com polissacarídeos são componentes estruturais de membranas. E o S também faz parte da glutationa (agente redutor), um tripeptídeo que atua como antioxidante em vários processos de destoxificação (Droux, 2004), que empregam a química do ditiol <=> dissulfeto para participar de reações redox. Os fitoquelatos são produzidos pela polimerização de glutationa, através da carboxipeptidase. Assim, a glutationa é precursora das fitoquelatinas, que funcionam na desintoxicação de metais pesados. As fitoquelatinas, peptídeo de baixo peso molecular (5 até 23 aminoácidos) e com muitos resíduos de cisteína, formam complexos com cátions metálicos como Cu, Zn e Cd (Castro et al., 2005). Marschner (1995) também tem indicado que a nutrição das plantas com enxofre poderá apresentar maior tolerância à toxidez de metais (Co, Cd) em áreas contaminadas, pois as plantas desenvolvem mecanismos de produção de proteínas pequenas (<10 kDa) ricas em S (cisteína) chamadas de metalotioninas cuja função é reduzir as formas livres desses elementos no tecido vegetal. E, ainda, a produção de fitoquelatos é estimulada pela alta concentração do metal pesado no meio.

Saliente-se, ainda, que a maior parte do S reduzido na planta (~90%) está na forma de glutationa, e o resto como grupos silfidrilos (tiol) (~2%), entre outros. A glutationa faz ainda a manutenção da ferrodoxina na forma reduzida e está envolvida no armazenamento e transporte à longa distância de S reduzido.

De forma resumida, Malavolta et al. (1997) apresentam as funções básicas do enxofre nas plantas participando de compostos orgânicos e constituinte de enzimas (Tabela 22).

Tabela 22 – Resumo das funções do enxofre nas plantas (Malavolta et al., 1997).

Estrutural	Constituinte de enzima	Processos
Aminoácidos (cisteína; cistina; metionina)	Grupo sulfidrilo –S-H e ditiol –S-S- ativo em enzimas e coenzimas	Fotossíntese
Proteínas (todas)	Ferrodoxina	Fixação não fotossintética de CO_2
Vitaminas e coenzimas (tiamina) (descarboxilação do piruvato no ciclo de krebs biotina)		Respiração
Ésteres com polissacarídeos, forma não reduzida, faz parte dos sulfolipídeos (membranas, especialmente dos tilacoides)		Síntese de gorduras e proteínas Fixação simbiótica do nitrogênio

Certas plantas, como cebola, alho e mostarda, apresentam compostos voláteis contendo enxofre (isotiocianato, sulfóxidos), que contribuem para o odor característico que se desprende desses vegetais.

Como o enxofre participa de estruturas orgânicas nas plantas e de diversas reações enzimáticas, a sua deficiência pode trazer prejuízos também na síntese proteica, como um acúmulo de nitrogênio (N-nitrato ou N-orgânico), promovendo uma redução do teor de proteína nas plantas e no crescimento vegetal (Tabela 23).

Tabela 23 – Efeito do enxofre no meio sobre alguns componentes (orgânico e mineral) da folha do algodoeiro (Ergle & Eaton, 1951)

SO_4^{2-}	$S\text{-}SO_4^{2-}$	S-orgânico	Açúcar total	$N\text{-}NO_3^-$	N-orgânico solúvel	N-proteína	Massa fresca
ppm	g	%	%	%	%	%	g
0,1	0,003	0,11	0,0	1,39	2,23	0,96	13
1,0	0,003	0,11	0,0	1,37	2,21	1,28	50
10	0,009	0,17	1,5	0,06	1,19	2,56	237
50	0,100	0,26	3,1	0,00	0,51	3,25	350
200	0,360	0,25	3,4	0,10	0,45	3,20	345

Assim, o S está intimamente ligado ao metabolismo do N, convertendo N-aminoácidos (não proteico) em N-proteico. Como a maior parte das proteínas está localizada nos cloroplastos, onde as moléculas de clorofila contêm grupos prostéticos, em caso de deficiências, há menor teor de clorofila, podendo apresentar uma coloração verde-pálida e até clorose.

Nas leguminosas que apresentam um conteúdo maior de proteínas, o enxofre pode exercer papel fundamental para maximizar a fixação biológica do N, por meio da atividade da nitrogenase e com reflexos benéficos na produção. Nesse sentido, Monteiro et al. (1983), trabalhando com a leguminosa forrageira (siratro), observaram que as maiores produções de matéria seca, acúmulo de N e massa nodular ocorriam quando essa leguminosa apresentava 1,7 g kg^{-1} S e uma relação N:S, igual a 20 (Tabela 24). As plantas desenvolvidas nesse solo, sem receber aplicação de enxofre, apresentavam 0,7 g kg^{-1} S e relação N:S de 40.

Tabela 24 – Produção de matéria seca (M.S.), acúmulo de nitrogênio total, massa de nódulos, teor de N, S e a relação N:S na parte aérea do siratro em função de doses de S cultivado em Areia Quartzosa em Brotas-SP (Monteiro et al., 1983)

Doses de S	M.S.	N total	Nódulos	N	S	Relação N:S
kg ha^{-1}	g por vaso	mg por vaso	mg por vaso	g kg^{-1}		
0	10,1	276	315	27	0,7	40
30	11,3	372	560	33	1,6	21
60	12,4	403	564	33	1,6	20
90	12,3	406	606	33	1,7	20
120	11,5	392	604	34	1,9	18

É provável que maior eficiência de uso do nitrogênio pelas plantas deve depender de um nível adequado do enxofre, indicando a importância desses nutrientes na nutrição das plantas. Koprivova et al. (2000) reforçam que as assimilações de N e S são bem coordenadas, e a deficiência de um deles afeta a via de assimilação do outro.

Diante da exigência das plantas com relação ao enxofre para a formação de aminoácidos/proteínas, e para os processos fisiológicos das plantas, como a fotossíntese e até a resistência ao frio, as pesquisas têm indicado respostas benéficas à aplicação deste nutriente em algumas culturas (Tabela 25).

Esse fato torna-se mais importante ao processo de adubação convencional das culturas, no qual a aplicação do enxofre não tem sido realizada de forma adequada (uso de fertilizante concentrado à base de fórmula isenta em S), além do uso de cultivares melhorados, com alto potencial produtivo e, assim,

Tabela 25 – Resposta média de algumas culturas ao enxofre (Malavolta, 1996)

Cultura	Aumento da produção
	%
Algodão	37
Arroz	16
Café	41
Cana-de-açúcar	11
Citros	18
Feijão	28
Milho	21
Soja	24
Sorgo	10
Trigo	26

exigência maior; redução da matéria orgânica do solo (reserva de S no solo). Isso somado tem tornado o enxofre um nutriente limitante na produção agrícola brasileira, embora tenha custo baixo.

Exigências nutricionais das culturas

O estudo da exigência nutricional das plantas deve refletir a extração total do nutriente do solo, respeitando a extração em cada fase do desenvolvimento vegetal, para satisfazer as necessidades nutricionais das culturas, tendo em vista a máxima produção econômica.

Saliente-se que o teor total de S na planta para crescimento/desenvolvimento ótimo é de 0,2 até mais de 1% da massa seca; entretanto, esses valores nas folhas podem variar em razão da cultura e de outros fatores, que serão objetos de outro capítulo (*Diagnose foliar*).

Assim, para a discussão adequada da exigência nutricional das culturas, dois fatores são igualmente importantes: a extração total/exportação e a marcha de absorção deste nutriente ao longo do cultivo.

Extração e exportação de nutrientes

A extração total de enxofre é função do teor na planta e da quantidade de matéria seca acumulada. Portanto, depende da produção obtida que, por sua vez, depende da espécie, da variedade/híbrido, da disponibilidade no solo, do manejo da cultura, entre outros.

Quanto à espécie vegetal, nota-se variação da quantidade exigida em função das culturas (Tabela 26).

Tabela 26 – Exigências de enxofre das principais culturas (Malavolta et al., 1997)

Cultura	Parte da planta	Matéria seca produzida	S acumulado Parte da planta	Total [4]	S requerido para produção de 1 t de grãos[5]
		t ha^{-1}	kg ha^{-1}		kg t^{-1}
		Anuais			
Algodoeiro	Reprodutiva (algodão/caroço)	1,3	10 (7,7)[3]	32,5	25
	Vegetativa (caule/ramo/folha)	1,7	22		
	Raiz	0,5	0,5		
Soja[1]	Grãos	3	6 (2,0)	23	7,7
	Ramas	6	17		
Feijão	Vagem	1	10 (10)	26	26
	Caule	0,4	4		
	Folhas	1,2	11		
	Raiz	0,1	1		
Milho[2]	Grãos	9	11 (1,2)	19	2,1
	Restos culturais	6,5	8		
Arroz	Grãos	3	5 (1,7)	12	4
	Colmos	2	3		
	Folhas	2	1		
	Casca	1	1		
	Raiz	1	2		
Trigo	Grãos	3	3 (1,0)	8	2,7
	Palha	3,7	5		
		Semiperene/perene			
Cana-de-açúcar	Colmos	100	25 (0,25)	45	0,5
	Folhas	25	20		
Cafeeiro[1]	Grãos (coco)	2	3 (1,5)	27	13,5
	Tronco, ramos e folhas		24		

[1] Malavolta (1980); [2] Barber & Olsen (1969). [3] Exportação de nutrientes através dos grãos produzidos: S acumulado nos grãos/matéria seca dos grãos; [4] sugere a exigência nutricional total da cultura para o respectivo nível de produtividade; [5] sugere a exigência nutricional relativa de S da cultura para produção de uma tonelada do produto comercial (grãos/colmos): S acumulado na planta (parte vegetativa+reprodutiva)/matéria seca do produto comercial.

Pelos resultados das diversas culturas, observa-se que a extração total de enxofre variou de 8 (trigo) até 45 kg ha^{-1} (cana-de-açúcar), considerando a produção obtida em um hectare. Entretanto, em valores absolutos de extração total de enxofre, observa-se alta exigência das leguminosas (feijoeiro e algodoeiro) e baixa das gramíneas (cana-de-açúcar, milho, trigo e arroz), com valores de 25-26 e 0,5-4,0 kg para cada tonelada de produto (grãos) produzido, respectivamente. Observa-se, ainda, que existem também diferenças na exigência nutricional da soja sob diferentes cultivares, e a cv. cristalina mostrou-se mais exigente em S (20%) comparada à cv. IAC 11 (Tabela 27). Portanto, a exigência nutricional de S pode variar em razão da cultura e também do cultivar que está sendo utilizado.

Esse valor da exigência nutricional das culturas seria uma recomendação exata de adubação para enxofre se o solo não tivesse capacidade de fornecimento do elemento e as perdas com a adubação fossem nulas, conforme a equação geral: Adubação = (Exigência Nutricional da Cultura) − (Solo fornece)÷perdas. A exemplo da cultura do milho, onde a exigência nutricional em S é de 19 kg ha^{-1} (Tabela 26). Entretanto, a quantidade de S a ser aplicada na cultura é superior a essa especialmente pelas perdas entre outros fatores. Nesse sentido, Khan et al. (2006) observaram que a aplicação de 60 kg ha^{-1} de S proporcionou adequada nutrição do milho (S foliar = 4,6 g kg^{-1}) e a máxima produção.

Tabela 27 − Produção e o enxofre acumulado na parte aérea e nos grãos de cinco cultivares de soja. Média de 3 locais (Mascarenhas, 1991, não publicado)

Cultivar de soja	Produção	S - parte aérea	S - grão
t ha^{-1}		kg ha^{-1}	kg por t de grão
IAC 11	3,32	34	10,2
IAC 13	2,57	28	10,9
IAC 15	3,25	34	10,5
Santa Rosa	3,05	35	11,5
Cristalina	3,27	42	**12,8**
Média	3,09	35	11,3

A exportação do enxofre, caracterizada pela saída da lavoura do nutriente com o produto da colheita, é significativa. A taxa de exportação das culturas em estudo, com os produtos da colheita, atingiu em média 58% (Tabela 26), e o algodoeiro e o feijoeiro são os que mais exportam 7,7 e 10 kg/t produzida, respectivamente.

É oportuno salientar que, com os lançamentos de novos cultivares/híbridos, a exigência nutricional poderá aumentar, tendo em vista a busca dos fitotecnistas, pelo aumento da densidade populacional e, também, pelo uso de doses mais elevadas de fertilizantes.

Marcha de absorção

O estudo da marcha de absorção desse nutriente (acumulação em razão do tempo de cultivo) é importante porque permite determinar as épocas em que o elemento é mais exigido e corrigir as deficiências que, porventura, venham a ocorrer durante o desenvolvimento da cultura.

No milho, nota-se que as exigências de enxofre variam com os diferentes estádios de desenvolvimento, sendo baixas nos estádios iniciais, com 15% da acumulação total durante os primeiros 59 dias, e, a partir daí, tem-se praticamente um incremento linear, atingindo a metade do total aos 102 dias; na próxima etapa, até 133 dias, fase de "formação de dente", tem-se maior taxa de absorção do S, atingindo 93% do total. No período até 146 dias, fase de maturação fisiológica, estabiliza-se a absorção até completar os 100%, no final do ciclo de produção (Figura 50). Assim, a aplicação de enxofre (na forma de sulfato de amônio) na cultura do milho pode ser utilizada tardiamente, a partir dos 59 dias da semeadura (12 folhas), atendendo perfeitamente à exigência nutricional da cultura.

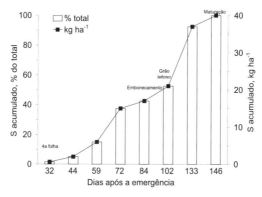

Figura 50 – Marcha de absorção do enxofre, pela cultura do milho (adaptado de Flanery, 1987).

Sintomatologia de deficiências e excessos nutricionais

A clorose produzida por deficiência de enxofre é muito semelhante à de deficiência de nitrogênio, pois ambos têm similaridade no metabolismo das plantas. A distinção pode ser feita quando se detecta no início, pois a deficiência de enxofre começa pelas folhas mais novas em razão da baixa mobilidade do enxofre nas plantas, e a de nitrogênio começa pelas folhas mais velhas, o que é atribuído à alta mobilidade desse nutriente. Entretanto, com o agravamento da sintomatologia pode ocorrer clorose distribuída de forma uniforme tanto nas folhas novas como nas velhas.

No caso das leguminosas, a deficiência de S inibe mais a fixação biológica do N que a fotossíntese, podendo confundir a deficiência de S como a de N (Figura 51). A análise química das folhas permite a distinção entre deficiência de S e N. Saliente-se, ainda, que nas leguminosas normalmente a deficiência de S ocorre nas folhas novas, quando o nível de N está adequado; entretanto, ocorre o contrário, em plantas com deficiência de N. Portanto, a deficiência de S ocorre primeiro nas folhas velhas, indicando que a sua remobilização está associada à senescência da folha, induzida pela deficiência de N (Marschner, 1995).

Nas plantas deficientes em enxofre, os níveis de $S-SO_4^{-2}$ são muito baixos, enquanto os teores de N-amídico e de NO_3^- são aumentados. Esses dados analíticos contrastam com os das plantas deficientes em nitrogênio, nas quais os teores de N solúvel são deprimidos e os $S-SO_4^{-2}$ são normais.

Salienta-se que a relação $S_{-inorgânico}/S_{-total}$ no tecido é considerada melhor indicativo do estado nutricional da planta, isto é, uma relação muito baixa (<0,25) significa deficiência de S (Marschner, 1995).

Sintomas (visíveis):
• clorose; enrolamento das margens das folhas;
• folhas pequenas; necrose e desfolhamento;
• internódios curtos; redução de florescimento;
• plantas raquíticas.

Outros distúrbios:
• desordens na estrutura dos cloroplastos;
• diminuição da atividade fotossintética;
• aumento de relação N solúvel/N proteico.

Friedrich & Schrader (1978) observaram que a deficiência de enxofre levou à redução da atividade da enzima nitrato redutase, ao acúmulo de nitrato e à redução nas concentrações de proteína solúvel e de clorofila.

• **Excesso de enxofre**

As plantas, no geral, são relativamente tolerantes a altos teores de $S\text{-}SO_4^{2-}$ na solução do solo. Em solos com alta concentração de sulfato (50mM), podem ocorrer problemas, mas que se confundem com efeitos de salinidade, como pequeno desenvolvimento da planta e intensa coloração verde-escura das folhas. Além disso, pode ocorrer senescência prematura de folhas.

Em ar poluído (0,5-0,7 mg de $S\text{-}SO_2/m^3$ de ar), entretanto, pode haver efeitos tóxicos, pela produção nas cavidades estomatais de H_2SO_4, que se dissocia em H^+, HSO_3^-, que tem capacidade de desacoplar as reações de fotofosforilação, causando efeito tóxico (necrose foliar). Khan et al. (2006) verificaram, em milho, que o teor foliar de S igual 8 g kg^{-1} foi considerado excessivo.

DESORDEM NUTRICIONAL: DEFICIÊNCIA	NUTRIENTE: ENXOFRE
FOTOS	DESCRIÇÃO DOS SINTOMAS
  (a) (b) Foto 1. CANA-DE-AÇÚCAR	Folhas jovens uniformemente cloróticas (Foto 1a – folha à esquerda deficiente e à direita normal); podem desenvolver coloração roxo-clara; folhas menores e mais estreitas que as normais; colmos muito finos (Foto 1b).
 (a) (b) Foto 2. MILHO	As folhas novas apresentam coloração amarelo-pálida ou verde-suave (Foto 2a), causando redução do tamanho da planta (Foto 2b – planta à esquerda normal e à direita deficiente). Ao contrário da deficiência de N, os sintomas ocorrem nas folhas novas, indicando que os tecidos mais velhos não podem suprir o S para os tecidos novos, os quais são dependentes do nutriente absorvido pelas raízes

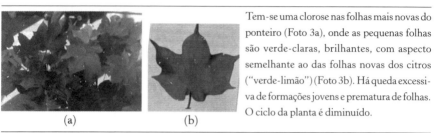

Tem-se uma clorose nas folhas mais novas do ponteiro (Foto 3a), onde as pequenas folhas são verde-claras, brilhantes, com aspecto semelhante ao das folhas novas dos citros ("verde-limão") (Foto 3b). Há queda excessiva de formações jovens e prematura de folhas. O ciclo da planta é diminuído.

(a) (b)

Foto 3. ALGODÃO

Os sintomas foliares são parecidos com os provocados pela falta de nitrogênio, mas aparecem nas folhas mais novas (Foto 4a), mantendo coloração amarelada uniforme no limbo foliar (Foto 4b). Os internódios se encurtam.

(a) (b)

Foto 4. CAFÉ

Figura 51 – Fotos e a descrição geral dos sintomas visuais de deficiência de S em diversas culturas.
Fonte: Prado (não publicado); Malavolta et al. (1989)

6
FÓSFORO

Introdução

Os solos tropicais apresentam, normalmente, baixa concentração de fósforo disponível e alto potencial de "fixação" do P aplicado via fertilizante. Esse contexto coloca o fósforo, junto com nitrogênio, como um dos nutrientes que mais limitam a produção das culturas no Brasil. Assim, para culturas anuais, solos com concentração de P considerado muito baixo (< 6 mgdm^{-3}) e baixo (7-15 mgdm^{-3}) (em resina) (Raij et al., 1996) são esperadas altas respostas das culturas à aplicação do nutriente.

O aumento do fósforo no solo é importante, seja pela adubação mineral, fornecendo P prontamente disponível às plantas, seja pela orgânica, que só se tornará disponível quando os microrganismos do solo "quebrarem" a matéria orgânica em formas simples, liberando os íons fosfato inorgânicos (fósforo disponível). No solo, 20% a 80% do P total encontram-se na forma orgânica, principalmente como fitato (Raghothama, 1999).

Assim, após a aplicação do fósforo ao solo, ocorre uma série de transformações, podendo permanecer em compartimentos da fase sólida (lábil e não lábil) e/ou da fase líquida (solução). Na fase sólida, o fósforo lábil é aquele que está fracamente retido no solo, tendo a função de manter um equilíbrio rápido com a solução do solo; isso não ocorre com fósforo não lábil, visto que o elemento está fortemente retido no solo. Na fase líquida encontra-se o fósforo disponível, estando na forma iônica ($H_2PO_4^-$; HPO_4^{2-} e PO_4^{3-}). Nessa fase, a forma iônica que predomina é a $H_2PO_4^-$, em razão da reação ácida dos solos brasileiros (~pH = 5,5). Em pH 7,1 existe igualdade de concentrações entre as espécies iônicas $H_2PO_4^-$ e HPO_4^{2-}. À medida que o valor pH diminui (aumento [H^+]), na faixa de 4,5 a 5,5 aumenta proporcionalmente a presença da espécie $H_2PO_4^-$.

Como as plantas absorvem o fósforo do solo, especificamente da solução (fase líquida), essas formas são as que interessam na nutrição de plantas. Os estudos de fertilidade de solo tratam dos fatores que propiciam o aumento do fósforo disponível, como o pH, tipo e quantidade de minerais de argila, teores de P no solo, aeração, umidade, temperatura, além da disponibilidade de outros nutrientes, como uso de silicatos (fonte de Si) (Prado & Fernandes, 2001b). Esses fatores que afetam o P disponível do solo contribuem para melhor compreensão dos aspectos ligados à nutrição das plantas.

Para aumentar a eficiência da fertilização mineral de P, tem sido indicada a associação com produtos orgânicos com resultados agronômicos promissores (Vasconcelos et al., 2017).

No estudo do fósforo no sistema planta, é importante conhecer todos os "compartimentos" que o nutriente percorre desde a solução do solo-raiz até a parte aérea (folhas/frutos), ou seja, do solo até sua incorporação em um composto orgânico, contribuindo para funções vitais que possibilitem a máxima acumulação de matéria seca do produto agrícola final (grão, fruta etc.) (Figura 52).

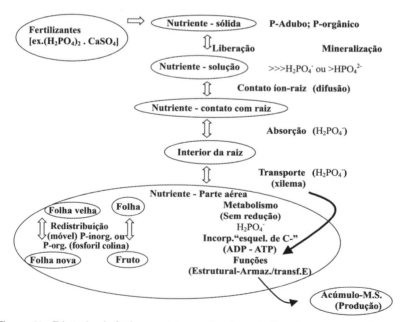

Figura 52 – Dinâmica do fósforo no sistema solo-planta, indicando os processos de passagem do nutriente nos diferentes compartimentos da planta.

Absorção, transporte e redistribuição do fósforo

Absorção do fósforo

O fósforo é absorvido da solução do solo na forma de $H_2PO_4^-$ ou HPO_4^{2-}; entretanto, como no solo predomina a forma $H_2PO_4^-$, essa é a forma que predomina durante o processo da absorção. Antes que ocorra a absorção propriamente dita do fósforo, é preciso ocorrer o contato desse nutriente com a raiz. Especificamente para o fósforo (conforme salientado anteriormente, Capítulo 2), esse movimento do nutriente no solo é governado pelo fenômeno da difusão (movimento de íons a favor de um gradiente de concentração), responsável por mais de 94% do contato P-raiz (Tabela 10). Esse movimento do P no solo, caracterizado por percorrer pequena distância, indicando a necessidade da aplicação localizada (próxima do sistema radicular da planta), favorece o processo de absorção. Além disso, o processo de difusão depende da água, conforme foi constatado por Mackay & Barber (1985a) na cultura do milho, em que a umidade adequada do solo se indicou importante para garantir difusão suficiente do P até a raiz e, consequentemente, maior absorção e produção de matéria seca (Tabela 28).

Tabela 28 – Efeito da umidade do solo na absorção de P e na produção de matéria seca do milho (Mackay & Barber, 1985a)

	Umidade do solo		
	Deficiente (-170 kPa)	Adequada (-33 kPa)	Excessivo (-7,5 kPa)
P absorvido (umol/vaso)	229	381	352
Parte aérea (g/vaso)	2,6	4,0	3,6
Raízes (g/vaso)	0,8	1,0	0,9

Solo (P disponível = 74 ppm)

O processo de absorção do fósforo ocorre, basicamente, em duas fases: uma passiva rápida e outra ativa mais lenta. No tocante a essa questão, Malavolta et al. (1997) verificaram em plantas de feijão o processo passivo e ativo na absorção de fósforo marcado. No caso do fósforo ($H_2P^{32}O_4^-$), observaram-se, nos primeiros 60 minutos, uma absorção rápida, indicando o processo passivo, e, em seguida, uma absorção lenta, até completar os 240 minutos, caracterizando o processo ativo (Figura 53).

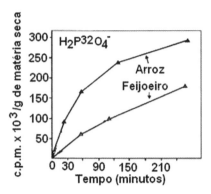

Figura 53 – Absorção de fósforo radiativo "marcado" em razão do tempo, caracterizando um processo de absorção passivo seguido do ativo (Malavolta et al., 1997).

O processo ativo é lento em razão da necessidade de ir contra um gradiente de concentração muito elevado presente nas células das raízes e na seiva do xilema, que é cerca de 100 a 1.000 vezes maior que da solução do solo. Além disso, o pH ácido (4,0), no apoplasto celular, aumenta a absorção de P em três vezes, comparado ao pH 6,0 (Setenac & Grignon, 1985). Assim, a absorção de P pode ocorrer a partir de dois tipos de transportadores, de alta e baixa afinidade. Um dos transportadores de P de alta afinidade é o PH084 (Smith, 2002). E o transporte pela membrana deve ser feito por intermédio de H^+ cotransportador (Ulrich-Eberius et al., 1981).

Salienta-se que para elementos com baixa taxa de difusão no solo, como os fosfatos, plantas com maior superfície radicular possuem maior capacidade para absorção do nutriente do solo (Teo et al., 1995). Assim, para o melhor conhecimento sobre a absorção de P, existem o modelo mecanístico, obtido em laboratório, que envolve a planta, como superfície/geometria da raiz e cinética de absorção, e também os parâmetros de fornecimento pelo solo. Nesses modelos, os parâmetros mais importantes que contribuem para a maior absorção de P pelas plantas são: 1- velocidade de elongação da raiz; 2- concentração inicial do P no solo; 3- raio da raiz.

A literatura aponta vários fatores que podem afetar o processo de absorção, como os fatores externos e internos discutidos anteriormente (Capítulo 2). No caso específico do fósforo, os fatores externos são importantes, pois aumentam a concentração na solução do solo ou da solução nutritiva e daí tem-se uma relação direta com a absorção pela planta, como no caso do arroz e do feijoeiro (Figura 54).

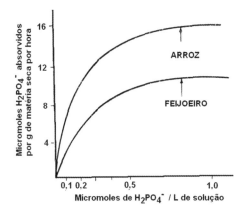

Figura 54 – Relação entre a concentração de P na solução e a absorção de $H_2PO_4^-$ (Malavolta, 1980).

Os fatores externos que influenciam a absorção de P pelas plantas estão relacionados ao pH do solo, efeitos de outros elementos, temperatura e oxigênio.

Efeito do pH e de outros nutrientes

O valor pH do solo, como um fator isolado, é o que mais afeta a disponibilidade de fósforo no solo, sendo o pH próximo de 6,5 o que promove a maior disponibilidade na solução do solo (Figura 55) e, consequentemente, maior absorção pela planta. A presença de outros íons na solução, como o magnésio, apresenta efeito sinérgico na absorção de fósforo, tendo em vista que o Mg funciona como um carregador do P, explicado pela ativação da ATPase nas membranas contribuindo com a absorção e também pela geração de ATP na fotossíntese e respiração.

Assim, em um experimento com cevada, observou-se que a presença de Mg junto com P "marcado" incrementou a absorção do P da raiz e o transporte para a parte aérea (Figura 56).

A temperatura afeta linearmente a absorção do P tanto no arroz como no feijoeiro (Figura 57a). Isso ocorre porque a temperatura tem efeito direto na intensidade respiratória das plantas. A aeração, por meio da oxigenação, promove incremento quadrático na absorção do P "marcado", em raízes de cevada (Figura 57b). Isso ocorre porque o oxigênio é necessário para a respiração das raízes, para fornecer energia (ATP) para a absorção (ativa).

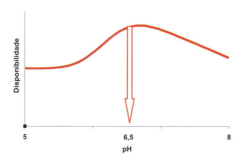

Figura 55 – Efeito do valor pH na disponibilidade de P.

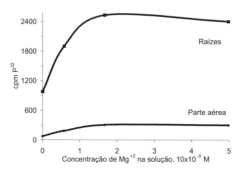

Figura 56 – Efeito do magnésio presente na solução sobre a absorção do P "marcado" (c.p.m) em cevada (adaptado de Malavolta, 1980).

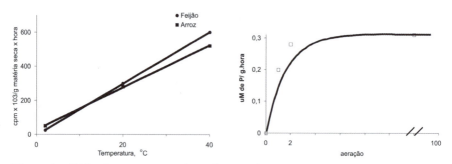

Figura 57 – Efeito da temperatura sobre a absorção de P "marcado" (cmp.x10³/g de matéria seca) pelas raízes de arroz e de feijoeiro (a) e da aeração na absorção do P "marcado" por raízes de cevada (Malavolta, 1980).

Efeito da temperatura e do oxigênio

Quanto aos fatores internos, relativos à planta, esses podem ser resumidos em: os de ordem genética, de níveis de P e carboidratos na raiz e também da associação com microrganismos (Tabela 29).

Tabela 29 – Alguns fatores internos que afetam a absorção de fósforo pelas plantas (Malavolta et al., 1997)

Fator	Especialização
Genética	Variação nos parâmetros da cinética de absorção ou morfologia das raízes
	A resposta da soja ao P é controlada por um par de genes
	Múltiplos genes codificam carregadores do fosfato
Nível de P no floema	Sinal de retroalimentação para regular a absorção de P
Nível de P e de carboidrato	A velocidade, em certo limite, será maior quanto maior o nível de carboidrato na raiz.
Micorrizas	Aumenta a absorção de P pelas hifas ramificadas

A relação dos efeitos benéficos da micorriza no aumento da absorção de P pelas plantas é uma área muito estudada e promissora. Esse efeito benéfico na nutrição das plantas é maximizado apenas em espécies passíveis de permitir ótima taxa de colonização das raízes. Além disso, o desequilíbrio na disponibilidade de P no solo (teor alto) prejudica a simbiose e o crescimento da planta (Nogueira & Cardoso, 2006).

É oportuno destacar que as raízes novas apresentam alta capacidade de absorção de fósforo, enquanto as raízes mais velhas apresentam baixa capacidade (Tabela 30).

Beebe et al. (2006) acrescentam, ainda, que a aquisição de P em feijoeiro em solo com baixa fertilidade é afetada pela estrutura arquitetônica da raiz, constituindo um fator importante para seleção de plantas mais eficientes na aquisição do dado nutriente.

A habilidade das raízes das plantas em absorver o P, sob condições de baixa disponibilidade, é um processo complexo, pois depende de inúmeras respostas, conforme mostrado na Tabela 31, resumidamente.

Normalmente, quando a disponibilidade de Pi no solo é limitada, um mecanismo de absorção de alta afinidade é ativado (Schachtman et al., 1998). Portanto, nível muito baixo de P no meio externo pode aumentar a velocidade de absorção em cerca de três vezes, dependendo da espécie de planta. Assim, há dois mecanismos que podem participar da absorção de Pi, o de alta e o de baixa afinidades. O primeiro tem um baixo K_m (3 a 7 µM de Pi), com papel preponderante em solos de baixa disponibilidade de P, e o segundo, um alto K_m (50 a 300 µM de Pi). Apenas o mecanismo de alta afinidade poderia ser afetado pelo meio, o que não ocorre com o mecanismo de baixa afinidade que é constitutivo (Raghothama, 1999).

Tabela 30 – Taxa de absorção de fósforo pelo milho, em função da idade da planta (dias)

Idade da planta (dias)	P (µmol/m raiz/dia)
20	11,3
30	0,90
40	0,86
50	0,66
60	0,37
70	0,17
80	0,08

Tabela 31 – Múltiplas respostas das plantas à deficiência de fosfato (Raghothama, 1999)

Morfológicas: Aumento da razão raiz:parte aérea; mudança na morfologia e arquitetura da raiz; aumento na proliferação de pelos radiculares; elongação dos pelos radiculares; acúmulo de pigmentos de antocianina; formação de raiz proteoides; aumento da colonização micorrízica.

Fisiológicas: Aumento da absorção de fosfato; reduz efluxo de Pi; aumenta a eficiência de uso de Pi; mobilização de Pi do vacúolo para o citoplasma; aumento da translocação do fósforo na planta; re-translocação do Pi das folhas velhas; retenção de mais Pi na raiz; secreção de ácidos orgânicos, prótons e quelantes; secreção de fosfatases e RNAses; alteração da respiração, metabolismo carbono, fotossíntese, fixação de nitrogênio e rotas de enzimas aromáticas.

Transporte do fósforo

Logo após o processo de absorção do fósforo, desencadeia-se o processo de transporte, ocorrendo de forma semelhante à absorvida, ou seja, predominantemente como $H_2PO_4^-$; entretanto, pode ser encontrado no xilema em baixa concentração na forma orgânica (fosforil colina ou ésteres de carboidratos).

Redistribuição do fósforo

O processo de redistribuição do fósforo ocorre exclusivamente na forma orgânica, mas pode ser encontrado no floema também na forma inorgânica. Assim alta concentração do fósforo (forma orgânica) na seiva do floema indica alta redistribuição ou mobilidade na planta. Sendo prontamente móvel na planta no sentido ascendente ou descendente, as folhas novas são supridas não só pelo fosfato absorvido pelas raízes, mas também pelo fosfato originado das folhas mais velhas. Assim, as plantas deficientes em P demonstram primeiramente os sintomas de deficiência na folha velha. Estima-se que cerca de 60% do P da folha velha é passível de ser remobilizado via floema para as folhas novas (Malavolta et al., 1997), ou seja, a hidrólise de ácidos nucleicos e de fosfolipídeos contribuiria com 40%-47% e 26%-38%, respectivamente, do total de P reabsorvido de folhas senescentes (Aerts, 1996). Os detalhes da sintomatologia de deficiência nutricional de P serão abordados no final ("Sintomatologia de deficiências").

Cabe ressaltar, ainda, que alguns experimentos têm indicado que pode existir alguma compartimentalização do P nas plantas (a exemplo do milho), quando esse nutriente é fornecido em uma parte do sistema radicular, sendo atribuído ao tipo de vascularização entre as folhas e raízes (Stryker et al., 1974). Nesse sentido, experimento com a cultura do milho indica que aplicação de fósforo feita em ambos os lados da planta (sulco duplo) foi superior à aplicação em um lado apenas (sulco simples) e também em todo o volume de solo (a lanço) em termos de incremento da produção de grãos (Tabela 32).

Tabela 32 – Teor foliar de P, incremento de produção de milho e fator de utilização do fósforo, em função dos modos de aplicação de P no solo (Prado et al., 2001)

	Modo de aplicação								
	Lanço			Sulco simples			Sulco duplo		
Dose de P_2O_5	Teor de P [1]	Aumento da produção [2]	Fator P [3]	Teor de P	Aumento da produção	Fator P	Teor de P	Aumento da produção	Fator P
kg ha^{-1}	g kg^{-1}	t ha^{-1}		g kg^{-1}	t ha^{-1}		g kg^{-1}	t ha^{-1}	
45,0	2,1	0,13	0,346	2,1	0,45	0,100	2,1	0,21	0,210
67,5	2,1	0,20	0,337	2,2	1,32	0,051	2,3	1,54	0,044
90,0	2,3	0,24	0,375	2,5	2,06	0,044	2,5	2,82	0,032
112,5	2,3	0,28	0,402	2,6	2,76	0,041	2,7	3,63	0,031
135,0	2,4	0,57	0,237	2,7	3,04	0,044	2,9	4,40	0,031
Média(4)	2,2B			2,4AB			2,4A		

[1] Na testemunha, sem P, teor foliar = 2,1 g kg^{-1}. [2] Obtido em relação à média de produção de grãos (4,58 t ha^{-1}) na dose zero (ausência de aplicação de P) considerando os três modos de aplicação. [3] Fator P: fator de utilização do P (kg ha^{-1} de P_2O_5/aumento de produção em kg ha^{-1}). [4] Letras iguais não diferenciam entre si pelo teste de Tukey (P <0,05).

Participação no metabolismo vegetal

Diferentemente do N e do S que apresentam reduções na planta, o $H_2PO_4^-$, na forma oxidada, permanece assim, da mesma forma que foi absorvido e transportado. Assim, ele não passa por troca de valência durante seu metabolismo nas plantas, permanecendo como pentavalente (PO_4^{3-} ou $P_2O_7^{4-}$). Na planta, o P ocorre em formas orgânicas e inorgânicas (acumulado no vacúolo) que são liberadas para o citosol à medida que a planta necessita, evitando prejudicar algum processo fisiológico importante (fotossíntese), na ausência de P no meio externo.

Na prática, o fósforo absorvido pelas células é rapidamente metabolizado; por volta de 10 minutos a maior parte do fosfato (cerca de 80%) já está incorporada a compostos orgânicos (Jackson & Hagen, 1960).

Assim, o P total nas plantas com estado nutricional adequado ocorre predominantemente na forma inorgânica (ortofosfato), solúvel em água, presente no vacúolo (cerca de 75%), e o restante no citoplasma e nas organelas celulares. Por sua vez, em plantas deficientes em P, a forma inorgânica predomina, sendo encontrado no citoplasma e nos cloroplastos das células das folhas, isto é, no "local metabólico" (Foyer & Spencer, 1986). Na folhas, o conteúdo total de P pode variar cerca de 20 vezes, sem afetar a fotossíntese, e a concentração de P inorgânico no citoplasma é regulada, em uma faixa estreita, pela homeostase efetiva de fósforo, na qual o P inorgânico dos vacúolos atua como um tampão (Mimura et al., 1990). E outra parte importante do P está na forma orgânica, em quatro grandes grupos:

a) Ésteres fosfóricos, existem mais de 50, como trioses, frutose-1-6-bifosfato (biossíntese da sacarose) (Figura 58) (compostos intermediários do desdobramento dos açúcares). As ligações energéticas desses compostos representam "a máquina que move todo o metabolismo vegetal". Saliente-se que a maior parte do P contido nos ésteres (cerca de 70%) está contida em apenas nove compostos, na seguinte sequência: glicose-6-P (20%) >ATP (10%) > UDPG (difosfato de uridina e glicose) > 3-PGA (ácido 3 fosfoglicérico) > frutose-6-P > UDP (difosfato de uridina) > manose-6-P; UTP (trifosfato de uridina) > ADP.

b) fosfolipídios (componente da membrana, conferindo a natureza lipídica). Os cloroplastos têm sistema de membranas muito desenvolvido, os tilacoides, e representam cerca de 40% do total de fosfolipídios das células fotossintéticas.

c) nucleotídeos: Base Nitrogenada + Pentose +1-3 radicais de ácidos fosfóricos, podendo estar livres: na forma de **ATP - ADP** ou combinadas em ácidos nucleicos: **DNA** (macromolécula, é responsável por carregar a informação genética da célula) e **RNA** (envolvido na transladação da informação genética (via RNAm) e na síntese proteica). A função principal do P no DNA é a de formar uma ponte estrutural entre os nucleosídeos (= pentose + base) que são as letras do código genético.

Salienta-se que o caminho mais importante para sua entrada em combinações orgânicas é por meio da esterificação de um grupo OH da pentose ligada à adenina (conjunto de base+ribose = adenosina) resultando em monofosfato de adenosina, difosfato de adenosina até trifosfato de adenosina (ATP) (Figura 58b).

d) ácido fítico: éster hexafosfórico ou inositol, que é a substância de reserva de P na planta.

Ressalte-se, ainda, que a energia produzida na fotossíntese e também na respiração é armazenada principalmente na forma de ATP. Normalmente a concentração celular de ATP é muito baixa, visto que a cada minuto é renovada (ressintetizada). A ligação fosfatada com alta energia é um meio para armazenar e usar grandes quantidades de energia de 12.000 a 16.000 calorias. A planta usa essa energia nos diversos processos vitais, desde o transporte de solutos pelas membranas das células (Figura 59), trabalho mecânico de penetração da raiz no solo, na absorção ativa de nutrientes, até na síntese de amido (presente nos grãos).

Nesse sentido, é difícil imaginar em qual fenômeno biológico o fósforo, nos seus diferentes compostos, não participe direta ou indiretamente.

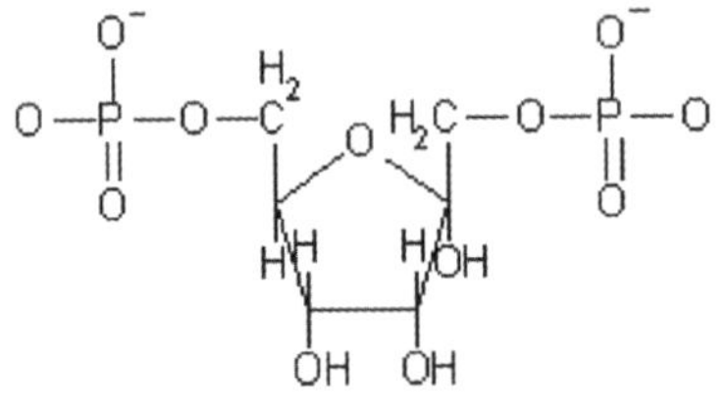

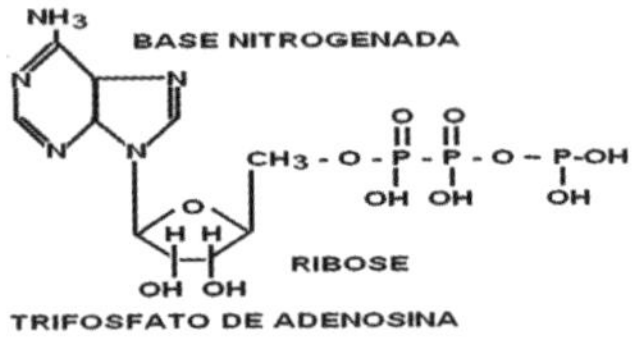

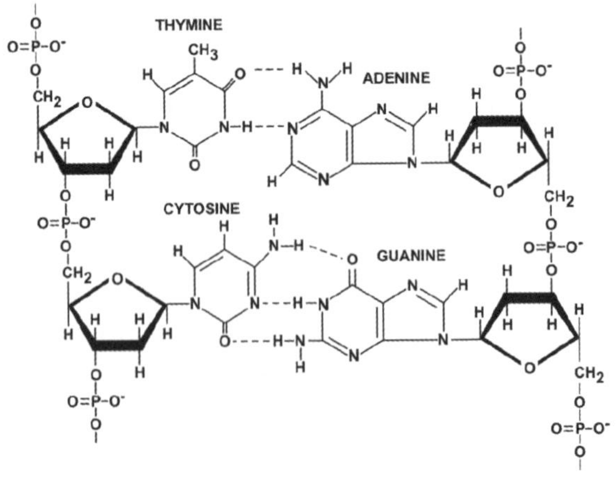

Figura 58 – Estrutura de um éster fosfórico (frutose 1-6 difosfato) (a) e um trifosfato de adenosina (ATP) (b) e DNA (c).

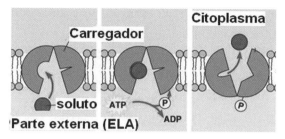

Figura 59 – Papel do ATP no transporte de solutos pelas membranas das células.

A acumulação de amido e açúcares nas folhas das plantas deficientes em fósforo pode, também, resultar de uma exportação menor, pelas limitações na síntese de ATP, para o transporte de próton-açúcares, no carregamento, através do floema, e uma menor demanda nos locais de acúmulo (Rao et al., 1990). E, ainda, quando o Pi do citosol é baixo, a triose-fosfato produzida pela fotossíntese nos cloroplastos não é transportada para o citoplasma para produção da sacarose, e sim desviada para produção de amido.

O P também participa da sinalização celular, como no inositol trifosfato, e também modifica proteínas irreversivelmente (Fraústo da Silva & Williams, 2006).

Assim, as funções que desempenham esses compostos estão ligadas ao aspecto estrutural e ao processo de transferência/armazenamento de energia, bem como em outros processos (Tabela 33).

Tabela 33 – Resumo das funções do fósforo nas plantas (Malavolta et al., 1997)

Estrutural	Processos
Ésteres de carboidratos	Transferência/armazenamento de energia
Fosfolipídios	Absorção iônica
Coenzimas	Fotossíntese
Ácidos nucleicos	Sínteses (proteica)
Nucleotídeos	Multiplicação e divisão das células
	Herança
	Fixação biológica do N

Diante da importância do P na nutrição das plantas, são frequentes os efeitos desse nutriente na produção das culturas em solos tropicais. Assim, a aplicação do P no solo deverá aumentar seu teor nas folhas e com reflexo na produção, a exemplo do citros (Figura 60) (Malavolta et al., 1997) e em outras culturas como milho (Prado et al., 2001), maracujazeiro (Prado et al., 2005c), goiabeira (Corrêa et al., 2003) etc.

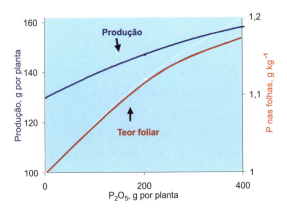

Figura 60 – Efeito da aplicação do P no teor foliar e na produção do citros (adaptado de Malavolta et al., 1997).

Esse incremento na produção das culturas é explicado pelos efeitos do P na nutrição e, consequentemente, no crescimento e no desenvolvimento das plantas. Singh et al. (2006) verificaram em algodão que a área foliar individual e o conteúdo de água na folha fresca foram dependentes do teor foliar de P.

Os efeitos do P na qualidade dos produtos agrícolas são pouco estudados. No amendoim, a aplicação de P não alterou o teor de proteína e de óleo dos grãos (Hernadez et al., 1991; Kasai et al., 1998).

Exigências nutricionais das culturas

Conforme dito anteriormente, o estudo da exigência nutricional das culturas deve refletir a extração total do nutriente do solo, respeitando a extração em cada fase de desenvolvimento da cultura, para satisfazer as necessidades nutricionais das plantas, tendo em vista a máxima produção econômica.

Salienta-se que o teor total de P na planta para crescimento/desenvolvimento ótimo é de 0,3%-0,5% (3-5 g kg^{-1}) da massa seca; entretanto, esses valores nas folhas podem variar em razão da cultura e de outros fatores, que serão objetos do Capítulo 18.

Assim, para a discussão adequada da exigência nutricional das culturas, dois fatores são igualmente importantes: a extração total/exportação do nutriente e a marcha de absorção desse nutriente ao longo do cultivo.

Extração e exportação de nutrientes

A extração total de fósforo é função do teor de P na planta e da quantidade de matéria seca acumulada. Portanto, depende da produção obtida, que, por sua vez, depende da espécie, da variedade/híbrido, da disponibilidade no solo, do manejo da cultura, entre outros.

Quanto à espécie vegetal, nota-se variação da quantidade exigida em razão das culturas (Tabela 34).

Pelos resultados, observa-se que a extração total de fósforo variou de 8,2 (algodoeiro em baixa produção) até 56 kg ha^{-1} (milho). Entretanto, em valores absolutos de extração total de fósforo, observam-se alta exigência (ou baixa eficiência de uso) das leguminosas soja/feijão e baixa exigência das gramíneas cana-de-açúcar/arroz, com valores de 5,0 até 13,3 kg para cada tonelada de produto (colmos/grãos) produzido, respectivamente.

Quanto à exportação de P por tonelada de grãos produzidos, observa-se que a soja é a que mais exporta (8,7 kg/t); entretanto, para a maioria das culturas, o fósforo concentra-se nos grãos, isso ocorre, segundo Staufler & Sulewski (2004), porque o P está ligado aos processos metabólicos da planta; ele sendo móvel ficaria concentrado nas áreas mais ativas de crescimento, de forma que a maior parte do P absorvida é transferida para os grãos. O P contido em sementes grandes (milho) pode inclusive atender à demanda inicial da cultura. Resende et al. (2006) também verificaram em milho que o grão foi o destino final da maior parte (87 %, em média) do P absorvido. Isso porque o P nos grãos está ligado aos compostos orgânicos de reserva como os fitatos. Os fitatos estão, presumivelmente, envolvidos na regulação da síntese de amido, durante o enchimento dos grãos. Assim, parte do P está associada com a fração amido e é incorporada nos grãos de amido.

Tabela 34 – Exigências de fósforo das principais culturas (Malavolta et al., 1997)

Cultura	Parte da planta	Matéria seca produzida	P acumulado Parte da planta	Total [3]	P requerido para produção de 1 t de grãos[4]
		t ha⁻¹	kg ha⁻¹		kg t⁻¹
Anuais					
Algodoeiro	Reprodutiva (algodão/caroço)	1,3	4 (3,1)[2]	8,2	6,3
	Vegetativa (caule/ramo/folha)	1,7	4		
	Raiz	0,5	0,2		
Soja[1]	Grãos	3	26 (8,7)	40	13,3
	Caule/ramo/folha	6	14		
Feijão	Vagem	1	4 (4,0)	9,7	9,7
	Caule	0,4	0,6		
	Folhas	1,2	5		
	Raiz	0,1	0,1		
Milho[1]	Grãos	6,4	24 (3,8)	56	8,8
	Restos culturais	-	3		
Arroz	Grãos	3	8 (2,7)	17	5,7
	Colmos	2 (m.s.)	3		
	Folhas	2 (m.s.)	1		
	Casca	1	2		
	Raiz	1 (m.s.)	3		
Trigo	Grãos	3	11 (3,7)	20	6,7
	Palha	3,7	9		
Semiperene/perene					
Cana-de-açúcar	Colmos	100	10 (0,1)	20	5
	Folhas	25	10		
Cafeeiro[1]	Grãos (coco)	2	3 (1,5)	19	9,5
	Tronco, ramos e folhas	-	16		

[1] Malavolta (1980); [2] Exportação relativa de nutrientes através dos grãos produzidos (kg t⁻¹): N acumulado nos grãos/matéria seca dos grãos; [3] sugere a exigência nutricional (total) por área da cultura para o respectivo nível de produtividade; [4] sugere a exigência nutricional relativa de P da cultura para produção de uma tonelada do produto comercial (grãos/colmos); obtido pela fórmula: P acumulado na planta (parte vegetativa+reprodutiva)/matéria seca do produto comercial.

Marcha de absorção

O estudo da marcha de absorção (nutriente acumulado em razão do tempo de cultivo) para P indica a época de maior exigência; entretanto, na prática em culturas cultivadas sob condições de campo não é feito o parcelamento dos nutrientes ao longo do ciclo. O parcelamento do fósforo não tem indicado efeitos benéficos na nutrição e na produção das culturas cultivadas em condições de campo, a exemplo nas culturas do abacaxi (Teixeira et al., 2002). A aplicação localizada anual no sulco de plantio mostrou-se eficiente para o milho e propiciou adequado efeito residual (Resende et al., 2006).

Na cultura do algodoeiro, Mendes (1965) obteve a marcha de absorção acumulativa em todo o ciclo de desenvolvimento das plantas, que durou 150 dias. Observa-se absorção inicial lenta, e na fase de florescimento atingiu 40% (fase inicial) até 65% (fase final). Na fase inicial de deiscência, a absorção atingiu os 80%, completando com os 100% na fase final, aos 130 dias (Tabela 35).

Tabela 35 – Marcha de absorção (cumulativa) de fósforo do algodoeiro em solução nutritiva (Mendes, 1965)

Dias	Estádio de desenvolvimento	P absorvido, % do total
10		1
20		5
30	Abotoamento	13
40		24
50		34
60		40
70		48
80	Florescimento	56
90		65
100	Frutificação	70
110		78
120		85
130	Deiscência	90
140		95
150		100

Note-se, ainda, que a absorção de fósforo pelo algodoeiro ocorre de forma crescente e constante. Assim, é importante a manutenção do fósforo durante toda a fase de desenvolvimento da cultura, cuja aplicação do P é normalmente feita na adubação de plantio ou semeadura.

Fageria (1998) conduziu um experimento de vegetação em casa, com o objetivo de avaliar a eficiência do uso de P pelos quinze genótipos de feijão em níveis baixo, médio e alto de P, em um Latossolo Vermelho-Escuro. Diferenças significativas foram obtidas entre genótipos com o uso de fósforo (Tabela 36). Os genótipos Rio Doce, São José, IPA9 e Roxo9 foram classificados como eficientes e responsivos.

Tabela 36 – Parâmetros de crescimento, teor e uso de fósforo por quinze genótipos de feijão[1] (Fageria, 1998)

Genótipos	M.S. parte aérea	M.S. raízes	Teor de P na parte aérea	Teor de P na raiz	Eficiência do uso de P
	g.vaso^{-1}	g.vaso^{-1}	g.kg^{-1}	g.kg^{-1}	(mg M.S./mg P acumulado)^2
Aporé	2,93ab	0,89abc	3,3ab	1,9abc	615b
Goitacazes	2,58abc	0,98ab	3,1b	1,8bc	709b
Carioca-MG	2,64abc	0,91abc	3,3ab	1,8bc	739b
Carioca-IAC	3,03a	1,16a	3,5a	1,7c	687b
Rio Doce	2,61abc	0,96ab	3,4ab	1,8bc	906ab
Emgopa 201-Ouro	2,37bc	0,82bc	3,3ab	2,2a	522b
IPA 6	2,67abc	1,07ab	3,3ab	1,8bc	680b
São José	2,66abc	0,94ab	3,1b	1,7c	937ab
Ipa 9	2,50abc	1,01ab	3,3ab	1,7c	1306a
Ônix	2,58abc	0,77bc	3,3ab	1,8bc	968ab
Xodó	2,13c	0,62c	3,1b	1,8bc	760b
Serrano	2,51abc	1,00ab	3,1b	1,7c	632b
Pot 51	2,89ab	0,87abc	3,3ab	1,9abc	1023ab
Safira	2,67abc	0,99ab	3,2b	1,8bc	500b
Roxo 9	2,71abc	1,00ab	3,2b	2,1ab	528b

[1] Os valores são médias de três níveis de fósforo. Valores seguidos da mesma letra na mesma coluna não diferem significativamente a 5% de probabilidade, pelo teste de Duncan.

As diferenças inter e intraespecíficas na capacidade da planta de utilizar o fósforo (P) do solo são explicadas, em parte, por variações na morfologia e na fisiologia das raízes, as quais caracterizam as plantas quanto à aquisição do nutriente. Föhse et al. (1988) complementam que a eficiência das plantas em relação ao P estava relacionada com a eficiência de absorção desse nutriente, a qual foi determinada pela razão entre o comprimento do sistema radicular e biomassa da parte aérea, bem como pela taxa de absorção por unidade de comprimento de raiz (influxo).

Desse modo, Machado & Furlani (2004), estudando cultivares de milho, em solução nutritiva, verificaram que os menores valores de Km e C_{min} foram bons indicadores da capacidade de absorção de P das plantas, tendo se relacionado com as maiores produções de matéria seca e os maiores índices de eficiência de utilização de P.

Sintomatologia de deficiências e excessos nutricionais

Deficiência

O sintoma mais característico de deficiência de fósforo (denominador comum da deficiência) é o aparecimento de coloração verde mais escura nas folhas mais velhas, visto que o número de folhas e a expansão da área foliar diminuem muito em detrimento da formação de clorofila. Embora o número de clorofila aumente, a taxa fotossintética unitária é baixa. Além disso, em algumas espécies tem-se coloração avermelhada ou arroxeada, especialmente ao longo das nervuras; em outras, para clorose e necrose dos tecidos (Figura 61). A coloração escura se deve ao acúmulo de pigmentos vermelho, azul ou púrpura que pertencem ao grupo conhecido como antocianinas. Esses pigmentos são glicídios formados pela reação entre açúcar e um grupo de compostos complexos cíclicos, as antocianidinas.

Na deficiência de P, as plantas apresentam acúmulo de açúcares (energia química em potencial); ao mesmo tempo, tem-se a falta de energia, por meio do ATP. Essa falta de energia compromete os processos de biossíntese da planta. Assim, ocorre decréscimo acentuado na síntese de RNA, amido e lipídios, resultando em diminuição da ativação de aminoácidos necessários à ligação de peptídio das proteínas e, portanto, deficiência proteica acentuada e acúmulo de compostos nitrogenados solúveis. Essa deficiência proteica é responsável pela depressão no desenvolvimento vegetativo da planta. Além disso, o P atua como regulador da fotossíntese e metabolismo de carboidratos, limitando o desenvolvimento das plantas. E, ainda, a deficiência de P pode provocar acúmulo de amidos nos cloroplastos, pela falta de energia suficiente para a translocação de assimilados (carregamento de sacarose no floema é um processo exigente em energia metabólica – ATP).

Normalmente, as plantas sob deficiência de fósforo induzem genes que codificam para transportadores de fosfato, fosfatases e ribonucleases, produtos que aumentam a aquisição e reciclagem de fosfato (Abel et al., 2002).

Os sintomas de deficiência de fósforo, de modo geral, podem ser assim resumidos:

a) Pequeno desenvolvimento ocorre na maioria das espécies, ficando com aspecto de plantas "enfezadas".
b) Coloração verde mais escura de folhas velhas; coloração roxa em algumas espécies (estresse hídrico e danos nas raízes também pode provocar a coloração roxa).
c) Ângulo estreito de inserção de folhas.
d) Baixo florescimento; número reduzido de frutos e sementes; atraso na maturidade.

A literatura também indica outros efeitos da deficiência de P, tais como:

Diminuição do acúmulo de massa seca do caule ou da parte reprodutiva, em detrimento dos outros órgãos das plantas. Em *Stylosanthes humata*, sob deficiência de fósforo, o crescimento do caule diminui rapidamente, mas as raízes continuam a crescer, não somente porque retêm mais fósforo, mas também por uma translocação líquida adicional de fósforo do caule para as raízes (Smith et al., 1990). Assim, as plantas sob deficiência têm inicialmente um mecanismo de adaptação, tendo maior translocação de carboidratos para a raiz minimizando prejuízos ao sistema radicular. Crusciol et al. (2005) verificaram em arroz sob baixa disponibilidade de P que as cultivares IAC 201 e IAC 202 priorizaram o desenvolvimento do sistema radicular em relação à parte aérea.

Os problemas fitossanitários, entretanto, podem ocorrer em plantas deficientes em P, apresentando desenvolvimento do sistema radicular limitado, comprometendo o processo de absorção de todos os nutrientes. Nessa situação, o sistema radicular pode ficar mais suscetível ao ataque de patógenos "doenças de raiz", com menor atividade microbiológica na rizosfera, e também pode ocorrer atraso no amadurecimento dos grãos (maturação fisiológica atrasada), deixando a planta por mais tempo no campo, aumentando as chances de ataques de pragas/patógenos. Além disso, a deficiência de P pode aumentar a incidência de doenças, seja pela menor resistência física à entrada do patógeno (menor lignina e suberina), seja por menor resistência pela diminuição de defensivos endógenos (alexinas, glicosídeos, alcaloides) e também por variações no ambiente inter ou intracelular mais favorável na forma de acúmulos de substratos que seriam alimentos para os patógenos (Malavolta, 2006).

Excessos de fósforo

É uma desordem rara na literatura; entretanto, existem indicações de pintas vermelho-escuras nas folhas velhas. Em milho, teores foliares de P>8 g kg^{-1} são considerados excessivos (Mengel & Kirkby, 1987).

Diversos autores, contudo, citam efeitos depressivos do fósforo sobre a utilização dos micronutrientes catiônicos pelas plantas, especialmente o Zn, e outros em menor intensidade (Cu, Fe, Mn). Há hipóteses que explicam isso, e elas afirmam que pode ocorrer reação de precipitação do P, e o micro, nos vasos condutores, tem seu transporte reduzido para a parte aérea, causando a sua deficiência. Outra hipótese coloca que pode haver efeito de diluição do micronutriente, com o maior desenvolvimento da planta, em decorrência da aplicação do P, e, assim, causar sua deficiência na planta. Dessa forma, o uso de P em excesso pode induzir sintomas de deficiências desses micronutrientes. Além disso, o excesso de fósforo pode deprimir a fixação de CO_2 e a síntese de amido (Marschner, 1986).

DESORDEM NUTRICIONAL: DEFICIÊNCIA	NUTRIENTE: FÓSFORO
FOTOS	DESCRIÇÃO DOS SINTOMAS
  (a) (b) Foto 1. CANA-DE-AÇÚCAR	Lâminas foliares verde-escuras a verde-azuladas; coloração vermelha ou roxa aparece com frequência, particularmente nas pontas e nas margens expostas diretamente à luz; folhas mais finas, mais estreitas e mais curtas que o normal; folhas mais velhas amarelas, eventualmente definhando a partir das pontas e ao longo das margens; colmos menores e mais finos; perfilhamento escasso (Foto 1a) e um detalhe da planta deficiente com ausência de perfilhamento (Foto 1b).
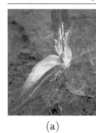 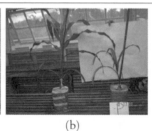 (a) (b) Foto 2. MILHO	Cor verde-escura das folhas mais velhas seguindo-se tons roxos nas pontas e margens, atingindo também o colmo (Foto 2a) e isso leva à diminuição no crescimento das plantas (Foto 2b – planta à direita deficiente e à esquerda normal)
  (a) (b) Foto 3. FEIJÃO	As folhas inferiores com coloração verde-pálida e as superiores com tons verdes mais escuros (Foto 3a). Os folíolos das folhas mais velhas podem apresentar áreas internervais cloróticas. Com evolução dos sintomas as folhas velhas tornam-se necróticas e tem-se menor desenvolvimento da planta (Foto 3b).
  (a) (b) Foto 4. CITRUS	A folha toma uma cor verde-escura e depois amarelo-laranja; em casos extremos podem aparecer pontas ou manchas queimadas (Foto 4a). Um outro órgão importante para a diagnose visual para P em citrus é o fruto, ficando áspero esponjoso, com o centro oco e excessivamente ácido e o albedo fica mais espesso (Foto 4b).

Figura 61 – Fotos e a descrição geral dos sintomas visuais de deficiência de P em diversas culturas.
Fonte: Prado (não publicado); Malavolta et al. (1989).

7
Potássio

Introdução

Em geral, os solos tropicais apresentam baixa concentração de potássio disponível; entretanto, não tão baixa como ocorre com o fósforo. Assim espera-se maior resposta à aplicação de K em solos (K < 1,5 mmol c dm^{-3}) dependendo da cultura. O potássio é, depois do fósforo, o nutriente mais consumido na agricultura brasileira.

Diferentemente do N e do S, a principal forma do K no solo é a mineral, podendo estar na rede cristalina de minerais primários – feldspatos, micas (muscovita e biotita) – ou em minerais secundários (argilas do tipo 2:1, ilita e vermiculita). Com o intemperismo do solo, os minerais ricos em potássio diminuem, dando lugar às argilas 1:1, como a caulinita, que não tem potássio em sua estrutura.

Além do K estrutural dos minerais, tem-se o K-fixado ou não trocável e o K-fertilizantes que "alimentam" o compartimento K-trocável, e por fim o K-solução, que por sua vez permite a sua absorção pela planta. O K não trocável compreende o K adsorvido nas entrecamadas de minerais de argila 2:1 e uma parte do K contido em minerais primários de mais fácil intemperização (Mielniczuk & Selbach, 1978). Assim, os nutrientes na forma de cátion trocável e na solução do solo são considerados disponíveis para as plantas. Os teores trocáveis, em geral, pouco representam em relação aos teores totais, mas em solos tropicais eles podem ser a reserva mais importante do potássio disponível.

Acrescenta-se, ainda, que a matéria orgânica apresenta o K trocável e, também, como parte da sua constituição, a qual é liberada por lavagem e no processo de mineralização. A decomposição da palha é alta, beneficiando a cultura subsequente, especialmente em K, podendo liberar de 89% a 94% do elemento contido na palhada (cana-de-açúcar) durante um ano (Souza Jr. et al., 2015).

No solo, diversos fatores afetam a disponibilidade de K, como teor de argila, temperatura, o umedecimento e secagem do solo, além do valor pH próximo de 6,5, que aumenta a sua disponibilidade.

No estudo do potássio no sistema planta, é importante conhecer todos os "compartimentos" que o nutriente percorre, desde solução do solo, raiz e parte aérea (Figura 62).

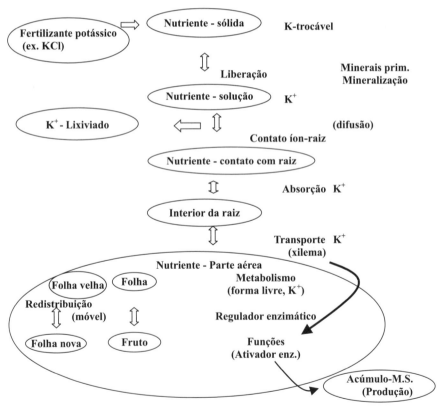

Figura 62 – Dinâmica do potássio no sistema solo-planta indicando os processos de passagem do nutriente nos diferentes compartimentos da planta.

Absorção, transporte e redistribuição do potássio

Absorção

Antes de ocorrer a absorção, tem-se o contato K-raiz. Para isso, tem que ocorrer o caminhamento do potássio no solo até as raízes. Normalmente, o K move-se no solo pelo fenômeno da difusão que predomina (Tabela 10), especialmente quando o fluxo de massa é reduzido pelo baixo conteúdo de água e alto de argila do solo (Grimme, 1976); porém, em condições de vaso, com raízes concentradas em volume de solo restrito, e em solo corrigido, poderá favorecer o fenômeno de fluxo de massa (Rosolem et al., 2003) (Figura 63). De toda a forma, a umidade adequada do solo pode afetar o contato com a raiz e a sua absorção. Nesse sentido, o nível adequado de umidade no solo aumenta a absorção de K no milho, refletindo maior produção de matéria seca (Tabela 37).

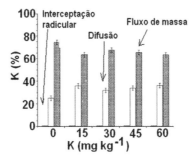

Figura 63 – Porcentagem do K em contato com raiz do algodão cultivado em vaso pelos processos da interceptação radicular, da difusão e do fluxo de massa em função das doses de K (Rosolem et al., 2003).

Tabela 37 – A umidade do solo na absorção de potássio pelo milho e a produção de matéria seca (adaptado de Mackay & Barber, 1985b)

	Nível de umidade		
	Deficiente (-170kPa)	Adequado (-33kPa)	Excessivo (-7,5kPa)
K absorvido (mmol por vaso)	2,9	5,0	4,6
Matéria seca (g por vaso)	7,8	8,7	7,3

K (solo) = 207 mg dm^{-3}

Além da umidade, vários fatores podem afetar a absorção de K pelas plantas, como a sua concentração no solo, a idade da planta favorece a absorção de K, a raiz mais jovem apresenta maior absorção, se comparada com a mais velha, entre outros.

O potássio absorvido pelas raízes na forma iônica K^+ ocorre por vários sistemas (transportadores e em canais). O transporte de K^+ pelas membranas ocorre pelos carregadores, como no sistema de alta afinidade (Km baixo = 0,02 e 0,03 nM), muito seletivo. Como exemplo, tem-se o carregador HKT1 (Schachtman & Schroeder, 1994). E há outros carregadores, de baixa afinidade e Km alto, considerados pouco seletivos. Existem ainda carregadores que atuam com alta e com baixa afinidade (Fu & Luan, 1998). No primeiro sistema, a absorção do K ocorre por uma força de próton, ou seja, ocorre troca do H^+ por K^+, embora a quantidade de K^+ que entra na célula seja bem superior à quantidade de H^+ liberado ao meio. No segundo sistema ocorre um processo passivo de difusão facilitada através de canais seletivos até o citoplasma (Fox & Guerinot, 1998).

Além desses sistemas de absorção de K, têm-se uns canais na membrana plasmática, por troca de voltagem, que dependem da atividade da bomba protônica, permitindo a entrada de diversos cátions.

A absorção de K através do mecanismo de baixa atividade, ou seja, com alta concentração do K no meio e pelos canais operados pela bomba protônica, poderá ser afetada pela presença de outros íons no meio, visto que tratam de processos pouco seletivos. Entretanto, os processos de absorção importantes para nutrição das plantas em solos tropicais (teor baixo de K) seriam aqueles que atuam com alta afinidade ou Km baixo.

Os canais são eficientes na absorção desse nutriente, ainda que em concentrações baixas (10 µM) (Hirsch et al., 1998). Nesse processo podem interferir o Ca^{2+} e o Mg^{2+}, que em concentrações elevadas podem inibir a absorção de potássio. Normalmente, na membrana plasmática, o K é permeável, facilitando a sua absorção, embora predomine forma ativa. Por fim, as informações aprofundadas a respeito dos processos de absorção de K nas plantas podem ser obtidas em uma revisão de literatura feita por Malavolta (2005).

Transporte

Após a sua absorção, o K é transportado com facilidade e rapidamente, via xilema, para a parte aérea.

Redistribuição

A redistribuição interna do K é alta, tendo em vista a sua alta concentração no floema dirigindo-se das folhas velhas para as mais novas. Normalmente o destino é para os tecidos meristemáticos ou para o fruto que está crescendo; isso se deve, em parte, pelo menos, ao fato de que cerca de 75% do potássio total da planta encontra-se na forma solúvel (K^+), ou seja, não está ligado a um composto orgânico.

Participação no metabolismo vegetal

Diferentemente do N, o potássio não faz parte de nenhum composto orgânico na planta; portanto, não tem função estrutural. Contudo, sua principal função na vida das plantas é de ativador enzimático. Mais de 60 enzimas, como as sintetases e as quinases, dependem do potássio para a sua atividade normal. O K está relacionado às mudanças na conformação das moléculas, a qual aumenta a exposição dos sítios ativos para ligação com o substrato. Em geral, as mudanças de conformação induzidas pelo K^+ nas enzimas aumentam a taxa das reações catalíticas ($V_{máx}$) e, em muitos casos, também a afinidade pelo substrato (K_m) (Evans e Wildes, 1971).

Uma das razões que explicam o fato de as plantas apresentarem alto nível de exigência em potássio (normalmente o segundo nutriente mais exigido) é a necessidade que a planta tem de manter o seu teor elevado no citoplasma das células, principalmente para garantir uma ótima atividade enzimática, pois esse nutriente não tem alta afinidade com compostos orgânicos (incluindo enzimas). Um outro motivo da necessidade de alta concentração do K no citosol e no estroma dos cloroplastos é para manter a neutralização de ânions (ácidos orgânicos e inorgânicos solúveis e ânions de macromoléculas) e manutenção do pH nos níveis adequados para o funcionamento da célula, isto é, pH de 7,0-7,5 no citosol e ~8,0 no estroma (Marschner, 1995).

Saliente-se que cátions com raio iônico perto do tamanho do potássio, como NH_4^+, Cs^+ e Rb^+, podem substituí-lo na ativação de várias enzimas; entretanto, o Na^+ e o Li^+ que têm raios maiores não podem fazê-lo como acontece, por exemplo, na sintetase do amido (Malavolta, 2006).

Assim, em plantas deficientes em K, tem-se diminuição do metabolismo da planta, com maior acumulação de carboidratos solúveis, decréscimo no nível de amido (K ativa amido sintetase) e acúmulo de compostos (N-solúvel). Além disso, existem também prejuízos na síntese proteica, sendo provável que o K ative a redutase do nitrato e seja requerido também na síntese dessa enzima. Saliente-se, ainda, que por manter pH ideal para atividade enzimática o K beneficiará a atividade da redutase, pois, segundo Pflüger & Wiedemann (1977), o decréscimo no pH de 7,7 para 6,5 quase inibe completamente a atividade dessa enzima. Além disso, o K participa em várias etapas da síntese proteica, como síntese de ribossomas e de aminoacil tRNA; ligação de aminoacil tRNA a ribossomas; transferências de peptidil tRNA e ribossomas e despolimerização de mRNA depois da síntese da proteína (Evans & Wildes, 1971, apud Malavolta, 1984).

Essa diminuição da síntese de proteína provoca também acúmulo de aminoácidos básicos (ornitina, citrulina e arginina) que sofrem descarboxilação, levando ao aumento do teor de putrescina, composto nitrogenado tóxico às plantas (Tabela 38) (Malavolta & Crocomo, 1982). A citrulina é considerada o melhor precursor para formação da putrescina. Destaque-se, ainda, que a queda do valor pH do citosol favorece a ação de enzimas que participam da descarboxilação e a síntese desses compostos. Some-se a isso a biossíntese de putrescina, por ser mecanismo de desintoxicação de altos níveis de amônio, já que o acúmulo dessa é anterior à formação de aminas (Smith, 1990).

Assim, o acúmulo da putrescina pode levar à necrose das margens/pontas das folhas, fato esse comum em plantas deficientes em K. Saliente-se que o acúmulo da poliamina putrescina prevalece, embora a rota metabólica permita que seja desdobrada em outras (espermedina e espermina). Os níveis dessas poliaminas aumentam quando submetidas a um estresse nutricional, como visto na deficiência de K e também outros nutrientes (Ca e Mg) e a salinidade. O contrário também ocorre, ou seja, a ausência de estresse diminui a produção de poliaminas. Em níveis adequados as poliaminas podem ser benéficas, atuando na divisão celular na regulação da síntese de DNA (Minocha et al., 1991).

As ATPases, bombas de prótons ligadas às membranas celulares, que atuam no processo de absorção iônica, requerem, para sua máxima atividade, o Mg^{2+} e também o K^+ (Figura 64), exceto a ATPase do tonoplasto, que não requer o K^+. Essa ativação não somente facilita o transporte de K^+ da solução externa, através da membrana plasmática, dentro das células das raízes, mas também torna o nutriente mais importante na regulação osmótica, pois as ATPases presentes nas membranas das células-guarda bombeiam ou permitem influxo de K^+, tornando o potencial osmótico mais negativo, causando influxo de água na célula.

Tabela 38 – Aminoácidos, aminas, N total, proteína e potássio em folhas de gergelim (38 dias de idade) influenciadas pelo nível de K (Malavolta & Crocomo, 1982)

Componente	+K	-K
	mmol/g m.s.	
Arginina	72	115
Citrulina	118	377
Ornitina	45	117
Agmatina	20	29
N-carbamilputrecina	26	92
Putrescina	114	1000

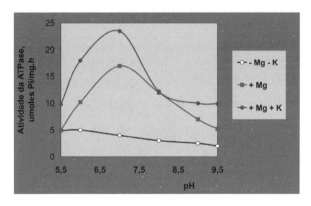

Figura 64 – Atividade da ATPases de fração de membrana de raízes de milho influenciada pelo pH, Mg e K (adaptado de Marschner, 1986).

O potássio é muito importante na expansão celular, a qual envolve a formação de um grande vacúolo central, que ocupa 80% a 90% do volume celular. Há duas condições para que ocorra a extensão das células: a) as ATPases são importantes no crescimento de células meristemáticas, pois reduzem o pH no citoplasma, permitindo ação de enzimas que quebram ligações de componentes da parede celular, influenciando a alongação celular; b) o acúmulo de soluto para criar um potencial osmótico interno também causa a expansão celular.

Assim, além de ser um potente ativador enzimático, o potássio exerce uma função fisiológica fundamental às plantas, que seria na abertura e fechamento dos estômatos. Barraclough & Leigh (1993) observaram que o teor crítico de K no tecido vegetal para exercer a função física é cerca de 2,7 vezes maior que para exercer a função enzimática; entretanto, se for fornecido o Na, a relação poderia diminuir (~1,7 vez). Os autores acrescentam ainda que o Na não alterou o teor crítico de K para exercer a atividade enzimática.

Desse modo, o K é o principal nutriente que afeta o potencial osmótico na planta, influenciando desde a expansão celular, o transporte de íons, pois gera potencial osmótico alto na raiz, até na abertura e no fechamento dos estômatos. O K^+ (especialmente do vacúolo) influencia o ótimo turgor nas células-guarda, pois eleva o potencial osmótico dessas células, resultando em absorção de água das células-guarda e adjacentes e, consequentemente, o maior turgor e a abertura dos estômatos, conforme ilustra o esquema da Figura 65. E ainda, as plantas com a cutícula turgida oferecem maior resistência física a danos mecânicos ou aos microrganismos.

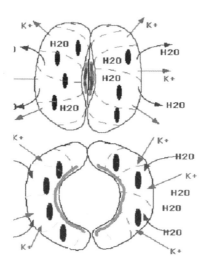

Figura 65 – Esquema do movimento dos estômatos influenciado pelo K.

Assim, a baixa perda de água pelas plantas bem supridas em potássio se deve à redução na taxa de transpiração, a qual não depende somente do potencial osmótico das células, mas também é controlada pela abertura e pelo fechamento dos estômatos. Portanto, plantas bem supridas em K têm maior eficiência no uso da água, a exemplo na cultura do milho (Tabela 39). Assim, em período de "veranico" com estresse hídrico, as plantas bem supridas de K mantêm mais água nos tecidos em relação às plantas deficientes (Neiva, 1977).

Tabela 39 – Eficiência no uso da água pela cultura do milho em relação à nutrição potássica (Neiva, 1977)

K_2O	Uso de água	Coeficiente transpiração	Eficiência uso de água
kg ha^{-1}	L m^{-2}	L por kg de M.S.	L kg^{-1} grão
0	375	276	573
465	330	203	379
930	320	198	360
1395	317	171	323
D.M.S.5%	5	40	54

Mantendo maior teor de água na célula o K favorece as reações metabólicas e também a orientação das folhas, mantendo maior interceptação da luz, embora esse efeito possa ser substituído por outros cátions, como o Na (Malavolta, 1980).

Saliente-se que o estresse (hídrico ou salinidade) induz o fechamento estomático, pelo fato de que as plantas nessas condições produzem na raiz o hormônio ABA, que é transportado, via xilema, para folhas, induzindo efluxo de K$^+$ das células-guarda dos estômatos. O efeito do ABA se deve à ativação de canais de Ca^{2+} nas membranas das células-guarda, aumentando o Ca citoplasmático e promovendo despolarização dessas membranas. Em consequência disso, ativa as passagens de ânions dependentes de voltagem e, assim, induz a membrana plasmática de um estado de condução de K$^+$ para um estado de condução de ânions, o qual, de forma suplementar, diminui o potencial da membrana, o que induz essa saída de K$^+$ das células-guarda e o fechamento dos estômatos (Hendrich et al., 1990).

Esse controle da abertura/fechamento dos estômatos também é importante na taxa de fotossíntese, pois em plantas deficientes em K a abertura dos estômatos não ocorre regularmente, diminuindo a entrada de CO_2. Assim, a aplicação de K pode aumentar a assimilação de CO_2 pelas folhas e também a área foliar (Tabela 40).

Tabela 40 – Efeito do potássio sobre a assimilação de CO_2, e o crescimento de área foliar em milho cultivado em solução nutritiva (adaptado de Steineck & Haeder, 1978)

K na solução	Assimilação de CO_2	Área foliar
µg cm^{-3}	mg/cm^2 x h	cm^2
15	22,6 (100)	51,9 (100)
45	28,8 (127)	51,9 (100)
135	32,8 (145)	53,6 (103)
400	35,3 (156)	59,8 (115)

Intensidade de luz = 7,5 lúmen/cm^2.

Além disso, os cloroplastos contêm cerca da metade do K foliar. Desse modo, o K promove maior difusividade do CO_2 nas células do mesófilo e também ativa carboxilase RuBP, contribuindo para maior atividade fotossintética. Entretanto, todos os nutrientes que afetam a bioquímica da fotossíntese aumentam a concentração de CO_2 nas células dos estômatos, podendo induzir seu fechamento. Por fim, o K é o responsável principal pelo fluxo de H^+, induzido pela luz, através das membranas dos tilacoides (Tester & Blatt, 1989) e também pelo estabelecimento do gradiente de pH transmembranas, necessário para a síntese de ATP (fotofosforilação), em analogia com a síntese de ATP na mitocôndria.

Acrescente-se, ainda, que plantas bem nutridas em potássio têm apresentado maior retenção de água nos tecidos e tolerância ao estresse climático (secas e geadas). Quanto às geadas, o K pode aumentar o ponto de congelamento dos tecidos por induzir mais teor de solutos nas células, amenizando os danos da baixa temperatura. Desse modo, Grewal & Singh (1980) verificaram, na cultura da batata, que a aplicação de potássio, além de aumentar a produção e teor foliar, promoveu menor dano nas folhas pelo congelamento (Tabela 41).

Tabela 41 – Efeito da aplicação de potássio na produção de tubérculos, no teor foliar e porcentagem de folhas danificadas pelo congelamento, em batata (valores médios de 14 locais)

Doses de K (kg ha^{-1})	Produção de tubérculos (t ha^{-1})	K foliar (mg g^{-1} de material seco)	Folhas danificadas pelo congelamento (%)
0	2,39	24,4	30
42	2,72	27,6	16
84	2,87	30,0	7

Diversos trabalhos têm atribuído ao potássio o transporte de fotossintatos no floema, sendo esse um processo ativo que requer energia a partir da atividade das ATPases nas membranas. Assim, o K favorece a passagem ativa de fotoassimilados pelas membranas dos tubos crivados e também favorece o fluxo passivo dos solutos dentro dos tubos, pois esse mantém o pH alto, facilitando assim o transporte da sacarose. O transporte de solutos ou fotossintatos é importante em todos os estádios de desenvolvimento das culturas. Na fase reprodutiva muitas das vezes a maior parte dos nutrientes que seria drenada para os frutos em desenvolvimento não provém das raízes e sim das folhas ou do caule.

Em cana-de-açúcar, plantas bem supridas em potássio, após 90 minutos, 50% dos compostos fotossintetizados (^{14}C) foram exportados da folha para outros órgãos e 20% do total já estavam nos tecidos de reserva (colmo). Em situação de deficiência, mesmo após quatro horas, as taxas de transporte foram bem menores (Hartt, 1969, apud Marschner, 1986). Em eucalipto verificou-se que a aplicação de K promoveu maior transporte de carboidratos das folhas para o lenho, consequentemente resultou em maior acúmulo de celulose e de hemicelulose no lenho (Silveira & Malavolta, 2003).

As plantas deficientes em K podem diminuir a síntese de parede celular (em hastes/caule) predispondo a cultura a ventos, provocando seu tombamento.

Em razão dos seus diversos papéis na planta, o potássio tem efeitos diretos na produção da maioria das culturas. Assim, tomando como exemplo a cultura do maracujazeiro, Carvalho et al. (1999) observaram que a dose de 434 g por planta esteve relacionada com a maior produção de frutos de maracujá, enquanto a produção máxima de suco foi obtida quando se aplicaram 562 g por planta/ano. Essa quantidade de K foi 30% superior àquela que proporcionou a maior produtividade de frutos. E a maior produção de mudas de maracujazeiro esteve associada com teor na parte aérea de 39 g de K kg^{-1} e nas raízes de 20 g de K kg^{-1} (Prado et al., 2004). Nos citros, a aplicação de K elevou seu teor nas folhas, e consequentemente houve maior produção de frutos (Figura 66).

O papel do K no transporte pode também afetar o conteúdo de proteínas nos grãos, incrementando a sua qualidade. Esse fato ocorre porque o K transporta o N para síntese proteica nos grãos (Blevins,1985).

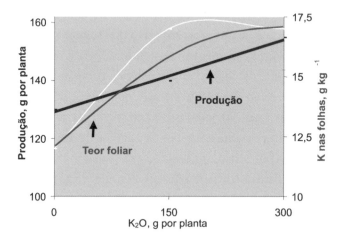

Figura 66 – Efeito de doses de potássio no teor foliar de K e produção do citros (adaptado de Malavolta et al., 1997).

O potássio também pode aumentar a qualidade da soja, a partir do aumento da isoflavona. A isoflavona é considerada um componente alimentar funcional para a saúde humana, reduzindo índice de doenças (câncer, doenças cardiovasculares, osteoporose). Bruulsema (2001) verificou que a aplicação de K na soja aumentou o elemento na planta, a produção e também o conteúdo das isoflavonas (Tabela 42).

Saliente-se, ainda, que é possível obter alta produção da soja e ser acompanhada por alta concentração de isoflavonas sem nenhum declínio significativo em óleo e concentrações de proteína (Yin & Vyn, 2005).

Tabela 42 – Efeito do potássio no conteúdo de isoflavonas, produção, teor de K na planta (Bruulsema, 2001)

Dose de K	Isoflavona (total)	Produção	K foliar	K na semente
		kg ha^{-1}	%	
Com K (101 kg ha^{-1})	1389	2489	2,1	1,7
Sem K	1145	2152	1,6	1,4
Diferença (%)	21	15	33	19

Exigências nutricionais das principais culturas

O estudo da exigência nutricional das culturas deve refletir a extração total do nutriente do solo, respeitando a extração em cada fase de desenvolvimento da cultura, para satisfazer as necessidades nutricionais das culturas, tendo em vista a máxima produção econômica.

Destaque-se que o teor total de K na planta para crescimento/desenvolvimento ótimo é de 2%-5% (20-50 g kg^{-1}) da massa seca; entretanto, esses valores nas folhas podem variar em razão da cultura e de outros fatores, que serão objetos do Capítulo 18.

Dessa forma, para a discussão adequada da exigência nutricional das culturas, dois fatores são igualmente importantes: a extração total/exportação do nutriente e a marcha de absorção desse nutriente ao longo do cultivo.

Extração e exportação de nutrientes

A extração total de potássio ocorre em razão do teor na planta e da quantidade de matéria seca acumulada. Portanto, depende da produção obtida, que, por sua vez, depende da espécie, da variedade/híbrido, da disponibilidade no solo, do manejo da cultura, entre outros.

Quanto à espécie vegetal, nota-se variação da quantidade exigida em razão das culturas (Tabela 43). Em algumas espécies o K é o macronutriente mais acumulado, a exemplo do tomateiro (Prado et al., 2011) e da couve-flor (Alves et al., 2011).

Das diversas culturas, observa-se que a extração total de potássio variou de 39 (trigo) até 257 kg ha^{-1} (milho) (considerando a produção obtida em um hectare). Entretanto, em valores relativos de extração de potássio, em kg por tonelada produzida, observa-se baixa eficiência nutricional do cafeeiro (116 kg) e alta das gramíneas como trigo (13 kg) e cana-de-açúcar (1,6 kg).

Tabela 43 – Exigências de potássio das principais culturas (Malavolta et al., 1997)

Cultura	Parte da planta	Matéria seca produzida	K acumulado Parte da planta	Total [3]	K requerido para produção de 1 t de grãos[4]
		t ha^{-1}	kg ha^{-1}		kg t^{-1}
Anuais					
Algodoeiro	Reprodutiva (algodão/caroço)	1,3	24 (18,5)[2]	66	50,8
	Vegetativa (caule/ramo/folha)	1,7	39		
	Raiz	0,5	3		
Soja[1]	Grãos (vagens)	3	57 (19)	115	38,3
	Caule/ramo/folha	6	58		
Feijão	Vagem	1	22 (22)	92	92,0
	Caule	0,4	11		
	Folhas	1,2	57		
	Raiz	0,1	2		
Milho[1]	Grãos	6,4	30 (4,7)	257	40,2
	Restos culturais	-	237		
Arroz	Grãos	3	13 (4,3)	111	37,0
	Colmos	2	60		
	Folhas	2	12		
	Casca	1	6		
	Raiz	1	20		
Trigo	Grãos	3	12 (4,0)	39	13,0
	Palha	3,7	27		
Semiperene/perene					
Cana-de-açúcar	Colmos	100	65 (0,65)	155	1,6
	Folhas	25	90		
Cafeeiro[1]	Grãos (coco)	2	52 (26)	232	116
	Tronco, ramos e folhas	-	180		

[1] Malavolta (1980); [2] Exportação relativa de nutrientes através dos grãos produzidos (kg t^{-1}): K acumulado nos grãos/matéria seca dos grãos; [3] sugere a exigência nutricional (total) por área da cultura para o respectivo nível de produtividade; [4] sugere a exigência nutricional relativa de K da cultura para produção de uma tonelada do produto comercial (grãos/colmos); obtido pela fórmula: K acumulado na planta (parte vegetativa+reprodutiva)/matéria seca do produto comercial.

Quanto à exportação de K no produto colhido por área, observa-se que a cana-de-açúcar é a que exporta mais (65 kg ha^{-1}), tendo em vista que toda a parte colhida é exportada; enquanto por tonelada produzida as culturas anuais, como o feijão e a soja, são as que mais exportam 22 e 19 kg t^{-1}, respectivamente; portanto, é importante a adubação de restituição para essas culturas.

É pertinente salientar ainda que, mesmo dentro da mesma espécie, existem diferenças grandes na quantidade de K absorvido e exportado pelas colheitas. Em citrus, Bataglia et al. (1977) verificaram que os frutos da lima Tahiti e da laranja Natal têm exportação contrastante, por caixa de frutos, variando de 48 a 102 g de K$_2$O, respectivamente.

Marcha de absorção

O estudo da marcha de absorção (nutriente acumulado em razão do tempo de cultivo) é importante porque permite determinar as épocas em que os elementos são mais exigidos e corrigir as deficiências que porventura venham a ocorrer durante o desenvolvimento da planta.

Na cultura do algodoeiro, Mendes (1965) obteve a marcha de absorção acumulativa, em todo o ciclo de desenvolvimento das plantas, que durou 150 dias (Tabela 44). Observa-se absorção inicial lenta; em seguida, no florescimento, atingiu-se 50% (fase inicial) até 73% (fase final). Na fase inicial de deiscência, a absorção atingiu os 86%, completando com os 100% na fase final, aos 130 dias. Nota-se que logo no início do florescimento a metade do K exigido pela cultura já foi absorvida, indicando que nessa época a maior parte do K já deve ter sido aplicada em adubação de cobertura.

Cabe salientar que, no caso do potássio, muitas vezes, o parcelamento excessivo pode resultar em diminuição da produção de matéria seca. Assim, no caso do milho, tem-se uma elevada taxa de acumulação do K nos primeiros 30 a 40 dias, sugerindo que a aplicação deve anteceder esse período, na fase inicial do desenvolvimento (Tabela 45). Verifica-se que o parcelamento do K, em duas ou três vezes, foi o pior tratamento, quando comparado com aplicação total na época do plantio, tanto para o acúmulo de matéria seca como na taxa de acamamento.

Tabela 44 – Marcha de absorção (cumulativa) de potássio do algodoeiro em solução nutritiva (Mendes, 1965)

Dias	Estádio de desenvolvimento	K absorvido, % do total
10		1
20		2
30	Abotoamento	11
40		28
50		43
60		49
70	Florescimento	58
80		64
90		73
100	Frutificação	78
110		86
120	Deiscência	89
130		93
140		95
150		100

Tabela 45 – Efeito do parcelamento do potássio na acumulação de matéria seca das folhas+colmos, na época do florescimento, e o quebramento de colmos do milho cultivado em LE (Sete Lagoas-MG) (Coelho et al., não publicado)

Dias após a aplicação			Parte da planta	Matéria seca	Quebramento de colmos
Plantio	30	45			
kg de K$_2$O por ha				g por planta	%
90	0	0	Folhas	33	
45	45	-	Folhas	30	
30	30	30	Folhas	27	
90	0	0	Colmos	65	10
45	45	-	Colmos	65	13
30	30	30	Colmos	50	31

Em solo argiloso e em doses moderadas de potássio, não são verificados os benefícios do parcelamento do potássio. Nesse sentido, Silva et al. (2002), estudando adubação potássica (50 kg K$_2$O ha^{-1}) no arroz, sob diferentes épocas de aplicação de K (semeadura até diferenciação da panícula), observaram que a maior produtividade foi com a aplicação do nutriente na semeadura.

Eficiência de uso de K pelas plantas

Fageria (2000) estudou a resposta de 15 genótipos de arroz, em terras altas, ao tratamento zero de K e 200 mg kg^{-1} de K (nível alto) no solo. Os genótipos de arroz indicaram diferenças significativas na produção de grãos e no uso de K (Tabela 46).

Tabela 46 – Eficiência de uso de K pelos 15 genótipos de arroz de terras altas[1] (Fageria, 2000)

Genótipo	Eficiência agronômica (mg mg^{-1})[2]	Eficiência fisiológica (mg mg^{-1})[3]	Eficiência de recuperação (%)[4]	Eficiência de utilização (ou uso) (mg mg^{-1})[5]
Rio Paranaíba	19,6abc [1]	52,8b	87,7a	46,31a
CNA6975-2	6,2bc	34,2b	76,3ab	26,09abc
CNA7690	15,6abc	46,9b	63,6abc	29,83abc
L141	19,8abc	63,2a	64,4abc	40,70ab
CNA7460	12,5abc	43,3b	79,1ab	34,25abc
CNA6843-1	21,8ab	48,9b	76,4ab	37,36abc
Guarani	20,7abc	40,7b	44,3c	18,03c
CNA7127	15,2abc	46,8b	61,6abc	28,83abc
CNA6187	8,9 abc	33,4b	68,2abc	22,79bc
CNA7911	10,8abc	27,5b	60,5abc	16,64c
CNA7645	24,8a	53,6b	80,6a b	43,20ab
CNA7875	-	40,9b	57,3bc	23,44bc
CNA7680	6,6abc	30,4b	54,2bc	16,48c
CNA6724-1	2,7c	29,5b	59,2bc	17,46c
CNA7890	4,0c	28,8b	57,7bc	16,62c

[1] Médias seguidas da mesma letra, na mesma coluna, não diferem significativamente entre si pelo teste de Duncan a 5% de probabilidade.
[2] Eficiência agronômica (EA) = (PG$_{cf}$ - PG$_{sf}$)/(QN$_a$), dada em mg mg^{-1}, onde: PG$_{cf}$ = produção de grãos com fertilizante, PG$_{sf}$ = produção de grãos sem fertilizante e QN$_a$ = quantidade de nutriente aplicado.
[3] Eficiência fisiológica (EF) = (PTB$_{cf}$ - PTB$_{sf}$)/(AN$_{cf}$ - AN$_{sf}$), dada em mg mg^{-1}, onde: PTB$_{cf}$ = produção total biológica (parte aérea e grãos) com fertilizante; PTB$_{sf}$ = produção total biológica sem fertilizante; AN$_{cf}$ = acumulação de nutriente com fertilizante e AN$_{sf}$ = acumulação de nutriente sem fertilizante.
[4] Eficiência de recuperação (ER) = (AN$_{cf}$ - ANsf)/100(QN$_a$), dada em porcentagem, onde: AN$_{cf}$ = acumulação de nutriente com fertilizante, AN$_{sf}$ = acumulação de nutriente sem fertilizante e QN$_a$ = quantidade de nutriente aplicado.
[5] Eficiência de utilização (EU) ou uso = eficiência fisiológica (EF) x eficiência de recuperação (ER).

As eficiências agronômica, fisiológica e de uso apresentaram alta correlação com a produção de grãos. Com base na produção de grãos (maior que a média dos genótipos), no baixo nível de K (eficientes) e na eficiência agronômica de K (maior que a média dos genótipos) (responsivos), os genótipos foram classificados como eficientes e responsivos: Rio Paranaíba, L141 e Guarani.

Sintomatologia de deficiências e excessos nutricionais

Deficiência

A deficiência de K leva a alterações em diferentes níveis, desde o início na dinâmica do metabolismo no nível bioquímico evoluindo no nível molecular, subcelular, celular, até atingir os tecidos. Assim, Malavolta (1984) indica um enfraquecimento das membranas celulares das camadas mais externas, isolamento de cloroplastos em forma de bastonetes ou fusiformes e presença de matéria graxa. E a destruição do cloroplasto, a deterioração das mitocôndrias, o inchamento dos proplastídeos e o afinamento da matriz dos protoplastídeos. Posteriormente ocorrem falhas na diferenciação dos tecidos condutores e perda da atividade cambial.

Os sintomas de deficiência de K, nas culturas em geral, caracterizam-se pela clorose marginal e necrose das folhas, inicialmente as mais velhas. Em algumas culturas, a deficiência de K desenvolve folhas com coloração verde-escura ou verde-azulada, semelhante à deficiência de P. Tem-se menor translocação de carboidratos da parte aérea para a raiz, reduzindo o crescimento das raízes.

A deficiência de K em gramíneas pode causar acúmulo de Fe nos nós da base da planta, de modo que as folhas mais novas mostram sintomas de carência de Fe (Malavolta, 1980).

Híbridos de milho altamente produtivos têm alta capacidade de transporte de fotossintatos do caule para o enchimento de grãos. Assim, em culturas supridas adequadamente com K, tem-se alta produção de fotossintatos para suprir o enchimento de grãos, garantindo níveis adequados no caule. Portanto, em plantas deficientes em K, o caule das plantas fica enfraquecido, com menor espessura da parede celular, podendo causar colapso dos tecidos

DESORDEM NUTRICIONAL: DEFICIÊNCIA	NUTRIENTE: POTÁSSIO
FOTOS	DESCRIÇÃO DOS SINTOMAS
(a) (b) Foto 1. CANA-DE-AÇÚCAR	As bordas e entrenervuras das folhas mais velhas apresentam clorose de cor amarela (Foto 1a) e podem tornar-se necróticas, e também manchas avermelhadas na nervura; colmos mais finos. As folhas mais novas geralmente permanecem verde-escuras; cartucho distorcido, produzindo "topo de penca" ou aparência de "leque" (Foto 1b).
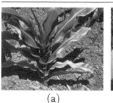  (a) (b) (c) Foto 2. MILHO	Clorose inicia-se nas folhas novas das plantas (Foto 2a). Nas folhas a clorose ocorre nas pontas e nas margens das folhas mais velhas, seguida por secamento, necrose ("queima") (Foto 2b); colmos com internódios mais curtos e plantas com tamanho reduzido (Foto 2c – planta à direita deficiente e à esquerda normal).
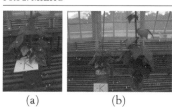 (a) (b) (c) Foto 3. FEIJÃO	As folhas inferiores com coloração verde-pálida e as superiores com tons verdes mais escuros. Os folíolos das folhas mais velhas podem apresentar áreas internervais cloróticas (Foto 3a). Com evolução dos sintomas as folhas velhas tornam-se necróticas e tem-se menor desenvolvimento da planta (Foto 3b), diminuindo o número de vagens por planta (Foto 3c – à esquerda planta deficiente e à direita planta normal).
 (a) (b) (c) (d) Foto 4. CITRUS	Manchas amareladas na metade distal da folha (Foto 4a); as manchas inicialmente amarelo-pálidas tornam-se bronzeadas à medida que se espalham e coalescem e podem se enrolar; as folhas velhas são persistentes, ao contrário das deficientes em Ca, com as quais podem se assemelhar; frutos pequenos (Foto 4b); queda de frutos (Foto 4c); trincas nos frutos (Foto 4d).

Figura 67 – Fotos e descrição geral dos sintomas visuais de deficiência de K em diversas culturas.
Fonte: Prado (não publicado); Malavolta et al. (1989).

do parênquima, resultando em maior taxa de acamamento das plantas. Em algodão, a deficiência de K afeta o desenvolvimento reprodutivo, diminuindo transporte de carboidratos para o capulho (Read et al., 2006).

Em plantas deficientes em K tem-se diminuição do pH do citosol, aumenta-se atividade de algumas hidrolases (betaglicosidase) ou oxidases (polifenol), onde se observa acúmulo de compostos nitrogenados solúveis, acúmulo de açúcares, e portanto muda-se a composição química da célula e também tem-se aparecimento de uma parede celular mais fina, o que torna a planta mais vulnerável ao ataque de patógenos (Mengel & Kirkby, 1987).

A senescência prematura das folhas (algodoeiro) pode ocorrer por alterações metabólicas causadas pela deficiência de K (Wright, 1999). Assim, o potássio, atuando na regulação osmótica e na resistência das plantas ao estresse hídrico, faz que plantas com nutrição adequada desse elemento apresentem níveis mais baixos de ácido abcísico (ABA), fito-hormônio que acelera a senescência foliar (Beringer & Trolldenier, 1979).

As plantas deficientes em K desenvolvem uma série de mecanismos de controle, como a absorção de alta afinidade. Para isso, existem algumas moléculas que sinalizam o baixo nível de K+ em plantas, incluindo espécies de oxigênio ativo e fito-hormônios (auxina, etileno e ácido de jasmonico) (Ashley et al., 2006).

Excesso

Apesar de as plantas apresentarem consumo de luxo de K, os sintomas isolados característicos não são conhecidos. Entretanto, em plantas submetidas ao excesso do nutriente, a sintomatologia confunde-se com os danos causados pela salinidade, que é alta nos principais fertilizantes potássicos. Em milho, teores foliares de K >55 g kg^{-1} são considerados excessivos (Mengel & Kirkby, 1987). O alto teor de K nas plantas pode ocorrer por deficiência induzida de cálcio e magnésio. Entretanto, nas doses altas de K pode ocorrer indução de deficiência especialmente de Mg. O excesso de KCl durante muitos anos, especialmente em áreas de baixa precipitação pluvial, induz salinidade suficiente para provocar diminuição da atividade da microbiota do solo.

8
Cálcio

Introdução

A origem primária do cálcio é nas rochas, contido em minerais como dolomita, calcita, feldspatos e antibólios, ocorrendo também em rochas sedimentares e metamórficas. Em solos ácidos, esses minerais são intemperizados, e o cálcio, em parte, é perdido por lixiviação. O Ca que fica no solo encontra-se adsorvido nos coloides do solo ou como componente da matéria orgânica. Em condições de pH elevado, o Ca pode precipitar como carbonatos, fosfatos ou sulfatos, com pouca solubilidade. O Ca considerado disponível para as plantas é aquele adsorvido aos coloides (trocável) e presente na solução do solo (Ca^{2+}). Os teores de Ca^{2+} na solução dos solos ácidos são bastante baixos. Assim, nesses solos, são utilizados materiais corretivos como calcários (carbonato de cálcio) ou alternativos (escórias) que, além de neutralizarem a acidez, são também uma fonte importante de cálcio. Assim, a calagem promove melhoria na fertilidade do solo com reflexo na nutrição (Ca foliar) e na produção (Prado et al., 2007a). Portanto, em solos cultivados em geral o cálcio não constitui um fator limitante, semelhante a N e P, que é para a maioria das culturas.

No solo, diversos fatores afetam a disponibilidade de Ca, como o valor do pH, sendo aquele próximo de 6,5 em que a disponibilidade é maior.

No estudo do cálcio no sistema solo-planta é importante conhecer todos os "compartimentos" que o nutriente percorre desde a solução do solo, raiz e parte aérea (folhas/frutos), ou seja, do solo até sua incorporação em um composto orgânico ou como um ativador enzimático, desempenhando funções vitais para possibilitar a máxima acumulação de matéria seca do produto agrícola final (grão, fruta etc.) (Figura 68).

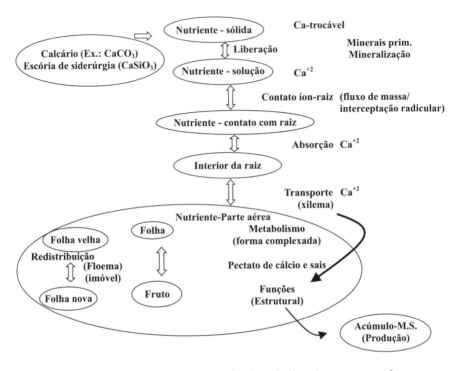

Figura 68 – Dinâmica do cálcio no sistema solo-planta indicando os processos de passagem do nutriente nos diferentes compartimentos da planta.

Absorção, transporte e redistribuição do cálcio

Absorção

O caminhamento do cálcio no solo até as raízes ocorre não apenas pelo fluxo de massa, mas também obtém contribuição significativa da interceptação radicular que é caracterizada pelo caminhamento nulo no solo, e a raiz, durante seu crescimento, "bate" no Ca. Portanto, a aplicação do cálcio no solo deve ocupar o maior volume, com aplicação a lanço (incorporado na camada de 0-20 cm) para aumentar as chances de a raiz ter o contato com o nutriente, favorecendo o processo de absorção.

Embora a solução do solo apresente alta concentração de Ca, sendo, por exemplo, dez vezes maior que a do K, a taxa de absorção do Ca é menor que a do K. Isso ocorre porque a absorção do Ca é feita unicamente nas raízes jovens, nas quais as paredes celulares da endoderme não estão suberizadas, sem estrias de Caspary (Clarkson & Sanderson, 1978, apud Mengel & Kirkby, 1987).

No processo de absorção do isótopo de Ca (marcado), observa-se, nitidamente, em condições de laboratório, que nos primeiros 60 minutos tem-se uma absorção rápida, indicando o processo passivo e, em seguida, uma absorção lenta até completar os 240 minutos, caracterizando o processo ativo dependente dos carregadores (Figura 69) (Malavolta et al., 1997). Sabe-se que a maior proporção da absorção de Ca é passiva, seguindo a entrada da água, visto que a concentração interna do elemento não é muito maior que a externa, como acontece com K. E se a concentração externa de Ca for baixa prevaleceria a absorção ativa. Portanto, dependendo da concentração externa, a absorção do Ca pode ser passiva ou ativa (Malavolta, 2006). O autor acrescenta os fatores externos que poderiam afetar a absorção do Ca, além da sua concentração externa, que seria presença de outros íons em concentração alta (NH_4^+, K^+, Mg^{+2}, Al^{+3}, Mn^{+2}) que diminui a absorção do Ca, podendo provocar deficiência, e também o íon acompanhante, e a absorção segue a ordem decrescente $Cl^- > NO_3^- > SO_4^{-2}$.

A acidez do solo (alto Al) pode afetar a absorção do Ca pelas plantas. Nesse sentido, Marschner (1986) indica que o alumínio pode inibir a absorção de cálcio, principalmente como resultado do bloqueio ou competição nos sítios de troca. Assim, Foy (1984) verificou que a toxicidade de Al pode se manifestar como uma deficiência de Ca induzida, em consequência de redução do transporte do nutriente na planta, provocando um colapso nos pontos de crescimento em valores de pH < 5,5. O antagonismo Al x Ca talvez seja o fator mais limitante na absorção de cálcio.

Transporte

Após sua absorção, o Ca é transportado até atingir o xilema e, daí, de forma passiva, para a parte aérea (por meio da corrente transpiratória).

Ressalte-se que, na planta, a translocação do cálcio ocorre junto com a água, sendo afetada pela taxa de transpiração. Portanto, órgãos com maior taxa de transpiração recebem maior quantidade de Ca. Nos órgãos que transpiraram pouco, como as folhas novas ou frutos, o transporte do cálcio é dependente das condições ambientais que favoreçam o desenvolvimento da pressão radicular (Bradfield & Guttridge, 1984). A pressão radicular existe quando a transpiração é reduzida a uma taxa menor que a taxa de entrada de água pelas raízes, como ocorre durante a noite ou em períodos de alta umidade relativa do ar (François et al., 1991). Com a formação da pressão radicular, uma pressão positiva desenvolve-se no xilema causando fluxo do líquido no seu interior, podendo assim translocar o cálcio para os órgãos com dificuldades para transpirar. A pressão radicular geralmente resulta em gutação (Tibbitts & Palzkill, 1979).

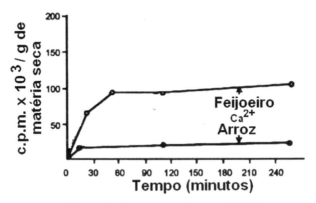

Figura 69 – Absorção do Ca e do P pelas culturas de arroz e feijoeiro em razão do tempo.

Assim, nesses órgãos com baixa taxa de transpiração pode ocorrer uma deficiência de Ca, levando aos fenômenos conhecidos como desordens fisiológicas. Assim, essas desordens podem ocorrer em folhas novas, a exemplo da alface, o "tipburn" ou "queima dos bordos" (Collier & Tibbitts, 1982), ou em frutos, como o colapso interno em manga. Portanto, para prevenir essas desordens, tem-se que favorecer maior fluxo de Ca nesses órgãos. Assim, fatores que inibem o desenvolvimento da pressão radicular, como seca, vento e alta salinidade, promovem aparecimento desses distúrbios (Collier & Tibbitts, 1982). Bradfield & Guttridge (1984) preveniram deficiência de cálcio em tomate "hidropônico", mantendo alta umidade do ar durante a noite e baixa condutividade elétrica da solução nutritiva. Além desses, existem outros fatores: a alta taxa de crescimento do órgão (alta luminosidade, fotoperíodos, adubação nitrogenada).

Redistribuição

O transporte de Ca nas plantas é feito unidirecionalmente pelo xilema, das raízes para a parte aérea, e o contrário é muito raro. Isso se dá pelo fato de que o transporte no floema ocorre pelo citoplasma das células, que tem baixa concentração de Ca da ordem de 0,1 a 10 µM (Raven, 1977). Essa baixa concentração de Ca no citosol é atribuída à baixa permeabilidade geral das membranas e à ação de transportadores de membranas que removem o nutriente, colocando-o para o apoplasto ou no retículo endoplasmático, cloroplasto e vacúolos (Evans et al., 1991). O Ca no floema forma complexos "sais insolúveis" formando oxalato ou fosfato que restringe sua redistribuição (Clark, 1984). A maior parte do Ca da planta está contida na forma de pectatos de cálcio, constituindo a lamela média das paredes celulares, pois essas estruturas apresentam grande quantidade de sítios de ligação (R-COO⁻) para o Ca. Além disso, o Ca nas plantas também se encontra na forma de sais cálcicos de baixa solubilidade, tais como carbonato, sulfato, fosfato, silicato, citrato, malato, oxalato. Assim, observa-se que, diferentemente do potássio, o cálcio tem baixa solubilidade (Tabela 47) e concentração no floema; portanto, mobilidade muito restrita na planta (Malavolta et al., 1997).

Como consequência da imobilidade do Ca nas plantas, as aplicações foliares não seriam adequadas para corrigir eventuais desordens nutricionais, a exemplo na cultura da alface (Johnson, 1991).

Tabela 47 – Solubilidade do cálcio contido em algumas plantas (adaptado de Malavolta et al., 1997)

Planta (parte aérea)	Cálcio	
	Total	Parte Solúvel[1]
	%	
Cebola	1,2	28
Trigo	1,7	1,8
Batata	1,3	4,6
Tomateiro	2,4	7,7

Participação no metabolismo vegetal

De forma diferente em relação aos demais nutrientes, a maior proporção de Ca está no apoplasto, espaço extracelular, onde está fortemente retido nas estruturas da parede celular (30%-50% do Ca total da planta). Também na superfície externa da plasmalema e dentro das células está concentrado no vacúolo/mitocôndria, e em menor parte no citoplasma. A maior parte do Ca no vacúolo está na forma de oxalato de cálcio, sendo responsável pelo equilíbrio cátion-ânion, mantendo baixa concentração desse elemento no citoplasma.

Uma das principais funções do cálcio é na estrutura da planta, como integrante da parede celular, incrementando a resistência mecânica dos tecidos, e como neutralizador de ácidos orgânicos no citosol. A parede celular é quantitativamente o maior "produto" das plantas, constituindo a sua verdadeira estrutura.

Normalmente, quando as células crescem, aumenta a superfície de contato entre elas, elevando, também, a necessidade do suprimento de Ca (pectato de cálcio) para formação da pectina, conferindo a elongação da parede celular até atingir o tamanho final, onde será depositada lignina, tornando aí a parede celular rígida. Além disso, o Ca do pectato de cálcio também faz parte da lamela média (espaço entre duas células adjacentes), que tem a função "cimentante", isto é, de ligação das células vizinhas. Observe-se que a parede celular de frutos de goiaba com aplicação de Ca via calagem apresentava a lamela média organizada (Figura 70), ao passo que, na parede celular em frutos sem aplicação de Ca, a lamela média ficou desestruturada ou ausente (Figura 71).

Esse efeito do Ca na organização da lamela média pode influenciar a textura, a firmeza e a maturação dos frutos (Hanson et al., 1993) e reduzir a taxa de degradação da vitamina C, de produção de etileno e CO_2 e a incidência de doenças pós-colheita (Conway & Sams, 1983). Assim, Prado et al. (2005a) observaram que o aumento do Ca no fruto de goiaba promoveu maior firmeza do fruto, e redução da perda de água (Figura 72). Isso leva à melhor qualidade pós-colheita, garantindo maior período de armazenamento. Resultados semelhantes foram obtidos por Prado et al. (2005b) em frutos de carambola.

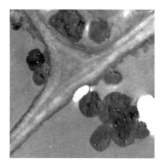 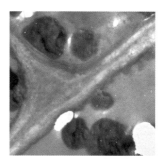

Figura 70 – Eletromicrografias de transmissão de frutos de goiabeira, com detalhe da parede celular, com aplicação de Ca (calcário). A. 10000 X; B. 120000 X (Natale et al., 2005).

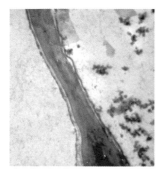 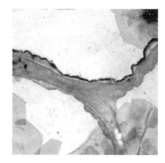

Figura 71 – Eletromicrografias de transmissão de frutos de goiabeira, com detalhe da parede celular, sem aplicação de Ca (calcário). A. 10000 X; B. 120000 X (Natale et al., 2005).

Na membrana celular, o Ca é importante porque interliga grupos fosfatos/carboxílicos de fosfolipídios e confere estabilidade às proteínas, sobretudo as periféricas (Marschner, 1995), e também por ativar as ATPases. Assim, o Ca é importante para estabilidade da membrana e a absorção seletiva de íons.

Conforme dito anteriormente, o Ca faz parte da pectina por meio dos pectatos de cálcio, sendo requerido para a alongação e a divisão mitótica celular, e isso se reflete no crescimento radicular, e na ausência do suprimento de Ca o crescimento radicular cessa em poucas horas (Figura 73), podendo morrer. O Ca, ao complexar com AIA, pode deixar a parede celular menos rígida, ou seja, quebrando a ligação, deixando a parede mais elástica, estimulando o crescimento celular (Rains, 1976). Existem indicações de que o ácido indol acético (AIA) esteja envolvido no transporte do Ca para as regiões apicais da planta (raiz ou ramo); portanto, decréscimo do nível de auxina provoca deficiência de Ca nesses tecidos.

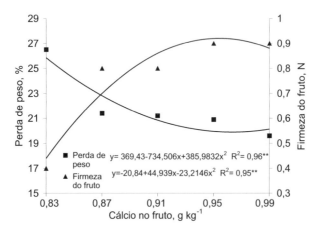

Figura 72 – Relação entre o teor de cálcio na polpa do fruto, a perda de peso e a firmeza de goiabas, após oito dias de armazenamento em temperatura ambiente (Prado et al., 2005a).

Assim, para manter um ótimo crescimento radicular das culturas, é preciso manter a concentração mínima de Ca no solo, entre 2,5-8,0 mmol$_c$ dm^{-3} (Adams & Moore, 1983). Uma forma de aumentar a concentração de Ca do solo é por meio da calagem. A saturação por bases do solo próximo de 50% resultou em maior crescimento radicular em algodoeiro (Figura 74) (Rosolem et al., 2000). Resultados semelhantes foram obtidos em outras culturas como em goiabeira (Prado & Natale, 2004a) e caramboleira (Prado & Natale, 2004b).

Isso indica, contudo, que para um bom desenvolvimento do sistema radicular das plantas é necessário o Ca ocupar todo o volume de solo, que concentra a maior parte do sistema radicular, especialmente as camadas subsuperficiais do solo (abaixo dos 20 cm de profundidade), pois, sendo o Ca imóvel na planta, não ocorre transferência do Ca de raiz suprida com esse elemento para outra deficiente. Assim, é importante que a maior parte do sistema radicular esteja em contato com esse nutriente. Uma fonte importante de Ca para as camadas subsuperficiais é o gesso agrícola (sulfato de cálcio: alta solubilidade e mobilidade no perfil do solo em relação ao carbonato de cálcio).

E ainda, acrescente-se que o sulfato de cálcio tem sido utilizado para minimizar efeitos salinos. Nesse sentido, Bolat et al. (2006) verificaram que a salinidade danifica a permeabilidade das membranas e efluxo de eletrólitos e a adição de sulfato de Ca reduziu tais efeitos na membrana. E ainda, a presença de Ca^{2+} em plantas cultivadas em ambientes salinos pode promover melhor controle da absorção radicular de íons, como diminuição do Na^+ (Hansen & Munns, 1988), e aumento do K^+, atuando na membrana celular e favorecendo a manutenção de teores mais adequados desses íons nos tecidos fotossintetizantes (Lacerda et al., 2004). Além disso, o Ca^{2+} também promove o acúmulo de solutos orgânicos, como a prolina (Colmer et al., 1996) e a glicinabetaina (Girija et al., 2002), os quais possibilitariam o estabelecimento de um equilíbrio osmótico no citoplasma mais compatível com o metabolismo celular, diminuindo o estresse salino.

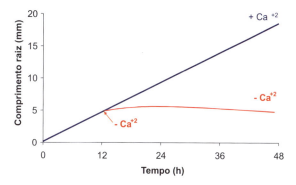

Figura 73 – Efeito do cálcio no crescimento de raízes primárias do feijoeiro (Ca^{2+} na solução =+/- 2mM).

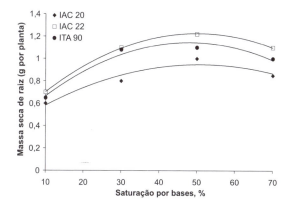

Figura 74 – Efeito da saturação por bases do solo sobre a matéria seca total de raiz de três cultivares de algodoeiro em condições de casa de vegetação (vasos com 4 L de um Latossolo Vermelho-Escuro) (adaptado de Rosolem et al., 2000).

Uma das funções-chave do cálcio é manter a integridade estrutural das membranas de várias organelas. Quando há deficiência, as membranas começam a "vazar", a compartimentação celular é rompida, e a ligação do Ca com a pectina da parede é afetada. A degradação dos pectatos é mediada pela ação da enzima poligalacturonase, a qual é drasticamente inibida por elevadas concentrações de Ca (Tabela 48).

Concordando com esse fato, em plantas deficientes em Ca, a atividade da poligalacturonase é aumentada, e o típico sintoma da deficiência do elemento é a desintegração da parede celular e há um colapso nos tecidos dos pecíolos e das partes mais novas do caule. Além do problema de colapso do caule, também pode ocorrer o aumento da incidência de doenças, pois efluxo de compostos orgânicos de baixo peso molecular das células constitui fonte de alimento para os parasitas, agravando a severidade de doenças. Some-se a isso o fato de que no processo de infecção das plantas os parasitas produzem enzimas pectolíticas que dissolvem a lamela média. A presença de Ca inibe essas enzimas, a exemplo da cultura do tomateiro, em que o nutriente diminuiu a severidade da murcha de *Fusarium* (Tabela 49).

Tabela 48 – Efeito do Ca na hidrólise de um pectato pela enzima poligalacturonase

Ca^{2+}	Quantidade de ácido galacturônico liberado
mg L^{-1}	μ mol por 4h
0	3,5
40	2,5
200	0,6
400	0,2

Tabela 49 – Efeito do Ca na severidade de murcha de Fusarium em plantas de tomateiro, após a inoculação

Ca^{2+}	Concentração de Ca na seiva das plantas	Doença
μg mL^{-1}		%
0	72	100
50	219	92
200	380	80
1000	1081	9

A concentração de Ca citoplasmático é relativamente baixa (< 0,1μm), em que desencadeia papel enzimático importante, pois ativa a ação da coenzima Ca-calmodulina, que por sua vez é exigida para a atividade de uma série de outras enzimas (fosfolipases, nucleotídeo, ATPase-Ca das membranas, glutamato descarboxilase, cinase do NAD) e também na síntese da amilase, que tem o papel de decompor o amido no processo de germinação das sementes (cereais). Entretanto, salienta-se que alta concentração de Ca no citoplasma pode causar reações indesejadas, como formação de sais insolúveis (Ca-ATP; Ca-fosfatos e calose), pode induzir a fechamento dos plasmodesmos, reduzindo o transporte radial de íons e, segundo Rengel & Zhang (2003), a calose produzida poderá ter papel importante na expressão da toxidez de Al.

A alta concentração de Ca no citoplasma pode até inibir certas enzimas importantes, como PEP carboxilase, fosfatases, frutose 1,6 bisfosfatase (síntese sacarose no citosol). Assim, esses altos níveis de Ca não ocorrem em razão da ação das ATPases presentes nas membranas que retiram o Ca do citoplasma. Essas ATPases são ativadas pelas Ca-calmodulinas (composto de baixo peso molecular). A maior parte (90%) das calmodulinas está localizada no citosol. Nas raízes, estão principalmente associadas à membrana plasmática (via microtúbulos), sobretudo nos primeiros milímetros do ápice, na região de alta atividade metabólica, ocupada pela coifa, pelo meristema e pela zona de alongamento da raiz.

Saliente-se que o Ca faz parte da estrutura de somente uma enzima (amilase), e nas demais apenas ativa ou faz parte da sua síntese. E, durante a germinação, o Ca ativa enzimas (fosfolipases) que degradam corpos lipídicos das membranas de colilédones (Paliyath & Thompson, 1987).

O Ca também é indispensável para a germinação do grão de pólen e para o crescimento do tubo polínico, o que pode ocorrer pelo seu papel na síntese da parede celular ou no funcionamento da plasmalema, sendo detectado elevado teor de Ca no ápice dos tubos polínicos em crescimento. Além disso, para a germinação do grão de pólen tem-se degradação de fitatos pelas fitases, que são ativadas pelo Ca (Scott e Loewus, 1986). E, ainda, o desenvolvimento do tubo polínico é orientado quimiotroficamente pelo Ca extracelular. Desse modo, observou-se que em cafeeiro o teor de Ca nas flores, em ordem de grandeza, foi, aproximadamente, 1,8 vez superior ao teor nas folhas e ramos em relação à cv. "Catuaí Amarelo", e 1,4 vez quanto ao cv. "Mundo Novo" (Malavolta et al., 2002).

Na fixação biológica do N_2 por leguminosas, os nódulos das raízes necessitam mais de Ca que a própria planta. Uma vez formados os nódulos, o processo de fixação e o crescimento da planta ocorrem normalmente, com concentrações relativamente baixas do elemento.

O cálcio tem papel relevante na osmorregulação. Os movimentos dos estômatos são processos típicos que regulam o turgor celular em razão das mudanças de potencial osmótico nas células vizinhas e células-guarda ou tecidos. Essas mudanças acontecem por fluxos principalmente de potássio, cloreto e malato como componentes osmóticos ativos. A ação do ácido abscísico (ABA) no fechamento do estômato depende das concentrações de cálcio na epiderme das folhas, as quais são normalmente bem maiores do que as das outras células. A ativação induzida por ABA nos canais de cálcio e o rápido aumento nas concentrações de Ca^{2+} citosólico parecem bloquear as bombas de prótons e abrir canais para ânions, e ambos os eventos levam a perdas de turgor nas células-guarda e fechamento dos estômatos, o que pode conferir à planta defesa contra estresses de temperatura e anaerobiose (Atkinson et al., 1990).

Ultimamente, a literatura especializada tem discutido uma outra função importante para o Ca, atuando como mensageiro secundário na condução de sinais para resposta das plantas a fatores ambientais, alterando o metabolismo de crescimento e desenvolvimento vegetal. Estímulos externos (luz, gravidade, mecânicos) e internos (hormônios) atuam sobre os mecanismos transportadores de Ca^{2+} modificando seu nível no citoplasma: o estímulo é uma mensagem que é conduzida pelo Ca^{2+} como "mensageiro secundário". Quando a célula "percebe" a mensagem, o Ca^{2+} é descarregado dos seus reservatórios, como o apoplasto, as mitocôndrias e o retículo endoplasmático no citosol (Malavolta et al., 1997). Saliente-se que para o Ca desempenhar essa função de mensageiro para a transdução de sinais (luz, toque) é preciso manter baixa concentração no citoplasma (0,1-0,2 µM) (Trewavas & Gilroy, 1991), embora seja necessário um aumento transitório da concentração de Ca^{2+} citosólico (Mansfield et al., 1990), para ativar as calmodulinas que por sua vez ativam enzimas que induzem a resposta da planta a um estímulo, conforme dito anteriormente.

Por fim, saliente-se ainda que foram descritos quatro grupos de proteínas sensíveis ao cálcio nas plantas: (1) proteínas-quinases dependentes de cálcio; (2) calmodulinas (sem o Ca essa enzima não tem atividade catalítica); (3) outras proteínas associadas ao cálcio com motivos "EF-hand" e (4) proteínas associadas ao cálcio sem motivos "EF-hand". De forma indireta, somente as do grupo 1 e 2 estão relacionadas à indução de genes reguladores do estresse (Reddy, 2001). Cumpre destacar que os mecanismos pelos quais o Ca atua na redução dos efeitos do estresse carecem de informações conclusivas; entretanto, as últimas pesquisas indicam que esse nutriente serve como mensageiro em muitos processos de desenvolvimento em respostas ao estresse. Assim, plantas sob estresse, biótico ou abiótico, introduzem alta concentração de Ca no citosol, perdendo assim essa função do Ca em "avisar" a planta do agente maléfico para que ela possa desenvolver mecanismos de defesa a tempo, minimizando eventuais prejuízos a seu crescimento e desenvolvimento. A função do cálcio "protetora" ao eliminar estresse (excesso H^+) exige alta concentração na planta.

Em resumo, Malavolta et al. (1997) descrevem as funções do Ca nas plantas como estrutural e como ativador enzimático, que influenciam diversos processos nas plantas (Tabela 50).

Tabela 50 – Resumo das funções do cálcio nas plantas (Malavolta et al., 1997)

Estrutural	Ativador enzimático	Processos
Pectato (lamela média)	ATPases	Estrutura e funcionamento
Carbonato	α amilase	de membranas
Oxalato	Fosfolipase D	Absorção iônica
Fitato	Nuclease	Reações com hormônios vegetais
Calmodulinas		e ativação enzimática (via calmodulina)
		Mensageiro secundário

Exigências nutricionais das culturas

O estudo da exigência nutricional das culturas, conforme dito anteriormente, deve refletir a extração do nutriente do solo ao longo do ciclo de produção. Normalmente, com a prática adequada da calagem, tem-se, além da correção da acidez do solo, o fornecimento de bases como o Ca. Desse modo, com o uso da saturação por bases no solo (V) adequada à cultura, espera-se que a nutrição de Ca na planta seja também adequada, a exemplo de mudas de maracujazeiro (V = 56 a 58% e Ca da parte aérea = 7,4 a 12,8 g kg^{-1})

(Prado & Natale, 2004d, e; Prado & Natale, 2005) e goiabeira (V = 65% e Ca da parte aérea = 7,8 g kg^{-1}) (Prado et al., 2003b). E também em culturas como seringueira (V = 57% e teor foliar de Ca = 8 g kg^{-1}) (Roque et al., 2004). Note-se que existe resposta diferenciada das culturas ao V% e, consequentemente, a nutrição com Ca. Acrescente-se que mesmo dentro de uma mesma espécie, como o milho, podem ocorrer diferentes respostas no nível de cultivar a valores de saturação por bases (Prado, 2001). Entretanto, esse fato não ocorreu com a cultura da soja (Prado, 1999).

O teor total de Ca na planta pode variar de 0,1-0,5% (1-5 g kg^{-1}); entretanto, pode atingir 10% (100 g kg^{-1}) em folhas velhas. Esses valores nas folhas podem variar em razão da cultura e de outros fatores que serão objetos do Capítulo 18.

As informações sobre os mecanismos da eficiência de Ca pelas plantas são pouco conhecidas. Segundo Caines & Shennan (1999), a relação entre o uso eficiente de Ca e o crescimento de planta é muito complexa e pode envolver vários controles fisiológicos, como a capacidade de retranslocação interna de Ca compartimentalizado em membranas e órgãos celulares de armazenamento (retículo endoplasmático, cloroplastos e vacúolo) (Caines & Shennan, 1999). E, ainda, a inativação de Ca, pela ligação e/ou precipitação na forma de oxalato ou fosfato de cálcio, tem sido sugerida como causa para a baixa eficiência de utilização do nutriente (Behling et al., 1989).

Nesse sentido, Behling et al. (1989) verificaram que a alta eficiência de Ca de uma linhagem de tomateiro se deveu à sua habilidade em manter alta proporção do Ca total na forma solúvel e manter o crescimento e o metabolismo em todas as partes da planta, mesmo sob baixa concentração de Ca em seus tecidos. Por sua vez, a baixa eficiência da outra linhagem de tomateiro foi associada com altas concentrações de Ca insolúvel nos tecidos da parte aérea das plantas. Em cafeeiro enxertado, Tomaz et al. (2003), trabalhando com diferentes genótipos sob diferentes combinações de porta-enxerto e copa, verificaram que a linhagem H 514-5-5-3 foi beneficiada na eficiência de uso de Ca e produção de matéria seca apenas por um porta-enxerto Mundo Novo.

Extração e exportação do nutriente

A extração total de cálcio é função do teor na planta e da quantidade de matéria seca acumulada. Portanto, depende da produção obtida, que, por sua vez, depende da espécie, da variedade/híbrido, da disponibilidade no solo, do manejo da cultura, entre outros. Quanto à espécie vegetal, nota-se variação da quantidade exigida em razão das culturas (Tabela 51).

Tabela 51 – Exigências de cálcio das principais culturas (Malavolta et al., 1997).

Cultura	Parte da planta	Matéria seca produzida	Ca acumulado Parte da planta	Total [3]	Ca requerido para produção de 1 t de grãos[4]
		t ha^{-1}	kg ha^{-1}		kg t^{-1}
		Anuais			
Algodoeiro	Reprodutiva (algodão/caroço)	1,3	11 (8,5)[2]	61	46,9
	Vegetativa (caule/ramo/folha)	1,7	49		
	Raiz	0,5	1		
Soja[1]	Grãos (vagens)	3	10 (3,3)	70	23,3
	Caule/ramo/folha	6	60		
Feijão	Vagem	1	4 (4,0)	54	54,0
	Caule	0,4	8		
	Folhas	1,2	40		
	Raiz	0,1	2		
Milho[1]	Grãos	6,4	0,4 (0,06)	36	5,6
	Restos culturais	-	35,6		
Arroz	Grãos	3	2 (0,66)	25	8,3
	Colmos	2	4		
	Folhas	2	12		
	Casca	1	2		
	Raiz	1	5		
Trigo	Grãos	3	1 (0,33)	7	2,3
	Palha	3,7	6		
		Semiperene/perene			
Cana-de-açúcar	Colmos	100	60 (0,6)	100	1,0
	Folhas	25	40		
Cafeeiro[1]	Grãos (coco)	2	7 (3,5)	142	71
	Tronco, ramos e folhas	-	136		

[1] Malavolta (1980); [2] Exportação relativa de nutrientes através dos grãos produzidos (kg t^{-1}): Ca acumulado nos grãos/matéria seca dos grãos; [3] sugere a exigência nutricional (total) por área da cultura para o respectivo nível de produtividade; [4] sugere a exigência nutricional relativa de Ca da cultura para produção de uma tonelada do produto comercial (grãos/colmos); obtido pela fórmula: Ca acumulado na planta (parte vegetativa+reprodutiva)/matéria seca do produto comercial.

Pelos resultados das diversas culturas, observa-se que a extração total de Ca variou de 7 (trigo) até 142 kg ha^{-1} (café). Entretanto, em valores relativos de extração de cálcio, em kg por tonelada produzida, observa-se maior exigência do cafeeiro (71) e feijoeiro (54) e menor das gramíneas como cana-de-açúcar (1,0) e trigo (2,3). Contudo, quando se comparam apenas culturas anuais, nota-se que as leguminosas são bem mais exigentes que as gramíneas. Nas leguminosas a maior demanda por Ca seria para formação de nódulos; uma vez formados, a exigência seria reduzida.

Para a exportação de nutrientes por tonelada de grãos produzidos, as leguminosas (3,3 a 8,5 kg t^{-1}) exportam muito mais Ca que as gramíneas (0,06 a 0,33 kg t^{-1}). Entretanto, nota-se que, de forma geral, as quantidades exportadas pelas culturas são relativamente baixas.

Marcha de absorção

O estudo da marcha de absorção (nutriente acumulado em razão do tempo de cultivo) é importante porque permite determinar as épocas em que os elementos são mais exigidos; entretanto, como na prática o Ca está sendo fornecido com a calagem, e, portanto, aplicado em pré-plantio, assim as informações sobre a marcha de absorção terão pouca aplicabilidade. O contrário ocorre se o cultivo é feito com fornecimento de solução nutritiva, a exemplo do cultivo em recipientes e/ou protegido.

Na cultura do algodoeiro, Mendes (1965) obteve a marcha de absorção acumulativa em todo o ciclo de desenvolvimento das plantas, que durou 150 dias (Tabela 52). Observa-se absorção inicial lenta, sendo que na fase de florescimento atingiu-se valor próximo a 50% (fase inicial) até 75% (fase final). Nota-se que, até o final do florescimento, cerca de 75% do Ca exigido pela cultura já foi absorvido, indicando que esse nutriente deve estar à disposição da planta logo no início do desenvolvimento, pois é fornecido na forma de calagem, aplicado em pré-semeadura (após os três meses que antecedem a semeadura).

Tabela 52 – Marcha de absorção (cumulativa) de cálcio do algodoeiro em solução nutritiva (Mendes, 1965)

Dias	Estádio de desenvolvimento	Ca absorvido, % do total
10		2
20	↑	4
30	Abotoamento	13
40		27
50	↓	44
60	↑	48
70	Florescimento ↑	58
80		66
90		75
100	↓ Frutificação	79
110	↑	86
120	Deiscência	87
130	↓	88
140		96
150	↓	100

Sintomatologia de deficiências e de excessos nutricionais

Deficiência

Os sintomas de deficiência de Ca ocorrem, inicialmente, em regiões meristemáticas (pontos de crescimento) e nas folhas novas (Figura 75). Os sintomas mais frequentemente relatados são os seguintes:

1 – cor esbranquiçada nas margens de folhas;
2 – formas irregulares de folhas, com dilaceramento das margens e aspecto gelatinoso nas pontas das folhas;
3 – manchas necróticas internervais nas folhas;
4 – morte de brotações a partir das pontas, podendo provocar perfilhamento das plantas;
5 – o crescimento das raízes é severamente afetado;
6 – baixa frutificação;

DESORDEM NUTRICIONAL: DEFICIÊNCIA	NUTRIENTE: CÁLCIO
FOTOS	DESCRIÇÃO DOS SINTOMAS
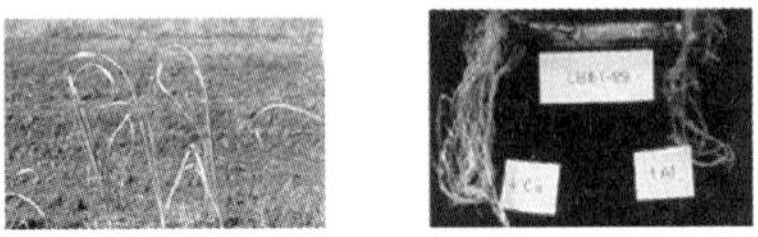 (a) (b) Foto 1. CANA-DE-AÇÚCAR	As folhas novas enrolam-se para baixo, dando uma aparência de "gancho"; quando a deficiência é aguda, os cartuchos tornam-se necróticos nas pontas e ao longo das margens (Foto 1a); colmos tornam-se mais moles e mais finos, especialmente na direção ao ponto de crescimento. E ainda, a deficiência de Ca e a presença de Al reduzem o sistema radicular (Foto 1b).
 (a) (b) (c) Foto 2. MILHO	As pontas das folhas mais novas em desenvolvimento gelatinizam e, quando secas, grudam umas às outras; à medida que a planta cresce, as pontas podem estar presas. Nas folhas superiores aparecem clorose internerval (faixas largas) e necrose (Foto 2a) e dilaceração das margens e ponta das folhas e morte da região de crescimento, provocando perfilhamento (Foto 2b) e uma redução drástica no crescimento da planta (Foto 2c).
 (a) (b) (c) Foto 3. FEIJÃO	Morte dos pontos de crescimento (Foto 3a); murchamento de caule, pecíolo e brotos. A planta para de emitir novas brotações. As folhas inferiores apresentam pequenas manchas acinzentadas, que posteriormente são afetadas por clorose intensa, que se inicia na base do folíolo e progride entre as nervuras, resultando em formas irregulares na porção do limbo, que se mantém verde (Foto 3b), e provoca diminuição do crescimento da planta (Foto 3c)
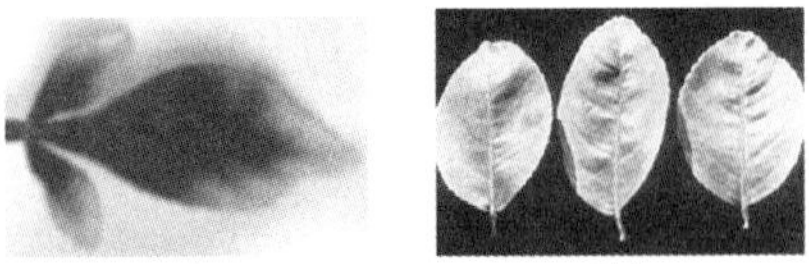 (a) (b) Foto 4. CITRUS	Inicia-se clorose na ponta das folhas (a). Em seguida, clorose avança ao longo das margens laterais, progredindo para dentro até alcançar a metade da distância até a nervura principal, com uma frente irregular; a planta é extremamente pequena, com sistema radicular mal desenvolvido (b).

Figura 75 – Fotos e a descrição geral dos sintomas visuais de deficiência de Ca em algumas culturas.
Fonte: Prado (não publicado); Malavolta et al. (1989).

7 – baixa produção de sementes;
8 – colapso do pecíolo.

No nivel celular, a deficiência de Ca causa aparecimento de núcleos poliploides ou constritos, células binucleadas, divisões amitóticas, causando a morte celular (pois afeta a integridade das membranas e não atua como mensageiro secundário), paralisando o crescimento das plantas, especialmente da raiz, que fica escurecida, atingindo necrose.

A taxa de senescência foliar pode ser alterada em plantas deficientes em Ca. A senescência é consequência da peroxidação dos lipídios das membranas pelos teores elevados de radicais de oxigênio livre. O efeito protetor do cálcio (e citocianinas) ocorre em razão da sua ação na inibição da atividade da enzima lipoxigenase que degrada as membranas e também das poligalacturonases que degradam a parede celular. Assim, a senescência precoce inicia-se pela degradação das membranas e da parede celular, associada com maior produção de etileno.

Plantas de *Coffea arabica* sob condições de deficiência de Ca^{2+} apresentaram diminuição do teor de clorofila e de proteínas solúveis (Ramalho et al., 1995).

Normalmente, os órgãos que têm alta transpiração recebem mais Ca, como a folha pela sua maior superfície específica, em comparação a um fruto. E, ainda, determinados órgãos como os frutos recebem a maior parte da água, via floema, com ausência de Ca. Dessa forma, algumas culturas apresentam deficiência de Ca que promove anomalias como podridão apical do fruto do tomate e do melão, podridão do ápice da alface, o coração-escuro do aipo, buraco amargo da maçã e o colapso interno da manga, entre outras.

Excessos

Em excesso, o cálcio é altamente tolerado pelas plantas, podendo atingir nas folhas velhas cerca de 10% de Ca, sem sintomas de toxicidade. Entretanto, no nível subcelular, o excesso de Ca eleva a sua concentração no citoplasma celular podendo precipitar o P, diminuindo a produção de ATP, e também interromperia a sua função de sinalizador, conforme dito anteriormente.

Deve-se atentar, entretanto, que o excesso de Ca poderia, eventualmente, induzir deficiência de magnésio ou de potássio, especialmente se as concentrações destes estiverem de média para baixa no solo.

9
Magnésio

Introdução

O magnésio (Mg) tem sua origem primária no solo, pelas rochas ígneas, e também rochas metamórficas e sedimentares, tendo como os principais minerais que o contêm a biotita, a dolomita, a clorita, a serpentina e a olivina. O Mg faz parte da estrutura de minerais de argila (ilita, vermiculita e montmorilonita). Entretanto, com o processo de intemperismo do solo, resta o Mg trocável, adsorvido aos coloides e componente da matéria orgânica do solo. As formas trocáveis (5%-10% do teor total) e da solução do solo são consideradas disponíveis às plantas.

Em solos cultivados, com aplicações altas de fertilizantes potássicos, em culturas altamente exigentes em K (cafeeiro, algodoeiro, citros e bananeira), pode haver indução de deficiência de Mg, especialmente em solos com baixo teor do elemento. Outra situação é o uso indiscriminado de calcário, com baixo teor de magnésio (<5% MgO), podendo haver problemas de deficiência nas plantas, já que nos fertilizantes convencionais esse elemento não está presente. Desse modo, existem indicações de que a relação de Ca:Mg no solo deve ser equilibrada. Munoz Hernandez & Silveira (1998) verificaram que a relação Ca:Mg baixa no solo (2:1 ou 3:1) proporcionou melhor crescimento do milho, comparado com relação alta (4:1 ou 5:1).

Da mesma forma que os outros nutrientes, o incremento do valor pH do solo, próximo de 6,5, possibilita a maior disponibilidade de Mg no solo.

No estudo do magnésio no sistema planta, é importante conhecer todos os "compartimentos" que o nutriente percorre desde a solução do solo, raiz e parte aérea (folhas/frutos), ou seja, do solo até sua incorporação em um composto orgânico ou como ativador enzimático, desempenhando funções vitais para possibilitar a máxima acumulação de matéria seca do produto agrícola final (grão, fruta etc.) (Figura 76).

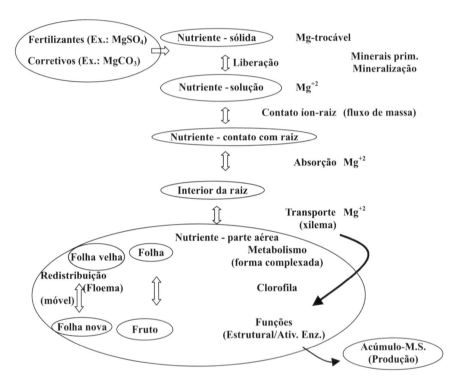

Figura 76 – Dinâmica do magnésio no sistema solo-planta indicando os processos de passagem do nutriente nos diferentes compartimentos da planta.

Absorção, transporte e redistribuição do magnésio

Absorção

O caminhamento do magnésio no solo até as raízes ocorre em razão do fluxo de massa (85% do total) (Tabela 9). Assim, esse movimento é dependente da dinâmica da água no sistema solo-planta, movido pela transpiração da planta.

O processo de absorção (passiva e ativa) do magnésio na forma de Mg^{2+} é muito estudado, pois altas concentrações de Ca^{2+} e principalmente de K^+ no meio podem inibir por competição iônica a sua absorção, podendo causar deficiência nas plantas (relações Mg x Ca x K serão discutidas no Capítulo 19). Essa interação do Mg com outros cátions é importante porque normalmente a taxa de absorção desse íon é relativamente baixa, pois, de acordo com Marschner (1986), o Mg possui raio hidratado relativamente grande (0,480 nm) e energia de hidratação muito alta, o que faz que sua afinidade por sítios de ligação na membrana plasmática seja particularmente baixa.

Transporte

Após a sua absorção, o Mg^{2+} é transportado (ativa e passiva) até atingir o xilema, e daí, de forma passiva, para a parte aérea na corrente transpiratória.

Redistribuição

Ao contrário do que ocorre com o Ca^{2+} e, de modo semelhante ao que ocorre com o K^+, o Mg^{2+} é móvel no floema. Como parte importante do Mg da planta encontra-se na forma solúvel, isso explica a sua redistribuição nas plantas.

Participação no metabolismo vegetal

Entre as principais funções do magnésio nas plantas, destaca-se a sua participação na constituição da clorofila, na qual o Mg é o átomo central, corresponde a 2,7% do peso molecular e, também, como ativador enzimático.

Estrutural (clorofila) e atividade enzimática

Cerca de 20% do Mg total foliar encontra-se nos cloroplastos, e esses representam cerca de 5% do volume total de uma célula de folha madura. Do Mg presente nos cloroplastos, 20% fazem parte das clorofilas e o restante encontra-se na forma iônica; na obscuridade está presente nos espaços intratilacoidais, e ao iluminar os cloroplastos o elemento é secretado ao estroma, onde ativa diversas enzimas (Castro et al., 2005).

Na deficiência de Mg^{2+} há, portanto, diminuição na síntese de clorofila e, consequentemente, na taxa fotossintética (Figura 77). Entretanto, avaliações quantitativas demonstram que a taxa fotossintética diminui mais drasticamente que o próprio teor de clorofila, acusando que a deficiência de Mg afeta a fotossíntese em outros passos, além de sua participação na composição do pigmento, a partir de ligações covalentes. Saliente-se, também, que pequena parte do Mg (5 a 10%) acompanha o Ca na formação da parede celular, portanto como elemento estrutural.

O magnésio e o potássio são os elementos de maior expressão quanto à ativação de enzimas. Sabe-se, atualmente, que o Mg^{2+} atua como ativador enzimático das reações de regeneração da ribulose difosfato que é composto aceptor de CO_2, ou seja, "o açúcar que aceita o CO_2 fixado fotossinteticamente" que ocorre no início do ciclo de Calvin, nos clorosplastos. Assim, o efeito do Mg^{2+} é na modulação da RuBisCO no estroma dos cloroplastos (Pierce, 1986). A atividade dessa enzima é altamente dependente de Mg^{2+} e pH. A ligação do Mg^{2+} com a enzima aumenta tanto sua afinidade (Km) com o substrato CO_2, como também a velocidade máxima ($V_{máx}$) da reação (Sugiyama et al., 1968). Ao participar das reações que envolvem a fixação do CO_2, a falta do Mg pode inibir a fotossíntese mesmo com a presença da clorofila. E, ainda, o nutriente proporciona a manutenção do pH ótimo para a enzima. Portis Junior & Heldt (1976) verificaram que um aumento de Mg^{2+} no estroma de 3 para 5 mM seria suficiente para aumentar a afinidade da RuDPase por CO_2, tanto que a fixação desse poderia proceder-se em uma taxa máxima. E com essa ação enzimática do Mg tem-se maior produção ou regeneração da ribulose difosfato, que seria um esqueleto de carbono que recebe o CO_2 fixado.

Considerando o somatório de seus efeitos, pode-se entender a razão do acentuado efeito da deficiência de Mg sobre a taxa fotossintética. Como a fotossíntese é uma das principais formas de captação de energia metabólica na forma de ATP, é interessante, desde já, estabelecer-se um paralelo entre as funções do Mg e o metabolismo energético das plantas.

Nas células foliares das plantas verdes, no mínimo 25% da proteína total está localizada nos cloroplastos, constituída principalmente da RuBisCO. Isso explica por que a deficiência de Mg^{2+} afeta o tamanho, a estrutura e a função dos cloroplastos, incluindo a transferência de elétrons no fotossistema II (McSwain et al., 1976).

Pelas suas características iônicas, o Mg^{2+} forma uma ponte entre as moléculas de ATP ou ADP e as moléculas das enzimas, possibilitando a transferência da energia de radicais fosfatos para diferentes reações de síntese orgânica. Além disso, o substrato das ATPases não é apenas o ATP, mas o ATP complexado com Mg (Mg-ATP). Portanto, deve-se observar mais uma relação do Mg^{2+} com o metabolismo energético.

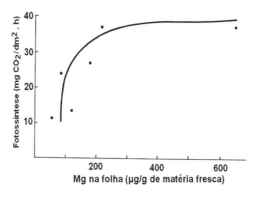

Figura 77 – Relação do Mg foliar e a taxa de fotossíntese (Peaslee & Moss, 1966).

Síntese proteica

O primeiro passo para a síntese de proteínas é a reação de ativação de aminoácidos. Ocorre incorporação de radicais fosfatos aos diferentes aminoácidos que passam da forma ativada (aminoacil), necessária à ligação ao RNAt, para a posterior incorporação à cadeia polipeptídica, mantendo, assim, a configuração necessária para síntese proteica. O Mg^{2+} é necessário à transferência de energia aos aminoácidos, por meio de enzimas fosforilativas. Assim, o Mg como cofator beneficia diversas reações bioquímicas nas plantas, unindo os complexos de N e P. Existem evidências de que o Mg^{2+} atua na agregação das subunidades do ribossomo (Cammarano et al., 1972), que são as partículas responsáveis pela formação da cadeia polipeptídica. Outra enzima importante no metabolismo do N, a sintetase do glutamato (GS), que atua na importante via da assimilação da NH_3 – GS/GOGAT, também é ativada pelo Mg^{2+} nos cloroplastos. Além disso, o Mg é necessário para a atuação do RNA polimerase nuclear (Castro et al., 2005). Assim, nas plantas deficientes em Mg a proporção de N proteico decresce e aquele N não proteico aumenta (Haeder & Mengel, 1969).

Em resumo, as funções do Mg nas plantas estão apresentadas na Tabela 54 (Malavolta et al.,1997).

Tabela 54 – Resumo das funções do magnésio nas plantas (Malavolta et al., 1997)

Estrutural	Ativador enzimático	Processos
Clorofila	Tioquinase acética	Absorção iônica
	Quinase pirúvica	Fotossíntese
	Hexoquinase	Respiração
	Enolase	Armazenamento/transferência de energia
	Desidrogenase isocítrica	Síntese orgânica
	Descarboxilase piruvato	Balanço eletrolítico
	Carboxilase de ribulose	Estabilidade dos ribossomas
	Sintetase de fosfopiruvato	
	Sintetase de glutamilo	
	Transferase de glutamilo	

Exigências nutricionais das culturas

Normalmente, com a prática adequada da calagem, tem-se, além da correção da acidez do solo, uma importante fonte de Mg para as culturas.

O teor total de Mg na planta pode variar de 0,15-0,35% (1,5-3,5 g kg^{-1}). Esses valores nas folhas podem variar em razão da cultura e de outros fatores, que serão objetos do Capítulo 18.

Assim, para a discussão adequada da exigência nutricional das culturas, dois fatores são igualmente importantes, basicamente a extração e a marcha de absorção desse nutriente ao longo do cultivo.

Extração e exportação de nutrientes

As culturas que mais extraíram Mg por área foram a de cana-de-açúcar e a de milho, 52 e 48 kg ha^{-1}, respectivamente, ao passo que o trigo e o arroz extraíram apenas 9 kg ha^{-1} (Tabela 55).

Tabela 55 – Exigências de magnésio das principais culturas (Malavolta et al., 1997)

Cultura	Parte da planta	Matéria seca produzida	Mg acumulado Parte da planta	Total [3]	Mg requerido para produção de 1 t de grãos[4]
		t ha^{-1}	kg ha^{-1}		kg t^{-1}
	Anuais				
Algodoeiro	Reprodutiva (algodão/caroço)	1,3	5 (3,8)[2]	12,7	9,8
	Vegetativa (caule/ramo/folha)	1,7	7		
	Raiz	0,5	0,7		
Soja[1]	Grãos (vagens)	3	6 (2,0)	26,0	8,7
	Caule/ramo/folha	6	20		
Feijão	Vagem	1	5 (5,0)	18,5	18,5
	Caule	0,4	1		
	Folhas	1,2	12		
	Raiz	0,1	0,5		
Milho[1]	Grãos	6,4	10,0 (1,6)	48,0	7,5
	Restos culturais	-	38,0		
Arroz	Grãos	3	4 (1,3)	9	3,0
	Colmos	2	1		
	Folhas	2	2		
	Casca	1	1		
	Raiz	1	1		
Trigo	Grãos	3	6 (2,0)	9	3,0
	Palha	3,7	3		
	Semiperene/perene				
Cana-de-açúcar	Colmos	100	35 (0,35)	52	0,5
	Folhas	25	17		
Cafeeiro[1]	Grãos (coco)	2	3 (1,5)	33	16,5
	Tronco, ramos e folhas	-	30		

[1] Malavolta (1980); [2] Exportação relativa de nutrientes através dos grãos produzidos (kg t^{-1}): Mg acumulado nos grãos/matéria seca dos grãos; [3] sugere a exigência nutricional (total) por área da cultura para o respectivo nível de produtividade; [4] sugere a exigência nutricional relativa de Mg da cultura para produção de uma tonelada do produto comercial (grãos/colmos); obtido pela fórmula: Mg acumulado na planta (parte vegetativa+reprodutiva)/matéria seca do produto comercial.

O feijoeiro foi o que mais exportou Mg pelos grãos (5,0 kg t^{-1}). Assim, é importante o monitoramento dessa cultura para a reposição periódica desse nutriente via material corretivo (calcário dolomítico), pois a fonte de Mg é de menor custo.

Entre as culturas anuais, considerando a necessidade de Mg por tonelada de grão produzido, as leguminosas (8,7 a 18,5 kg/t) apresentam-se menos eficientes que as gramíneas (3 a 7,5 kg/t). Com relação à exportação de nutrientes pelos grãos produzidos pelas culturas anuais, nota-se que as leguminosas (2 a 5 kg/t) exportam mais que as gramíneas (1,3 a 2,0 kg/t).

Considerando diferentes cultivares dentro da mesma espécie, pode haver diferentes habilidades para absorção, transporte e uso do Mg aplicado. Em cafeeiro enxertado, Tomaz et al. (2003), trabalhando com diferentes genótipos sob diferentes combinações de porta-enxerto e copa, verificaram que a linhagem H 514-5-5-3 foi beneficiada na eficiência de uso de Mg e produção de matéria seca pelos porta-enxertos Mundo Novo IAC 376-4 e Apoatã LC 2258.

Barbosa (1978) empregou os cultivares de tomate Kadá, Ângela, Manalucie e Maçã de Ibirité em três ensaios realizados em casa de vegetação, observando também que o cultivar Ângela foi o primeiro a apresentar sintomas de deficiência de Mg quando cultivado sob carência do elemento, concluindo que sua menor eficiência pode ser atribuída à maior retenção nas raízes, menor translocação para as folhas, e maior redistribuição do nutriente das folhas inferiores para as superiores.

Marcha de absorção de nutrientes

Em cultivos em campo, onde a calagem feita normalmente três meses antes da semeadura deverá atender à necessidade nutricional em Mg pela cultura ao longo do ciclo de produção. Desse modo, nessas condições a marcha de absorção não definiria a época da aplicação do Mg. Entretanto, para fins didáticos, é importante conhecer a época da maior exigência do dado nutriente pelas culturas, a exemplo do milho, onde até aos 59 dias (12ª folha) a absorção de Mg pela planta foi considerada lenta, atingindo apenas 16% do total, e a partir desse período a absorção foi acelerada com picos de velocidade alta de absorção entre a 12ª folha e o pendoamento e na fase de grão leitoso e formação de "dente" (Tabela 56).

Tabela 56 – Marcha de absorção (cumulativa) de magnésio da cultura do milho (Flanery, 1987)

Dias	Estádio de desenvolvimento	Mg absorvido, % do total
32	4ª folha	2
44	8ª folha	5
59	12ª folha	16
72	Pendoamento	43
84	Embonecamento	50
102	Grão leitoso	66
133	Formação de "dente"	98
146	Maturação fisiológica	100

Em culturas perenes, a exemplo do cafeeiro, a acumulação de Mg pelas flores das cultivares Catuaí Amarelo e Mundo Novo representa 52% em relação ao total extraído pelas partes da planta (flores, folhas e ramos), e isso indica que a aplicação do nutriente nessa cultura deve começar antes do florescimento (Malavolta et al., 2002).

Sintomatologia de deficiências e excessos nutricionais

Deficiência

A deficiência de Mg pode ocorrer pela baixa concentração no meio de cultivo. Pode também ocorrer deficiência induzida pela competição com outros cátions como o K. Como a maior parte do Mg da planta é móvel no floema, a deficiência aparece, inicialmente, nas folhas mais velhas, por meio de uma clorose internerval, acompanhada por vezes de manchas amareladas que podem se unir formando faixas ao longo das margens da folha, as quais se tornam avermelhadas ou com outra pigmentação. Saliente-se que a clorose se inicia com manchas, que depois se juntam e se espalham para as pontas e as margens das folhas.

A sintomatologia de deficiência de Mg pode, entretanto, variar em razão da espécie e/ou do cultivar (Figura 78).

Nas folhas, as células do mesofilo próximas aos feixes vasculares retêm clorofila por período mais prolongado do que células do parênquima, o que pode retardar a aparição de clorose (Epstein, 1972).

DESORDEM NUTRICIONAL: DEFICIÊNCIA	NUTRIENTE: MAGNÉSIO
FOTOS	DESCRIÇÃO DOS SINTOMAS
 Foto 1. CANA-DE-AÇÚCAR	Aparência mosqueada ou clorótica começando nas pontas e ao longo das margens; lesões necróticas vermelhas resultando em aparência de "ferrugem". A casca do colmo pode mostrar coloração amarronzada internamente.
 (a)  (b) Foto 2. MILHO	As folhas mais velhas amarelecem nas margens e depois entre as nervuras dando o aspecto de estrias (Foto 2a); pode vir depois necrose das regiões cloróticas; o sintoma progride para as folhas mais novas, tornando a planta inteira com folhas cloróticas (Foto 2b).
 Foto 3. FEIJÃO	As folhas mais velhas com clorose internerval que progride do centro para os bordos do folíolo e depois para as folhas mais novas. Com a progressão da deficiência surgem manchas pálidas com contorno irregular, quase esbranquiçadas, na lâmina foliar. Em seguida, as manchas escurecem na região central, ocorrendo necrose, que se propaga para a periferia da mancha.
 (a)  (b) Foto 4. CITRUS	A clorofila começa a desaparecer nas folhas mais velhas entre a nervura principal e a margem (Foto 4a); a progressão é usualmente para fora, deixando a figura de uma "cunha" na base da folha; pode, entretanto, dar-se para dentro e causar o aparecimento de uma cunha amarela (Foto 4b); podendo atingir a folha inteira com uma cor bronze dourada e cair prematuramente, causando morte descendente de ramos novos.

Figura 78 – Fotos e a descrição geral dos sintomas visuais de deficiência de Mg em diversas culturas.
Fonte: Prado (não publicado); Malavolta et al. (1989).

Os sintomas são mais intensos em folhas expostas ao sol; em frutíferas, surgem em folhas próximas aos frutos, causando-lhes queda prematura.

O acúmulo de carboidratos não estruturais (amido, açúcares) é tipicamente uma característica de planta deficiente de Mg^{2+}. Assim, em feijoeiro, o acúmulo de carboidratos nas folhas está relacionado com a diminuição no teor de carboidratos nas regiões de dreno, como ocorre nas raízes e nas vagens (Fischer & Bussler, 1988). A limitação de carboidrato fornecido para as raízes prejudica muito seu crescimento.

Tewari et al. (2006) verificaram que a menor produção de matéria seca da amoreira, sob deficiência de Mg, esteve associada à diminuição do teor de carboidrato foliar, da quantidade de pigmento fotossintético e da taxa fotossintética. Além disso, aumentou a concentração de H_2O_2 e a atividade de enzimas antioxidante (peroxidase, dismutase), no sentido de diminuir o estresse oxidativo.

A deficiência de Mg pode também induzir a descarboxilação de aminoácidos formando a putrescina (Basso & Smith, 1974), fato esse descrito também no K, o que poderia explicar a necrose foliar, tendo em vista que a putrecina é um composto nitrogenado tóxico às plantas.

Plantas deficientes em Mg frequentemente apresentam um atraso da fase reprodutiva (Taiz & Zeiger, 2004). Tem-se menor translocação de carboidratos da parte aérea para a raiz, diminuindo o crescimento das raízes.

As plantas forrageiras com baixos teores de magnésio podem promover baixos teores de magnésio sérico nos animais, e consequentemente a tetania.

Excesso

O fornecimento de magnésio em níveis excessivos resulta em deposição do elemento na forma de diferentes sais nos vacúolos celulares. São escassos os trabalhos descritos na literatura sobre os efeitos prejudiciais ao desenvolvimento e produção das plantas.

Nesse sentido, Kobayashi et al. (2005) estudaram plantas de arroz e espécies de *Echinochloa*, cultivadas em solução nutritiva, com excesso de Mg (30 mM) na forma de $MgCl_2$ e $MgSO_4$, durante 20 dias após o transplantio. Observou-se redução de 33% a 67% da produção de matéria seca. Em ambas as culturas, aumentou a absorção de Mg, K e Cl e diminuiu a absorção de Ca, maior nas espécies de *Echinochlo*, comparado às plantas de arroz. Os autores concluíram que as plantas de arroz foram mais tolerantes ao excesso de Mg que a *Echinochloa*, e essa tolerância está relacionada à deficiência de Ca.

A maior quantidade de Mg aplicado inibe a absorção de Zn, por se tratar de elementos com valência, raio iônico e grau de hidratação semelhantes (Kabata-Pendias & Pendias, 1984).

Mass et al. (1969), ao estudarem a influência do Mg na absorção de Mn em cevada, observaram que a inibição entre o Mg e o Mn é do tipo não competitivo. Esse fato torna-se importante em áreas que receberam elevadas quantidades de calcário com alto teor de Mg, que prejudicaria a absorção de Zn e Mn por dois fatores, ou seja, pelo aumento do pH e diminuição na sua disponibilidade no solo e também pelo fato da interação no processo de absorção.

Em cloropastos isolados, a fotossíntese é inibida por 5 mmol L^{-1} de Mg na solução externa. Essa inibição é causada por decréscimo no influxo de K. A inibição da fotossíntese pode ocorrer em razão de altas concentrações de Mg no *pool* metabólico em plantas inteiras, sob estresse causado por seca (Vitti et al., 2006).

10
Boro

Introdução

A matéria orgânica do solo é a principal fonte de B para as plantas. Assim, solos com baixo teor de matéria orgânica e/ou baixa taxa de mineralização da matéria orgânica (umidade, temperatura etc.) podem apresentar concentração de B no solo crítico, para a adequada nutrição da planta. Além disso, regiões com alta pluviosidade, em solos arenosos, podem promover altas taxas de lixiviação do B da solução do solo, provocando problemas de deficiência nas culturas.

Assim, é importante controlar os fatores que afetam a disponibilidade do nutriente no solo, a fim de manter a concentração de B no solo em níveis adequados às culturas. Sempre que a concentração estiver baixa (<0,20mg dm^{-3}) ou até média (0,20-0,60 mg dm^{-3}), (extrator água quente) (Raij et al.,1996), existe potencial de resposta das plantas em geral à aplicação desse micronutriente, que pode variar em razão da exigência nutricional da cultura.

No estudo do boro no sistema planta, é importante conhecer todos os "compartimentos" que o nutriente percorre desde a solução do solo, raiz e parte aérea (folhas/frutos), ou seja, do solo até sua incorporação em um composto orgânico ou como um ativador enzimático, que desempenhará funções vitais para possibilitar a máxima acumulação de matéria seca do produto agrícola final (grão, fruta etc.) (Figura 79).

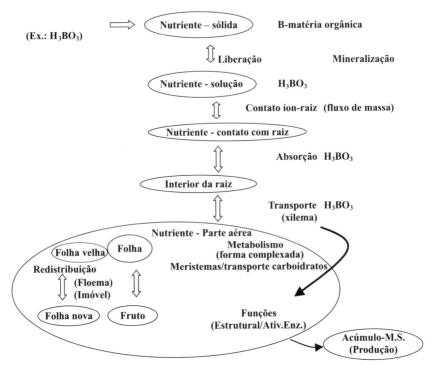

Figura 79 – Dinâmica do boro no sistema solo-planta indicando os processos de passagem do nutriente nos diferentes compartimentos da planta.

Absorção, transporte e redistribuição do boro

Absorção

O contato B-raiz ocorre basicamente em razão do fluxo de massa que é afetado pela taxa transpiratória da planta. O boro é absorvido via raízes nas formas H_3BO_3, $H_2BO_3^-$, $B(OH)_4^-$, entretanto, a maior absorção ocorre na forma de H_3BO_3 (Oertli & Grgurvic, 1975), e como a absorção independe da temperatura e não é afetada por inibidores da respiração, infere-se que seja processo passivo.

Desse modo, o B, na forma de $B(OH)_3$, parece ser o único nutriente que tem alta permeabilidade e vence as membranas (citoplasma e tonoplasto), por processo passivo, sem necessidade de um processo intermediário mediado por uma proteína (Welch, 1995). O processo passivo de absorção de B ocorre pela difusão, pois logo após sua entrada na célula é transformado em compostos que seriam "presos" na parede celular ou citoplasma, ficando na forma não trocável, e assim diminui sua concentração interna nas células, favorecendo o gradiente de difusão do mesmo do meio externo para o interno.

O local de aplicação do boro também pode afetar a quantidade do nutriente absorvida. Nesse sentido, Boaretto (2006) estudou a aplicação de 1 kg ha^{-1} de B no solo e na folha de citrus em produção. Verificou que a quantidade absorvida foi de 65 e 17 g ha^{-1} de B, para aplicação no solo e na folha, respectivamente. Assim, concluiu que a eficiência de absorção do B pelas raízes é cerca de 3,5 vezes superior que a eficiência de absorção pelas folhas. Portanto, a aplicação de B no solo é importante para garantir aumento na produção – um exemplo é o coqueiro (Prado et al., 2013).

A presença do B afetando a atividade de componentes específicos da membrana pode aumentar a capacidade da raiz para absorver P, Cl e K (Malavolta, 1980).

Transporte

Uma vez absorvido, o boro na forma H_3BO_3 tem transporte unidirecional, por meio da corrente transpiratória.

Redistribuição

O boro praticamente não é redistribuído nas plantas em geral, pois é imóvel no floema. Essa redistribuição muito limitada de B na maioria das culturas tem as seguintes implicações práticas:
a) o aparecimento dos sintomas de deficiências ocorre nas folhas mais novas ou regiões de crescimento;
b) a planta necessita de um suprimento contínuo para viver;
c) a aplicação de B, para suprir a planta, deve ser feita no solo para atingir o sistema radicular da planta e, consequentemente, absorção e transporte para a parte aérea. Assim a aplicação do boro via solo poderá proporcionar maior produção se comparada à aplicação do micronutriente via foliar (Figura 80).

Pesquisas recentes, entretanto, têm indicado que o B pode ser móvel em certas plantas que produzem polióis (açúcar simples – metabólito fotossintético primário) que ligam com o B, tornando o complexo "Açúcar-B" móvel na planta (Brown & Hu, 1998). Assim, as plantas que não apresentam no floema esses açúcares polióis e sim sacarose não têm o boro móvel no floema. Segundo Marschner (1997), a sacarose, por não ter ligações cis-diol, não forma complexo estável com o B. Portanto, algumas plantas apresentam os polióis na seiva do floema das espécies do gênero *Pyrus*, *Malus* e *Prunus*, segundo Hu & Brown (1997) e Hu et al. (1996), resultando em mobilidade do B nas plantas. O B foi também considerado móvel em outras espécies (macieira, ameixeira, cerejeira) (Brown & Hu, 1998); (brócolis) (Shelp, 1988).

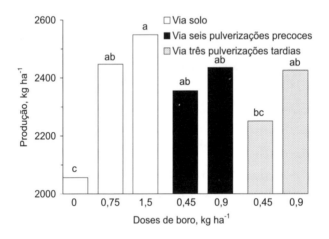

Figura 80 – Efeito da aplicação de boro via solo e foliar por pulverizações na produção do algodoeiro.

O estado nutricional pode afetar a mobilidade do boro. Boaretto (2006), usando técnica isotópica, verificou que em mudas de citrus a redistribuição de B foi próxima a 20% em plantas deficientes, e em plantas com teor adequado do nutriente a redistribuição foi o dobro (ou seja, cerca de 40%). Prado et al. (2013), usando a mesma técnica, verificaram que o B é pouco móvel nas plantas de beterraba e tomate.

Por fim, saliente-se que a questão da mobilidade do boro também depende, pelo menos em parte, do modo de fornecimento e, possivelmente, da espécie considerada. O B acumulado na folha e vindo do solo seria imóvel, enquanto o armazenado na folha e proveniente de aplicações foliares seria móvel (Malavolta, 2006).

Participação no metabolismo vegetal

O boro é o único nutriente que teve sua essencialidade determinada pelo método indireto (Marschner, 1997). Entretanto, atualmente é aceito que o B também satisfaz o critério direto, pois é ativador de várias enzimas e atua como constituinte da parede celular. Segundo Epstein & Bloom (2006), as principais funções do B estão relacionadas com a estrutura da parede celular e com substâncias pécticas associadas a elas, especialmente a lamela média. Desse modo, serão discutidos os vários papéis que o B pode desempenhar na vida das plantas:

Síntese da parede celular e alongamento celular

A deficiência de boro promove alteração na síntese dos elementos que compõem a parede celular (pectina, hemicelulose e precursores da lignina), (metabolismo de carboidratos); é encontrada em complexos de ésteres cis-borato. Assim, nas plantas com deficiência de B, há irregularidades na deposição das substâncias cimentantes nas células do câmbio, podendo causar colapso do caule das plantas, como da seringueira (Figura 81) (Moraes et al., 2002).

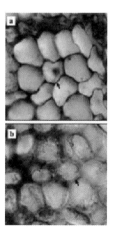

Figura 81 – Células do câmbio de plantas de seringueira sem boro, indicando células descoladas sem a presença de constituintes da lamela média (a), e com boro, indicando células com a presença de constituintes da lamela média (b) (Moraes et al., 2002).

Assim, o B atua na biossíntese da parede celular auxiliando o Ca na deposição e na formação de pectatos que farão parte dessas estruturas. Cabe salientar que as plantas que apresentam maior exigência em B são aquelas que contêm maior conteúdo de B complexado na parede celular.

Um aspecto geral da deficiência ocorre, inicialmente, com reduzido desenvolvimento (alongamento) dos tecidos meristemáticos (extremidades da raiz e ramos) que, em seguida, se tornam desorganizados e os tecidos morrem. No entanto, Cohen & Lepper (1977) consideraram que a cessação do alongamento de raízes de abóbora, submetidas à omissão de boro, foi causada pela falta de divisão das células meristemáticas e não por falta de alongamento celular, sugerindo que esse micronutriente age como um regulador da divisão celular. Acredita-se que o B influencie os processos de divisão celular, alterando o nível do AIA, a partir da ativação de enzimas que oxidam esse hormônio.

O B participa da síntese da base nitrogenada uracil, e, como essa é componente do RNA, tem-se diminuição na síntese do RNA e, consequentemente, a síntese proteica. Como a síntese de RNA, a ribose e a proteína são os processos mais importantes nos tecidos meristemáticos, a divisão e a diferenciação celular são seriamente prejudicadas, portanto o crescimento das partes jovens das plantas é afetado (Mengel & Kirkby, 1982). Experimento indica que o crescimento radicular pode ser paralisado após 48 horas de omissão de B (Amberger, 1988). Além disso, a deficiência de B promove rápido endurecimento da parede celular, pois esse formando complexos com carboidratos controla a disposição de micelas de celulose, o que não permite o aumento normal no volume da célula (Malavolta, 1980). O alongamento da planta é também prejudicado pelo fato de que o B tem efeito direto na formação de vasos xilemáticos (crescimento e diferenciação).

Em leguminosas, a falta do B deve afetar a síntese da parede celular dos nódulos presentes nas raízes, permitindo o fluxo de O_2, resultando na diminuição da fixação biológica do N (Blevins & Lukaszewski, 1998).Cabe ressaltar que concentrações de B acima do normal protegem o crescimento radicular em situações em que altos teores de Al normalmente seriam inibidores (Figura 82) (Lenoble et al., 2000).

Ruiz et al. (2006) observaram que a toxidez de Al pode ser minimizada pelo efeito do B nas enzimas relacionadas ao metabolismo da glutationa

(GSH), que é considerado mecanismo importante das plantas em aliviar estresse do ambiente. Assim, o B estímula a biossíntese do GSH nas folhas e essas são transportadas para as raízes, diminuindo a ação do oxigênio ativo, normalmente produzido pela toxidez de Al.

Sotiropoulos et al. (2006) acrescentam, ainda, que o aumento da concentração de B, no meio de cultura, proporcionou incremento na atividade de enzimas nas folhas de maçã (peroxidase, catalase e dismutase do superóxido).

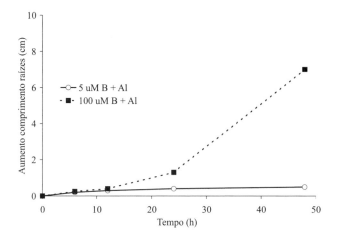

Figura 82 – Altas concentrações de B no meio de crescimento na presença de altas concentrações de Al aumentaram significativamente o crescimento de raiz da aboboreira, sob hidroponia (Lenoble et al., 2000).

Integridade da membrana

Os efeitos do B restringem-se apenas à plasmalema e não ao tonoplasto, formando complexos cis-diol-borato, constituintes da mesma. A deficiência de B diminui a absorção de K e P e a atividade da ATPase da plasmalema e da RNAase, o teor de fosfolipídios e galactolipídios, provocando diminuição do teor de proteínas nas membranas, com danos na formação e estabilidade da plasmalema, diminuindo o funcionamento dos canais proteicos, com aumento do efluxo de solutos. Além disso, em plantas deficientes em B, acumulam-se compostos fenólicos (desvio do metabolismo da glicose) que levam à ação da enzima polifenoloxidase, produzindo as quinonas tóxicas responsáveis pela formação dos radicais livres. Há também inibição da redutase de glutatione, que poderia promover a desintoxicação provocada por tais radicais, e isso causaria peroxidação de lipídios, o que afetaria a integridade das membranas.

Existem pesquisas indicando correlação linear negativa entre o aumento das doses de B e a incidência de pragas (Figura 83). Isso é explicado pelo fato de plantas deficientes em B apresentarem plasmalema com maior efluxo de aminoácidos livres, que poderão servir de alimento para eventuais parasitas, ao passo que plantas com adequado teor de B apresentam maior integridade da plasmalema, menos alimento disponível e menor infestação de pragas.

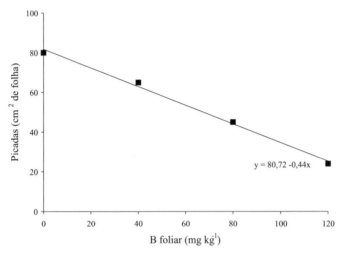

Figura 83 – Relação do B foliar e a intensidade de ataque do ácaro-vermelho em mudas de dendenzeiro, 20 dias após a infestação (adaptado de Rajaratnam & Hock, 1975).

Transporte de carboidratos

O B facilita o transporte de açúcares, pois combina com o carboidrato, dando um complexo borato-açúcar ionizável, mais solúvel nas membranas (Gauch & Dugger Jr., 1953). Além disso, o B tem efeito benéfico na manutenção da estrutura e funcionamento dos vasos condutores. Sob condições de deficiência de B, ocorre diminuição no transporte da sacarose das folhas para outras partes da planta, pela maior produção de calose (polissacarídeo semelhante à celulose), a qual provoca a obstrução do floema, principal via de transporte da sacarose (Loué, 1993). Plantas deficientes em B diminuem o transporte de carboidratos, que se acumulam nas folhas, porque os pontos de crescimento (drenos) apresentam menor demanda ou atividade metabólica.

Cabe ressaltar que o teor de B adequado nas plantas induz maior excreção de açúcares, facilitando o processo de micorrização.

Crescimento reprodutivo

O processo de germinação do grão de pólen e do desenvolvimento do tubo polínico é muito dependente do B para promover a deposição da parede celular, e não o seu alongamento. O nível crítico de B para germinação do grão de pólen varia de 3 μg^{-1} (milho) até 50-60 μg^{-1} (videira). No tubo polínico, o B é requerido para inativar a calose, formando-se complexos de B-calose; caso contrário, tem-se a síntese de fitoalexinas (fenóis) inibindo o crescimento do tubo polínico. Assim, muitas vezes a exigência de B pelas plantas no período reprodutivo é mais crítica que no período vegetativo.

Em *Petunia*, o tubo polínico segue o gradiente natural de B, a partir do estigma, através do estilo até o ovário, indicando que ele pode atuar como um agente quimiostático (Blevins & Lukaszewski, 1998).

Lima Filho (1991) verificou em cafeeiro que o suprimento de boro aumentou o número de gemas viáveis e o de ramos plagiotrópicos, diminuindo o número de gemas não desenvolvidas (Figura 84).

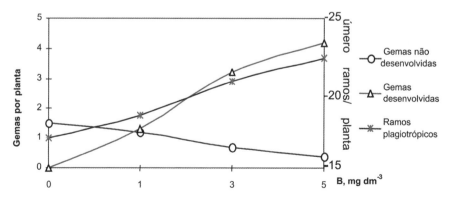

Figura 84 – Relação entre o boro adicionado e colheita potencial do catuaí (Lima Filho, 1991).

Em mangueira, o boro também tem efeito benéfico na parte reprodutiva, aumentando o número de frutos por panícula, além da matéria seca dos frutos (Figura 85) (Singh & Dhillon, 1987). Wojcik (2006) estudou a aplicação de boro foliar (1,2 kg ha^{-1}) em pós-colheita da maçã (três a quatro semanas antes da abscisão da folha), associado ou não com ureia. O autor verificou que o boro não afetou a qualidade das frutas (firmeza e sólidos solúveis); entretanto, concluiu que a aplicação de B melhorou o crescimento reprodutivo das plantas, sem a adição de ureia.

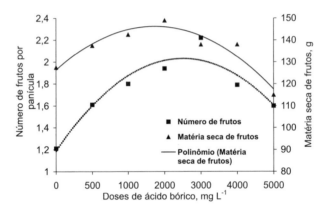

Figura 85 – Efeito do boro (via foliar) no número de frutos por panícula e na matéria seca de frutos (Singh & Dhillon, 1987).

Silva et al. (1995) observaram em algodoeiro uma relação benéfica entre o teor foliar de B e a produção (Figura 86). Ressalte-se que o algodoeiro é uma das culturas mais responsivas à aplicação de B. Prado et al. (2006) também observaram relação direta do teor de B na parte aérea e na raiz com a produção de matéria seca de mudas de maracujazeiro.

Existem ainda outros efeitos do B, como no metabolismo do ascorbato, pois ele estimula atividade de uma enzima (NADH oxidase) que atua na produção do ascorbato. Além disso, o B participa do metabolismo das auxinas, mas os resultados são contraditórios. Por exemplo: altos níveis de AIA somente estão associados à deficiência de B em plantas em que a escassez desse elemento estimula a produção de certos compostos fenólicos (ácido cafeico), inibidor da oxidase do AIA; caso contrário, essa deficiência diminui o nível de AIA (Marschener, 1995). Saliente-se que a ligação do B com composto fenólico (ácido cafeico), além de bloquear a formação de quinona tóxica, favorece a síntese de álcoois fenólicos precursores da lignina.

O boro pode afetar a fixação biológica do N. A presença de oxigênio pode inibir completamente a atividade da nitrogenase. Assim, na fixação biológica do N_2, um mecanismo fisiológico determina a quantidade de oxigênio, responsável pelo processo de respiração celular, sem, no entanto, comprometer a atividade da enzima. Esse mecanismo pode estar ligado à atuação do B na parede celular, cuja importância reside na relação entre a membrana da leguminosa e do rizóbio (Bolaños et al., 1996). Segundo Cakmak & Römheld (1997), ao interagir com grupos OH dos glicopeptídios na camada de polissacarídeos do envelope, protetor da nitrogenase, o B contribui para o fortalecimento da barreira em relação à difusão do O_2.

Um outro fator com o qual o B estaria envolvido seria o metabolismo do N, pois na deficiência de B acumulam-se N-aminoácidos em relação à N-proteína, por causa da ação do nutriente na síntese dos ácidos nucleicos. Plantas deficientes em B têm maior atividade da RNAase que hidrolisa o próprio RNA, e também menor síntese de uracila (base nitrogenada) a partir do ácido orótico e precursora de tiamina e citosina.

Exigências nutricionais das culturas

O B e o Zn constituem os micronutrientes que mais limitam a produção das culturas no Brasil.

A concentração de boro nos tecidos das monocotiledôneas varia de 6 a 18 mg kg^{-1}, enquanto nas dicotiledôneas varia de 20 a 60 mg kg^{-1}. Assim, a deficiência no grupo das monocotiledôneas apresenta menor incidência no campo. O algodoeiro, as brássicas, o girassol, a soja, o amendoim e a alfafa são, em geral, mais suscetíveis a deficiências de boro que as gramíneas. Somem-se a essas as plantas que formam raízes tuberosas (cenoura, beterraba, batata) e produtoras de látex (euforbiáceas) (Marschner, 1995). Portanto, existe relação direta do teor de B nas folhas e produção das culturas, a exemplo do algodoeiro (Figura 86).

A Tabela 57 indica a extração total de boro por diversas culturas, mas como as quantidades são relativamente pequenas, algumas informações não foram determinadas.

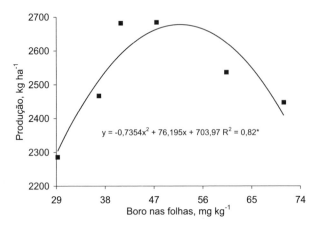

Figura 86 – Relação entre o teor de B nas folhas e a produção do algodoeiro, em solo intensamente cultivado e corrigido (média de seis anos) (adaptado de Silva et al., 1995).

Pela extração total por área, a cana-de-açúcar e o algodoeiro são os que mais extraem B: 300 e 165 g ha^{-1}, respectivamente. Entretanto, o algodoeiro foi o que mais extraiu B para cada tonelada produzida (130 g t^{-1}), indicando que essa cultura tem alta exigência de B. Por sua vez, o trigo foi a cultura que mais exportou B com a colheita (133 g t^{-1}). Portanto, é importante a reposição desse elemento químico em área cultivada com essa cultura.

Normalmente as exigências das culturas são distintas pelo fato da habilidade das plantas em acumular boro nas paredes celulares. Nesse sentido, Hu et al. (1996), estudando 14 espécies, observaram que há correlação significante entre espécies exigentes em B e o nível de pectina da parede celular. Os autores complementam que, em geral, mais B é requerido pelas dicotiledôneas, comparadas às monocotiledôneas, presumivelmente por causa do conteúdo de pectina mais alto no primeiro grupo de plantas.

Saliente-se ainda que essa habilidade das plantas em reter B na parede celular pode até dificultar o conhecimento do estado nutricional das plantas. Nesse sentido, Boaretto et al. (1997) alertam que muitas vezes a não correlação entre os teores de B nas folhas e a produtividade podem ser explicadas pela dificuldade em se remover o boro retido na cutícula foliar ou o ligado na camada péctica da parede celular, sem concretizar sua função metabólica, subestimando, assim, o teor de B foliar.

Tabela 57 – Exigências de boro de algumas culturas (Malavolta et al., 1997)

Cultura	Parte da planta	Matéria seca produzida	B acumulado Parte da planta	Total[3]	B requerido para produção de 1 t de grãos[4]
		t ha⁻¹	g ha⁻¹		g t⁻¹
Anuais					
Algodoeiro	Reprodutiva (algodão/caroço)	1,3	43 (33)[2]	165	130
	Vegetativa (caule/ramo/folha)	1,7	117		
	Raiz	0,5	5		
Soja[1]	Grãos (vagens)	3	-	100	33
	Caule/ramo/folha	6	-		
Milho[1]	Grãos	6,4	20 (3,1)	80	12,5
	Restos culturais	-	60		
Arroz	Grãos	3	6 (2,0)	107	35,6
	Colmos	2	24		
	Folhas	2	34		
	Casca	1	13		
	Raiz	1	30		
Trigo	Grãos	3	400 (133)	-	-
	Palha	3,7	-		
Semiperene/perene					
Cana-de-açúcar	Colmos	100	200 (2,0)	300	3,0
	Folhas	25	100		

[1] Malavolta (1980); [2] exportação relativa de nutrientes através dos grãos produzidos (kg t⁻¹): B acumulado nos grãos/matéria seca dos grãos; [3] sugere a exigência nutricional (total) por área da cultura para o respectivo nível de produtividade; [4] sugere a exigência nutricional relativa de B da cultura para produção de uma tonelada do produto comercial (grãos/colmos); obtido pela fórmula: B acumulado na planta (parte vegetativa+reprodutiva)/matéria seca do produto comercial.

Marcha de absorção de nutrientes

Nota-se que a absorção de boro na soja é relativamente lenta nos primeiros 30 dias (0,2 g/ha/dia); desse período em diante, a velocidade de absorção é alta, atingindo o máximo aos 60-90 dias (1,8 g/ha/dia). A partir desse ponto, tem-se decréscimo acentuado na velocidade de absorção do B, que compreende o período 90-120 dias (Tabela 58). De forma geral, as plantas apresentam alta exigência em B na fase reprodutiva.

Tabela 58 – Marcha de absorção (cumulativa) de boro em soja, cultivada em solução nutritiva (Bataglia & Mascarenhas, 1977)

Período (dias após a semeadura)	B absorvido, g/ha/dia
0-30	0,2
30-60	1,0
60-90	1,8
90-120	0,6

Ross et al. (2006) observaram que a aplicação de 0,3 até 1,1 kg B ha^{-1} durante crescimento vegetativo (V2) ou reprodutivo (R2) mostrou-se adequada para produção da soja.

Sintomatologia de deficiências e excessos nutricionais

Deficiência

Como o B é imóvel no floema, os sintomas de deficiência ocorrem nos órgãos novos, folhas ou raízes (Figura 87). A deficiência de B provoca inicialmente alterações metabólicas relativamente rápidas nas plantas, reduzindo inclusive a síntese de uracil e alterando a síntese de proteínas.

Os papéis do B na vida das plantas ajudam a explicar sintomas de deficiências:
- principal sintoma é a inibição do crescimento da parte aérea e das raízes e até morte das gemas terminais (podendo estimular brotações laterais);
- encurtamento dos internódios, folhas/frutos pequenos e deformados;
- folhas engrossadas (acúmulo de carboidratos) duras e até quebradiças; é possível pelo tato notar folhas grossas;
- pequena produção de sementes;
- folhas necrosadas: acúmulo excessivo de fenóis devido ao acúmulo de ribulose-5-P e de AIA (inibição da AIA oxidase) (Coke & Whittington, 1968);
- caule fica enrugado, rachado, quebradiço; muitas vezes com manchas ou estrias de cortiça;
- em frutos podem aparecer sintomas semelhantes aos do caule, e ainda podem acumular substâncias em bolsas de goma no albedo, visto que há redução na condução de açúcares para as raízes;

DESORDEM NUTRICIONAL: DEFICIÊNCIA	NUTRIENTE: BORO
FOTOS	DESCRIÇÃO DOS SINTOMAS
 Foto 1. MILHO	As espigas ficam malformadas com falhas nas fileiras e com os grãos deformados. Baixa polinização; quando as espigas se desenvolvem, podem mostrar faixas marrons de cortiça na base dos grãos.
 (a) (b) (c) Foto 2. MILHO	Faixas alongadas aquosas ou transparentes (Foto 2a) que depois ficam brancas ou secas nas folhas novas (Foto 2b); o ponto de crescimento morre (Foto 2c).
 (a) (b) (c) (d) Foto 3. ALGODÃO	As plantas podem apresentar ponteiros cloróticos e folhas novas distorcidas e enrugadas, superbrotadas e com baixa produção (Foto 3a), podendo levar à morte da parte apical da planta. Os botões florais são menores, deformados e atrofiados (Foto 3b), provocando queda das flores e até frutos novos. Os frutos são menores, apresentando mancha escurecida interna em sua base (Foto 3c). Os pecíolos das folhas podem ficar mais curtos, espessos e com anéis escuros (Foto 3d).
Foto 4. CAFÉ	As folhas são pequenas, têm formas bizarras. Em casos graves, as gemas terminais podem secar ou morrer e a ponta do galho também. Há superbrotamento. Os internódios se encurtam. O pegamento da florada é menor. As raízes se desenvolvem menos.

Figura 87 – Fotos e descrição geral dos sintomas visuais de deficiência de B em diversas culturas.
Fonte: Prado (não publicado); Malavolta et al. (1989).

- com deficiência de B em café, os tecidos vasculares foram desorganizados e as paredes do xilema ficaram mais finas e as folhas com menos estômatos (Rosolem & Leite, 2007);

- a presença de nervuras salientes, isto pode ser devido ao aumento da lignina. Em plantas deficientes em B, há uma menor complexação dos íons borato com fenóis, particularmente ácido cafeico, aumentando a produção dos alcoóis fenólicos, que fazem parte da estrutura da lignina (Pilbeam & Kirkby, 1983);
- e, ainda, as plantas deficientes em B podem afetar a absorção e translocação do Ca e K (Ramon et al., 1990).

Em plantas deficientes em B, há uma menor complexação dos íons borato com fenóis, particularmente ácido cafeico, aumentando a produção dos álcoois fenólicos, que fazem parte da estrutura da lignina (Pilbeam & Kirkby, 1983).

Saliente-se que as plantas deficientes em B podem afetar a absorção e translocação do Ca e K (Ramon et al., 1990).

Excessos

Na literatura, é comum encontrar relatos do limite pequeno entre a dose adequada e a tóxica; portanto, os riscos de toxicidade são aumentados no campo, especialmente em solos arenosos. Entretanto, o sintoma de toxicidade pode ocorrer com teor alto do elemento, dependendo da espécie, pois elas apresentam diferente velocidade de transporte do elemento para a parte aérea, fato que define a toxicidade.

Fageria (2000b) avaliou em diversas culturas anuais os efeitos do B no solo e na parte aérea (Figura 88), confirmando que as faixas de doses adequadas e tóxicas são próximas, 0,4-4,7 e 3-8,7 mg B kg^{-1}, respectivamente. Os níveis tóxicos de B na parte aérea estão entre 20 a 153 mg B kg^{-1}, para as cinco culturas avaliadas.

Normalmente, os sintomas caracterizam-se como clorose malhada (200 mg kg^{-1}) e, depois, manchas necróticas (>1500 mg kg^{-1}) nos bordos das folhas mais velhas (regiões de acúmulo de B), em razão da maior taxa de transpiração nesses locais. Os níveis críticos de toxidez podem variar com a espécie de 100 mg B kg^{-1} no milho a 1.000 mg B kg^{-1} na abóbora (Marschner, 1995), e 444 mg B kg^{-1} em folhas (velhas) de citrus cv. "Navelina" (Papadakis et al., 2004). Saliente-se que a toxicidade de B pode ser confundida com a deficiência de K e, segundo Pereira et al. (2005), é também semelhante ao Ca, com queima dos bordos das folhas (em alface); além disso, pode induzir deficiência de Zn.

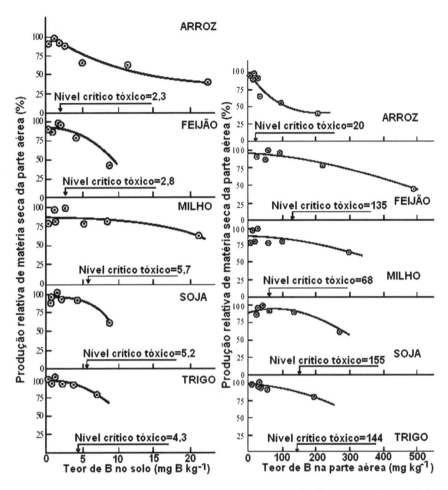

Figura 88 – Relação entre teor de boro no solo e na parte aérea da planta e a produção relativa de matéria seca da parte aérea de arroz, feijão, milho, soja e trigo (Fageria, 2000b).

11
Zinco

Introdução

O zinco (Zn) é um micronutriente limitante para a maioria das culturas, pela sua baixa concentração no solo, pois, muitas vezes, uma parte está adsorvida às argilas, como a gueta (Fe_2O_3 hidratado), representando 30%-60% do total, e outra parte está "presa" à matéria orgânica. Na solução do solo, a maior parte do zinco encontra-se na forma de complexos orgânicos solúveis. Além do problema da baixa concentração do Zn no solo, a sua disponibilidade é muito influenciada por diversos fatores. O mais importante é o valor pH do solo, e quanto mais alto seu valor, menor será a sua disponibilidade na solução do solo, especialmente naqueles arenosos que receberam altas doses de calcário. Além do pH, altas doses de fertilizantes fosfatados podem induzir problemas de deficiência de Zn. Solos com alto teor de matéria orgânica podem "fixar" o Zn, ou a microbiota pode imobilizá-lo temporariamente; além disso, solos com alta umidade, associados à baixa temperatura, também podem ter diminuída temporariamente a sua disponibilidade. Saliente-se que em solos com camada subsuperficial ácida e com baixo teor de Zn o gesso com resíduos de Zn terá efeito benéfico na produção agrícola (Alonso et al., 2006). Assim, faz-se importante o conhecimento desses fatores que governam a disponibilidade do Zn no solo, pois afetam a absorção e a nutrição das plantas.

Os fatores que afetam a disponibilidade do nutriente no solo devem ser controlados a fim de manter a concentração de Zn em níveis adequados às culturas. Sempre que a concentração estiver baixa (<0,7 mg dm^{-3}) ou até média (0,7-1,5 mg dm^{-3}), (extrator DTPA), (Raij et al.,1996), existe potencial de resposta das plantas em geral à aplicação desse micronutriente, variando em razão da exigência nutricional da cultura.

No estudo do zinco, é importante conhecer todos os "compartimentos" pelos quais o nutriente percorre no sistema solo e planta, sendo este último fator importante para o conhecimento do seu papel na fisiologia da planta e na formação das colheitas (Figura 89).

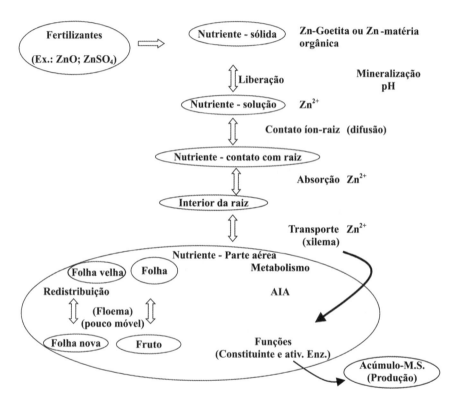

Figura 89 – Dinâmica do zinco no sistema solo-planta indicando os processos de passagem do nutriente nos diferentes compartimentos da planta.

Absorção, transporte e redistribuição do zinco

Absorção

O contato Zn-raiz é explicado especialmente pela difusão que depende do gradiente de concentração próximo da raiz (Oliver & Barber, 1966). O zinco é absorvido pelas raízes na forma de Zn^{2+}, de forma ativa, por um transportador, a exemplo do ZNT1, identificado por Pence et al. (2000). Entretanto, em valor pH alto, pode ser absorvido na forma monovalente $ZnOH^+$. Outros nutrientes (cátions) em altas concentrações no meio podem inibir competitivamente a absorção do Zn. E também o íon acompanhante pode incrementar a absorção do Zn, obedecendo à seguinte ordem decrescente, quando aplicado na raiz: quelado (lignosulfurado)>nitrato = sulfato > cloreto ou na folha: cloreto > nitrato = quelado > sulfato (Garcia & Salgado, 1981).

A absorção do zinco pode ser afetada pela cultivar: Yagi et al. (2006) verificaram em sorgo a maior absorção do nutriente pela cv.BR 304, comparado a cv.BR 310.

Transporte

O zinco, na mesma forma que a absorvida Zn^{2+}, apresenta o transporte radial de forma passiva e ativa. A forma de complexos como o Zn é transportado é ácido cítrico e málico (Malavolta, 2006). Em seguida, tem-se o transporte a longa distância, das raízes para a parte aérea pelo xilema.

Redistribuição

Em razão da baixa estabilidade por quelantes orgânicos, o zinco praticamente não é encontrado no floema, razão pela qual sua redistribuição na planta é muito limitada, se considerado, assim, pouco móvel. Entretanto, em plantas em geral bem supridas com Zn, a mobilidade do elemento no floema pode ser aumentada. Franco et al. (2005) verificaram a maior mobilidade do Zn em plantas bem supridas com o nutriente em feijoeiro; entretanto, no cafeeiro, isso não ocorreu. Assim, o Zn no floema está complexado a compostos orgânicos de peso molecular entre 1.000 e 5.000, denominados fitoquelatinas (peptídios de cadeia curta contendo unidades repetidas de glutaminas e cisteínas) (Malavolta, 2006). O autor acrescenta que o Zn, assim como o Fe, existe em duas frações nas plantas, ativa e inativa, e se a proporção da primeira for maior, o nutriente terá maior redistribuição.

Participação no metabolismo vegetal

O zinco não apresenta função estrutural definida. É, porém, ativador de várias enzimas, embora possa fazer parte da constituição de algumas delas. Saliente-se que o zinco na planta (Zn^{2+}) não é oxidado e nem reduzido (ou seja, não está sujeito a mudanças de valências, sem atividade redox), diferentemente dos demais micronutrientes, e sim tem tendência a formar complexos tetraédricos. As funções mais conhecidas do zinco são:

Síntese do ácido indolacético (AIA)

A literatura indica que a deficiência de Zn pode degradar o AIA existente na planta (aumento da atividade AIA oxidase) ou diminuir a sua síntese. No caso da síntese de AIA, embora haja discussão, é comum indicar que o Zn é requerido para a síntese do aminoácido triptofano, um precursor da biossíntese do AIA. A enzima sintetase do triptofano exige Zn para a sua atividade, tendo-se a seguinte reação:

Indol + Serina →(Sintetase do triptofano)→ Triptofano ⇢ AIA

Normalmente, a deficiência de Zn resulta em diminuição do volume celular e menor crescimento apical, pelo distúrbio no metabolismo das auxinas como AIA (redução da síntese ou a própria degradação). Saliente-se, portanto, que o Zn é mais importante para manutenção da auxina em seu estado ativo, comparado à sua síntese (Skoog, 1940). Assim, em plantas submetidas à deficiência de Zn tem-se diminuiçao drástica da concentração de auxina, mesmo antes do aparecimento dos sintomas visuais.

Observe-se que os locais de síntese das auxinas são os tecidos meristemáticos de diferentes órgãos (folhas, raízes, flores etc.). O principal efeito fisiológico seria a alongação celular, a partir da quebra de ligações (não covalentes) entre hemiceluloses e celuloses na parede celular, permitindo o influxo d'água, provocando uma pressão sobre a parede celular, aumentando sua plasticidade. Na verdade, esse mecanismo de alongação da parede celular é dado pela acidificação. Inicialmente a auxina induz o citoplasma a secretar íons H^+ para dentro da parede primária adjacente, através de uma ATPase (usa a energia de hidrólise do ATP para gerar os prótons) localizada na membrana plasmática, provocando diminuição do pH, que, por sua vez, ativa certas enzimas (endo transglicosilase e betaglucano sintetase), as quais são normalmente inativas em pH mais alto, e hidroliza a parede celular, causando então o rompimento das ligações da parede celular e rápida resposta em crescimento (Castro et al., 2005). Depois que a alongação celular estiver completa, tais ligações são reformadas (por ação enzimática), sendo esse processo irreversível.

Síntese proteica (RNA) e redução de nitrato

Outro fator que pode inibir o crescimento é que plantas deficientes em Zn apresentam grande diminuição no nível de RNA, o que resulta em menor síntese de proteínas e dificuldade na divisão celular. Isso é explicado pelo fato de o nutriente inibir a RNAase (desintegradora de RNA), e ainda fazer parte da RNA polimerase, que sintetiza RNA. E o Zn faz parte de proteínas ativas, envolvidas na transcrição do DNA (Takatsuji, 1999). O Zn faz parte ainda de ribossomas (local da síntese proteica) e sua deficiência leva à desintegração; entretanto, com a sua reposição, o processo se inverte (Figura 90).

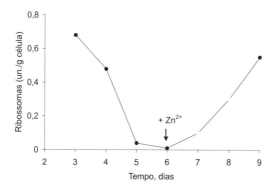

Figura 90 – Efeito da omissão (por seis dias) e reaplicação de Zn, no número de ribossomas em Euglena (Prak & Plocke, 1971, apud Marschner, 1986).

Desse modo, em plantas deficientes em Zn, têm-se, em geral, acúmulo de aminoácidos, diminuição da síntese de proteínas associadas à diminuição do AIA, decrescendo, assim, a produção de matéria seca (Tabela 59). Saliente-se, ainda, que existem indicações de que o papel principal do Zn não é na síntese do triptofano, visto que as plantas deficientes em Zn apresentaram altas concentração do triptofano (Tabela 59). Assim, o papel do Zn seria no caminho metabólico de triptofano até a auxina. A ação da auxina está envolvida no evento inicial da expansão celular, conhecido como teoria do crescimento ácido (Rayle & Cleland, 1992), conforme dito anteriormente.

O Zn também está ligado ao metabolismo do N nas plantas supridas com nitrato e sua deficiência leva ao acúmulo de $N\text{-}NO_3$, podendo diminuir a síntese de aminoácidos.

Tabela 59 – Efeito do zinco na produção de matéria seca do feijoeiro e no conteúdo de componentes orgânicos na parte apical da planta [a]

Zn aplicado	Matéria seca	Parte apical da planta (folhas + ramos)				
		Zn	Aminoácidos	Proteína	Triptofano	IAA
	g por 3 plantas	μg^{-1} matéria seca	μ Mol g^{-1} matéria seca	mg g^{-1} matéria fresca	μ Mol g^{-1} matéria fresca	ng g^{-1} matéria fresca
+Zn (1µM)	8,2	52	82	28	0,37	239
- Zn	3,7	13	533	14	1,32	118
-Zn + Zn[b]	4,5	141	118	30	0,27	198

[a] Fonte: Cakmak et al. (1989); [b] supriu-se Zn por três dias (3µM).

Estrutura de enzimas e atividade enzimática

O Zn, juntamente com outros como o Cu, faz parte da estrutura da enzima dismutase de superóxido e de outras. A manutenção da atividade da dismutase de superóxido é importante, porque decompõe radicais oxidantes (O_2^-) produzidos a partir do oxigênio, protegendo a célula de seu efeito prejudicial (degradação do AIA, oxidação de lipídeos), que pode afetar a integridade das membranas. E, ainda, pode ser produzido peróxido de hidrogênio, o qual pode ser destoxificado pela catalase ($H_2O_2 => H_2O + \frac{1}{2}O_2$), ativada pelo Zn. O Zn participa também da composição da enzima polimerase de RNA, além da enzima álcool desidrogenase que catalisa a redução de acetaldeído a etanol. Outra enzima seria anidrase carbônica, que catalisa a dissolução de CO_2 (CO_2 + H_2O => HCO_3^- + H^+), como passo prévio à sua assimilação (Dechen & Nachtigall, 2006).

Por fim, o Zn atua na atividade enzimática, para acoplar a ligação enzima/substrato, ou no efeito da conformação das moléculas. Assim, o Zn ativa enzimas importantes como a ribulose 1,5-difosfato carboxilase (presente nos cloroplastos) e, portanto, afeta significativamente a taxa fotossintética das plantas. E a atividade de respiração diminui, pois a enzima-chave, a aldolase, é inibida pela falta do Zn e também fica reduzida a síntese de ATP como consequência, no nível de glicólise e de transporte eletrônico terminal (Malavolta, 2006). Além disso, o Zn pode ter alguma participação na formação da clorofila, afetando novamente a fotossíntese.

A deficiência de Zn promove a perda da integridade das membranas pelo nível elevado de radicais livres de O_2 (baixa atividade da dismutase), conforme dito anteriormente, e pela desestabilização estrutural de proteínas pela quebra das ligações do Zn com os grupos sulfidrilos (-SH). Esse fato contribui para aumentar a susceptibilidade da planta às doenças, e a redistribuição de P da parte aérea para as raízes fica inibida.

Malavolta et al. (1997) apresentam um resumo das funções do Zn nas plantas (Tabela 60).

Tabela 60 – Resumo das funções do zinco nas plantas (Malavolta et al., 1997)

Constituinte enzimático	Processos
Anidrase carbônica	Controle hormonal (AIA)
Isomerase de fosfomanose	Síntese de proteínas
Desidrogenase láctica	
Desidrogenase alcoólica	
Aldolase	
Desidrogenase glutâmica	
Carboxilase pirúvica	
Sintetase do triptofano	
Ribonuclease	

Na literatura, tem sido verificado o efeito benéfico do Zn na produção de culturas anuais como a soja, por meio do efeito residual (Ritchey, 1978), e também no arroz (Pereira & Vieira, s.d.) (Figura 91).

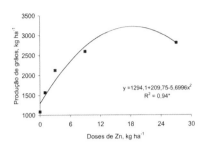
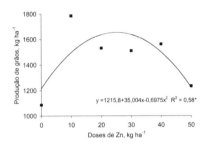

Figura 91 – Efeito do zinco residual aplicado a lanço, na produção da soja (Ritchey, 1978) (a) e em solução aos 15 dias após a emergência, na produção do arroz (Pereira & Vieira, s.d.) (b).

Em frutíferas, as doses de Zn aumentaram a matéria seca da parte aérea e das raízes das mudas de goiabeira (Figura 92) (Natale et al., 2002), do maracujazeiro (Natale et al., 2004) e do mamoeiro (Corrêa et al., 2005).

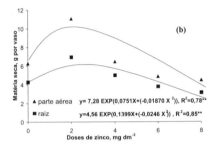

Figura 92 – Efeito da aplicação de zinco em substrato do argissolo vermelho-amarelo na produção de matéria seca da parte aérea e das raízes das mudas de goiabeira, aos 135 dias após o transplantio (Natale et al., 2002).

Assim, os efeitos benéficos do Zn em doses moderadas foram observados pela conhecida função desse metal na síntese de auxina, que estimula o desenvolvimento e o alongamento das partes jovens das plantas (Malavolta et al., 1997).

Exigências nutricionais das culturas

Extração e exportação de nutrientes

Normalmente, a extração total das culturas é maior para as gramíneas, como a cana-de-açúcar (720 g ha^{-1}) e o milho (544 g ha^{-1}), comparadas às leguminosas como a soja (145 g ha^{-1}), (Tabela 61).

Tabela 61 – Exigências de zinco das principais culturas (Malavolta et al., 1997)

Cultura	Parte da planta	Matéria seca produzida	Zn acumulado Parte da planta	Total[3]	Zn requerido para produção de 1 t de grãos[4]
		t ha^{-1}	g ha^{-1}		g t^{-1}
	Anuais				
Algodoeiro	Reprodutiva (algodão/caroço)	1,3	16 (5)[2]	60	46
	Vegetativa (caule/ramo/folha)	1,7(m.s.)	42		
	Raiz	0,5 (m.s.)	2		
Soja	Grãos (vagens)	2,4	102 (42)	145	60
	Caule/ramo/folha	5,6	43		
Feijão	Grãos	0,9	0,03	-	-
	Caule	0,4			
	Folhas	1,2			
	Raiz	0,1			
Milho[1]	Grãos	6,4	178 (28)	544	85
	Restos culturais	-	366		
Arroz	Grãos	3	30 (10)	366	122
	Colmos	2	101		
	Folhas	2	38		
	Casca	1	147		
	Raiz	1	50		
Trigo	Grãos	3	40 (13)	90	30
	Palha	3,7	50		
	Semiperene/perene				
Cana-de-açúcar	Colmos	100	500 (5)	720	7,2
	Folhas	25	220		
Cafeeiro[1]	Grãos (coco)	2	80 (40)	-	-
	Tronco, ramos e folhas	-	-		

[1] Malavolta (1980); [2] exportação relativa de nutrientes através dos grãos produzidos (g t^{-1}): Zn acumulado nos grãos/matéria seca dos grãos; [3] sugere a exigência nutricional (total) por área da cultura para o respectivo nível de produtividade; [4] sugere a exigência nutricional relativa de Zn da cultura para produção de uma tonelada do produto comercial (grãos/colmos); obtido pela fórmula: Zn acumulado na planta (parte vegetativa+reprodutiva)/matéria seca do produto comercial.

A exigência das culturas em zinco não atinge 1 kg ha^{-1}; entretanto, sua presença nas plantas é fundamental, exercendo diversas funções no metabolismo (visto anteriormente), de forma que a redução custo/benefício desse micronutriente (e também para os demais) nos sistemas de produção é compensadora.

Quanto à exigência em zinco, por unidade de produto colhido, indica-se a cultura do arroz como a mais exigente (122 g t^{-1}) e de menor eficiência nutricional. Portanto, é importante o fornecimento desse nutriente de forma a suprir sua exigência e manter alta produção. A maior eficiência no uso do Zn por genótipos de arroz é determinada pela maior eficiência na absorção, tendo maior área superficial da raiz (Gao et al., 2005).

A soja e o café são as culturas que mais exportam o Zn durante a colheita, atingindo 42 e 40 g t^{-1} de grãos, respectivamente.

Novos estudos têm surgido para a biofortificação agronômica das culturas para enriquecer o teor de Zn nos grãos/frutos (alimento), melhorando a nutrição humana a partir da pulverização foliar do nutriente nos órgãos reprodutivos, a exemplo da cultura do arroz (Alvarez et al., 2019). Esse aspecto é importante porque nas últimas décadas houve diminuição dos teores de micronutrientes nos alimentos, resultando em pesquisas em biofortificação.

Marcha de absorção de nutrientes

A acumulação de Zn na soja é lenta, durante os primeiros 30 dias, e alta após esse período, atingindo a máxima velocidade no período de 60-90 dias; após isso (90-120 dias), tem-se uma diminuição na velocidade de absorção, correspondendo à fase final do ciclo da planta (Tabela 62). Apesar disso, devido a baixa mobilidade no solo, sua aplicação é indicada antes, ou mesmo no momento da semeadura da cultura.

Tabela 62 – Marcha de absorção (cumulativa) de zinco na soja (Bataglia & Mascarenhas, 1977)

Período (dias após a semeadura)	Zn absorvido, g/ha/dia
0-30	0,4
30-60	2,0
60-90	2,1
90-120	1,2

Sintomatologia de deficiências e de excessos nutricionais

Deficiências

Normalmente, a deficiência de Zn nas diversas espécies é o encurtamento dos internódios, e a folha torna-se pequena; entretanto, têm-se faixas amareladas (ou brancas) entre a nervura e as bordas das folhas (Figura 93). Em razão da dificuldade de os internódios se alongarem, tem-se a formação de nós sucessivos e as folhas se aproximam, surgindo o sintoma de roseta.

As plantas deficientes em Zn podem levar a clorose induzida por deficiência de Fe; entretanto, os sintomas de folhas pequenas caracterizam a deficiência de Zn.

Plantas deficientes em Zn podem ter alto teor de P, visto o desarranjo das membranas, e paralelamente tem-se inibição da redistribuição do P da parte aérea para a raiz.

Em áreas de milho deficiente em Zn, o enraizamento é muito superficial e nota-se ausência de espigas (Grunes, citado por Büll & Cantarella, 1993).

A deficiência de Zn pode ter relação com doença de plantas, que poderia ser explicado pelos seguintes fatores: menos AIA e RNA para o crescimento e "fuga" do patógeno, menos fenóis e lignina; mais açúcares e aminoácidos livres, substrato para patógenos; paredes desorganizadas (Beretta et al., 1986).

DESORDEM NUTRICIONAL: DEFICIÊNCIA	NUTRIENTE: ZINCO
FOTOS	DESCRIÇÃO DOS SINTOMAS
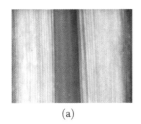 (a)　　　　　(b)	Inicia-se com estrias cloróticas na folha, e em seguida forma-se uma faixa larga de tecido clorótico de cada lado da nervura central, mas não se estendendo à margem da folha, exceto em casos severos de deficiência; tecidos internervais permanecem verdes inicialmente, mas logo toda a lâmina foliar pode tornar-se clorótica, estendendo-se para a base; folhas perceptivelmente curtas e largas na parte média e assimétricas; necrose na ponta da folha quando a deficiência é severa; perfilhamento reduzido e internódios mais curtos; colmos finos.

Foto 1. CANA-DE-AÇÚCAR

(a)   (b)   (c)   (d)

Os sintomas têm início nas folhas mais novas (Foto 2a), em faixas brancas ou amareladas entre a nervura principal e as bordas (Foto 2b), podendo seguir-se necrose e ocorrer tons roxos; as folhas novas se desenrolando na região de crescimento são esbranquiçadas ou de cor amarelo-pálida e deformadas (Foto 2c); internódios curtos. E as espigas são pequenas e sem grãos na ponta (Foto 2d).

Foto 2. MILHO

Os folíolos com deficiência de zinco ficam menores, com áreas cloróticas entre as nervuras, sendo esses sintomas mais severos nas folhas basais. As folhas cloróticas com deficiência apresentam cor amarelo-castanho e morrem prematuramente. A soja deficiente em Zn será de cor amarelo-castanho quando vista a distância. A maturação será atrasada e poucas vagens serão produzidas.

Foto 3. SOJA

O sintoma inicial de deficiência é uma coloração verde-esbranquiçada que se desenvolve no tecido, na base da folha de cada lado da nervura central. A lâmina da folha tem um alargamento proeminente na zona de clorose. À medida que a folha se torna mais velha, o tecido clorótico adquire coloração ferruginosa. O crescimento da planta é atrofiado e as folhas, de cor ferrugem, tornam-se proeminentes em estádios posteriores.

Foto 4. ARROZ

Figura 93 – Fotos e a descrição geral dos sintomas visuais de deficiência de Zn em diversas culturas.
Fonte: Prado (não publicado); Malavolta et al. (1989).

Excessos

A toxicidade de Zn manifesta-se pela diminuição da área foliar, seguida de clorose, podendo aparecer na planta toda um pigmento pardo-avermelhado, talvez um fenol. Além disso, faz diminuir a absorção de K. No xilema de algumas plantas intoxicadas por Zn acumulam-se tampões "plugs", contendo o elemento, os quais dificultam a ascensão da seiva bruta (Malavolta et al., 1997).

Além disso, o excesso de Zn pode provocar sintomas também semelhantes à deficiência de Fe, pois ocorre diminuição na sua absorção, além do P. Existem plantas com alta tolerância a Zn, podendo atingir teor de 20 g de Zn kg^{-1} (Küpper et al., 1999).

Prado et al. (2007b) observaram sintomas de toxicidade em plântulas de milho (25 dias após a emergência), com uso de altas doses de Zn nas sementes, atingindo-se teor muito alto do micronutriente na parte aérea (3.465 mg kg^{-1}). Diante disso, observaram sintomas característicos de toxicidade de Zn, como diminuição do tamanho das plantas, folhas deformadas "pontiagudas", e clorose com início nas pontas das folhas, que amarelecem e depois adquirem tons marrons, seguida de necrose. A cor amarelada das folhas, em plantas com toxidez de Zn, pode ser atribuída ao menor teor de clorofila.

Fageria (2000c) estudou o efeito do Zn no sistema solo-planta sobre a produção de matéria seca (Figura 94) e, diferentemente do B, as doses de Zn

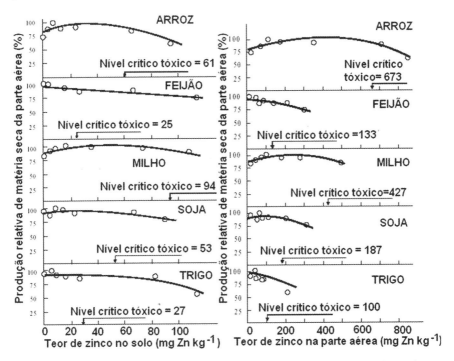

Figura 94 – Relação entre teor de zinco no solo e na parte aérea e produção relativa de matéria seca da parte aérea das culturas de arroz, feijão, milho, soja e trigo, em solo de cerrado (Fageria, 2000c).

adequadas e tóxicas são mais largas, variando de 1-10 até 40-110 mg Zn kg^{-1} de solo, respectivamente, enquanto os teores adequados de zinco na planta variaram de 18 a 67 mg kg^{-1} da matéria seca da parte aérea e os tóxicos de 100 a 673 mg kg^{-1}, dependendo da cultura. A toxicidade de Zn atingiu com teor na parte aérea para milheto de 451 mgkg^{-1} (Silva et al., 2010) e para aveia preta de 494 mgkg^{-1} (Abranches et al., 2009). Em girassol, a deficiência e a toxicidade em Zn ocorreram com teor de 20 e 240 mg kg^{-1}, respectivamente (Khurana & Chatterjee, 2001). Segundo este último autor, o excesso de Zn provocou diminuição significativa, além da biomassa, na concentração de clorofila (a, b) e proteínas solúveis nas plantas.

Em amendoim, tem-se toxicidade de Zn, quando a relação Ca:Zn é igual ou inferir a 50 (Parker et al., 1990).

12
MANGANÊS

Introdução

Diferentemente do B e do Zn, o manganês (Mn) é o segundo micronutriente mais abundante em solos tropicais, perdendo apenas para o Fe. A disponibilidade de manganês no solo depende principalmente do pH, do potencial de oxirredução, da matéria orgânica e do equilíbrio com outros cátions (Fe, Ca e Mg). Nos processos de intemperização da rocha matriz ocorre a liberação do manganês, o qual é rapidamente transformado em óxidos Mn^{3+} ($Mn_2O_3.n\ H_2O$) ou Mn^{4+} ($MnO_2.n\ H_2O$) por meio de reações químicas e biológicas, e apenas uma pequena parte permanece na solução do solo como íon Mn^{2+}, que é a forma disponível às plantas (Bartlett, 1998). Assim, os resultados dessas reações químicas, especialmente as biológicas, é que poderão levar a maior ou menor concentração de formas disponíveis às plantas. Portanto, o conhecimento dessas reações do Mn no sistema solo permitiria um manejo mais adequado do nutriente, beneficiando a nutrição das plantas.

Alta concentração de Mn em solos ácidos pode causar problemas de toxidez nas plantas. Em contrapartida, solos que receberam altas doses de materiais para correção da acidez, induzindo a baixa disponibilidade de Mn, podem causar deficiências nas plantas, especialmente naqueles solos originalmente pobres. Assim, é importante manter concentrações adequadas de Mn nos solos, sendo mais vantajosa a aplicação de Mn em solos com concentrações baixas (<1,5 mg dm^{-3}) ou médias (1,5-5,0 mg dm^{-3}) (extrator

DTPA) (Raij et al.,1996), às quais as respostas das culturas são maiores. Normalmente, respostas das plantas a manganês são de ocorrências mais prováveis em solo com teores altos de matéria orgânica, de pH alto, calcários ou arenosos (Wiese, 1993) e com altos índices pluviométricos.

No estudo do manganês no sistema planta, é importante conhecer todos os "compartimentos" que o nutriente percorre desde a solução do solo, raiz e parte aérea (folhas/frutos), ou seja, do solo até sua incorporação em um composto orgânico ou como um ativador enzimático, que desempenhará funções vitais para possibilitar a máxima acumulação de matéria seca do produto agrícola final (grão, fruta etc.) (Figura 95).

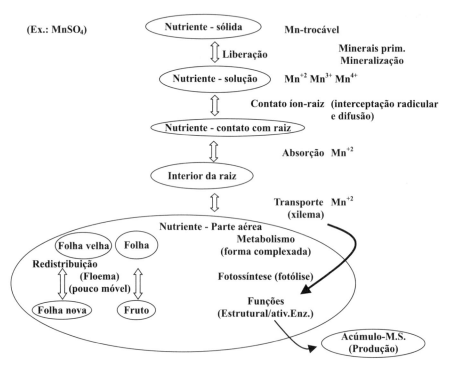

Figura 95 – Dinâmica do manganês no sistema solo-planta indicando os processos de passagem do nutriente nos diferentes compartimentos da planta.

Absorção, transporte e redistribuição do manganês

Absorção

O caminhamento do manganês no solo até as raízes ocorre por meio dos mecanismos de interceptação radicular e difusão, necessitando, portanto, de aplicações do nutriente localizado próximo ao sistema radicular das plantas.

O manganês é absorvido pelas raízes ativamente na forma Mn^{2+}. De forma geral, os metais pesados, como o Mn, podem ser transportados através da membrana por quatro famílias distintas (ATPases do tipo CPx, Nramp, facilitadores de difusão de cátions e ZIP) (Williams et al., 2000). Como o Mn^{2+} tem propriedades químicas semelhantes (o raio iônico) às dos nutrientes Ca^{2+}, Fe^{2+}, Zn^{2+}, e, especialmente, Mg^{2+}, a presença desses pode inibir sua absorção e até o transporte. Saliente-se que a absorção de Cu, Zn e Fe pode dobrar com a deficiência de Mn (Yu & Rengel, 1999). Entretanto, o contrário também é verdadeiro, com ênfase para o Fe^{2+}.

Por fim, registre-se que a eficiência de absorção de Mn pelas plantas submetidas a baixa concentração do nutriente é controlada geneticamente por alguns genes (Foy et al., 1988).

Em cultivos de plantas transgênicas, a aplicação de glifosato incrementa microrganismos oxidantes transformando Mn^{+2} em Mn^{+4} (não absorvido), diminuindo a disponibilidade de micronutriente no solo. No entanto, são necessárias mais pesquisas para verificar se essas alterações têm importância na absorção do Mn pelas plantas.

Transporte

O transporte no xilema se faz na forma catiônica Mn^{2+}, visto que o quelado do Mn com o ácido cítrico tem baixa constante de estabilidade e dissocia-se facilmente, podendo ser deslocado, ficando sujeito à precipitação com ânions como $H_2PO_4^-$. Entretanto, pode existir quelado do Mn com compostos nitrogenados de baixo peso molecular.

Redistribuição

O transporte de Mn é feito unidirecionalmente pelo xilema, das raízes para a parte aérea, e o contrário é muito raro, em razão de sua concentração no floema ser muito baixa; portanto, redistribuição limitada.

Assim, a redistribuição do Mn nas plantas é complexa, pois pode ocorrer variação em razão do genótipo e do ambiente. O Mn acumulado nas folhas não é mobilizado, embora possa ser removido por lavagem; entretanto, o nutriente contido em raízes e caule pode ser redistribuído, mas o seu valor como fornecedor do elemento varia com a espécie (Malavolta, 2006).

Participação no metabolismo vegetal

Dentro da célula, Mn^{2+} forma ligações fracas com ligantes orgânicos e pode ser rapidamente oxidado para Mn^{3+}, Mn^{4+} e Mn^{6+}. Por causa dessa relativa facilidade de mudança no estado de oxidação, o Mn apresenta importante função nos processos de oxirredução na planta, como o transporte de elétrons na fotossíntese e desintoxicação dos radicais livres de O_2^-.

O manganês está envolvido em sistemas enzimáticos das plantas, seja como constituinte (cofator), seja como ativador de enzimas.

O Mn participa diretamente na composição química de duas enzimas (enzima S e dismutase de peróxido), em que desempenha suas funções nas plantas:

A enzima S contém 4 átomos de Mn, a qual desempenha a função mais conhecida desse nutriente nas plantas, junto com o cloro, que é a quebra fotoquímica da molécula de água (reação de Hill) $2H_2O => 4H^+ + 4é + O_2$, uma vez que o Mn tem alta capacidade de oxidações sucessivas, pois em seguida os elétrons são transferidos ao sistema do fotossistema II ($4é \rightarrow 4Mn^{+3} \rightarrow 4Mn^{+2} \rightarrow 4é$). A redução da fotossíntese também pode ser afetada mais pela destruição dos cloroplastos, diminuindo a concentração de clorofila (Mn está ligado nas estruturas das membranas dos tilacoides).

Com o fluxo de elétrons prejudicado, tem-se correspondente efeito negativo nas reações subsequentes, como: fotofosforilação; fixação do CO_2; redução do nitrito e do sulfato.

Ressalte-se que a inibição da reação de Hill pode levar à formação de radicais livres O_2^-, e para eliminar esse efeito prejudicial (necrose) a ação da enzima dismutase de peróxido é essencial, catalisando a reação $O_2^- + 2H^+ => H_2O_2 + O_2$. Posteriormente, o H_2O_2, sob ação da catalase ou outras peroxidases, transforma-se em água.

Além dessas enzimas citadas, o Mn atua como cofator ativando mais de 30 enzimas, que da mesma forma que o Mg atuam formando pontes entre o ATP e as enzimas transferidoras de grupos (fosfoquinases). A maioria das reações das enzimas ativadas pelo Mn está relacionada ao ciclo de krebs (respiração). São reações de oxirredução, descarboxilação ou reações hidrolíticas. Uma enzima importante ativada pelo Mn é a redutase de nitrito, pois essa viabiliza a redução do N e, posteriormente, sua incorporação nos esqueletos de carbono.

Assim, o Mn participa de vários processos nas plantas, que podem ser resumidos da seguinte forma: a deficiência de Mn diminui a elongação celular, podendo reduzir o crescimento radical, indicando inibição do metabolismo lipídico ou de ácido giberélico ou, ainda, menor fluxo de carboidratos para as raízes.

Como o manganês ativa a RNA polimerase, tem-se um efeito indireto na síntese de proteínas e na multiplicação celular, embora, em caso de deficiência de Mn, a atividade enzimática seja mais afetada que a síntese de proteína. Saliente-se, ainda, que o Mg pode também ativar essa enzima; entretanto, o Mn é muito mais eficiente. Para a mesma atividade, a enzima requer uma concentração de Mg dez vezes maior que a de Mn (Figura 96).

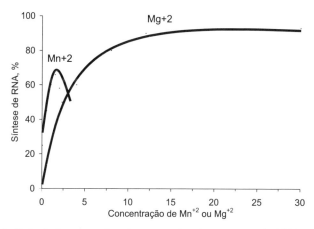

Figura 96 – Influência do magnésio e do manganês sobre a síntese de RNA em cloroplasto (adaptado de Mess & Woolhoudr, 1980, apud Marschner, 1986).

Assim, em plantas deficientes em Mn, tem-se, normalmente, um acúmulo de aminoácidos (N-Solúvel), em razão da queda na fotossíntese, com reflexos na reduzida síntese de proteínas e também no teor de carboidratos (Tabela 63).

Tabela 63 – Efeito da deficiência de manganês no crescimento e nos componentes orgânicos de plantas de feijão

Parâmetros	Folhas		Caule		Raiz	
	+Mn	-Mn	+Mn	-Mn	+Mn	-Mn
Matéria seca (g por planta)	0,6	0,5	0,6	0,4	0,2	0,1
N-proteico (mg g^{-1} M.S.)	52,7	51,2	13,0	14,4	27,0	25,6
N-solúvel (mg g^{-1} M.S.)	6,8	11,9	10,0	16,2	17,2	21,7
Carboidratos solúveis (mg g^{-1} M.S.)	17,5	4,0	35,6	14,5	7,6	0,9

Diante do papel do Mn na síntese proteica, trabalhos indicam que o aumento do Mn pode levar a um aumento do teor de proteína e de óleo na semente de soja (Figura 97) (Mann et al., 2002). Cabe ressaltar a importância de teores adequados de proteína e óleo nas sementes, pois esses elementos são responsáveis pela determinação da qualidade e da quantidade dos produtos finais, como o farelo e o óleo de soja.

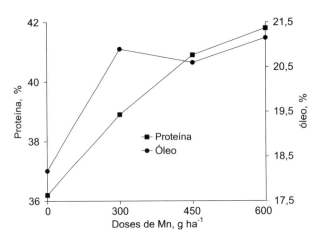

Figura 97 – Efeito do manganês no conteúdo de proteína e óleo de sementes de soja (cv. Garimpo), (aplicação foliar parcelada nos estádios V4 e V8.) (Mann et al., 2002).

No controle hormonal, o Mn funciona como cofator do sistema e oxidação do AIA, e plantas deficientes do nutriente apresentam alta atividade da oxidase de AIA e nenhuma do inibidor. Além disso, o Mn é cofator de reações importantes que derivam em compostos secundários como ácido antranílico, que é precursor do triptofano, que dá origem ao AIA. No metabolismo do N, a redutase do nitrito e do hidroxilamina, assim como a sintetase da glutamina, é ativada pelo Mn, embora esta última com menor eficiência.

Na nodulação das leguminosas exige-se alta atividade do AIA, que por sua vez é afetado pelo Mn (Malavolta, 2006).

O Mn se constitui em um dos principais micronutrientes com papel importante na diminuição de danos por doenças em plantas. Isso porque o nutriente é ativador de uma série de enzimas importantes na biossíntese de metabólitos secundários, e a sua deficiência resulta na queda de concentração de inúmeras substâncias, como aminoácidos aromáticos, compostos fenólicos, cumarinas, ligninas, flavonoides e ácido indolacético, o que pode inibir ou dificultar a proliferação de patógenos (de solo ou não). Além do envolvimento do Mn na lignificação, constituindo barreira física ao patógeno, existem outros efeitos desse nutriente que afetariam a incidência de doenças em plantas, como seu efeito na inibição de enzimas como a aminopeptidases (diminui aminoácidos livres, alimento de fungos) e a metilesterase da pectina (enzima do fungo que destrói a integridade de membranas), e também pelo efeito direto do Mn em provocar toxidez no fungo (exigência de Mn na planta é cerca de 100 vezes maior que a do fungo) (Malavolta, 2006).

Malavolta et al. (1997) resumiram diversas enzimas ativadas pelo manganês e a influência nos processos biológicos das plantas (Tabela 64). O Mn tem papel estrutural fazendo parte de proteínas (não enzimáticas) como a manganina e a concanavalina A (Malavolta, 2006).

Tabela 64 – Enzimas e processos biológicos influenciados pelo Mn (Malavolta et al., 1997)

Ativador enzimático	Processos
Sintetase de glutatione	Absorção iônica
Ativação da metionina	Fotossíntese
ATPase	Respiração
Quinase pirúvica	Controle hormonal
Enolase	Síntese de proteínas
Desidrogenase isocítrica	Resistência a doenças
Descarboxilase pirúvica	
Pirofosforilase (síntese amido)	
Sintetase de glutamilo	
Enzima málica	
Oxidase do ácido indolil acético	

As culturas apresentam probabilidade de respostas distintas à aplicação de Mn (Tabela 65).

É possível que as espécies de alta probabilidade de resposta a aplicação de Mn apresentem restrições nos processos de absorção e utilização.

Mascagni Jr. & Cox (1985) verificaram resposta positiva da soja à aplicação de Mn (via foliar) (Figura 98).

Tabela 65 – Probabilidade de resposta de diferentes culturas ao manganês em condições de solo e climas favoráveis à indução de deficiências (Lucas & Knezek, 1973, apud Marinho, 1988)

Probabilidade de respostas	Culturas
Baixa	Aspargo, milho, gramíneas forrageiras, centeio, arroz
Média	Alfafa, cevada, brócolos, repolho, cenoura, couve-flor, aipo, trevo, menta, batata, arroz, tomate, nabo, cafeeiro, cana-de-açúcar
Alta	Feijão, pepino, alface, cevada, ervilha, soja, sorgo, espinafre, beterraba, trigo, citrus, macieira, pêssego, videira, roseira, morangueiro, mandioca

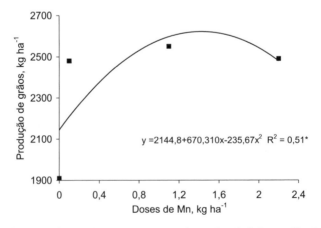

Figura 98 – Efeito da aplicação de manganês na produção da soja (Mascagni Jr. & Cox, 1985).

Exigências nutricionais das culturas

Conforme dito anteriormente, o estudo da exigência nutricional das culturas deve refletir a extração total do nutriente do solo, respeitando a extração em cada fase de desenvolvimento da cultura, a fim de satisfazer as necessidades nutricionais das culturas tendo em vista a máxima produção econômica.

O teor total de Mn na planta pode variar de 1-2% (10-20 g kg^{-1}). Esses valores podem variar em razão da cultura e outros fatores, que serão apresentados no Capítulo 18.

Assim, para a discussão adequada da exigência nutricional das culturas, dois fatores são igualmente importantes: a extração total/exportação do nutriente e a marcha de absorção desse nutriente ao longo do cultivo.

Extração e exportação de nutrientes

A extração total de Mn é função do teor da planta, bem como a quantidade de matéria seca acumulada ou a sua produção, que varia basicamente em razão do genótipo (espécie ou cultivar) e do solo.

Quanto à espécie vegetal, nota-se variação da quantidade exigida em razão das culturas (Tabela 66).

Tabela 66 – Exigências de manganês das principais culturas (Malavolta et al., 1997)

Cultura	Parte da planta	Matéria seca produzida	Mn acumulado Parte da planta	Total[3]	Mn requerido para produção de 1 t de grãos[4]
		t ha^{-1}	g ha^{-1}		g t^{-1}
	Anuais				
Algodoeiro	Reprodutiva (algodão/caroço)	1,3	19 (15)[2]	130	100
	Vegetativa (caule/ramo/folha)	1,7	106		
	Raiz	0,5	5		
Soja	Grãos (vagens)	2,4	102 (43)	312	130
	Caule/ramo/folha	5,6	210		

Continua

Tabela 66 – Exigências de manganês das principais culturas (Malavolta et al., 1997) *Continuação*

Cultura	Parte da planta	Matéria seca produzida	Mn acumulado Parte da planta	Total[3]	Mn requerido para produção de 1 t de grãos[4]
		t ha^{-1}	g ha^{-1}		g t^{-1}
Anuais					
Milho[1]	Grãos	6,4	53 (8,3)	767	120
	Restos culturais	-	714		
Arroz	Grãos	3	52	461	154
	Colmos	2 (m.s.)	96		
	Folhas	2 (m.s.)	226		
	Casca	1	57		
	Raiz	1 (m.s.)	30		
Trigo	Grãos	3	90 (30)	250	83
	Palha	3,7	160		
Semiperene/perene					
Cana-de-açúcar	Colmos	100	1200 (12)	5700	57
	Folhas	25	4500		
Cafeeiro[1]	Grãos (coco)	2	40 (20)	-	-
	Tronco, ramos e folhas	-	-		

[1] Malavolta (1980); [2] exportação relativa de nutrientes através dos grãos produzidos (g t^{-1}): Mn acumulado nos grãos/matéria seca dos grãos; [3] sugere a exigência nutricional (total) por área da cultura para o respectivo nível de produtividade; [4] sugere a exigência nutricional relativa de Mn da cultura para produção de uma tonelada do produto comercial (grãos/colmos); obtido pela fórmula: Mn acumulado na planta (parte vegetativa+reprodutiva)/matéria seca do produto comercial.

Pelos resultados das diversas culturas, observa-se que a extração total de Mn variou de 130 (algodoeiro) até 5.700 g ha^{-1} (cana-de-açúcar). Entretanto, em valor relativo de extração de manganês, em g por tonelada produzida, observa-se maior exigência do arroz (154 g kg^{-1}), ao passo que a soja é a que mais exporta o Mn, com 43 g t^{-1} de grãos produzidos.

Desse modo, observa-se que a maior porção do Mn está contida na parte vegetativa, especialmente nas folhas, a exemplo do arroz (Tabela 66). Entretanto, o nutriente pode se acumular nas flores, pois Malavolta (2006) relatou que o Mn foi o micronutriente com maior concentração no presente órgão.

Marcha de absorção

O estudo da marcha de absorção do manganês (nutriente acumulado em função do tempo de cultivo) é importante porque permite determinar as épocas em que o elemento é mais exigido e corrigir as deficiências que, porventura, venham a ocorrer durante o desenvolvimento da cultura. Analisando a marcha de absorção da soja, observa-se pequena absorção no período inicial (0-30 dias) e no período seguinte (30-60 dias); a velocidade de absorção aumenta mais de 10 vezes, 3,2 g/ha/dia de Mn, indicando alta exigência nessa fase, atingindo o máximo no período de 60-90 dias, com 5,7 g/ha/dia de Mn (Tabela 67).

Tabela 67 – Marcha de absorção (cumulativa) de manganês da soja em solução nutritiva (Bataglia & Mascarenhas, 1977)

Período (dias após a semeadura)	Mn absorvido, g/ha/dia
0-30	0,3
30-60	3,2
60-90	5,7
90-120	-

Normalmente, a aplicação do Mn no sulco de plantio satisfaz a exigência da planta em todo o ciclo. Entretanto, em caso de ocorrência de sintomas iniciais de deficiência durante o desenvolvimento inicial da cultura, as informações do Mn na nutrição da planta poderão auxiliar no manejo dessa correção via foliar tanto para a época como para o número de aplicações.

Quanto à definição da época de aplicação, são valiosas as informações da marcha de absorção. No caso da soja, o período inicial de maior velocidade de absorção ocorre após 30 dias da semeadura; portanto, a aplicação foliar deve coincidir com essa época.

Quanto ao número de aplicações, é preciso conhecer a mobilidade do nutriente na planta e, como o Mn é pouco móvel, será preciso mais de uma aplicação, conforme resultados de aplicação do Mn em milho, para o qual Mascagni Jr. & Cox (1985) observaram que duas aplicações proporcionaram maior produção, comparadas a uma aplicação (Tabela 68).

Tabela 68 – Número e época de aplicações foliares de Mn na cultura do milho (Mascagni Jr. & Cox, 1985)

Doses de Mn[1]	Época de aplicação[2]		Produção
	4ª folha	8ª folha	
kg ha^{-1}			kg ha^{-1}
0,0	-	-	2210
1,1	1	-	5330
1,1	-	1	6690
1,1	1	1	8400

[1] Sulfato de manganês diluído em 150 L de água/ha. [2] 4ª folha (cerca de 30 dias) e 12ª folha (cerca de 45 dias). Mn do solo (Mehlich 3) = 2,8 mg dm^{-3}; pH em água = 6,3.

Sintomatologia de deficiências e de excessos nutricionais de manganês

Deficiência

De maneira geral, a deficiência de Mn é caracterizada por clorose (amarelecimento) da superfície das folhas jovens, podendo progredir entre as nervuras, conhecida por um reticulado grosso (as nervuras formam rede verde espessa sobre um fundo amarelo) (Figura 99), embora possa variar de uma espécie para outra. Saliente-se, porém, que os sintomas de deficiência podem variar em razão da espécie.

Excessos

A toxicidade aparece, inicialmente, também em folhas jovens, caracterizada por clorose marginal, pontuações marrons que evoluem para necróticas na superfície do limbo e encarquilhamento das folhas, especialmente em leguminosas. Nesses pontos necróticos é que se acumula o Mn em altas concentrações. As plantas podem apresentar baixo crescimento, com aspecto de enfezamento.

Além das manchas marrons, tem-se distribuição irregular de clorofila, e também indução à deficiência de auxina e Fe (Souza et al., 1985).

Uma forma de atenuar a toxidez por Mn^{+2} (teor em folhas de milho >350 mg kg^{-1}) seria aumentando-se a disponibilidade de Mg no solo, o que diminui a absorção do Mn (Mengel & Kirkby, 1987) além da calagem.

O controle genético das plantas para tolerância à toxicidade por Mn é governado por número pequeno de genes (Foy et al., 1988), o que dificulta os trabalhos de seleção dessas plantas.

DESORDEM NUTRICIONAL: DEFICIÊNCIA	NUTRIENTE: MANGANÊS
FOTOS	DESCRIÇÃO DOS SINTOMAS
 (a) (b) Foto 1. CANA-DE-AÇÚCAR	Clorose internerval da ponta até o meio das folhas (Foto 1a); e os detalhes das estrias cloróticas que podem tornar-se brancas e necróticas (Foto 1b).
 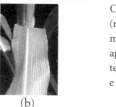 (a) (b) Foto 2. MILHO	Clorose internerval das folhas mais novas (reticulado grosso), quando a deficiência for moderada (fotos 2a, b); em casos mais severos aparecem no tecido faixas longas e brancas, e o tecido do meio da área clorótica pode morrer e desprender-se; colmos finos.
 Foto 3. SOJA	A deficiência de Mn provoca clorose entre as nervuras das folhas mais novas. Exceto as nervuras, as folhas de soja tornam-se ver-de-pálidas e passam para amarelo-pálidas. Áreas necróticas marrons desenvolvem-se nas folhas à medida que a deficiência se torna severa. A deficiência de Mn difere da de Fe em razão das nervuras permanecerem verdes e aparecerem ressaltadas, de forma saliente. Pode ocorrer o enfezamento das plantas.
  (a) (b) Foto 4. CAFÉ	A clorose inicia-se nas folhas mais novas dos ramos (Foto 4a). Aparecem no início muitos pontinhos esbranquiçados nas folhas mais novas, os quais depois se juntam tomando uma cor amarelada quase gema de ovo (Foto 4b).

Figura 99 – Fotos e a descrição geral dos sintomas visuais de deficiência de Mn em diversas culturas.
Fonte: Prado (não publicado); Malavolta et al. (1989).

Algumas espécies tropicais apresentam alta tolerância a toxicidade de Mn, a exemplo da Braquiária, tendo teor do elemento no primeiro corte de 440 mgkg^{-1} (Puga et al., 2011) até 9967 mg kg^{-1} (Guirra et al., 2011). Puga et al. (2011) acrescentam que no segundo corte da forrageira os teores atingiram 1315 mg kg^{-1}, superando o máximo tolerável aos bovinos (1000 mg kg^{-1}) segundo NRC (2001), com risco de intoxicação.

13
FERRO

Introdução

Existem diversos fatores que podem afetar o ferro (Fe) disponível no solo: o desequilíbrio em relação aos outros metais (Mo, Cu e Mn), o excesso de P, os efeitos do pH elevado (calagem excessiva), o encharcamento do solo, as baixas temperaturas, entre outros.

Assim, é importante manter no solo concentrações adequadas de Fe, sendo mais vantajosa a aplicação do nutriente em solos com concentrações consideradas baixas (<5 mg dm^{-3}) ou médias (5-12 mg dm^{-3}) (extrator DTPA) (Raij et al., 1996), às quais as respostas das culturas são maiores. Normalmente, o suprimento adequado de ferro às plantas depende muito mais das condições de pH, da umidade e de aeração do que propriamente da quantidade presente no solo, que normalmente é abundante. A disponibilidade de ferro é maior nos solos com pH ácido (<6,0) e com a diminuição do potencial de oxirredução (Eh) do solo que é comum no Brasil. Em solos muito aerados a concentração iônica Fe^{2+} é muito baixa. Em solos alcalinos é comum a deficiência de ferro que ocorre em várias regiões do mundo, como Europa e Ásia. Nessas regiões o Fe é o micronutriente que mais limita a produtividade. São comuns estudos de nutrição e melhoramento vegetal objetivando genótipos com alta eficiência nutricional para o Fe, a exemplo das frutíferas (Prado & Alcântara-Vara, 2011a).

No estudo do Fe no sistema planta, é importante conhecer os "compartimentos" que o nutriente percorre desde a solução do solo, raiz e parte aérea (folhas/frutos), ou seja, do solo até sua incorporação em um composto orgânico ou como um ativador enzimático que desempenhará funções vitais para possibilitar a máxima acumulação de matéria seca do produto agrícola final (grão, fruta etc.) (Figura 100).

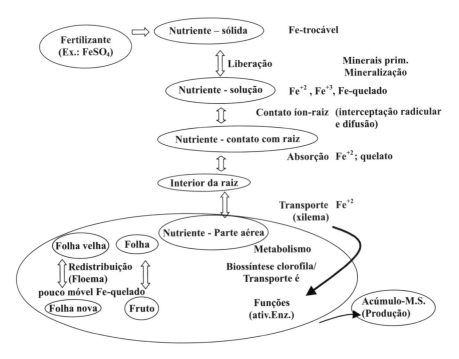

Figura 100 – Dinâmica do ferro no sistema solo-planta indicando os processos de passagem do nutriente nos diferentes compartimentos da planta.

Absorção, transporte e redistribuição de ferro

Absorção

O contato Fe-raiz recebe maior contribuição do fluxo de massa; entretanto, os processos de difusão e de interceptação radicular também são importantes. Oliver & Barber (1966) indicaram que o mecanismo de movimento do Fe no solo pode variar com as condições ambientais, e em condições de baixa transpiração a difusão sempre deve dominar o transporte do nutriente no solo.

Saliente-se que existem fatores importantes que diminuem o fluxo difusivo de Fe nos solos, como teor baixo de água e aumento do valor pH e da concentração de P (Nunes et al., 2004), o que pode diminuir o movimento do elemento no solo e, portanto, o contato com a raiz, levando à deficiência de Fe.

A forma preferencial absorvida pelas raízes é Fe^{2+}; entretanto o ferro poderá ser absorvido como Fe^{+3} e Fe-quelatado. O Fe^{+3} é de pouca importância, devido à baixa solubilidade de seus compostos. O transportador de Fe presente nas membranas é efetuado por proteínas pertencentes às famílias Nramp, ZIP e outras (Curie & Briat, 2003).

A atividade das H-ATPases presente nas membranas pode induzir efluxos de compostos fenólicos (quelatos) e H^+ que podem solubilizar o Fe (hidróxido) e quelatizá-lo até chegar à superfície da raiz (ou no ELA), e pela ação das redutases desquelatizá-lo liberando o Fe^{+2} para sua absorção. Portanto, as plantas leguminosas que apresentam maior habilidade na absorção de ferro em solos alcalinos são capazes de reduzir, na rizosfera/apoplasto, o Fe^{3+} para Fe^{2+}, pelo efluxo de prótons (estratégia I) (Diem et al., 2000). Além disso, a quantidade de Fe^{+3} é baixa em solos cultivados (pH ~6,5) [$Fe^{+3} + 3OH^- \Leftrightarrow Fe(OH)_3$]. Uma outra forma de absorção de Fe seria via sideróforo (quelato), especialmente em gramíneas (estratégia II), onde esse quelato de Fe seria absorvido sem a redução. E ainda, absorção do Fe-quelato pode ocorrer independentemente do pH do solo.

O uso de solução nutritiva com fonte de N amoniacal diminui o valor pH e aumenta a solubilidade do Fe na rizosfera até no apoplasto celular, aumentando o teor solúvel do micronutriente nas folhas (Prado & Alcântara-Vara, 2011b).

Cabe salientar que concentrações elevadas de outros íons na solução do solo (P, Mn e Zn) podem inibir por competição iônica a absorção de Fe. Entretanto, o Mo pode aumentar a absorção do Fe. E também a absorção de Fe é governada pelo fator genético. O sorgo é uma das espécies mais ineficientes na absorção do Fe, especialmente na fase inicial (até quatro semanas após a germinação) (Malavolta, 1980). No entanto, a absorção de silício por essa espécie aumenta a eficiência nutricional, atenuando a deficiência férrica (Teixeira et al., 2020b).

Transporte

O transporte do ferro se dá pelo xilema, via corrente transpiratória, predominantemente na forma de quelato do ácido cítrico. Quelato significa "pinça", na qual o metal fica envolvido por um composto orgânico (Figura 101), evitando suas reações com outras substâncias do meio.

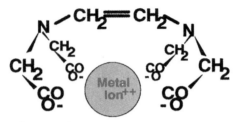

Figura 101 – Esquema de um quelato.

Soares et al. (2001) verificaram em estudos com eucalipto com doses de Zn, em solução nutritiva, que a translocação de Fe das raízes para a parte aérea foi diminuída, independentemente da espécie, de 21% no controle para apenas 2% em 1.600 µM de Zn, indicando forte relação entre a diminuição na produção de matéria seca e a ocorrência da deficiência induzida de Fe nas plantas.

Redistribuição

O ferro é pouco redistribuído na planta; portanto, os sintomas de deficiência aparecem nas folhas mais novas. Cabe salientar que pode ocorrer teor foliar alto em plantas deficientes em ferro, pois o elemento pode estar presente no tecido vegetal na forma de complexos (Fe^{3+}) ou precipitado (Fe-P).

Participação no metabolismo vegetal

A maior parte do ferro nas plantas (~ 80%) está localizada nos cloroplastos, como fitoferritina (proteína de reserva); portanto, com influência na fotossíntese. Em geral, o ferro é importante na biossíntese de clorofila e faz parte de classes de proteínas, e nos constituintes enzimáticos que transportam elétrons e também na ativação de enzimas. Ele é essencial para síntese de proteínas e ajuda a formar alguns sistemas respiratórios enzimáticos.

Biossíntese de clorofila e proteína

O Fe participa da biossíntese de clorofila, e é importante na reação que resulta na formação do ALA (ácido delta-aminolevulínico), precursor da porfirina, componente da clorofila. Na síntese de proteínas, especialmente a dos cloroplastos, o Fe participa de uma proteína dos ribossomos (local da síntese) e também reflete o aumento do teor de RNA.

Compostos de citocromos e ferrodoxina e ativação de enzimas

O Fe participa de dois grupos principais de proteínas que contêm o elemento na planta: as hemoproteínas e as proteínas com grupos Fe-S (o Fe se une ao grupo tiólico da cisteína) participam do sistema Redox das plantas. No primeiro grupo têm-se citocromos que possuem grupos prostéticos com 2 átomos de Fe e 2 de cobre, presentes na mitocôndria, que transporta elétrons durante processos da respiração, entre outras (citocromo-oxidase, catalase, peroxidase e a legemoglobina). Assim, nota-se a importância do Fe, pois a cadeia de transporte de elétrons da fosforilação oxidativa gera a maior parte do ATP. No outro grupo, têm-se a ferrodoxina (contém Fe) e também o complexo citocromo b6f (contém Fe e S), presente na membrana dos tilacoides dos cloroplastos, que transporta elétrons provindos da quebra da molécula da água para os processos metabólicos da fotossíntese, resultando em energia química (NADPH e ATP), redução do N_2 (a fixação biológica), nitrito, sulfato, até a incorporação do N (GOGAT). O Fe participa do grupo heme, que é um grupo prostético de várias enzimas (citocromo, catalase e peroxidase), incluindo legemoglobina.

Durante o metabolismo das plantas, na fase fotoquímica da fotossíntese, um elétron excitado é transferido ao oxigênio, produz superóxido (O_2^-), que também pode ser produzido quando a planta está submetida a estresse. Pela ação da superóxido dismutase (SOD), esse radical O_2^- é transformado em H_2O_2 (oxidante energético). Os dois produtos (O_2^- e H_2O_2) são deletérios às células. Assim, a enzima superóxido dismutase (SOD) que inativa O_2^- em H_2O_2, e por sua vez a ação da catalase (processo da fotorrespiração) e também as peroxidase (hemoproteína), quando ativadas pelo Fe, inativam esse último produzindo H_2O e O_2 (Figura 102).

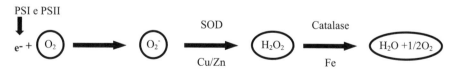

Figura 102 – Efeito dos sistemas enzimáticos na inativação dos radicais livres.

O Fe também está envolvido na síntese de lipoxigenase (hemoenzima) que catalisa a oxidação dos ácidos linoleico e linolênico em vários outros compostos (incluindo traumatina e ácido jasmônico); portanto, a deficiência pode afetar o crescimento, a senescência e a resistência às doenças.

As funções do Fe nas plantas podem ser resumidas como constituintes de compostos e também ativador enzimático, com reflexos em processos fisiológicos vitais na vida das plantas (Tabela 69).

O ferro tem função estrutural, participando dos compostos quelados (com ácidos di e tricarboxílicos), fitoferritina (com P) e Leg H6 (Malavolta, 2006).

Tabela 69 – Resumo das funções do ferro nas plantas (Malavolta et al., 1997).

Constituinte/Ativador enzimático	Processos
Heme-peroxidase	Fotossíntese
Catalase	Respiração
Oxidase do citocromo	Fixação biológica de N
Legemoglobina	Assimilação de N e S
Redutase de sulfito	
Oxidase de sulfito	
Ferrodoxina	
Desidrogenase	
Nitrogenase	
Redutase de nitrito	
Redutase de nitrato	
Hidrogenase	
Aconitase	

Exigências minerais das principais culturas

Nota-se que a exigência em Fe pelas culturas varia de 6442,6 g ha^{-1} (cafeeiro) até 8890 g ha^{-1} (cana-planta), enquanto a exportação pela colheita varia de 12,7 g t^{-1} (cana-soca) até 408 g t^{-1} (alface) (Tabela 70). É pertinente salientar que em plantas de consumo direto pelos humanos têm sido difundidos estudos que objetivam obter genótipos com maior acúmulo de Fe, como medida de saúde pública, pois, segundo Grusak & Dellapenna (1999), existem cerca de dois bilhões de pessoas com anemia por deficiência de ferro.

Normalmente, as culturas apresentam probabilidade de resposta distinta à aplicação de ferro (Lucas & Knezek, 1972). Baixa probabilidade de resposta: menta e trigo; média: alfafa, aspargo, repolho, milho, aveia, cafeeiro; alta: feijões, cevada, brócolos, couve-flor, soja, sorgo, espinafre, beterraba, arroz, tomateiro, citrus, macieira, pessegueiro, pereira, videira, roseira, morangueiro e abacaxizeiro.

Observa-se que a marcha de absorção de ferro na cultura da soja ocorre lenta no início de crescimento da planta, atingindo o máximo no período de 60-90 dias, e a partir daí tem-se diminuição acentuada até final do ciclo de produção (Tabela 71).

Tabela 70 – Exigências de ferro de algumas culturas

Cultura[1]	Parte da planta	Matéria seca produzida	Fe acumulado		Fe requerido para produção de 1 t de grãos[4]
			Parte da planta	Total[3]	
		t ha^{-1}	g ha^{-1}		g t^{-1}
		Anuais			
Alface[5]	Parte aérea	1,21	646(646)[2]	-	-
Feijão	Grãos	1	262 (262)	-	-
Citrus	Frutos	1	66 (66)	-	-
Cafeeiro					
(6 anos)	Caule	1,97	901,5		
	Ramos	4,07	794,2	6442,6	1049,3
	Folhas	3,56	3082,9		
	Frutos	6,14	1663,9(271)		
		Cana-planta			
Cana-de-açúcar	Colmos	100	2378(23,8)	8890	88,9
	Folhas		6512		
		Cana-soca			
	Colmos	100	1207(12,7)	5745	57,5
	Folhas		4538		

[1] Malavolta (1980); [2] exportação relativa de nutrientes através dos grãos produzidos (g t^{-1}): Fe acumulado nos grãos/matéria seca dos grãos; [3] sugere a exigência nutricional (total) por área da cultura para o respectivo nível de produtividade; [4] sugere a exigência nutricional relativa de Fe da cultura para produção de uma tonelada do produto comercial (grãos/colmos); obtido pela fórmula: Fe acumulado na planta (parte vegetativa+reprodutiva)/matéria seca do produto comercial. [5] Garcia et al. (1982).

Tabela 71 – Marcha de absorção (cumulativa) de ferro na soja (cv. Santa rosa) em solução nutritiva (Bataglia & Mascarenhas, 1977)

Período (dias após a semeadura)	Fe absorvido, g/ha/dia
0-30	5,7
30-60	9,0
60-90	15,4
90-120	2,6

A biofortificação agronômica é importante para enriquecer o teor de Fe nos grãos/frutos (alimentos), melhorando a nutrição humana, diminuindo a anemia a partir da pulverização foliar nos órgãos reprodutivos, embora não tenha efeito na produtividade, apenas na qualidade.

Sintomatologia de deficiências e excessos nutricionais de ferro

Deficiência

No início da deficiência de Fe tem-se diminuição no tamanho dos cloroplastos, na síntese de proteínas e no conteúdo de clorofilas. Assim, os sintomas aparecem inicialmente nas partes jovens das plantas, como uma clorose (folhas amarelecem) em razão de menor síntese de clorofila, enquanto apenas as nervuras podem ficar verdes durante algum tempo, destacando-se como um reticulado fino (rede verde fina das nervuras sobre o fundo amarelo) podendo evoluir para um "branqueamento" (Figura 103). Entretanto, com a evolução da sintomatologia até as nervuras tornam-se cloróticas. Saliente-se, portanto, que o Fe se acumula nas folhas mais velhas, na forma de óxidos insolúveis ou de compostos inorgânicos (Fe-P), que diminuem sua entrada no floema, provocando, assim, os sintomas de deficiência nas folhas novas.

A planta deficiente em ferro provoca diminuição no tamanho dos cloroplastos, na síntese de proteínas (Castro et al., 2005), e alterações fisiológicas (diminuição da clorofila e da taxa fotossintética) e bioquímicas (diminuição da atividade da peroxidases e catalase e aumento da concentração de H_2O_2) (Molassiotis et al., 2006), e também aumenta a acidificação da rizosfera e o acúmulo de ácidos orgânicos na raiz.

Desse modo, vários fatores podem provocar deficiência de Fe nas plantas, tais como: baixo teor de Fe no solo, alto teor de P no solo, temperaturas extremas, diferenças genéticas, baixo conteúdo de matéria orgânica em solos ácidos e $CaCO_3$ livre (Lucas & Knezek, 1972).

No nível celular, as folhas deficientes em Fe "cloróticas" podem apresentar teor maior que as demais folhas (verdes). Esse fato ocorre pelo acúmulo do ferro no apoplasto em razão do pH alto, causado pelo aumento do HCO_3^-, ou mesmo pelo processo de redução do nitrato (NO_3^- +8H^+ + 8é → NH_3 + 2H_2O + OH^-), que bloqueia a redutase Fe^{+3}, e com diminuição no teor do ferro ativo (Fe^{+2}) (extrator HCl N ou quelantes) (Romheld, 1987). Esse efeito do pH celular na diminuição da clorose ocorre pelo fato de que a pulverização de Fe^{+2} ou ácido diluído corrige essa desordem nutricional (Malavolta, 2006), mas por um período determinado.

Excessos

A toxidez de ferro pode ocorrer em períodos de excesso de chuvas ou em solos alagados, como o arroz inundado (redução de Fe^{3+} => Fe^{2+}), e nas plantas o teor pode atingir 50 mg de Fe kg^{-1} de matéria seca.

Já a ação tóxica do Mn é normalmente evidenciada na parte aérea das plantas, as raízes parecem insensíveis a altas concentrações de Mn e afetadas somente de forma indireta, como resultado da inibição no crescimento da parte aérea (Foy, 1976).

Em sorgo, o excesso de Fe torna as folhas mais claras, com lesões desde enegrecidas até cor palha nas margens. Na soja, a toxidez de Fe é similar ao Mn; exceto no caso de excesso de Fe, as folhas são menos quebradiças do que com excesso de Mn.

Cabe ressaltar que em algumas situações o excesso de Fe inibe a absorção de Mn e, assim, os sintomas podem ser semelhantes à deficiência de Mn. Ou, ainda, podem ser semelhantes à deficiência de K.

Foy et al. (1978) complementam que a toxidez de manganês é difícil de ser estudada isoladamente, por causa das interações existentes entre ele e outros elementos, tais como fósforo, cálcio, ferro, alumínio e silício. Os autores indicam que tais interações podem ser responsáveis pela diversidade de sintomas em plantas e pelas reduções produzidas no crescimento pelo excesso de manganês em diferentes espécies.

DESORDEM NUTRICIONAL: DEFICIÊNCIA	NUTRIENTE: FERRO
FOTOS	DESCRIÇÃO DOS SINTOMAS
 (a)  (b) Foto 1. CANA-DE-AÇÚCAR	Inicia-se com uma clorose internerval da ponta para a base das folhas (Foto 1a); a planta inteira pode tornar-se clorótica ou branca quando a deficiência for severa (Foto 1b).
  (a) (b) Foto 2. MILHO	Tem-se uma clorose internerval em toda a extensão da lâmina foliar, permanecendo verdes apenas as nervuras (reticulado fino de nervuras) nas folhas mais novas (Foto 2a), que progride para as folhas velhas, atingindo toda a planta (Foto 2b).
  (a) (b) Foto 3. SOJA	Os sintomas característicos é uma clorose internerval (reticulado fino) que ocorre nas folhas mais novas (fotos 3 a,b); com a evolução dos sintomas a cor verde é completamente perdida, inclusive as nervuras principais.
Foto 4. CAFÉ	As folhas mais novas ficam amarelas, as nervuras permanecendo verdes, depois amarelecendo.

Figura 103 – Fotos e a descrição geral dos sintomas visuais de deficiência de Fe em diversas culturas.
Fonte: Prado (não publicado); Malavolta et al. (1989).

14
Cobre

Introdução

O cobre (Cu) apresenta-se no solo na forma de Cu^{2+}, fortemente ligado aos coloides organominerais. A proporção do cobre complexado pelos compostos orgânicos na solução do solo pode atingir 98%. Assim, a forma orgânica tem papel importante na regularização da sua mobilidade e disponibilidade na solução do solo. Pode-se inferir, portanto, que quanto maior o teor de matéria orgânica, menor a disponibilidade de cobre nas plantas. A disponibilidade desse elemento está fortemente relacionada ao valor do pH do solo. Apenas em valor alto (7-8) ocorre a formação significativa de compostos como hidróxidos e complexos com matéria orgânica.

É importante manter no solo concentrações adequadas de Cu, sendo mais vantajosa à aplicação de Cu em solos com concentrações consideradas baixas (<0,3 mg dm^{-3}) ou médias (0,3-1,0 mg dm^{-3}) (extrator DTPA) (Raij et al., 1996), para as quais as respostas das culturas são maiores. Normalmente, as culturas mais suscetíveis à deficiência de cobre são os cereais (trigo, milho, arroz, aveia, cevada); entretanto, pode ocorrer em outras culturas (hortaliças e fruteiras) (Gupta, 1997).

No estudo do cobre, é importante conhecer todos os "compartimentos" que o nutriente percorre desde a solução do solo até a parte aérea, e a função fisiológica na planta e a produção das plantas (Figura 104).

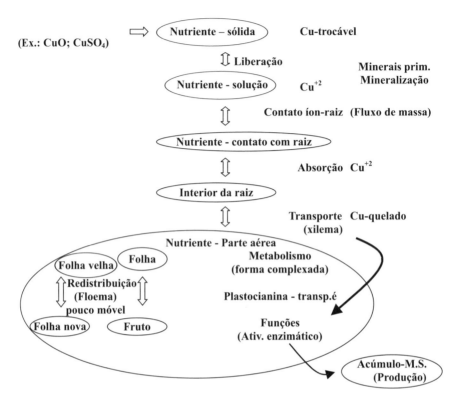

Figura 104 – Dinâmica do cobre no sistema solo-planta, indicando os processos de passagem do nutriente nos diferentes compartimentos da planta.

Absorção, transporte e redistribuição do cobre

Absorção

O caminhamento do cobre no solo até o local de absorção ocorre pelo fluxo de massa (95%) (Oliver & Barber, 1966), que é mais efetivo a pequenas distâncias, ao passo que em maiores distâncias ele pode movimentar-se por lixiviação complexado a radicais orgânicos.

O cobre pode ser absorvido na forma iônica Cu^{2+} (preferencialmente) e Cu complexado a quelados (ácido cítrico, tartárico, málico, oxálico, metalóforos, fenóis, entre outros). No processo de absorção ativa, há competição entre P e Zn pelos mesmos sítios do carregador, e o Mn não interfere. De forma geral, metais pesados, como o Cu, podem ser transportados por quatro famílias distintas (ATPases do tipo CPx, Nramp, facilitadores de difusão de cátions e ZIP) (Williams et al., 2000). A presença de micorrizas vesiculares-arbusculares pode aumentar a absorção de Cu.

Podem existir inibições competitivas entre cobre e zinco, entre outros ($H_2PO_4^-$, K^+, Ca^{+2} e NH_4^+) (Malavolta, 2006). A habilidade que o cobre apresenta em deslocar os íons, principalmente Fe e Zn, dos sítios de troca, tem sido apontada como principal causa dessa inibição (Mengel & Kirkby, 1987).

Transporte

Após a sua absorção, o cobre é transportado via xilema, na forma de Cu-quelado (aminoácidos), pelo processo de transpiração para a parte aérea. No xilema, quase todo Cu (>99%) se encontra na forma de complexo (Marschner, 1995), a exemplo de compostos nitrogenados de baixo peso molecular.

Redistribuição

O cobre é considerado pouco móvel no floema; portanto, os sintomas de deficiência ocorrem nas folhas mais novas. Entretanto, em situações em que o cobre está elevado no meio, pode haver redistribuição (Cu-quelado), pois ele tem habilidade para formação de quelatos estáveis de folhas para os frutos. Isso não ocorre quando o cobre se encontra deficiente no meio. Assim, tendo alta afinidade com o N (grupo amino), o Cu pode formar compostos solúveis, sendo, portanto, transportado nas plantas (Loneragan, 1981).

Participação no metabolismo vegetal

Trata-se de um elemento de transição similar ao ferro, com facilidade para o transporte de elétrons, sendo, portanto, bastante relevante nos processos fisiológicos de oxirredução.

Uma das principais funções do cobre é como ativador ou constituinte de enzimas. A maior parte do Cu está presente nas folhas nos cloroplastos, e mais da metade ligada à plastocianina (doador de elétrons para fotossistema I), que atua especialmente no transporte eletrônico com mudanças de valência, embora outras enzimas também façam esse transporte de elétrons, e que são ativadas pelo Cu (lacase, oxidase do ácido ascórbico e complexo da oxidase do citocromo). Esse fato ocorre pela facilidade do Cu pela mudança de valência:

$$Cu^{2+} \underset{-e-}{\overset{+e-}{<=>}} Cu^+$$

O transporte eletrônico mediado pelo cobre pode, entretanto, ocorrer sem mudança de valência (oxidase da amina, tirosinase, oxidase da galactose).

Nessa situação de transportador de elétrons, o cobre atua em vários processos metabólicos nos vegetais. Um dos processos vitais afetados pela deficiência de cobre é a fotossíntese, fazendo o transporte eletrônico entre os fotossistemas (I e II), através da plastocianina e em outros sistemas enzimáticos. Ainda na fotossíntese (fase química), o Cu ativa carboxilase de ribulose di fosfato, responsável pela entrada do CO_2 em composto orgânico. Na respiração, o Cu junto com o Fe são constituintes da enzima citocromo oxidase (2 átomos de Cu e 2 de Fe), atuando no transporte de elétrons, ao oxigênio na mitocôndria, afetando, assim, a fosforilação oxidativa. E o Cu constitui a enzima ascorbato oxidase, que atua na oxidação do ácido ascórbico para ácido desidroascórbico.

Além disso, o Cu participa também do grupo prostético da dismutase de superóxido, que protege a planta dos efeitos deletérios dos radicais superóxidos (O_2^-), produzindo H_2O_2, que por sua vez é reduzido a H_2O e O_2 pela catalase. O Cu também ativa as enzimas (polifenol oxidase; oxidase de diamina) que catalisam a oxidação de compostos fenólicos a cetonas, precursores da lignina (precursor + H_2O_2 → radical de fenil propanol + H_2O, reação mediada pela peroxidase, que segue a rota até formar a lignina); portanto, a sua deficiência provoca acúmulo de compostos fenólicos e diminuição da síntese de lignina, podendo nos tecidos como o xilema ocorrer colapsos.

Nas leguminosas, o cobre é requerido pelos nódulos e, assim, tem-se um aumento na nodulação; portanto, a fixação de N. Isso pode ser explicado pelo fato de que, havendo deficiência de Cu, se tem redução na oferta de carboidratos para a nodulação. Pode ocorrer, ainda, inibição da atividade da polinoloxidase, acumulando-se difenóis, com menor produção de melaninas e inibição dos rizóbios. Por fim, o Cu pode reter mais Fe nas raízes e, desse modo, aumentar a produção da legemoglobina.

O cobre, em cafeeiro, promove maturação mais uniforme nos grãos e tem efeito tônico explicado por uma inibição na produção de etileno, que por sua vez está implicado no processo de senescência, deixando as folhas ativas por mais tempo (Malavolta et al., 2006).

Malavolta et al. (1997) apresentaram um resumo das enzimas ativadas pelo Cu e seus reflexos em diversos processos fisiológicos vitais para os vegetais, conforme consta na Tabela 72.

Tabela 72 – Enzimas e os processos biológicos afetados pelo Cu nas plantas (Malavolta et al., 1997)

Constituinte/Ativador enzimático	Processos
Oxidase do ascorbato	Fotossíntese
Polifenol oxidase, cresolase, catecolase ou tirosinase	Respiração
Lacase	Relação hormonal
Plastocianina	Fixação de N
Oxidase de diamina	(Indireto)
Oxidase de citocromo	Metabolismo de
Carboxilase de ribulose difosfato	Compostos secundários

Normalmente, as culturas apresentam probabilidade de respostas distintas à aplicação de cobre (Tabela 73) (Lucas & Knezek, 1973, apud Marinho, 1988).

Tabela 73 – Probabilidade de resposta de diferentes culturas ao cobre em condições de solo e climas favoráveis à indução de deficiências (Lucas & Knezek, 1973, apud Marinho, 1988)

Probabilidade de resposta	Culturas
Baixa[1]	Aspargo, feijão, gramíneas forrageiras, ervilha, menta, batata, centeio, soja, arroz
Média	Brocólis, repolho, couve-flor, aipo, trevo, pepino, milho, algodoeiro, rabanete, sorgo, beterraba, tomateiro, nabo, macieira, pessegueiro, pereira, morangueiro
Alta	Alfafa, cevada, cenoura, alface, aveia, espinafre, trigo, citrus, cana-de-açúcar, cafeeiro

[1] Possivelmente essas plantas podem apresentar menor exigência e/ou maior eficiência nutricional.

Exigências nutricionais das culturas

O estudo da exigência nutricional das culturas deve refletir a extração total do nutriente do solo, respeitando a extração em cada fase de desenvolvimento da planta, para satisfazer as necessidades nutricionais das culturas, tendo em vista a máxima produção econômica.

Saliente-se que o teor total de Cu na planta pode variar de 1-5 mg kg^{-1}; entretanto, pode atingir 100 mg kg^{-1} em folhas velhas. Esses valores nas folhas podem variar em razão da cultura e de outros fatores, os quais serão objetos do Capítulo 18.

Assim, para a discussão adequada da exigência nutricional das culturas, dois fatores são igualmente importantes: a extração total/exportação do nutriente e a marcha de absorção do elemento ao longo do cultivo.

Extração e exportação de nutrientes

A extração total de cobre depende do teor da planta e da quantidade de matéria seca acumulada. Portanto, varia com a produção obtida, que, por sua vez, depende da espécie, da variedade/híbrido, da disponibilidade do elemento no solo, do manejo da cultura, entre outros.

A cana-de-açúcar e o milho são as culturas que mais extraem cobre por área, 270 e 181 g ha^{-1}, respectivamente (Tabela 74). As culturas do algodão e do arroz foram as mais exigentes, com 45 e 38 g t^{-1} de produto colhido. As culturas que mais exportam cobre com a colheita são o café, a soja e o trigo, com 15, 14 e 10 g t^{-1}, respectivamente.

Lisuma et al. (2006) verificaram resposta do milho à aplicação de cobre em condições de vaso (20 mg Cu kg^{-1}) e em campo (10 kg Cu ha^{-1}) cultivados em solos vulcânicos.

Tabela 74 – Exigências de cobre das principais culturas (Malavolta et al., 1997)

Cultura	Parte da planta	Matéria seca produzida	Cu acumulado		Cu requerido para produção de 1 t de grãos[4]
			Parte da planta	Total [3]	
		t ha^{-1}	kg ha^{-1}		kg t^{-1}
Anuais					
Algodoeiro	Reprodutiva (algodão/caroço)	1,3	2 (1,5)[2]	59	45
	Vegetativa (caule/ramo/folha)	1,7	44		
	Raiz	0,5	13		
Soja[1]	Grãos (vagens)	2,4	34 (14)	64	27
	Caule/ramo/folha	5,6	30		
Milho[1]	Grãos	6,4	25 (3,9)	181	28,3
	Restos culturais	-	156		
Arroz	Grãos	3	10 (3,3)	114	38
	Colmos	2	6		
	Folhas	2	5		
	Casca	1	18		
	Raiz	1	75		
Trigo	Grãos	3	30 (10)	40	13
	Palha	3,7	10		
Semiperene/perene					
Cana-de-açúcar	Colmos	100	180 (1,8)	270	2,7
	Folhas	25	90		
Cafeeiro[1]	Grãos (coco)	2	30 (15)	-	-
	Tronco, ramos e folhas	-	-		

[1] Malavolta (1980); [2] exportação relativa de nutrientes através dos grãos produzidos (g t^{-1}): Cu acumulado nos grãos/matéria seca dos grãos; [3] sugere a exigência nutricional (total) por área da cultura para o respectivo nível de produtividade; [4] sugere a exigência nutricional relativa de Cu da cultura para produção de uma tonelada do produto comercial (grãos/colmos); obtido pela fórmula: Cu acumulado na planta (parte vegetativa+reprodutiva)/matéria seca do produto comercial.

Marcha de absorção

Avaliando a marcha de absorção de cobre na soja, verifica-se uma velocidade de absorção baixa no período de 0-30 dias, com 0,2 g/ha/dia, aumentando mais de quatro vezes no período de 30-60 dias, atingindo 0,9 g/ha/dia. No período subsequente, a velocidade máxima de absorção é atingida (1,2 g/ha/dia), e no período final do ciclo, 90-120 dias, existe estabilização com baixa absorção (0,02 g/ha/dia) (Tabela 75). Por esses resultados, verifica-se que, na fase reprodutiva, a exigência da planta é a mais alta. Assim, muitas vezes, os problemas de deficiências de Cu tendem a ocorrer com mais frequência no período reprodutivo das plantas, comparado com o período vegetativo.

Em um estudo de longa duração, com aplicação de Cu em trigo, Brennan (2006) observou que a dose de 1,38 kg Cu ha^{-1} foi suficiente para satisfazer a nutrição adequada da cultura (Cu foliar=1,4 mg kg^{-1}) durante 28 anos. E nesse período a cultura removeu apenas 2% a 3% do Cu aplicado.

Tabela 75 – Marcha de absorção (cumulativa) de cobre no algodoeiro, em solução nutritiva

Período (dias após a semeadura)	Cu absorvido, g/ha/dia
0-30	0,2
30-60	0,9
60-90	1,2
90-120	0,02

Fonte: Mendes (1965).

Sintomatologia de deficiências e excessos nutricionais de cobre

Deficiência

Os sintomas variam segundo cada espécie e podem não ser tão fáceis de identificar quanto os de outros micronutrientes. Uma deficiência moderada, às vezes, causa apenas menor crescimento e redução da colheita, sem sintomatologia característica, enquanto deficiências mais severas podem provocar amarelecimento (ou coloração verde-azulada) das folhas; essas podem ficar murchas ou com as margens enroladas para cima ou, ainda, ficam maiores que as normais, podendo até ocorrer a morte das regiões de crescimento dos ramos. Saliente-se que a deformação/curvamento dos tecidos vegetais (folhas) é causada pelo papel desse nutriente na lignificação da parede celular, podendo até provocar o tombamento das plantas. Esses sintomas aparecem nos órgãos mais novos das plantas, visto que o Cu pouco se redistribui (Figura 105). As plantas deficientes apresentam caules ou colmos fracos e tendência de murchar mesmo quando há umidade suficiente.

Em culturas perenes, as cascas podem ficar ásperas, cobertas de bolhas, e uma goma pode exsudar a partir de fissuras no "exantema" da casca.

Em plantas anuais, nos estádios iniciais de desenvolvimento, a deficiência severa pode levar à morte de plântulas. Em fases mais adiantadas, as folhas podem ficar retorcidas, e ainda com maior esterilidade dos grãos de pólen (acúmulo excessivo de auxina), reduzindo a produção de grãos, especialmente em cereais.

Saliente-se que a deficiência de Cu pode aumentar incidência de doenças em plantas. Portanto, esse micronutriente tem papel fungistático importante, em razão dos seguintes fatores: o Cu aumenta lignificação (barreira física) e também o Cu deficiente pode conter menos O_2 ativo prejudicial ao patógeno, menos proteínas de parede, menor indução de alexinas, desorganização da parede celular e das membranas causando oxidação dos lipídeos pelos radicais livres não dissipados, falta de efeito tônico (Malavolta, 2006).

DESORDEM NUTRICIONAL: DEFICIÊNCIA	NUTRIENTE: COBRE
FOTOS	DESCRIÇÃO DOS SINTOMAS
(a) (b) Foto 1. CANA-DE-AÇÚCAR	Manchas verdes ("ilhas") (Foto 1a); folhas eventualmente descoloridas que se tornam finas como papel e enroladas quando a deficiência é severa; colmos e meristemas perdem a turgidez (doença do "topo caído") e as folhas se curvam e a touceira parece ter sido amassada; perfilhamento reduzido.
 (a) (b) Foto 2. MILHO	Amarelecimento das folhas novas logo que começam a se desenrolar, depois as pontas se encurvam e mostram necrose, as folhas são amarelas e mostram faixas semelhantes às provocadas pela carência de ferro; as margens são necrosadas (Foto 2a); e as plantas apresentam todas as folhas com aspecto retorcidas (Foto 2b); o colmo é macio e se dobra.

As folhas mais novas aparecem azul-esverdeadas, tornando-se cloróticas junto às pontas. A clorose desenvolve-se para baixo, ao longo da nervura principal de ambos os lados, seguida de necrose marrom-escura das pontas. As folhas enrolam-se, mantendo a aparência de agulhas em toda a sua extensão ou, ocasionalmente, na metade da folha, com a base final desenvolvendo-se normalmente.

Foto 3. ARROZ

Em plantas novas as folhas podem se encurvar para baixo a partir da base (Foto 4a). Nas folhas mais novas as nervuras secundárias ficam salientes – "costelas" (Foto 4b). Pode haver deformação do limbo.

(a)   (b)

Foto 4. CAFÉ

Figura 105 – Fotos e a descrição geral dos sintomas visuais de deficiência de Cu em diversas culturas.
Fonte: Prado (não publicado); Malavolta et al. (1989).

Excessos

A maior parte do cobre em excesso nas plantas ocorre predominantemente complexado, ligado a fitoquelatinas. A toxidez de Cu não é comum; entretanto, durante os estádios iniciais, a diminuição de crescimento é evidente. A redução do comprimento de raiz é um bom indicador de toxicidade de cobre. Em milho cultivado em solução nutritiva, concentração de Cu de 15,7 µM inibiu o crescimento de raiz (Ali et al., 2002). Assim, no sistema radicular, a toxidez de Cu causa redução da ramificação, engrossamento, menor crescimento das raízes (danos na permeabilidade das membranas), e, também, pode mostrar deficiência de Fe induzida, aparecimento de manchas necróticas. Portanto, os sintomas gerais de toxicidade, de forma geral, têm início nas raízes (morte) e evoluem para folhas mais velhas, as intermediárias, e por último as mais novas (aparecem manchas aquosas grandes as quais depois ficam enegrecidas como queimadas) (Malavolta, 2006).

No sorgo, a toxicidade de Cu torna o tecido internerval de coloração mais clara, de forma similar à deficiência de Fe, com faixas vermelhas ao longo das margens (Clark, 1993). Isso porque o Cu tem a capacidade para remover das suas posições o Fe, provocando sua deficiência (Mengel & Kirkby, 1987). E, ainda, o excesso de Cu pode diminuir o teor de Mn em plantas de couve-flor (Chartterjee & Chartterjee, 2000). Saliente-se que a toxidez em milho manifesta-se com teores foliar de Cu >70 mg kg^{-1} (Mengel & Kirkby, 1987); entretanto, há espécies (*Commelina commnunis, Rumex acetosa*) de alta tolerância ao Cu, apresentando alto teor desse elemento (500 a 1000 mg kg^{-1} MS) sem provocar sintomas (Tang et al.,1999), enquanto outras plantas são sensíveis ao Cu, como as rosáceas (macieira, ameixeira etc.). O Cu em excesso inibe o crescimento de plantas e impede importantes processos celulares, como o transporte de elétrons na fotossíntese (Yruela, 2005), e tem efeito destrutivo na integridade das membranas dos cloroplastos, diminuindo também a fotossíntese (Mocquot et al., 1996).

15
Molibdênio

Introdução

O molibdênio (Mo) é um metal encontrado no solo, mas como um oxiânion na forma de molibdato MoO_4^{2-} na sua forma de valência mais alta. Suas propriedades são semelhantes àquelas dos não metais e de outros ânions inorgânicos divalentes. Assim, em solos ácidos, fosfato e molibdato têm comportamento semelhante em relação à forte adsorção aos óxidos hidratados de ferro, e, na absorção, o molibdato compete com o sulfato. O molibdato é um ácido fraco, e, com decréscimo de pH de 6,5 para abaixo de 4,5, a dissociação diminui e a formação de poliânions é favorecida. A solubilidade do MoO_4^{2-} pode ser estimada da seguinte forma:

Solo-Mo + 2 OH^- $\Leftrightarrow$ MoO_4^{2-} + solo-2OH^-

Assim, fica evidente o efeito da calagem em solos ácidos para se aumentar a disponibilidade do Mo, estimando-se que é aumentado em cem vezes pela elevação de cada unidade pH.

Em razão do efeito do pH na disponibilidade de Mo surgiu o termo relação de substituição de calcário por Mo. Para manter a mesma produção da cultura (soja), Quaggio et al. (1998) verificaram que, na aplicação do calcário, para manter a saturação por bases próxima de 70%, a necessidade de Mo foi de 25 g ha^{-1}, ao passo que na saturação por bases de 60% a necessidade de Mo aumentou para 50 g ha^{-1}.

No estudo do molibdênio no sistema planta, é importante conhecer todos os "compartimentos" que o nutriente percorre desde a solução do solo, raiz e parte aérea (folhas/frutos), ou seja, do solo até sua incorporação em um composto orgânico ou como um ativador enzimático, que desempenhará funções vitais para possibilitar a máxima acumulação de matéria seca do produto agrícola final (grão, fruta etc.), (Figura 106).

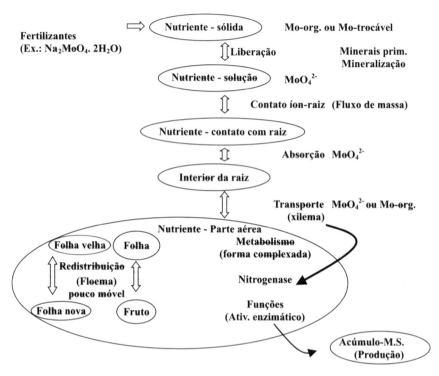

Figura 106 – Dinâmica do molibdênio no sistema solo-planta indicando os processos de passagem do nutriente nos diferentes compartimentos da planta.

Absorção, transporte e redistribuição do molibdênio

Absorção

O contato Mo-raiz é feito basicamente por fluxo de massa, especialmente em maiores concentrações no solo. Normalmente, o molibdênio é absorvido como MoO_4^{2-} quando o pH do meio é igual ou maior que 5,0, e como $HMoO_4^-$ quando o pH é menor que 5,0.

No processo de absorção, a presença de outros íons pode afetar a absorção do Mo, e a presença do $H_2PO_4^-$ tem efeito sinérgico na absorção do Mo, ao passo que outros nutrientes inibem a sua absorção como SO_4^{2-} e outros (Cl^-, Cu^{2+}, Mn^{2+} e Zn^{2+}).

Transporte

No xilema, o molibdênio pode ser transportado na forma de MoO_4^{-2} (estado de oxidação mais elevado, Mo^{6+}) complexado com os grupos SH de aminoácidos ou com grupos OH de carboidratos e, ainda, outros grupos compostos policarboxilados como ácidos orgânicos.

Redistribuição

De forma geral, o Mo é pouco móvel no floema para maioria das espécies. Entretanto, Jongruaysup et al. (1994) verificaram em *Vigna mungo* que a mobilidade de Mo pode variar dependendo do nível de suprimento, apresentando baixa mobilidade em plantas deficientes e alta mobilidade nas plantas bem supridas de Mo.

Participação no metabolismo vegetal

Normalmente, a deficiência de molibdênio pode estar associada de perto com o metabolismo do nitrogênio, em decorrência da exigência de Mo para a atividade da nitrogenase e a fixação do N. Além das leguminosas, as crucíferas são particularmente exigentes em Mo. Nas plantas, dado nutriente pode apresentar mudanças no estado de oxidação entre as formas Mo^{+6} (oxidada) e Mo^{+5} (reduzida), portanto participando do sistema redox.

Assim, o molibdênio participa como constituinte de várias enzimas, especialmente as que atuam no metabolismo do nitrogênio e do enxofre, que estão relacionadas com a transferência de elétrons. Com relação ao metabolismo nitrogenado, o Mo afeta a fixação biológica (nitrogenase) e a redução do nitrato e nitrito (redutases). Com relação à redutase do nitrato, essa contém três subunidades: a FAD (flavina), a hemo (citocromo) e a unidade com Mo. Assim, durante a redução do nitrato, os elétrons são transferidos diretamente do Mo para o nitrato. O Mo também está envolvido no metabolismo do enxofre (redutase de sulfito) em reações de oxirredução. Além disso, tem efeito significativo na formação do pólen.

Quanto à nitrogenase, esse sistema enzimático catalisa a redução do N_2 atmosférico a NH_3, reação pela qual o *Rhizobium* dos nódulos radiculares supre nitrogênio à planta hospedeira. Por essa razão, leguminosas deficientes em Mo frequentemente apresentam sintomas de deficiência de nitrogênio. A nitrogenase, conforme dito no capítulo do nitrogênio, é formada pelos complexos Fe-proteína e Fe-Mo-proteína, e esta última contém como cofator os íons molibdênio e ferro, ambos necessários para a ativação da enzima.

O molibdênio é necessário para as plantas quando o N é absorvido na forma de NO_3^-, porque é componente da enzima redutase do nitrato. Essa enzima catalisa a redução biológica do NO_3^- a NO_2^-, que é o primeiro passo para a incorporação do N como NH_2 em proteínas.

O Mo é essencial à enzima xantina desidrogenase que atua na conversão de xantina em ácido úrico, durante o catabolismo das purinas (adenina e guanina). E também faz parte da oxidase responsável pela síntese do ácido abscísico (Marenco & Lopes, 2005).

Nesse sentido, Brown & Clark (1974) verificaram os efeitos benéficos do Mo na diminuição do acúmulo de nitrato e com reflexos benéficos na produção de matéria seca de plantas de milho (Figura 107).

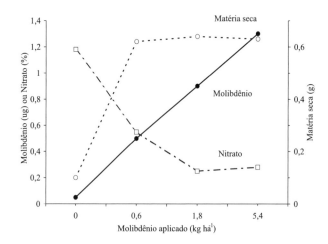

Figura 107 – Produção de matéria seca e conteúdo de Mo e N nítrico em plantas de milho aos 18 dias após a germinação, cultivado sob diferentes níveis de Mo no solo.

A maior eficiência da fixação simbiótica do N_2 pelo amendoim tem ocorrido com a aplicação de molibdênio (Hafner et al., 1992).

Exigências nutricionais das culturas

O nível ótimo de Mo nas plantas é muito pequeno, próximo de 1 mg kg^{-1}. Esse valor nas folhas pode variar em razão da cultura e de outros fatores, os quais serão objetos do Capítulo 18.

O nível crítico de Mo nos nódulos das leguminosas, contudo, é cerca de dez vezes superior ao das folhas, em razão de sua alta exigência (fixação biológica do nitrogênio).

Extração e exportação de nutrientes

O teor de molibdênio nos tecidos vegetais é muito baixo, sendo o menor dentre todos os nutrientes, de forma que a exigência das plantas também é baixa. Quanto à extração por área, a soja é a que mais extrai Mo (13 g ha^{-1}), enquanto a soja e o algodão são os mais exigentes, 5,4 e 1,1 g t^{-1}, por tonelada de produtos colhidos respectivamente (Tabela 76).

Tabela 76 – Exigências de molibdênio das principais culturas (Malavolta et al., 1997)

Cultura	Parte da planta	Matéria seca produzida	Mo acumulado Parte da planta	Total[3]	Mo requerido para produção de 1 t de grãos[4]
		t ha^{-1}	g ha^{-1}		g t^{-1}
	Anuais				
Algodoeiro	Reprodutiva (algodão/caroço)	1,3	0,2(0,15)[2]	1,4	1,1
	Vegetativa (caule/ramo/folha)	1,7	1,0		
	Raiz	0,5	0,2		
Soja	Grãos (vagens)	2,4	11 (4,5)	13	5,4
	Caule/ramo/folha	5,6	2		
Milho[1]	Grãos	6,4	2,5 (0,39)	4,0	0,6
	Restos culturais	-	1,5		

Continua

Tabela 76 – Exigências de molibdênio das principais culturas (Malavolta et al., 1997) – *Continuação*

Cultura	Parte da planta	Matéria seca produzida	Mo acumulado Parte da planta	Total[3]	Mo requerido para produção de 1 t de grãos[4]
		t ha⁻¹	g ha⁻¹		g t⁻¹
	Anuais				
Arroz	Grãos	3	0,3 (0,1)	1,4	0,5
	Colmos	2	0,1		
	Folhas	2	0,3		
	Casca	1	0,4		
	Raiz	1	0,3		
	Semiperene/perene				
Cana-de-açúcar[1]	Colmos	100	2 (0,02)	-	-
	Folhas	25	-		
Cafeeiro[1]	Grãos (coco)	2	0,5 (0,25)	-	-
	Tronco, ramos e folhas	-	-		

[1] Malavolta (1980); [2] exportação relativa de nutrientes através dos grãos produzidos (g t⁻¹): Mo acumulado nos grãos/matéria seca dos grãos; [3] sugere a exigência nutricional (total) por área da cultura para o respectivo nível de produtividade; [4] sugere a exigência nutricional relativa de Mo da cultura para produção de uma tonelada do produto comercial (grãos/colmos); obtido pela fórmula: Mo acumulado na planta (parte vegetativa+reprodutiva)/matéria seca do produto comercial.

A soja também é a cultura que mais exporta o molibdênio (4,5 g t⁻¹).

Como a exigência das plantas é pequena, as recomendações de aplicação de Mo em leguminosas, como a soja, indicam aplicações via semente (30 a 60 g ha⁻¹) ou foliar (1-2 kg ha⁻¹) que já são suficientes para a cultura.

Quanto à aplicação via semente, dados de pesquisa têm indicado que a nutrição adequada em Mo na planta-mãe, em campos de semente, traz os maiores benefícios na nodulação e na produção, com doses menores próximas de 20 g Mo ha⁻¹ (Tabela 77).

Marcha de absorção

Normalmente, na soja, a marcha de absorção de molibdênio inicia-se lenta até os 30 dias, mantendo-se alta após esse período, chegando ao máximo aos 60-90 dias. Entretanto, diferentemente dos outros micronutrientes, a absorção do Mo na fase reprodutiva (final) dos 90-120 mantém-se alta, provavelmente para atender à alta atividade do sistema nitrogenase nessa fase do ciclo de vida da planta (Tabela 78).

Tabela 77 – Efeito do uso de sementes de soja (BR 37), com diferentes teores de Mo e doses de Mo, aplicados na semente, no número e na massa de nódulos secos e no rendimento de grãos

Tratamentos	Nodulação (10 plantas)		Produção
	Número	Massa seca (mg)	kg ha^{-1}
Semente rica Mo + 0 g Mo ha^{-1}	230	350	3.378
Semente rica Mo + 10 g Mo ha^{-1}	240	430	3.508
Semente rica Mo + 20 g Mo ha^{-1}	210	330	3.641
Semente rica Mo + 40 g Mo ha^{-1}	200	350	3.102
Média semente rica em Mo	220	365	3.407
Semente médio Mo + 0 g Mo ha^{-1}	190	280	3.049
Semente médio Mo + 10 g Mo ha^{-1}	180	230	3.217
Semente médio Mo + 20 g Mo ha^{-1}	190	240	3.045
Semente médio Mo + 40 g Mo ha^{-1}	180	310	3.306
Média semente média em Mo	185	265	3.154
Semente pobre Mo + 0 g Mo ha^{-1}	200	260	2.766
Semente pobre Mo + 10 g Mo ha^{-1}	200	280	3.075
Semente pobre Mo + 20 g Mo ha^{-1}	170	230	3.020
Semente pobre Mo + 40 g Mo ha^{-1}	180	290	3.129
Média semente pobre em Mo	188	265	2.998
DMS 5%	25,3	58,3	262

Tabela 78 – Marcha de absorção (cumulativa) de molibdênio na soja (cv. Santa Rosa) em solução nutritiva (Bataglia & Mascarenhas, 1977)

Período (dias após a semeadura)	Mo absorvido, g/ha/dia
0-30	0,01
30-60	0,17
60-90	0,24
90-120	0,23

Uma opção de fornecimento do Mo seria via foliar. Assim, a aplicação foliar de Mo no feijoeiro, na dose de 80 g ha^{-1} de Mo, aumentou os teores foliares de Mo e também de N, não sendo necessário o parcelamento ou fracionamento da dose aplicada (Pires et al., 2005).

Sintomatologia de deficiências e excessos nutricionais de molibdênio

Deficiência

Em razão da restrita mobilidade nas plantas, os sintomas de deficiência de Mo descritos em algumas espécies ocorrem em folhas novas e, em outras, em folhas velhas. Em geral, ocorre uma clorose internerval, semelhante à deficiência de Mn, em que as margens das folhas tendem a curvar-se para cima ou para baixo (Figura 108).

Nas leguminosas, é comum o sintoma característico de deficiência de N (clorose uniforme nas folhas velhas, que podem evoluir para necrose). Podem ocorrer murcha das margens das folhas novas e encurvamento do limbo para cima (tomateiro) ou para baixo (cafeeiro). É comum em brássicas o "rabo de chicote", que consiste em folhas novas que crescem quase desprovidas de limbo, crescendo apenas a nervura principal.

É pertinente salientar que a deficiência de Mo tem maior chance de ocorrer em plantas que receberam N na forma de nitrato e não de amônio, pois o nitrato na planta necessita ser reduzido (por enzimas ativadas por Mo) e o amônio, não.

Excessos

A toxicidade de molibdênio em culturas não é comum, sendo encontrada apenas quando se verificam teores muito altos. Entretanto, Gris et al. (2005) verificaram que altas concentrações de molibdato de amônio (160 g ha^{-1}), via foliar, na soja cultivado em plantio direto, podem ter provocado efeito tóxico às plantas, apresentando, portanto, produção menor do que o controle.

Deve-se considerar que a toxicidade de Mo pode resultar em clorose internerval das folhas, semelhante à deficiência de Fe, e as folhas novas podem ficar distorcidas.

DESORDEM NUTRICIONAL: DEFICIÊNCIA	NUTRIENTE: MOLIBDÊNIO
FOTOS	DESCRIÇÃO DOS SINTOMAS
 Foto 1. CANA-DE-AÇÚCAR	Molibdênio: pequenas estrias cloróticas longitudinais começando no terço apical da folha; folhas mais velhas secam prematuramente do meio para as pontas.
 Foto 2. SOJA	Deficiência de N, induzida inicialmente por deficiência de Mo (em solo ácido = baixa disponibilidade de Mo). Obs. A deficiência de Mo induz a deficiência de N, por dois motivos: o Mo faz parte de enzimas responsáveis pela incorporação do N nos esqueletos orgânicos nos tecidos, e também, no caso de leguminosas, é necessário para redução do N atmosférico para formas assimiláveis para planta.
 Foto 3. CITRUS	Desaparecimento da clorofila em manchas distribuídas ao acaso no limbo; as manchas desenvolvem centros pardos com halos amarelos ou alaranjados, podendo coalescer ou sobrepor-se; as manchas têm 0,6-1,25 mm de diâmetro e aparecem somente no outono.
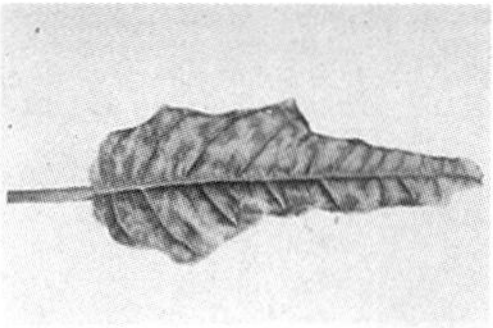 Foto 4. CAFÉ	Molibdênio: nas folhas mais velhas aparecem manchas amareladas e depois pardas entre as nervuras. Com o tempo, essas folhas se enrolam para baixo ao longo da nervura principal e os bordos opostos chegam a se tocar. A principal causa de deficiência é a acidez do solo.
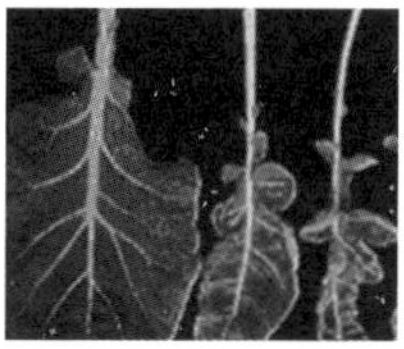 Foto 5. BRÁSSICA	Em hortaliças, as folhas novas ficam deformadas, tais como "ponta de chicote".

Figura 108 – Fotos e a descrição geral dos sintomas visuais de deficiência de Mo em diversas culturas.
Fonte: Prado (não publicado); Malavolta et al. (1989).

No sorgo, os sintomas aparecem como uma coloração violeta-escura na lâmina inteira, podendo ser distinguidos dos sintomas de deficiência de P, que resultam em folhas verde-escuras com superposição de manchas de coloração vermelho-escura (Clark, 1993).

Saliente-se que as plantas podem apresentar maior tolerância ao excesso de Mo do que os animais. Assim, forrageiras com alto teor de Mo (5 a 10 mg kg^{-1}) podem causar toxidez (molibdenose) em ruminantes (Padra et al., 1998).

16
Cloro

Introdução

O cloro (Cl) não é fixado pela matéria orgânica do solo ou pelas argilas e é facilmente lixiviado, sendo um dos primeiros elementos removidos dos minerais pelos processos de intemperização (acumulando-se nos mares).

O cloro, junto com o Mo, tem sua disponibilidade aumentada no solo com o aumento do valor pH.

No Brasil, normalmente, não se tem observado problema de deficiência de cloro, pois a fonte de potássio comumente utilizada (cloreto de potássio) (fonte de menor custo) traz junto o cloro. Assim, o cloro é adicionado aos sistemas de produção em significativas quantidades via fertilizantes, reserva do solo, chuva, entre outros, sendo também altamente lixiviado no solo pela sua alta solubilidade. Portanto, a dinâmica do cloro nos sistemas de produção é alta, e raramente tem-se deficiência, podendo ocorrer sim toxidez em determinadas situações, mas com raridade também pela alta tolerância das plantas a altos teores de Cl no tecido.

Altos teores de cloro estão associados a solos sódicos, alcalinos ou salinos encontrados em regiões áridas do Nordeste brasileiro.

No estudo do cloro no sistema planta, é importante conhecer todos os "compartimentos" que o nutriente percorre desde a solução do solo, raiz e parte aérea (folhas/frutos) (Figura 109).

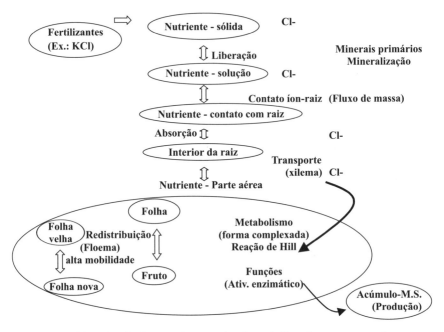

Figura 109 – Dinâmica do cloro no sistema solo-planta indicando os processos de passagem do nutriente nos diferentes compartimentos da planta.

Absorção, transporte e redistribuição do cloro

Absorção

As plantas absorvem o cloro na forma Cl^-, ativamente. A sua absorção pode ser inibida competitivamente por NO_3^- e SO_4^{2-}.

Transporte

O cloro tem alta mobilidade no xilema, sendo transportado para a parte aérea, na mesma forma absorvida (Cl^-).

Redistribuição

A sua mobilidade dentro da planta em geral é considerada alta, e a sua redistribuição das folhas maduras para os pontos de maior exigência não sofre limitação.

Participação no metabolismo vegetal

Dentre os micronutrientes, o cloro é o mais exigido, apresentando alto teor nas plantas. Em geral, a maior parte do cloro nas plantas não está ligada à constituição de compostos orgânicos. Entretanto, existem alguns compostos que contêm Cl, como ácido cloroindol acético (Engvild, 1986). Assim, sua principal função seria enzimática como cofator de enzima que atua na fotólise da água (fotossíntese) e nas ATPases do tonoplasto. Sabe-se que essa ATPase, embora não seja afetada por cátions monovalentes, é afetada pelo Cl, que promove com a energia do ATP o bombeamento de H^+ do citosol, permitindo a absorção de nutrientes. Por exemplo, a adição do Cl (na forma KCl) aumentaria a absorção do Zn.

Há também os efeitos osmóticos do Cl no mecanismo de abertura e fechamento de estômatos e balanço de cargas elétricas, embora a necessidade da planta em Cl seja maior para exercer o efeito osmótico. No vacúolo, o teor de Cl é cerca de três vezes superior ao do citoplasma.

Assim, a principal função do Cl nas plantas é a participação na reação de Hill, nas membranas dos tilacoides (em cloroplastos), não como transportador de elétrons (ânion valência única), e sim como cofator do complexo enzimático Enzima-Mn (ou seja, Cl seria ponte entre átomos de Mn e a enzima) a partir da quebra da molécula de água e liberação dos elétrons para o fotossistema II, sendo esquematizado da seguinte forma:

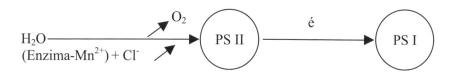

Browyer Jr. & Leegood (1997) afirmam que o papel específico do Cl na fotossíntese se deve ao fato de que ele possa regular o acesso de água no sítio de oxidação da água no fotossistema II.

O cloro atua na regulação da pressão osmótica da célula, e o acúmulo desse elemento no interior da célula diminui o potencial da água, ficando menor que o meio externo. Dessa forma, tem-se gradiente de potencial da água que favorece a entrada dela na célula, e assim têm-se hidratação dos tecidos (turgescência) e a abertura dos estômatos. Além do Cl⁻, a abertura/fechamento dos estômatos é regulada pelo fluxo de K, acompanhado pelo malato. Portanto, o Cl atua como contra-ânion do K^+, fazendo a osmorregulação. Logo, o efeito do Cl⁻ na abertura/fechamento dos estômatos pode afetar novamente a fotossíntese pelo fluxo de CO_2. E também o Cl poderá minimizar os efeitos de déficit hídrico, em razão da melhoria na economia de água, pois pode aumentar o potencial hídrico diminuindo a transpiração.

Existem outros efeitos do cloro nas plantas; entretanto, há necessidade de mais estudos sobre a participação do elemento em processos metabólicos. Estudos recentes indicam o Cl nos seguintes processos:

- estímulo na ATPase (mantém pH citoplasma >7), localizada no tonoplasto. Ao bombear prótons do citoplasma para vacúolo, a ATPase gera gradiente eletroquímico de H+ resultante e direciona o transporte de íons e compostos orgânicos (Kirsch et al., 1996);
- inibição da síntese ou degradação de proteínas, visto que em plantas deficientes em Cl tem-se aumento de aminoácidos e amidas;
- estímulo na síntese de asparagina (sintetase da asparagina), importante fonte de N móvel na planta, ativando outras enzimas (ATPases; pirofosfatases, atuam no metabolismo do N);
- estímulo à divisão celular (Harling et al., 1997).

Por fim, o cloro tem sido associado também à redução de certas doenças das plantas (podridão de raiz).

Exigências nutricionais das culturas

A concentração de cloro nas plantas é alta (mais ou menos equivalente à dos macronutrientes), atingindo até 20.000 mg kg⁻¹; entretanto, é considerado micronutriente, porque a exigência da planta é bem menor, com ótimo crescimento das plantas; o teor é de 340-1.000 mg kg⁻¹. Note-se, pois, que, ao contrário do boro, os níveis de deficiência e toxidez de cloro são bem amplos.

Assim, para a discussão adequada da exigência nutricional das culturas, dois fatores são igualmente importantes: a extração total/exportação do nutriente e a marcha de absorção ao longo do cultivo.

Extração e exportação de nutrientes

Os dados de pesquisa que tratam da exigência de cloro são restritos, existindo em apenas algumas culturas, assim como os estudos sobre a marcha de absorção.

A extração de cloro pelas culturas variou de 1,2 a 36 kg ha^{-1}, tendo o milho a maior extração. Logo, o milho também apresentou a maior exigência com 5,6 kg t^{-1} de grãos produzidos e exportando 313 g t^{-1} de grãos (Tabela 79).

Tabela 79 – Exigências de cloro das principais culturas (Malavolta et al., 1997)

Cultura	Parte da planta	Matéria seca produzida	Cl acumulado		Cl requerido para produção de 1 t de grãos[4]
			Parte da planta	Total[3]	
		t ha^{-1}	g ha^{-1}		g t^{-1}
		Anuais			
Soja[1]	Grãos (vagens)	2,4	568 (237)[2]	1197	499
	Caule/ramo/folha	5,6	629		
Milho[1]	Grãos	6,4	2000 (313)	36000	5625
	Restos culturais	-	34000		
Arroz	Grãos	3	0,4 (0,13)	1512	504
	Colmos	2	8		
	Folhas	2	3		
	Casca	1	0,5		
	Raiz	1	1500		

[1] Malavolta (1980); [2] exportação relativa de nutrientes através dos grãos produzidos (g t^{-1}): Cl acumulado nos grãos/matéria seca dos grãos; [3] sugere a exigência nutricional (total) por área da cultura para o respectivo nível de produtividade; [4] sugere a exigência nutricional relativa de Cl da cultura para produção de uma tonelada do produto comercial (grãos/colmos); obtido pela fórmula: Cl acumulado na planta (parte vegetativa+reprodutiva)/matéria seca do produto comercial.

Avaliando a marcha de absorção de cloro pela cultura da soja, observa-se uma absorção muito lenta nos primeiros 30 dias, e no período de 30-60 dias ocorre a maior taxa de absorção, permanecendo nesse nível até o fim do ciclo da cultura (Tabela 80).

Tabela 80 – Marcha de absorção (cumulativa) de cloro na soja (cv. Santa Rosa) em solução nutritiva (Bataglia & Mascarenhas, 1977)

Período (dias após a semeadura)	Cl absorvido, g/ha/dia
0-30	2,2
30-60	17,4
60-90	14,9
90-120	17,2

Sintomatologia de deficiências e excessos nutricionais de cloro

Deficiência

Dependendo da planta, os sintomas de deficiência aparecem primeiro nas folhas mais velhas (tomateiro, alface, repolho, beterraba), ou nas mais novas (milho, abobrinha): murchamento, clorose, bronzeamento e deformação da folha, que toma aspecto de taça *"cupping"*. O bronzeamento, que é característico, pode evoluir para necrose foliar. As raízes também se desenvolvem menos, ficando grossas e sem as laterais. Em condições de déficit hídrico, o coqueiro deficiente em Cl apresentava severidade maior de murchamento e morte precoce das plantas (Uexkull, 1992).

Em cana-de-açúcar, pode ocorrer o aparecimento de raízes curtas e com poucas ramificações laterais. Em fumo, a deficiência de Cl⁻ diminui a combustão das folhas.

Saliente-se que tais deficiências de Cl não têm ocorrido nas plantas no campo, visto que a fonte de potássio (KCl) tem como acompanhante o Cl e ainda a água da chuva apresenta o elemento. Acrescente-se que o nível crítico de deficiência de Cl é baixo (1 mg kg^{-1}) e, assim, doses entre 4 a 8 kg ha^{-1} de Cl seriam suficientes para atender à necessidade nutricional das culturas (Marschner, 1995).

Excessos

A maior parte dos estudos sobre o cloro se reflete em problemas de toxicidade provocados por uma absorção excessiva, ligada aos problemas de salinização dos solos (Castro et al., 2005).

Os excessos de Cl⁻ (e também Na⁺) no protoplasma ocasionam distúrbios em relação ao balanço iônico, além dos efeitos específicos desses íons sobre as enzimas e membranas celulares (Flores, 1990).

As culturas normalmente apresentam certa tolerância a altas concentrações de Cl, revelando grandes diferenças genotípicas. Fageria (1985) complementa que uma espécie vegetal pode ser considerada tolerante ao efeito salino (NaCl) quando a diminuição da produção de matéria seca da parte aérea for inferior a 20%, e sensível, quando essa redução for maior.

Marschner (1995) indica que a toxicidade de Cl pode ser atingida com teores de 3.500 mg kg^{-1} (~10 mM no extrato foliar fresco) (maioria das frutíferas, algodoeiro, feijoeiro), ou de 20.000 a 30.000 mg kg^{-1} em plantas de cevada, espinafre e alface. As plantas halófitas são conhecidas por apresentar alto teor do presente elemento em seus tecidos, e são plantas que desenvolveram diferentes mecanismos de tolerância a salinidade (formação de barreiras ao transporte do Cl e Na; eliminação dos sais através dos pelos; abscisão de folhas velhas com alto teor de sais e compartimentalização do sal nos vacúolos). Assim, muitas vezes as plantas podem absorver dezenas de vezes a quantidade normalmente requerida, sendo, portanto, um exemplo típico de consumo de luxo. Entretanto, quando se aumenta ainda mais a concentração do elemento na solução do solo, as membranas perdem a seletividade aumentando a absorção do íon pela cultura. Saliente-se que plantas de soja sensíveis (Paraná) acumulam grande quantidade do elemento (30.000 mg kg^{-1}), enquanto as tolerantes, com mecanismos de exclusão de Cl, apresentam teores foliares bem menores (1.000-2.000 mg Cl por kg de matéria seca).

Em cafeeiros submetidos à aplicação de cloreto de potássio (400 g por planta) ocorrem altos teores de Cl (5.149 mg kg^{-1}), quando comparados à planta-controle (433 mg kg^{-1} de Cl), e mesmo assim não demonstram sintomas de toxidez (Catani et al., 1969, apud Mello, 1983). O mesmo ocorre com a bananeira, cujos teores de Cl atingem em média 9.200-9.900 mg kg^{-1} (Gallo et al., 1973, apud Mello, 1983). Note-se que plantas exigentes em K, como cafeeiro e bananeira, acumulam altos teores de Cl, pois a fonte mais comum (menor custo) é o cloreto de potássio; embora existam indicações de que algumas plantas são mais suscetíveis ao Cl (tabaco, batatinha, batata-doce e citrus), de forma que a aplicação de dado nutriente na forma de KCl deve ser substituída (Meurer, 2006). Da mesma forma, seria para cultivos em solução nutritiva, pois, segundo Marschner (1995), o Cl diminui a absorção do NO_3^-. Abd El-Shamad & Shaddad (2000) verificaram que o aumento da concentração de NaCl na solução nutritiva diminuiu o teor de nitrato em folhas e raízes de milho.

Apesar de essas culturas não apresentarem sintomas de toxidez que prejudique a produção agrícola, o excesso de Cl pode influenciar a qualidade desses produtos. Assim, é importante que haja linhas de pesquisas que avaliem os efeitos de altos teores de Cl na qualidade dos produtos agrícolas.

A toxicidade de Cl pode fazer com que as pontas e as margens das folhas fiquem queimadas, amareleçam e caiam prematuramente (Souza et al., 1986).

Os sintomas de toxicidade de cloro na cana-de-açúcar ocorrem de forma semelhante à deficiência, ou seja, com o aparecimento de raízes anormais, com poucas ramificações.

O efeito da toxicidade de Cl^- pode, às vezes, ser diminuído pela presença de $CaSO_4.2H_2O$ no substrato. Quando as plantas são submetidas à salinidade, aumenta a concentração de Ca no citosol agravando o estresse. Esse efeito pode ser diminuído pelo efeito do Ca no aumento da atividade da Ca-ATPase (Niu et al., 1995), que retira o Ca do citosol, amenizando o estresse. Entretanto, Silva et al. (2003) observaram que o cálcio suplementar não minorou os efeitos inibitórios do estresse induzido por NaCl.

17
NÍQUEL

Introdução

Normalmente os teores de Ni podem ser maiores na camada superficial do solo, especialmente de textura argilosa. Esse elemento é altamente adsorvido nos solos com altos teores de óxido de ferro e de matéria orgânica (Mellis et al., 2004). Ainda segundo esses autores, o valor pH do solo é a variável que mais afeta a disponibilidade de Ni do solo, diminuindo a partir de 5,5.

Os teores totais desse elemento em amostras de solos não contaminadas do estado de São Paulo variaram de 14,8 a 50,2 mg kg^{-1} (Caridad Cancela, 2002). As informações sobre teores de Ni disponível no solo considerados adequados para os cultivos ainda não são conhecidas.

Os primeiros estudos básicos que apontaram o Ni como nutriente foram realizados na década de 1980 (Eskew et al., 1983; Brown et al., 1987).

Os problemas de deficiência de Ni nos cultivos em condições de campo são raros, os problemas por toxicidade são mais relatados. O uso de doses inadequadas de Ni no solo pode causar dano de difícil controle, inviabilizando o cultivo de muitas espécies. Isso ocorre porque a tolerância das culturas ao Ni varia muito entre as espécies cultivadas e há plantas muito sensíveis. Além disso, o excesso de Ni no solo diminui a biomassa microbiana (Bertol, 2006), prejudicando a vida do solo.

A fertilização com Ni seja via solo, foliar ou pelo tratamento de sementes deve ser utilizada com fundamento técnico visando a ganhos fisiológicos e no crescimento das culturas. No entanto, mesmo tendo efeito benéfico na produtividade, existe risco de contaminar o produto comestível além do máximo permitido para consumo humano (5mg kg^{-1}) conforme indicado por ABIA (1985). Portanto, o conhecimento científico sobre a nutrição de Ni nos cultivos é primordial para garantir equilíbrio para produção em base sustentável, evitando contaminação do solo e com segurança alimentar.

Absorção, transporte e redistribuição

A forma predominante de contato do Ni com a raiz ainda não foi estabelecida. O nutriente é absorvido predominantemente como Ni^{+2} e também na forma de quelatos. O processo de absorção é ativo por canais não específicos e também de forma passiva por difusão (Yusuf et al., 2011).

Transporte

O transporte do Ni no xilema ocorre da mesma forma que foi absorvida, sendo iônica e/ou orgânica, complexado com citrato, malato e peptídeos (White, 2012).

Redistribuição

Os estudos indicam que o Ni é considerado móvel nas plantas (Page & Feller, 2005).

Participação no metabolismo vegetal

O Ni foi efetivamente considerado essencial a partir de um estudo clássico: em cevada cultivada em solução nutritiva sem Ni após três gerações, ficaram inviáveis e não germinaram adequadamente (Brown et al., 1987). Esse mesmo grupo de pesquisadores verificou em soja cultivada em solução nutritiva necrose na ponta das folhas (Eskew et al., 1983). Segundo esses autores, o sintoma ocorreu pelo acúmulo de ureia em concentrações tóxicas devido à deficiência de Ni.

Dois átomos de Ni constituem a enzima urease, que catalisa a conversão da ureia em CO_2 + NH_3. A amônia (NH_3) é incorporada nos esqueletos de carbono (glutamato), eliminando a toxicidade na planta.

Uma parte significativa do nitrogênio é armazenada em diferentes compostos orgânicos e em algumas rotas pode originar a ureia, a exemplo (Pollacco & Holland, 1993):

a) Catabolismo de ureídeos (alantoato e alantoína). O ureídeo-glucolato, um produto da degradação do alantoato, é precursor da ureia. Os ureídeos formados na raiz pela fixação biológica do N pelas leguminosas de origem tropical (soja, feijão) são transportados para a parte aérea formando a ureia.

b) No ciclo da ornitina, inicia-se a partir do semialdeído de glutamato que deriva nos aminoácidos ornitina, citrulina, argisosuccinato e arginina. A partir da arginina, sob ação da enzima arginase, forma-se a ureia.

Portanto, é preciso reciclar o N contido na ureia e que é formado em grande quantidade na planta. Isso ocorre a partir da ação da urease (Ni) induzindo incremento na eficiência de uso do elemento, evitando seu acúmulo na planta e, consequentemente, a toxicidade.

Além da urease o Ni tem ação em outras enzimas importantes. Essas enzimas participam da rota fotossintética como a RuBisCO e a aldolase, entre outras (Sheorant et al., 1990), metabolismo do N, como a redução do nitrato pela malato desidrogenase (Brown, 2007) e as antioxidativas, como superóxido da dismutase (Schickler & Caspi, 1999). Em leguminosas, a redução do N_2 a NH_3 catalisada pela nitrogenase pode ter sua eficiência aumentada na presença do Ni. Esse elemento é importante por ativar a hidrogenase que recicla parte do gás H_2, que é vital para redução do N atmosférico (Evans et al., 1987).

Portanto, a ação enzimática do Ni no metabolismo vegetal beneficiaria diferentes processos fisiológicos refletindo no crescimento e na produção das culturas, caso a quantidade do elemento na planta não atenda sua exigência.

Por fim, o Ni participa da síntese de fitoalexinas, que melhoram a resistência das plantas a doenças (Walker et al., 1985).

Exigências nutricionais das culturas

A exigência de Ni é relativamente muito baixa, havendo poucos estudos que avaliam o acúmulo do elemento ao longo do desenvolvimento da cultura. Os teores de Ni nas sementes próximos de 100ng g^{-1} devem garantir a adequada germinação das plantas (Brown et al., 1987). O teor de Ni nas sementes é muito variável entre as espécies, podendo atingir de 0,25 mg kg^{-1} em ervilha e feijão até 8,0 mg kg^{-1} em aveia (Kabata-Pendias & Pendias, 2011).

Um estudo de Malavolta et al. (2006) constatou que a metade do Ni na planta de citrus estaria alocado nas flores. Isso pode indicar alta exigência da planta nessa fase de desenvolvimento da cultura, podendo inferir a necessidade desse elemento no metabolismo vegetal. Portanto, podem ser oportunas pesquisas com pulverização foliar do Ni nessa fase apenas para nutrir o órgão flor e induzir possível aumento do pegamento da florada.

De forma geral, as informações restritas dos teores de Ni adequado no solo e na folha, aliadas à baixa exigência da planta e possíveis riscos de toxicidade, dificultam seu emprego universal em cultivos.

Sintomatologias de deficiência e excessos nutricionais

Deficiência

O sintoma de deficiência de Ni mais conhecido seria em pecã, tendo na ponta das folhas novas manchas escuras em formato arredondado com deformação semelhante a orelha de rato. Existe a necessidade de mais estudos sobre essas sintomatologias em outras espécies.

Os teores foliares adequados de Ni variam de 0,01 a 10 mg kg^{-1} (Brown et al., 1987). Essa ampla variação também indica a necessidade de pesquisas em diferentes espécies.

Excesso

Em nível molecular a toxicidade do Ni é resultado de sua ação no fotossistema, causando distúrbios no ciclo de Calvin e inibição do transporte elétrico por causa das quantidades excessivas de ATP e NADPH acumuladas pela ineficiência das reações de escuro (Krupa et al., 1993).

O sintoma de toxicidade de Ni é uma clorose semelhante à deficiência de micronutrientes (Mn e Fe), diminuindo o crescimento da raiz e da parte aérea e podendo evoluir para deformação de várias partes da planta (Mishra & Kar, 1974).

A toxicidade de Ni se expressa quando a concentração de Ni for maior que 50 mg kg^{-1} na matéria seca das plantas, com exceção das espécies acumuladoras e as hiperacumuladoras (Adriano, 1986). A alface, por exemplo, é uma acumuladora; hiperacumuladoras seriam Vellozia spp., com mais de 3.000 mg kg^{-1} em suas folhas, e Sebertiaacuminate, com 11.700 mg kg^{-1} (Brooks et al., 1990). No entanto, Marschner (1995) indica que valores superiores a 10 mg kg^{-1} de Ni na massa seca podem ocasionar toxicidade para a maioria das culturas.

Um aspecto importante é que, embora o Ni não esteja em nível tóxico para a planta, pode estar em nível crítico para o consumo humano.

18
DIAGNOSE VISUAL E FOLIAR

Introdução

Para que uma cultura possa manifestar todo o seu potencial genético por meio da produção de um alimento qualquer, é necessário que tenha à sua disposição todos os fatores vitais otimizados (climáticos, genótipos, edáficos, luz, água, temperatura, nutrientes etc.).

No tocante à nutrição, é necessário que a planta tenha a seu dispor durante todo o seu ciclo vital os nutrientes em quantidades adequadas para que possam cumprir as suas funções no metabolismo vegetal.

Saliente-se que dos fatores que determinam o lucro do empreendimento agrícola, ou seja, preço do produto, custo de produção e produtividade, o último é o principal que, por sua vez, é, na maior parte, explicado pelo estado nutricional adequado da cultura. É necessário então saber se a planta ou a cultura está ou não bem nutrida, pois é do adequado estado nutricional que depende a produção de uma cultura qualquer.

Para otimizar a nutrição da planta, prevenindo insucessos por deficiências ou excessos de elementos, deve-se, portanto, empregar a análise de solos como critério para recomendação de corretivos e fertilizantes e, também, a própria planta como objeto de diagnóstico. Assim, a avaliação do estado nutricional das plantas pode ser feita utilizando-se a análise química do solo e da planta (folhas), as quais são técnicas complementares.

Normalmente, a análise de solo/terra indica a disponibilidade potencial de um elemento para as plantas, ao passo que a análise de planta reflete seu estado nutricional atual, que resulta do efeito integrado de todos os fatores que afetam a disponibilidade de nutrientes e o desenvolvimento das plantas sob dada condição ambiental.

No caso da planta, tem-se o diagnóstico foliar, tendo dois caminhos que podem auxiliar nesse sentido, ou seja, pode-se lançar mão de sintomas visuais e de análises químicas do material vegetal.

Diagnose visual

Para usar o diagnóstico pelo método visual, é preciso garantir que o problema no campo é causado pela deficiência ou pelo excesso de um nutriente, pois a incidência de pragas e doenças, entre outros, pode "mascarar" pelo fato de gerar sintomas parecidos com o nutricional. Assim, nos casos de desordem nutricional, os sintomas normalmente apresentam as seguintes características:

Dispersão – o "problema nutricional" ocorre de forma homogênea no campo, pois em casos de doenças/pragas, por exemplo, esses se manifestam em plantas isoladas ou em "reboleiras".

Simetria – em um par de folhas, a desordem nutricional ocorre nas duas folhas.

Gradiente – em um ramo ou planta, os sintomas respeitam um gradiente, apresentando um agravamento dos sintomas nas folhas velhas para as novas, ou vice-versa.

Assim, na diagnose visual, a sintomatologia de deficiência/excesso pode variar com as culturas. Normalmente, a sintomatologia de deficiência ocorre em folhas velhas (para os nutrientes móveis na planta) ou novas ou em brotos (para os nutrientes pouco móveis na planta), e ainda pode ser visualizada na raiz, caracterizando diferentes tipos de sintomas (Figura 110). Desse modo, conforme visto no fim de cada capítulo, os sintomas visuais de deficiência nutricional podem ser agrupados em seis categorias: a) crescimento reduzido; b) clorose uniforme ou em manchas nas folhas; c) clorose internerval; d) necrose; e) coloração purpúreo; f) deformações.

A diagnose visual permite avaliar os sintomas de deficiência ou excesso de nutrientes, de maneira rápida, sendo possível fazer correções no programa de adubação, com certas limitações. Entretanto, esse método recebe críticas por uma série de limitações:

a) No campo, na planta é passível de ocorrerem interferências de agentes (pragas e patógenos) que podem mascarar a exatidão da detecção do nutriente-problema, conforme dito anteriormente.
b) No campo, os sintomas de deficiência podem ser diferentes dos descritos em publicações especializadas, pois nesses trabalhos ilustram sintomas "severos" de desordem nutricional e no campo tais sintomas podem ser "leves".

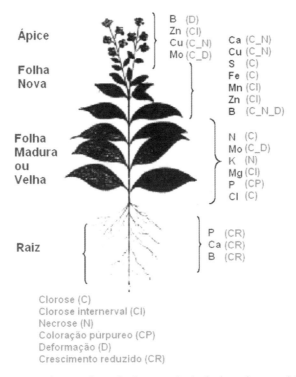

Figura 110 – Esquema de uma chave de sintomatologia de desordem nutricional por deficiência.

c) O sintoma de deficiência de certo elemento pode diferir em diferentes culturas, ou seja, o conhecimento do sintoma de deficiência em uma dada espécie pode não ser válido para outra. Por exemplo, o Zn em frutíferas pode ocorrer com sintomas como folhas pequenas e em milho como folhas novas com branqueamento.
d) Podem ocorrer sintomas de deficiência iguais para um nutriente diferente.
e) Pode ocorrer um nível de deficiência que irá reduzir a produção sem que a planta desenvolva qualquer sintoma.

f) A deficiência de dois ou mais nutrientes simultaneamente dificulta ou impossibilita a identificação dos nutrientes em deficiência. Embora, em café, os sintomas de deficiência de dois nutrientes: N–K e B–Zn podem ser identificados ainda que ocorram simultaneamente (Haag et al., 1969).
g) Uma condição de excesso de um dado nutriente pode ser confundida com deficiência de um outro nutriente.
h) O uso adequado da técnica da diagnose visual exige técnicos com significativa experiência na cultura da sua região.
i) Além disso, a diagnose visual não quantifica o nível de deficiência ou de excesso do nutriente em estudo.

Acrescente-se que somente quando a planta apresenta uma desordem nutricional aguda ocorre claramente a manifestação dos sintomas visuais de deficiência ou excesso característicos, passíveis de diferenciação; entretanto, nesse ponto, parte significativa da produção (cerca de 40%-50%) já está comprometida, pois séries de danos fisiológicos já foram desencadeadas e a visualização dos sintomas mostra os danos no nível de tecidos que nesse estádio são irreversíveis (Figura 8). Portanto, o uso da diagnose visual não deve ser a regra, e sim como um complemento da diagnose.

Diagnose foliar

Um método de diagnose com menor grau de limitação que a diagnose visual é o foliar, por meio da análise química das folhas, de forma que passa a ser um método mais utilizado no monitoramento do estado nutricional das culturas. O uso do teor de nutrientes para indicar o estado nutricional das plantas foi inicialmente proposto na década de 1930, por Lagatu & Maume (1934). Embora a técnica da análise química de plantas seja relativamente antiga, ainda hoje é pouco utilizada pelos agricultores latino-americanos.

A diagnose foliar propriamente dita consiste na avaliação do estado nutricional de uma planta tomando uma amostra de um tecido vegetal e comparando-a com seu padrão preestabelecido. Esse padrão consiste em uma planta que apresenta todos os nutrientes em proporções adequadas, capazes de propiciar condições favoráveis para a planta expressar seu máximo potencial genético para a produção.

As folhas constituem o tecido vegetal mais comumente empregado para a análise, pois esse órgão é a sede do metabolismo da planta e grande parte dos nutrientes concentram-se nelas. Embora possam ser utilizados outros tecidos vegetais, como parte da folha (pecíolo) ou mesmo a semente, conforme indicaram Rafique et al. (2006), ou frutos e caldo (cana-de-açúcar); entretanto, como o acúmulo de nutrientes nesses tecidos não é igual para todos os elementos, especialmente os imóveis ou pouco móvel, é pouco provável que esse órgão reflita adequadamente o estado nutricional para todos os macro e micronutrientes da cultura. Um outro órgão seria a raiz para o diagnóstico de toxicidade de metais pesados ou mesmo de N em cana-de-açúcar.

A análise química foliar pode ser interpretada tomando-se um único nutriente, por meio do método do nível crítico ou da faixa de suficiência, ou alternativamente, tomando como base a relação entre os nutrientes feita pelo método denominado DRIS (Sistema Integrado de Diagnose e Recomendação). Assim, existem várias ferramentas que podem ser utilizadas, preferencialmente, de maneira integrada para o conhecimento do sistema solo-planta, com subsídios suficientes para a interferência, se for o caso, na adoção de práticas de adubação, inclusive tornando-a mais eficiente.

A diagnose foliar serve para identificar o estado nutricional da planta, pela análise química de um tecido vegetal que seja mais sensível em demonstrar as variações dos nutrientes, e, na maioria das vezes, a folha. A utilização da análise foliar como critério diagnóstico baseia-se na premissa de existir relação entre o suprimento de nutrientes e os teores dos elementos foliares, e que aumentos ou decréscimos nas concentrações relacionam-se com produções mais altas ou mais baixas. O teor de nutriente dentro da planta é um valor integral de todos os fatores que interagiram para afetá-lo. Para fins de interpretação dos resultados de análise química de plantas, é preciso conhecer os fatores que afetam a concentração de nutrientes, os procedimentos padronizados de amostragem e as relações pertinentes (premissas básicas para o uso da diagnose foliar):

a) suprimento do nutriente pelo solo *versus* produção. Isso quer dizer que em um solo mais fértil a produção deverá ser maior que em um solo de baixa fertilidade;

b) suprimento do nutriente pelo solo *versus* teor foliar. Com o aumento do suprimento do nutriente no solo aumenta-se, também, o teor na folha das plantas;

c) teor foliar *versus* produção. O aumento do nutriente na folha é que explicaria o incremento da produção.

Especificamente, quanto à relação teor foliar e a produção, têm-se diversas fases ou zonas (Figura 111), que merecem ser discutidas.

Faixa ou zona deficiente

Nessa fase, têm-se os sintomas de deficiência visível. Isso ocorre em solos (ou substratos) muito deficientes do elemento que recebem doses (ainda insuficientes) do nutriente. Nesse caso, a resposta em produção de matéria seca pela planta é muito grande, não permitindo o aumento do teor foliar do elemento, podendo haver até diluição. Esse efeito de diluição do nutriente pela formação de material orgânico é também conhecido por efeito Steembjerg. Assim, a planta que apresenta o teor de um dado nutriente nessa fase é interpretada como deficiente.

Faixa ou zona de transição

Nessa fase, embora haja sintomas de deficiência não visível (fome oculta), existe uma relação direta entre o teor foliar e a produção. Assim, quando o teor foliar proporciona 80% a 95% da produção máxima, corresponde ao nível crítico. A concentração crítica próxima de 80% estaria associada a custo de fertilização relativamente alto e/ou baixo valor do produto colhido; o contrário seria nível crítico próximo de 95%. Em seguida, tem-se o teor que reflete a máxima produção (100%). Essa relação é observada em solos (ou substratos) com deficiência leve do nutriente, nos quais a resposta em crescimento e produção à aplicação do nutriente é menor. Nesse caso, ocorrem aumentos proporcionais no teor foliar e crescimento ou produção, ou seja, a maior absorção é compensada pela formação de mais material orgânico. Assim, o teor de um dado nutriente nessa fase da planta que corresponda à produção entre o nível crítico e a produção máxima ou ótima é interpretado como adequado.

Faixa ou zona de consumo de luxo

Nessa fase, o aumento da concentração do nutriente não resulta em aumento da produção. Esse fato é observado em solos não deficientes do nutriente que recebem doses do elemento. Nesse caso, a planta absorve, mas não responde em crescimento, ocorrendo aumento da sua concentração (teor) nos tecidos da planta. Assim, o teor de um dado nutriente nessa fase da planta que corresponda à produção máxima ou ótima até atingir nível crítico de toxidez (corresponde ao dado teor que promove diminuição de 5% a 20% da produção máxima) é interpretado como alto.

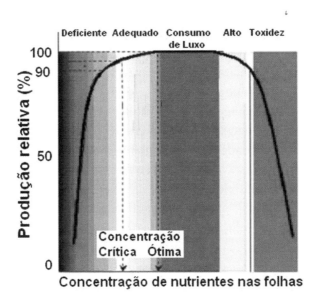

Figura 111 – Relação entre o teor do elemento e produção relativa.

$$\text{Produção relativa} = \frac{\text{colheita em presença do nível x do elemento}}{\text{colheita em presença do nível máximo do elemento}} \times 100$$

Faixa de toxicidade

Essa fase tem início quando o aumento do teor do nutriente diminui significativamente a produção. Assim, um dado teor do nutriente que promova queda igual ou superior a 5% a 20% da produção máxima é interpretado como nível tóxico. Essa relação é observada em solos (ou substrato) com excesso do nutriente e que recebem doses desse; a planta o absorve, aumenta o teor no tecido, mas diminui o crescimento em razão de sua toxidez ou deficiência induzida de outro nutriente, por causa do desequilíbrio.

Nos trabalhos de pesquisa, o nível crítico de deficiência foi inicialmente proposto por Macy em 1937, e é o mais estudado; corresponde, portanto, à concentração abaixo da qual a taxa de crescimento (produção ou qualidade) é significativamente diminuída e, acima dela, a produção é pouco expressiva e não é econômica.

Após atingir a produção máxima, o aumento da concentração do nutriente na folha não vai mais resultar em acréscimo de produção e, assim, a planta passa a realizar um "consumo de luxo". Salienta-se que no consumo de luxo tem-se acúmulo dos nutrientes nos vacúolos das células, que poderá ser liberado gradualmente para atender às eventuais necessidades nutricionais das plantas. Após essa faixa de concentração, o acréscimo do nutriente no tecido vegetal pode levar à diminuição da produção, caracterizando a zona de toxidez.

Observe-se que na diagnose foliar é necessário que a planta esteja em uma época de máxima atividade fisiológica, como no florescimento ou no início da frutificação. Nessa época os teores foliares dos nutrientes apresentam alta correlação com a produtividade.

Em virtude dessa exigência da análise química das folhas no auge do desenvolvimento da planta, coloca-se a diagnose foliar com pouca ação na eventual correção da deficiência de nutrientes em culturas anuais no mesmo ciclo de produção da cultura, mas gera-se informação segura para a próxima safra. Entretanto, em culturas perenes como cafeeiro, citros etc., a diagnose foliar apresenta potencial elevado no diagnóstico do estado nutricional da planta, possibilitando a correção no mesmo ano agrícola, com satisfatória eficiência.

A diagnose foliar tem como vantagem utilizar a própria planta como extrator. Por fim, acrescente-se que a diagnose foliar tem várias aplicações:
a) avaliação da exigência e exportação de nutrientes bem como as eficiências nutricionais em culturas;
b) identificação de deficiências que provocam sintomas semelhantes, dificultando ou impossibilitando a diagnose visual;
c) avaliação do estado nutricional, auxiliando o manejo de programas de adubação, normalmente baseados na análise de solo; com isso, é possível melhorar a recomendação para os anos seguintes. Isso tem sido utilizado com sucesso em culturas perenes como manga, citrus e café. Em culturas anuais a sua utilização como recomendação de adubação é pouco empregada. As flutuações que ocorrem nos teores de nutrientes com o tempo, associados às elevadas taxas de crescimento e, principalmente, o ciclo de produção de curta duração são limitações importantes.

d) aplicação em pesquisas das áreas de ciências agrárias e ambiental (seleção de plantas tolerantes a metais).

A diagnose foliar constitui um método direto de avaliação do estado nutricional das culturas, pois utiliza o teor do nutriente presente na planta. Entretanto, existem os métodos indiretos que avaliam o nível de um composto orgânico ou a atividade de uma enzima, onde o nutriente faz parte desse composto orgânico ou é ativador dessa enzima, ou seja, planta deficiente em N deverá apresentar baixa quantidade de clorofila ou baixa atividade da redutase de nitrato (o NO_3^- induz a enzima, pois é substrato dela). Nesse sentido, Malavolta et al. (1997) descreveram para diversos nutrientes testes bioquímicos que poderiam ser realizados para avaliar o estado nutricional da planta. Por exemplo: N (atividade da redutase, sintetase da glutamina, N amídico, asparagina); P (frutose-1,6-2P e fotossíntese; atividade da fosfatase); K (teores de amidas e de ácido pipecólico; teor de putrescina); Mg (ácido pipecólico); S (reação com glutaraldeído; aminoácidos livres); Mn (peroxidases; relação clorofila a/b); B (atividade ATPase); Zn (ribonuclease; anidrase carbônica; teor de arginina). No caso do P, outros estudos indicam que o Pi nas células do vacúolo pode indicar o estado nutricional da planta (Bollons & Barraclough, 1997; 1999).

Critérios de amostragem de folhas

É oportuno informar que somente será válido um resultado de análise foliar se houver um padrão de comparação. Existem variações entre espécies e intraespécies, dificultando sobremaneira a generalização dos padrões, com teores adequados dos nutrientes (detalhes a seguir em "estudos sobre diagnose foliar em culturas"). Assim, o controle rigoroso desses critérios é que garantirá a validade do resultado da análise química foliar, sua interpretação e a correção das deficiências com as futuras adubações. Some-se a isso o fato de que é na etapa de amostragem que ocorre a maioria dos erros que podem comprometer um programa de adubação, provenientes da amostragem malfeita, e não por problemas analíticos de laboratório, ou, ainda, do uso de tabelas de recomendação inadequadas.

Para a amostragem correta da folha-diagnose propriamente dita, devem-se considerar alguns critérios que são específicos a cada cultura como:
a) Tipo de folha.
b) Época de coleta.
c) Número de folhas por talhão.

Quanto ao *tipo de folha*, normalmente é a recém-madura totalmente desenvolvida, pois essa deve ter uma maior sensibilidade para refletir o real estado nutricional da planta, além de ter ocorrido pouco efeito da redistribuição dos nutrientes. Essa folha é chamada de folha-diagnose ou folha-índice. Sua padronização é importante, visto que a folha mais velha apresenta maior concentração de nutrientes pouco móveis (Ca, S e micros) e a muito nova tem maior concentração dos nutrientes móveis (N, P e K). Nesse sentido, Chadha et al. (1980) observaram em mangueira maior estabilidade ou equilíbrio dos macro e micronutrientes nas folhas, com idade de 6-8 meses (folhas com idade média, ou seja, nem novas, nem velhas) (Tabela 81). Entretanto, apenas o N aumentou nas folhas mais velhas, por causa da aplicação de fertilizante nitrogenado nessa época.

Tabela 81 – Efeito da idade da folha na concentração de nutrientes da mangueira

Idade folhas	N	P	K	Ca	Mg	S	Zn	Cu	Mn	Fe
mês			g kg^{-1}					mg kg^{-1}		
1	12,8	1,52	11,07	9,1	2,0	0,88	20	12	27	105
2	11,8	1,18	9,8	10,8	2,9	0,81	28	11	32	153
3	11,9	0,98	8,1	12,2	3,2	1,05	28	11	46	171
4	11,7	0,90	7,7	13,1	3,4	0,88	14	8	46	129
5	12,0	0,84	8,1	14,0	3,5	1,14	15	12	54	193
6	11,7	0,73	7,0	15,9	3,3	1,13	13	11	63	156
7	11,7	0,73	6,4	16,7	3,3	1,14	13	10	63	154
8	11,7	0,73	5,8	17,2	3,3	1,15	12	12	78	169
9	11,6	0,66	5,7	18,8	3,1	1,13	17	21	100	143
10	12,8	0,73	4,8	19,1	3,4	1,19	22	22	87	108
11	12,9	0,70	5,4	20,7	3,3	1,39	15	14	112	145
12	13,0	0,77	4,2	21,2	3,7	1,32	50	17	100	182

A pesquisa que busca identificar a folha-diagnose deve isolar a folha mais sensível para discriminar com clareza os teores de nutrientes no tecido vegetal que expressam níveis deficientes, adequados e tóxicos. Além disso, nos nutrientes não podem ocorrer variações abruptas com a época de amostragem.

Assim, a folha a ser coletada deve ser a mesma da qual foi obtido o nível crítico/faixa adequada que compõe o padrão das tabelas para respectiva cultura.

A *época de amostragem* deve ocorrer em estádios fisiológicos definidos, uma vez que os nutrientes podem variar com a idade da planta. Por exemplo, quando a planta de arroz está com 20 dias de idade, o teor adequado de P na parte aérea é de 4 g kg^{-1}, e quando a planta atingiu a idade de 80 dias, o teor adequado de P é de 1 g kg^{-1} de matéria seca (Figura 112) (Fageria et al., 2004). Isso significa que os dados da análise de plantas devem ser calibrados com a idade da planta.

Normalmente, é adotado que a época de amostragem deve coincidir com a maior atividade fisiológica da planta (ou atividade fotossintética), ocorrendo muitas vezes na época da fase reprodutiva, quando a concentração de nutrientes é maior.

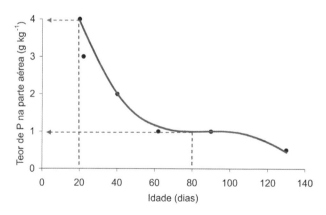

Figura 112 – Teor de fósforo na planta de arroz de terras altas em função da idade da planta (adaptado de Fageria et al., 2004).

Nesse sentido, Natale et al. (1994) observaram que a melhor coeficiente de determinação das equações das doses de fertilizante nitrogenado e N foliar ocorreu na época do florescimento comparada com a da frutificação (Tabela 82).

De toda forma, a época de amostragem de folhas de uma determinada cultura deve coincidir com a época de coleta das folhas utilizadas pela pesquisa para estabelecer o nível crítico/faixa adequada ou padrões.

Tabela 82 – Relação de doses de nitrogênio e o teor foliar avaliado na época do florescimento e frutificação

Variáveis	Ano agrícola	Época de amostragem	Equação de ajuste	R^2(**)
	89/90	Florescimento	Linear	0,90
		Frutificação	Linear	0,56
N foliar x Doses	90/91	Florescimento	Quadrática	0,99
		Frutificação	Linear	0,92
	91/92	Florescimento	Quadrática	0,97
		Frutificação	Linear	0,78

**Teste F ($p<0,01$).

Lin et al. (2006) verificaram que a produção de grãos do arroz esteve mais correlacionada com N da folha coletada após o florescimento, comparado na época do florescimento.

Com relação ao *número de folhas*, normalmente são utilizadas de 25 a 100 folhas por amostra. O erro da amostragem diminui em amostragem que utiliza o maior número de folhas e associado com maior número de plantas (Holland et al., 1967). Rozane et al. (2007) observaram que, em pomar de mangueiras, o incremento do número de plantas amostradas diminuiu a porcentagem de erro amostral dos nutrientes, sugerindo como adequado 10 plantas por gleba.

Na literatura existem indicações de amostragem de folhas para diversas culturas (Figura 113). Entretanto, para algumas culturas, ainda não se definiram os padrões de amostragem sustentados pela pesquisa que melhor refletiriam o estado nutricional da planta.

Os critérios para amostragem de folhas de outras culturas, segundo Raij et al. (1996), são:

Cacau – Coletar 2ª e 3ª folhas verdes, a partir do ápice do ramo, da altura média da planta, 8 semanas após o florescimento principal. Amostrar 4 folhas por árvore em 25 plantas.

Mamão – Coletar 15 pecíolos de folhas jovens, totalmente expandidas e maduras (17ª a 20ª folhas a partir do ápice), com uma flor visível na axila.

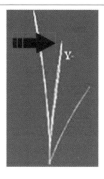  

Arroz – Coletar folha bandeira, no início do florescimento. Mínimo 50 folhas.

Cana-de-açúcar – Coletar folha +1 (folha mais alta com colarinho visível "TVD"), os 20 cm centrais, excluída a nervura central. Amostrar 30 plantas durante a fase de maior desenvolvimento vegetativo.

Milho – Coletar o terço central da folha da base da espiga, no pendoamento (50% das plantas pendoadas). Amostrar 30 folhas por ha.

Algodão – Coletar o limbo da 5ª folha a partir do ápice da haste principal, no florescimento. Amostrar 30 folhas por gleba.

Soja – Coletar a 3ª folha com pecíolo, no florescimento. 30 plantas.

Feijão – Coletar a 3ª folha com pecíolo no terço médio das plantas, no florescimento. 30 plantas.

Amendoim – Coletar as folhas do tufo apical do ramo principal, no florescimento. Amostrar 50 plantas.

Girassol – Coletar a 5ª e a 6ª folha abaixo do capítulo, no florescimento. Amostrar 30 plantas.

Sorgo – Coletar a 4ª folha com bainha visível, a partir do ápice, no florescimento. Amostrar 30 folhas

Figura 113 – Critérios de amostragem de folhas para análise química em culturas (Raij et al., 1996).

Trigo – Folha bandeira, coletada no início do florescimento. Mínimo 50 folhas.

Café – Coletar 3º par a partir do ápice do ramo frutífero, da altura média da planta, no início do verão, sendo 2 folhas por planta em 50 plantas por talhão.

Citrus – Coletar a 3ª folha a partir do fruto, gerada na primavera (6 meses de idade), em ramos com frutos (2-4 cm de diâmetro). Amostrar 4 folhas por planta (25 plantas por talhão).

Manga – Coletar folhas do meio do último fluxo de vegetação de ramos com flores na extremidade. Amostrar 4 folhas por árvore, 20 plantas por talhão.

Abacaxi – Coletar antes da indução floral uma folha recém-madura "D" (4ª folha a partir do ápice). Cortar as folhas (1 cm de largura), eliminando a porção basal sem clorofila.

Goiaba[1] – Coletar o 3º par de folhas com pecíolo, a partir da extremidade do ramo, a 1,5 m do solo. Amostrar 4 pares de folhas por árvore, em 25 plantas por gleba.

Banana – Retirar os 5-10 cm centrais da 3ª folha a partir da inflorescência, eliminando a nervura central e metades periféricas. Amostrar 30 plantas.

Maracujá – Coletar no outono a 3ª ou 4ª folha, a partir do ápice de ramos não sombreados, ou folha com botão floral na axila, prestes a se abrir. Amostrar 20 plantas.

Pêssego – Coletar 26 folhas recém-maduras e totalmente expandidas da porção mediana dos ramos. Amostrar 25 plantas por talhão.

Figura 113 – *Continuação*. [1] Natale et al. (1996) e [2] Prado & Natale (2004c).

Acerola – Amostrar nos quatro lados da planta folhas jovens totalmente expandidas dos ramos frutíferos. Amostrar 50 plantas.

Abacate – Coletar, em fevereiro/março, folhas recém-expandidas com idade entre 5 e 7 meses, da altura média das copas. Amostrar 50 árvores.

Caju – Coletar folhas maduras (4ª folha) de novos crescimentos em pomares em produção. Amostrar 4 folhas por árvore em 10 plantas.

Carambola[2] – Coletar a 6ª folha com pecíolo, em ramos com flores, nos meses de agosto a outubro. Coletar 30 folhas por gleba.

Seringueira – Em árvores de até 4 anos, retirar 2 folhas mais desenvolvidas da base de um buquê terminal situado no exterior da copa e em plena luz. Em árvores de mais de 4 anos, colher 2 folhas mais desenvolvidas no último lançamento maduro em ramos baixos na copa em áreas sombreadas. Amostrar 25 plantas no verão.

Eucalipto – Coletar folhas recém-maduras, normalmente o penúltimo ou antepenúltimo lançamento de folhas dos últimos 12 meses, do terço superior da copa. Amostrar no final do inverno, pelo menos 20 árvores por talhão.

Figura 113 – *Continuação*. [1] Natale et al. (1996) e [2] Prado & Natale (2004c).

Figo – Coletar folhas recém-maduras e totalmente expandidas, da porção mediana dos ramos, três meses após a brotação. Amostras de 25 plantas por talhão, num total de 100 folhas.

Uva – Coletar a folha recém-madura mais nova, contada a partir do ápice dos ramos da videira, retirando um total de 100 folhas.

Côco – coletar três folíolos de cada lado da nervura central da folha 14, no verão. Amostrar 20 plantas.

Batata – Coletar a 3ª folha a partir do tufo apical, aos 30 dias. Amostrar 30 plantas.

Melancia/melão – Coletar a 5ª folha a partir da ponta, excluindo o tufo apical da metade até 2/3 do ciclo da planta: 15 plantas.

Morango – Coletar a 3ª ou 4ª folha recém-desenvolvida (sem pecíolo), no início do florescimento: 30 plantas.

Feijão-vagem – Coletar a 4ª folha a partir da ponta, do florescimento ao início da formação das vagens: 30 plantas.

Cenoura – Coletar a folha recém-madura, metade a 2/3 do crescimento: 20 plantas.

Beterraba – Coletar a folha recém-desenvolvida: 20 plantas.

Ervilha – Coletar a folha recém-desenvolvida, no florescimento: 50 folíolos.

Alface – Coletar a folha recém-desenvolvida, metade a 2/3 do crescimento: 15 plantas.

Couve-flor – Coletar a folha recém-desenvolvida, formação da cabeça: 15 plantas.

Tomate – Coletar a folha com pecíolo, por ocasião do 1º fruto maduro: 25 plantas.

Abóbora – Coletar a 9ª folha a partir da ponta, no início da frutificação: 15 plantas.

Forrageiras (gramíneas) – Coletar a brotação nova e folhas verdes, durante a fase de crescimento ativo (novembro a fevereiro).

Forrageiras (leguminosas) – Idem ao anterior, exceto algumas leguminosas, como: soja perene – coletar a ponta dos ramos desde o ápice até a 3ª-4ª folhas desenvolvidas; estilosantes – coletar o ponteiro da planta (cerca de 15 cm); leucena – coletar ramos novos com diâmetro até 5 mm; alfafa – coletar o terço superior no início do florescimento.

Martinez et al. (1999) também relataram critérios para amostragem de folhas para diversas culturas, além das citadas anteriormente, como azaleia, buganvília, caju, lírio, cravo, crisântemo, hortênsia, mamona, melão, pera, rosa e violeta.

O procedimento que deve ser seguido no campo para coletar a amostra de folhas é semelhante ao descrito no caso da amostragem de solo. Desse modo, a obtenção de amostras representativas depende de técnicas de amostragem capazes de contornar a heterogeneidade que pode ocorrer na gleba. Assim, seguem algumas indicações gerais para a amostragem de folhas:

a) caminhamento em zigue-zague;
b) caminhamento em nível;
c) evitar plantas próximas de estradas ou carreadores.

Além disso, não se deve proceder à amostragem de folhas nas seguintes condições:

a) plantas com sinais de pragas e moléstias (Tabela 83);
b) glebas que receberam adubação há menos de 30 dias ou defensivos;
c) variedades diferentes, pois o estado nutricional é influenciado pelo fator genético, fato amplamente relatado na literatura, em diversas culturas, como em clones de seringueira (Centurion et al., 2005);
d) no caso de culturas perenes enxertadas, não misturar folhas de plantas que tenham copa ou porta-enxerto diferentes, pois esses influenciam o estado nutricional, a exemplo da copa do maracujazeiro-amarelo (Prado et al., 2005);
e) em nenhum caso são misturadas folhas de idades diferentes;
f) tratando-se de culturas perenes não se podem colocar na mesma amostra folhas de ramos produtivos e folhas de ramos não produtivos;
g) tecidos mortos ou com danos (mecânicos);
h) evitar coletar folhas após a ocorrência de alta precipitação, pois pode haver perdas de alguns nutrientes, a exemplo do N e K, fato relatado em cana-de-açúcar por Malavolta et al. (1997).

Tabela 83 – Composição de cátions de folhas de algodoeiro colhidas de plantas sadias ou afetadas pelo "vermelhão" (Malavolta et al., 1997)

Elemento	Plantas	
	Sadias	Doentes
	$g\ kg^{-1}$	
K	18,3	15,9
Ca	37,0	31,1
Mg	6,3	4,9

Por fim, na hipótese de um problema isolado em determinada cultura. Por exemplo, para se avaliar qual é o nutriente que estaria causando um determinado sintoma de deficiência numa planta qualquer, recomenda-se retirar amostras de folhas com os sintomas bem acentuados, separadas de outras amostras com sintomas menos acentuados, e ainda devem-se colher folhas sem sintomas, devendo em todos os casos as folhas amostradas serem da mesma idade e mesma posição na planta.

Preparo de material vegetal e análises químicas

O preparo do material vegetal e a análise química ocorrem normalmente no laboratório de Nutrição de Plantas, constituindo etapa importante em estudos de diagnose foliar. Nesse sentido, Hanlon et al. (1995) relataram que na interpretação da análise química foliar pode ocorrer influência além do estádio fisiológico da folha coletada, do método analítico e pelos procedimentos de preparo da amostra.

Na época da coleta das amostras no campo, essas devem ser identificadas de acordo com o talhão com preenchimento de um formulário com as seguintes informações:

Formulário da amostra de planta
Amostra nº. _____. Identificação do Produtor: _____
1 – Identificação
    Nome do proprietário:
    Nome da propriedade:
    Endereço: Fone: E-mail:
    Responsável pela remessa:

2 – Descrição da amostra
    Data da amostragem:
    Tipo da folha amostrada:
    Cultura: Variedade/cultivos: Idade:
    Data da última pulverização foliar e produto utilizado:

3 – Nutrientes a serem analisados:
    (X) macronutrientes (N, P, K, Ca, Mg e S)
    (X) micronutrientes (Fe, Mn, B, Zn, Cu)
    (X) outros _____

4 – Recomendações desejadas:

Após a amostragem das folhas no campo, alguns procedimentos imediatos devem ser tomados, tais como (Malavolta, 1992):

a) Se a amostra puder chegar ao laboratório no máximo dois dias depois da coleta: colocar em sacos de papel e enviar ao laboratório.
b) Se a amostra chegar ao laboratório mais de dois dias depois da coleta: lavar previamente, na sequência: água corrente "limpa"; solução detergente (0,1%) e água; secar em forno regulado para temperatura próxima de 70°C ou a pleno sol (para interromper a respiração das folhas); colocar em saco de papel e enviar ao laboratório. Entretanto, é possível a conservação do material vegetal por 2-3 dias em refrigerador (ou isopor com gelo), sem que haja deterioração, assim não necessitando de secagem no campo.

Em seguida, ao chegar ao laboratório devidamente credenciado com selo de qualidade (a exemplo do emitido pela Sociedade Brasileira de Ciência do Solo), a amostra de folha passa pelos seguintes tratamentos:

a) Registro: a amostra recebe um número que a identifica.
b) Lavagem, em caso de folhas frescas, com: água corrente "destilada"; solução detergente (0,1% v/v) livre contaminante como P; solução ácido clorídrico (0,3% v/v); água deionizada e secagem. A solução detergente tem como princípio aumentar a molhabilidade da folha e eliminar a terra, ou seja, contaminação especialmente de Fe das amostras, enquanto o ácido poderia remover metais previamente aplicados em adubação foliar (exemplo do Zn) (Pryea et al., 2005). O tempo de imersão das folhas na solução não deve ser superior a 30 segundos, para evitar perdas por difusão de elementos solúveis da folha. A lavagem adequada das folhas evitaria aliás interpretações erradas, em que um alto teor na análise poderia indicar níveis de toxicidade; na verdade, o elemento estaria na superfície foliar, vindo de uma eventual pulverização, e foi quantificado na análise.
c) A secagem deverá efetuar-se o mais rapidamente possível de forma a minimizar as alterações, tanto biológicas como químicas. Eliminar, por escorrimento, o excesso de água, colocar as amostras em sacos de papel e secar em estufa com circulação forçada de ar, com temperaturas variando de 65°C a 70°C (Bataglia et al. 1983), até atingir massa constante, que deverá ocorrer após 48 a 72 horas. Opção alternativa seria secagem em forno micro-ondas com tempo inferior a 30 min, tendo resultados promissores (Marcante et al., 2010; Teixeira et al., 2017), mas necessita estudos complementares.
d) Moagem: pulverização em moinho para se ter material fino e homogêneo para análise. Indicam-se moinhos providos de câmaras de aço inoxidável ou plástico, de forma a evitar contaminações do material vegetal com alguns

micronutrientes, como o Fe e o Cu. Entre moagens sucessivas o moinho deve ser limpo com uso de pincel e com álcool 70% ou com ar comprimido. Em amostras para estudos com isótopos a moagem deve ser ultrafina.

e) Armazenamento: as folhas moídas são colocadas em sacos de papel devidamente etiquetados, onde ficam até o momento da análise propriamente dita.

Ainda no laboratório, a amostra que será analisada deverá ser submetida a diferentes procedimentos para a análise química, como: a) pesagem; b) obtenção do extrato; c) determinação do elemento (Figura 114).

Para obtenção do extrato, é preciso fazer a digestão, que consiste na retirada dos elementos de compostos orgânicos ou adsorvidos a esses compostos (mineralização), podendo ser por diferentes tipos de digestão (Bataglia et al., 1983; Malavolta et al., 1997). Os detalhes das rotinas laboratoriais nos procedimentos químico-analíticos para análise foliar foram descritos por Martins & Reissmann (2007). Assim, serão apresentados resumidamente os procedimentos de análise química de plantas, conforme Malavolta et al. (1997), derivados dos estudos realizados nas décadas de 1970 e 80 por Sarruge, Haag e Bataglia.

Digestão por via seca: por meio da incineração do material (para B e Mo).

Digestão por via úmida: por meio de ácidos fortes, que compreende a digestão sulfúrica (para o N) e a digestão nitroperclórica (para os demais, exceto o B, N e Cl). A nitroperclórica é a preferida, por operar em baixa temperatura, sem perdas por volatilização de nutrientes (PE - $HClO_4$ = 208°C; HNO_3 = 85°C). O Cl é extraído por água.

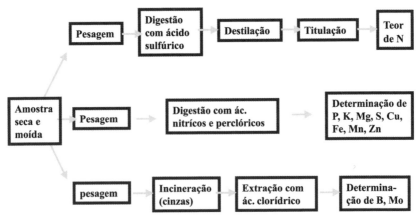

Figura 114 – Esquema simplificado do processo de análise foliar em um laboratório de nutrição de plantas.

Digestão por agitação: por meio da água (para o Cl).

Digestão por via seca (B, Mo)

- Pesar 0,2 g de matéria seca (M.S.).
- Transferir o material vegetal para o cadinho e incinerar em forno elétrico a 500-550°C até obtenção de cinza branca (mais ou menos 3 horas de duração).
- Esfriar e adicionar 10 mL de HCl 0,1N, dissolvendo-se a cinza.
- Deixar em repouso o resíduo, obtendo-se o extrato.

Digestão por via úmida (nitroperclórica) (P, K, Ca, Mg, S, Cu, Fe, Mn, Zn)

- Pesar 1 g de M.S.
- Inicialmente faz-se a digestão a frio: 5 mL HNO_3 g M.S. (deixar em repouso por um dia).
- Adicionar mais 5 mL HNO_3 g M.S.
- No período da manhã, deixar o material no bloco digestor para a digestão lenta da M.S. (tem-se uma digestão parcial da M.S.) e, em seguida, deixar esfriar.
- No período da tarde, adicionar ácido perclórico 2 mL g^{-1} M.S. e aquecer (à tarde), até obter um extrato incolor.
- Evitar o superaquecimento (até 210°C), pois causa perdas de P e S.
- Completar extrato a 50 mL.

Digestão por via úmida (sulfúrica) (N)

- Pesar 0,1 g M.S.
- Proceder à mistura digestora (ácido sulfúrico+catalisadores+sais), isto eleva o ponto de ebulição.
- Em um becker de 1.000 mL adicionar a mistura:

175 mL de água destilada;
3,6g de Na_2SeO_3;
21,39g de Na_2SO_4;
4,0 g de $CuSO_4 \cdot 5H_2O$;
200 mL de H_2SO_4 concentrado.

- Juntar 0,1 g de M.S. e 7 mL da mistura para um balão de Kjeldahl ou para tubo de digestão.
- Levar para o bloco digestor, aumentando a temperatura de 40°C a cada 30 min, até atingir 350°C, mantendo-se assim até completar a digestão, caracterizada pela obtenção de um líquido incolor ou levemente esverdeado (mais ou menos 3 horas de duração).

Ultimamente, vêm sendo estudados métodos alternativos de digestão da amostra, substituindo via úmida por via seca em sistema fechado para eliminar o uso de reagentes, evitando resíduos agressivos ao ambiente ou métodos por via úmida que utilizem menores quantidades desses reagentes.

Digestão aquosa por agitação (Cl)

- Pesar 100 mg de matéria seca em erlenmeyer de 50 mL.
- Adicionar 25 mL de água destilada fechando-o com tampa de borracha.
- Agitar aproximadamente a 100 rpm em agitador horizontal por 10 min.
- Tomar uma alíquota de 10 mL desse extrato e pipetar para cápsula de porcelana, obtendo-se o extrato.

É pertinente salientar que a digestão nitroperclórica, em sistema aberto, embora seja método amplamente utilizado no Brasil, não o é em países desenvolvidos, que utilizam digestão em forno de micro-ondas, em sistema fechado e rápido, diferentemente da digestão ácida; por ser sistema aberto, expõem produtos químicos ao ambiente, e ainda é um processo mais lento.

Após a digestão, faz-se a determinação do elemento, sendo realizada a leitura dos nutrientes presentes no extrato da solução. Os métodos de determinação são: P por calorimetria; K e Ca por fotometria de chama ou absorção atômica ou titulação; Mg por absorção atômica, calorimetria; S por gravimetria ou turbidimetria; Cu por calorimetria ou absorção atômica; Fe e Zn por calorimetria ou absorção atômica; Cl por titulação; Mo por calorimetria.

Com relação ao Mo, praticamente não é feita sua determinação em laboratórios de rotina, em razão da falta de calibração para esse; e, ainda, o teor foliar é muito baixo (<0,3 mg kg^{-1}), dificultando sua detecção pelo aparelho. Entretanto, por colorimetria (reação entre iodeto de potássio e peróxido de hidrogênio), a precisão da determinação do Mo passa a ser adequada (Polidoro et al., 2006).

Outras análises químicas

a) Silício

Será descrito o método proposto por Elliott e Snyder (1991), no qual se utiliza 0,1 g da amostra (tecido foliar) em tubo plástico. A seguir, acrescentam-se 2 mL de água oxigenada (30% ou 50%) mais 3 mL de NaOH (1:1). Os tubos serão agitados e, em seguida, colocados em autoclave por um período de uma hora a 123°C e 1,5 atm de pressão. Será tomada uma alíquota de 2 mL do material digerido, a qual será misturada com 2 mL de molibdato de amônio (1:5) para a formação do complexo amarelo ácido sílico-molíbdico. O pH ideal para que ocorra a máxima formação do complexo é entre 1 e 2. Assim sendo, quando for necessário baixar o pH das amostras, será adicionado HCl (50%). Para eliminar a interferência do P e do Fe será utilizado o ácido oxálico (75 g em 200 mL de água destilada) na proporção de 2 mL por amostra. A leitura do Si nos extratos será feita em fotocolorímetro, no comprimento de onda de 410 ηm.

Existe outro método de análise de Si, a partir da digestão úmida induzida em estufa proposta por Kraska e Breitenbeck (2010), adaptado, que será descrito a seguir. Procedimento:

- Pesar 0,1 g da amostra do tecido vegetal seco e colocar no tubo de 50 mL de polietileno com tampa de rosca centrífuga, previamente lavados com solução de 0,1M de hidróxido de sódio (NaOH), lavadas com água desionizada, e secas.
- Para reduzir a formação de espuma, adiciona-se cinco gotas de álcool-octil antes de adicionar peróxido de hidrogênio (H_2O_2) e NaOH.
- Umedecer as amostras com 2 mL de H_2O_2 30%, lavando as paredes do tubo com a amostra (a qualidade do peróxido é muito importante para a extração, pois se o mesmo promove a oxidação do carbono na amostra e em casos de uso do peróxido em concentração inferior, pode ocorrer apenas digestão parcial das amostras; portanto, deve-se manter a embalagem do produto hermeticamente fechada).
- Fechar o tubo e colocar em estufa de circulação forçada de ar a 95°C.
- Após 30 minutos, retirar os tubos e adicionar 4 mL de NaOH 50% às amostras quentes.
- Agitar os tubos vagarosamente, fechar e retornar à estufa de 95°C.
- Após 4 horas, retirar as amostras. Esse tempo de digestão foi determinado para análise do tecido foliar em plantas de arroz, no entanto, o tempo de

digestão pode variar em função do tipo de material vegetal, sendo necessário que o extrato ao final da digestão seja uma solução homogênea. Ex.: Para a amostra do tecido foliar de plantas de amendoim foram necessárias 7 horas.
• Durante o período de digestão na estufa faz-se necessário agitar levemente as amostras com intervalos de 1 hora (a agitação favorece processo de digestão).
• Diluir as amostras em volume final com água deionizada, completando-as para 50 mL.
• As amostras devem permanecer em repouso por um período de 12 horas.

A determinação da concentração de silício é realizada por espectrofotômetro a 410 nm, pelo método de colorimetria. Procedimento:
• Coletar uma alíquota de 1 mL do extrato de digestão (em amostras de plantas não acumuladoras de Si, aumentar para 2 mL);
• Transferir a alíquota para copos de plástico e adicionar um volume de água deionizada suficiente para atingir um volume final de 20 mL;
• Adicionar 1 mL de ácido clorídrico (50% v/v). O volume de ácido pode variar (1 ou 2 mL), de forma que o valor pH da solução esteja próximo de 1,5 a 2,0;
• Adicionar 2 mL de molibdato de amônio (100 g L^{-1}) e agitar levemente. A cor amarela deve aparecer nas amostras contendo Si. Quanto mais amarelo, maior a concentração de Si na solução;
• Decorridos de 5 a 10 minutos, adicionar 2 mL de ácido oxálico (75 g L^{-1}), agitando levemente a solução para eliminar a interferência do P e do Fe;
• Depois de 2 minutos fazer a leitura em espectrofotômetro a 410 nm. A cor amarela é pouco estável, permanecendo assim por apenas 15 minutos.

Por fim, ressalta-se que é permitido usar apenas recipientes plásticos. A água a ser utilizada na análise de Si é um ponto crítico: é importante que seja purificada sem Si e, se possível, deve-se fazer um pré-teste para certificar. É necessário destilar e depois deionizar duas vezes a água.

b) Nitrato

O teor de nitrato é um importante índice da qualidade dos alimentos; assim, sua análise tem sido indicada em diversas culturas, desde hortaliças até em forrageiras. Mantovani et al. (2005) estudaram a extração de nitrato com água deionizada e quantificação, utilizando os procedimentos da coluna redutora contendo cádmio, da destilação, do ácido salicílico e da mistura redutora contendo zinco. Os procedimentos do ácido salicílico e da mistura redutora contendo zinco superestimam os teores de nitrato na matéria seca de alface, pois são mais sujeitos à presença de interferentes e ao efeito da cor do extrato. Os procedimentos da coluna redutora contendo cádmio e da destilação são os mais adequados na quantificação de nitrato em tecido vegetal. Contudo, a simplicidade e o menor custo da destilação em relação à coluna redutora indicam que a destilação deve ser recomendada.

Desse modo, será apresentado o procedimento da destilação do nitrato, originalmente proposto por Bremner & Keeney (1965) (apud Mantovani et al., 2005).

Para frascos de plástico com tampa de pressão e capacidade de 100 mL, serão transferidas amostras de 0,2 g de matéria seca e 20 mL de água deionizada, que serão submetidas, por 1 hora, a períodos de agitação de 5 min, seguidos de 15 min de repouso, em banho-maria com temperatura em torno de 60°C. Na clarificação dos extratos, as suspensões serão transferidas para balões volumétricos de 200 mL, aos quais se adicionaram 5 mL de solução de tetraborato de sódio ($Na_2B_4O_7.10H_2O$) 50 g L^{-1}; 5 mL de hexacianoferrato (II) de potássio [$K_4Fe(CN)_6.3H_2O$] 150 g L^{-1}; e 5 mL de sulfato de zinco ($ZnSO_4.7H_2O$) 300 g L^{-1}. Após a adição de cada solução faz-se a agitação do conteúdo, completando-se o volume com água deionizada e mantendo-se em repouso por 30 min. Após a extração, o material será filtrado em papel-filtro qualitativo e será feita a destilação dos extratos em microdestilador Kjeldahl (Bremner & Keeney, 1965). Como uma adaptação para tecido vegetal, serão empregados 5 mL de extrato e 0,4 g de liga de Devarda, para que todo o nitrato da amostra seja convertido a amônio em uma única destilação. A seguir, será feita a quantificação de N na forma de amônio do destilado por meio de titulação com solução padronizada de H_2SO_4 0,00263 mol L^{-1}. Considerando-se que a concentração de $N-NO_2^-$ presente nas amostras era desprezível e, assim, os resultados de $N-NO_3^-+N-NO_2^-$ deverão ser convertidos e expressos como $N-NO_3^-$.

Por último, após a realização das análises químicas e uso das vidrarias, é preciso efetuar a sua limpeza adequada para evitar contaminação que pode influenciar (significativamente) nos próximos resultados analíticos a serem obtidos. Para isso, usar detergente específico para vidrarias, atenção especial à diluição da solução e tempo de molho do material. Mergulhar o material completamente, não permitindo que fique área de fora da solução. Lavar com esponja ou escova adequada a cada vidraria. Enxaguar bem em água corrente (três a cinco vezes), em seguida com água deionizada e colocar para secar em estufa (até 30°C).

Estudos sobre diagnose foliar em culturas

Conforme dito anteriormente, para avaliar o estado nutricional das culturas, podem-se utilizar diferentes ferramentas, como diagnose foliar (nível crítico/faixa adequada ou DRIS), diagnose visual e análise química do solo.

Diagnóstico foliar (nível crítico ou faixa adequada)

Na opção da diagnose foliar, para avaliação do estado nutricional das plantas, devem-se realizar alguns procedimentos, como: amostragem de folhas, preparo do material, análise química no laboratório e a obtenção dos resultados analíticos (Figura 115). Esses resultados poderão ser utilizados pela pesquisa para a definição de níveis críticos e confecção das tabelas de teores adequados (padrões); caso já existam essas tabelas, fazer apenas as comparações e as devidas interpretações que indicaram se os nutrientes estão em teores adequados, deficientes ou em excesso. Assim, tem-se o diagnóstico do estado nutricional das culturas, que servirá para recomendação de adubação ou ajuste, com reflexos diretos na expressão da produtividade e lucratividade da exploração agrícola.

Figura 115 – Fluxograma da avaliação do estado nutricional das plantas e seus desdobramentos por meio do nível crítico ou faixa adequada.

Na literatura, existem as *Tabelas* com os teores dos nutrientes, que consistem nos padrões de culturas ditas normais (alto crescimento e produção). Assim, a Tabela 84 apresenta os teores foliares de macronutrientes e micronutrientes considerados adequados para várias culturas (Raij et al., 1996).

Conforme dito, com os resultados da análise química foliar de uma determinada amostra é possível fazer a comparação com o padrão (Tabelas), onde então podem ocorrer três situações:

a) o teor da amostra é menor do que o teor considerado padrão; isso indica uma possível deficiência;

Tabela 84 – Faixas de teores adequados de macronutrientes e micronutrientes em folhas de algumas culturas (adaptado de Raij et al., 1996)

Cultura	N	P	K	Ca	Mg	S
			g kg^{-1}			
Arroz	27-35	1,8-3,0	13-30	2,5-10	1,5-5,0	1,4-3,0
Milho	27-35	2,0-4,0	17-35	2,5-8,0	1,5-5,0	1,5-3,0
Trigo	20-34	2,1-3,3	15-30	2,5-10	1,5-4,0	1,5-3,0
Café	26-32	1,2-2,0	18-25	10-15	3,0-5,0	1,5-2,0
Algodão	35-43	2,5-4,0	15-25	20-35	3,0-8,0	4,0-8,0
Laranja	23-27	1,2-1,6	10-15	35-45	2,5-4,0	2,0-3,0
Soja	40-54	2,5-5,0	17-25	4-20	3-10	2,1-4,0
Cana-de-açúcar	18-25	1,5-3,0	10-16	2-8	1-3	1,5-3,0
			mg kg^{-1}			
	B	Cu	Fe	Mn	Mo	Zn
Arroz	4-25	3-25	70-200	70-400	0,1-0,3	10-50
Milho	10-25	6-20	30-250	20-200	0,1-0,2	15-100
Trigo	5-20	5-25	10-300	25-150	0,3-0,5	20-70
Café	5-80	10-20	50-200	50-200	0,1-0,2	10-20
Algodão	30-50	5-25	40-250	25-300	-	25-200
Laranja	36-100	4-10	50-120	35-300	0,1-1,0	25-100
Soja	21-55	10-30	50-350	20-100	1,0-5,0	20-50
Cana-de-açúcar	10-30	6-15	40-250	25-250	0,05-0,20	10-50

Obs.: Esses teores adequados de nutrientes são válidos apenas para as culturas que tiveram a amostragem de folhas realizadas segundo Raij et al. (1996), apresentado na Figura 113.

b) o teor na amostra é igual ao teor considerado padrão, indicando não haver nem deficiência, nem toxidez;

c) o teor na amostra é maior do que o teor considerado padrão, indicando uma possível toxidez do elemento.

Cabe ressaltar que os valores adequados dos nutrientes devem ser considerados para o respectivo critério de amostragem de folhas, ou seja, a folha que resultou a amostra deve ser a mesma do padrão (que é "Tabelado"); caso contrário, a interpretação dos resultados não será confiável. Nesse sentido, o teor adequado de nutriente depende da folha diagnose, ou seja, tomando como exemplo a cultura do milho, a folha abaixo da espiga é diferente da folha oposta (Tabela 85), e a primeira metodologia indica uma folha mais nova e, portanto, com maior teor de nutrientes, especialmente os móveis.

Tabela 85 – Teor foliar adequado dos macronutrientes na cultura do milho em função do tipo da folha diagnóstica

Nutrientes	Raij et al. (1996)[1]	Malavolta (1992)[2]
	g kg^{-1}	
N	27-35	27-33
P	2,0-4,0	2,5-3,0
K	17-35	21-30
Ca	2,5-8,0	2,0-5,0
Mg	1,5-5,0	2,1-4,0
S	1,5-3,0	2,0-3,0

[1] Terço central da folha da base da espiga, no florescimento masculino (50% das plantas pendoadas); [2] limbo da folha oposta e abaixo da espiga, no florescimento feminino (aparecimento do "cabelo").

Esses teores adequados, presentes nas Tabelas, podem ser obtidos por extrapolação de plantas cultivadas em outros países e transferidas para o Brasil, onde podem estar embutidos erros em razão das condições edafoclimáticas diferentes. Uma segunda forma é pela experimentação local desenvolvida no Brasil. Essa última forma de obtenção dos teores adequados dos nutrientes é a mais precisa para garantir as maiores produtividades com o uso da diagnose foliar. Para isso, são instalados experimentos de campo, onde são usados comumente mais de três doses de um dado nutriente, além da testemunha (dose zero) na presença de doses suficientes dos demais elementos. Assim, obtêm-se as relações já ditas anteriormente, que são:

a) dose (suprimento do nutriente pelo solo) *versus* produção;
b) dose (suprimento do nutriente pelo solo) e/ou teor do nutriente do solo *versus* teor foliar (ou produção);
c) *Teor foliar* versus *produção*.

Assim, com a relação teor foliar *versus* produção, é possível estabelecer os teores adequados de nutrientes nas plantas. Existem trabalhos de pesquisa com essas relações, para diversos nutrientes e culturas, a exemplo do N em mangueira, citrus e cafeeiro, cujos teores críticos foram de 13 g kg^{-1} (ou 1,3%), de 27 g kg^{-1} (Figura 116) e de 31 g kg^{-1} (Figura 117), respectivamente. Na goiabeira, o nível crítico de Ca foi de 8,5 g kg^{-1} (Figura 117). Nessas relações de aumento das doses do nutriente (ou do teor foliar) e produção está associado um coeficiente de variação ou um erro experimental, comum em experimentos de campo, admitindo-se adotar teores adequados um pouco acima do nível crítico, numa faixa de suficiência (~100% da produção máxima), para que a futura recomendação de adubação garanta a obtenção da produtividade esperada. Desse modo, dependendo do autor, a interpretação de teor de nutrientes foliar baixo, médio, adequado e alto está associada com produção relativa <70%, 70-90%; 90-100% e >100%, respectivamente.

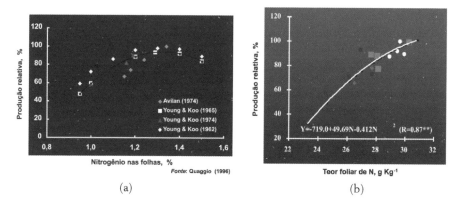

Figura 116 – Efeito do nitrogênio foliar na produção da mangueira (a) e do citrus (b).

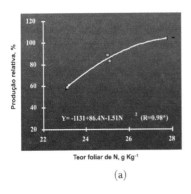 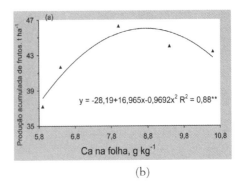

(a) (b)

Figura 117 – Efeito do nitrogênio foliar na produção do cafeeiro (a) e do cálcio foliar na produção da goiabeira (b).

Assim, para a interpretação dos resultados do estado nutricional das plantas, a faixa de suficiência é a mais adequada, comparada com o valor pontual como nível crítico. Isso porque, além do coeficiente de variação, obtido na obtenção da curva de calibração, conforme comentado anteriormente, as culturas apresentam variações genéticas pela diversidade de variedade e/ou híbridos/clones. Portanto, o método de interpretação do nutriente foliar pela faixa adequada é menos afetado pelas variações do ambiente e da própria planta.

Fontes (2001) indica que no diagnóstico da cultura deve-se levar em consideração o nível crítico do nutriente associado a uma análise fitotécnica (desenvolvimento) da cultura, pois a concentração do nutriente no tecido é expressa em termos relativos, isto é, quantidade do nutriente/quantidade de matéria seca.

Por fim, uma outra aplicação da diagnose foliar é no levantamento do estado nutricional de uma cultura em uma dada região. Com esses dados, podem-se inferir eventuais problemas na condução das lavouras, como os baixos teores de Ca/Mg, que podem indicar baixo uso de calcário, assim como baixos teores de P e K podem indicar a fertilização ineficiente, entre outros.

Como exemplo, tem-se um levantamento do estado nutricional de lavouras cafeeiras, na região da zona da mata (Minas Gerais), onde a maioria das propriedades apresenta teores foliares abaixo do nível crítico, como o Ca (74%), indicando possível problema com a calagem e também com P (91%), K (82%) e B (100%), as quais devem estar utilizando adubação fosfatada, potássica e boratada em doses abaixo da exigência das plantas (Tabela 86). Assim, com essas informações, as instituições de extensão podem orientar os produtores da região para adotar práticas agronômicas corretivas, para que a produção agrícola satisfatória seja retomada.

Tabela 86 – Levantamento nutricional de cafeeiros na zona da mata de Minas Gerais, com base na análise foliar pelo nível crítico ou teor limiar

Nutriente	Nível crítico	Lavouras deficientes
	g kg^{-1}	%
N	30,0	41
P	1,2	91
K	18,0	82
Ca	10,0	74
Mg	3,5	32
S	2,0	0
Cu	4,0	0
B	40,0	100

Diagnóstico foliar (DRIS – Sistema integrado de diagnose e recomendação)

Conforme comentado anteriormente, os dois critérios de interpretação (nível crítico e faixa adequada) discutidos baseiam-se no estabelecimento de padrões para plantas produtivas e na comparação das concentrações dos nutrientes das amostras com esses padrões. Nos dois procedimentos, utilizam-se os teores absolutos de nutrientes.

Nesses critérios, tem-se a relação entre o teor do nutriente na folha, obtida em experimentação pelas curvas de calibração, e a produtividade da planta. Desse modo, a comparação de uma amostra qualquer com o padrão deve gerar indicação válida somente quando se têm as mesmas condições edafoclimáticas (temperatura, disponibilidade de água, de outros nutrientes, reação do solo, entre outras) em que foi ajustada a curva de calibração.

Em condições de campo, em lavouras comerciais, as glebas podem não reproduzir as mesmas condições de crescimento e desenvolvimento daquelas obtidas na curva de calibração. Nessas circunstâncias, têm-se as críticas ao método do nível crítico ou faixa adequada, em razão de sua capacidade ser limitada em prognosticar o estado nutricional da cultura para determinado nutriente em uma condição específica, comprometendo a precisão da futura recomendação de adubação; enquanto o DRIS tem essa vantagem de poder ser desenvolvido em glebas comerciais, portanto próximo das condições reais de cultivo utilizado pelo produtor.

O DRIS foi idealizado como um processo de diagnóstico capaz de superar as limitações do método convencional (nível crítico ou faixa adequada ou de suficiência), discutido antes e, principalmente, por minimizar os efeitos de diluição ou de concentração dos nutrientes em relação às variações no acúmulo de matéria seca pelos tecidos vegetais.

A concepção teórica do DRIS é interessante agronomicamente, visto que permite trabalhar as interações, pois utilizam-se as relações entre dois nutrientes, em uma determinada amostra, com uma população de referência. Assim, o DRIS é considerado um método bivariado, diferentemente da faixa adequada (univariado).

Existe outro método CND (Diagnose da Composição Nutricional) multivariado que pode ser utilizado para estabelecer o estado nutricional da planta. Existe guia prático inédito para cálculo do CND que pode ser consultado (Traspadini et al., 2018). Uma alternativa para obtenção dos valores críticos para o método da faixa de suficiência é a chance matemática que aplica distribuição de probabilidades a dados obtidos de lavouras comerciais (Wadt et al., 2013).

A concepção do DRIS considera que em uma lavoura ou população de plantas de alta produção existe uma relação específica entre nutrientes, por exemplo N/K; N/P; P/K etc. Assim, pode existir uma situação em que a baixa produção da cultura se relacione com o desequilíbrio nutricional, e talvez com um pequeno acréscimo daquele nutriente o problema seja solucionado com reflexo significativo na produção e na lucratividade.

Na verdade, o DRIS é uma técnica baseada na comparação de índices calculados por meio das relações entre nutrientes. O sistema baseia-se no cálculo de índices para cada nutriente, considerando a sua relação com os demais e comparando cada relação com as relações médias de uma população de referência (alta produção). Para cada nutriente, índices com valores negativos indicam deficiência, e, positivos, excesso, enquanto valores próximos de zero correspondem a uma nutrição equilibrada. Assim, esses resultados expressam numericamente a influência de cada nutriente sobre o balanço nutricional da planta.

O sucesso do DRIS vai depender da confiabilidade dos dados obtidos para a população de referência, dependente do alto número de observações que, muitas vezes, constitui o "gargalo" do DRIS. Some-se a isso o fato de que o DRIS não é imune às adversidades, comuns nos outros métodos de diagnose. É necessário que a aplicação do DRIS seja regional e não extrapolada para muitas regiões produtoras, e que mantenha controle satisfatório de técnicas de amostragem dos tecidos para a diagnose. Uma outra questão importante seria a eventual entrada de um "dado errado" que pode ocorrer com a contaminação da amostra (exemplo: alto teor foliar de Cu devido a pulverização recente), resultando em um diagnóstico incorreto para o respectivo nutriente e também com reflexos nos demais nutrientes. Este último fato não ocorre com o uso da interpretação pelo nível crítico, pela faixa adequada.

O DRIS foi desenvolvido para a interpretação menos dependente de variações de amostragens com respeito a idade e origem do tecido, permitindo um ordenamento de fatores limitantes de produção, realçando a importância do balanço de nutrientes (Bragança & Costa, 1996). Na literatura foram desenvolvidas derivações do DRIS para diminuir diagnósticos errôneos, nos casos em que há maior concentração ou diluição e as relações dos nutrientes prevalecem constantes, a exemplo do DRIS-M (Hallmark et al., 1987).

Embora a concepção teórica do diagnóstico fisiológico, o precursor do DRIS, seja relativamente antiga, pois a primeira publicação foi a de Beaufils (1973), com ampla divulgação mundial no fim da década de 1980 (Sumner, 1978), somente no fim da década de 1990 seu potencial começou a ser explorado, sendo impulsionado principalmente pelo avanço da informática nos últimos tempos.

Alguns procedimentos são necessários para o estabelecimento do DRIS, desde a coleta dos dados que ocorre de forma semelhante à adotada comumente no método convencional de diagnose pela faixa adequada, até a realização dos cálculos para obtenção dos índices DRIS e por fim do balanço nutricional da cultura.

a) Coleta de dados
a) Produção da cultura de interesse.

A produtividade de cada um dos talhões da cultura deverá ser determinada. É importante obter talhões com diferentes produtividades, variando de baixa a alta.

b) Amostragem de folhas.

Nesses mesmos talhões deverá ser realizada a amostragem de folhas seguindo os critérios normalmente adotados pela literatura para respectiva cultura. Em seguida, será determinado o teor de nutrientes, utilizando método descrito por Bataglia et al. (1983).

b) Análise dos dados
a) Banco de dados

Para isso, deverão ser selecionados os respectivos talhões da cultura, os quais serão acompanhados durante o ano agrícola. O número pequeno de talhões pode afetar o sucesso do DRIS; assim, é interessante utilizar maior número possível de talhões (>120), cujos dados são altamente confiáveis.

Todos os resultados das análises de folhas e a produtividade deverão ser organizados em um grande banco de dados, com discriminações para o número e área do talhão, idade, cultivar, densidade de plantio, ano de amostragem foliar e colheita. Esse grande banco de dados deverá posteriormente ser analisado em populações, de acordo com os critérios definidos. Inicialmente, deverá separar a população em dois grupos, de acordo com a produtividade: um de alta e outro de baixa.

b) Cálculo do DRIS

Inicialmente, para o cálculo dos índices DRIS, devem-se seguir alguns procedimentos, como o número de relações possíveis, a escolha da relação dos nutrientes, o cálculo das funções e o somatório das funções, podendo-se obter, ainda, o índice de balanço nutricional.

b_1) Número das relações possíveis

Para obtenção do número das razões possíveis utilizar-se-á a seguinte expressão: Nº de relações = n (n - 1).

b_2) Escolha da relação a ser estudada

Inicialmente, calculam-se a média, a variância e o coeficiente de variação dos nutrientes. A escolha da relação é necessária porque, nos cálculos dos índices DRIS, apenas um tipo de expressão é utilizado para relacionar cada par de nutrientes.

Existem duas formas de escolher a relação dos nutrientes: a primeira, pela maior razão de variância (S^2 A/S^2 B), ou seja, tomando como exemplo a relação N/K, onde a sua razão de variância é maior que K/N (Letzsch, 1985); e a segunda, proposta por Nick (1998), denominada "valor r", de forma que compreende o cálculo dos coeficientes de correlação (r) entre os valores da variável resposta da planta e a razão entre os pares de nutrientes, tanto na forma direta como na inversa. Assim, é escolhida a relação que resultar no mais alto valor absoluto do coeficiente de correlação.

b_3) Cálculo das funções

Diversas propostas com modificações do modelo original proposto por Beaufils (1973) para o cálculo das funções dos nutrientes de uma amostra e cálculo do índice DRIS foram apresentadas para aumentar sua precisão na diagnose nutricional. Assim, será apresentada a proposta de Jones (1981).

$f(Y/X) = [(Y/Xa) - (Y/Xn)] \times k/s$; onde:
$f(Y/X)$ = função calculada da relação de nutrientes Y e X
Y/Xa = relação de nutrientes da amostra
Y/Xn = relação de nutrientes da norma
s = desvio-padrão da relação Y/Xn
k = Constante de sensibilidade.
b_4) Cálculo dos índices DRIS
$Ix = [\Sigma^m_{i=1} f(Y/Xi) - \Sigma^n_{j-1} f(Xj/Y)] / (m+n)$; onde
Ix = Índice DRIS para X
X = nutriente para o cálculo do índice
Y = outro nutriente
m = número de função cujo fator X encontra-se no denominador da razão da norma
n = número de função cujo fator X encontra-se no numerador da razão da norma
b_4) Índice de balanço nutricional

O índice de balanço nutricional (IBN) procura avaliar a média dos valores absolutos de todos os índices dos nutrientes, tanto para M-DRIS como para o DRIS (Walworth & Summer, 1987). Esse índice pode ser útil na indicação do estado nutricional da planta, sem entretanto indicar suas causas. Quanto maior o valor da soma, maior será a indicação de que a planta se encontra em desequilíbrio nutricional e, portanto, menor será sua produtividade.
$IBNm = (|IY1| + |IY2| + ... + |IYn|)/n$

Saliente-se que a literatura evidencia um grande número de pesquisas científicas realizadas com DRIS em diversas culturas como as anuais como milho (Reis, 1992) e soja (Beverly et al., 1986), semiperenes como cana-de-açúcar (Reis & Monnerat, 2002) e em perenes como cafeeiro (Partelli et al., 2006) e as frutíferas: cerejeiras (Davee et al., 1986), avelã (Righetti et al., 1988), macieiras (Parent & Granger, 1989), videiras (Chelvan et al., 1984), pecan (Beverly & Worley, 1992), pessegueiro (Sanz, 1999), mangueira (Raghupathi & Bhargava, 1999; Politi et al., 2013), abacaxizeiro (Angeles et al., 1990), bananeiras (Angeles et al., 1993), mamoeiros (Bowen, 1992), limoeiro (Creste, 1996) e em laranjeiras (Beverly et al., 1984).

Alguns exemplos didáticos podem indicar a aplicabilidade do DRIS para a avaliação do estado nutricional das plantas, como o citrus. A partir de três lavouras (amostras) constatou-se que o IBN (índice de balanço nutricional) igual a 1, 25 e 50 esteve associado à produção de 10; 5 e 2 caixas por planta (Tabela 87).

Assim, nota-se que o IBN próximo ou igual a 1 indica que os nutrientes encontram-se em equilíbrio na planta, ao passo que IBN alto indica forte desequilíbrio nutricional, informando, ainda, qual nutriente é o mais limitante, seja por deficiência (número negativo alto) seja por excesso (número positivo alto). Desse modo, observa-se que na gleba com baixa produção (duas caixas por planta) os nutrientes Ca e P foram os mais limitantes por excesso e o Mg foi o que mais prejudicou a produção por deficiência.

Tabela 87 – Avaliação do estado nutricional dos citrus usando o DRIS em glebas com diferentes produções

Parâmetros	N	P	K	Ca	Mg	S
Gleba produzindo 10,0 caixas por planta						
Teor foliar na amostra, g kg^{-1}	29,0	1,3	19,0	45,0	5,7	2,0
Índice DRIS	-2	-2	0	-1	2	3
IBN = 1						
Gleba produzindo 5,0 caixas por planta						
Teor foliar na amostra	28,6	1,3	13,5	40,4	4,0	3,0
Índice DRIS	17	22	-19	16	-49	18
IBN = 25						
Gleba produzindo 2,0 caixas por planta						
Teor foliar na amostra	24,9	1,3	14,0	43,0	2,9	2,9
Índice DRIS	17	42	-11	69	-136	18
IBN = 50						

O valor do IBN alto indica, portanto, um desequilíbrio nutricional, e consequentemente tem-se baixa produção. Nesse sentido, IBN tem correlação significativa com a produção das culturas, a exemplo do cafeeiro (Figura 118).

Essa correlação significativa expressa apenas condição específica sem ocorrências de eventos não nutricionais. Em lavouras comerciais essa correlação não é válida, pois podem ocorrer eventos como doenças/pragas/déficit hídrico antes e após a amostragem de folhas. Isso induz baixos valores de IBN, que podem estar associados a baixa produtividade.

Fazendo um breve paralelo da interpretação da análise química foliar da cultura do citros pela faixa adequada e pelo DRIS, observou-se que ambos os critérios foram semelhantes no diagnóstico do estado nutricional da cultura (Tabela 88). Entretanto, pelo método DRIS foi possível eleger em ordem crescente os três nutrientes mais desequilibrados ou os mais limitantes: 1º lugar: B; 2º lugar: P e 3º lugar: Mg (Figura 119). Na rotina do campo, é interessante sempre comparar os dois métodos de diagnóstico (DRIS e faixa adequada), pois podem existir situações em que um método pode ser mais sensível que o outro para identificar limitações na amostra. Em cafeeiro, Bataglia et al. (2004) indicaram que a faixa adequada foi o melhor critério de interpretação do estado nutricional da cultura que o DRIS em lavouras de alta produção, ao passo que em lavouras de baixa produção ocorreu o contrário.

É oportuno salientar que a informação dada pelos índices DRIS não parece melhor que a fornecida pelos teores isolados; assim, objetivamente, o DRIS pode avaliar o estado nutricional de modo melhor, igual ou pior que os tradicionais níveis críticos ou faixa de suficiência (Malavolta, 2006).

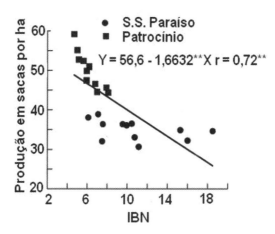

Figura 118 – Correlação linear simples entre IBN com a produção do cafeeiro em Minas Gerais (São Sebastião do Paraíso e Patrocínio) (Silva et al., 2003).

Em virtude da ausência de universalidade das normas é preferível a utilização de normas específicas às normas gerais (Silva et al., 2005). Portanto, é mais interessante usar normas DRIS no nível de região com características edafoclimáticas semelhantes à amostra a ser avaliada, aumentando o sucesso do DRIS para o diagnóstico adequado.

Segundo Martinez et al. (1999), uma das dificuldades do uso do DRIS para o diagnóstico refere-se ao fato de que os valores absolutos dos índices calculados podem variar com a fórmula de cálculo ou número de relações binárias envolvidas, não permitindo avaliar, em cada caso, o potencial de resposta à adubação. Visando melhorar a interpretação dos resultados dos índices DRIS, foi desenvolvido na UFV (Viçosa-MG) o método do potencial de resposta à adubação (PRA). Por esse método são definidas cinco classes de probabilidade de resposta à adubação, comparando-se o índice calculado para determinado nutriente e o índice de balanço nutricional médio. Assim, têm-se as seguintes classes de resposta à adubação: classe 1 (resposta positiva); classe 2 (resposta positiva ou nula); classe 3 (resposta nula); classe 4 (resposta negativa ou nula); classe 5 (resposta negativa).

No entanto, esse método não usa resposta da planta que indica se o diagnóstico é ou não verdadeiro. Portanto, é importante realizar o teste da acurácia do DRIS ou CND em lavouras comerciais antes do seu lançamento ao produtor. Os procedimentos para avaliação da acurácia aferindo a sua qualidade em função dos erros e acertos dos diagnósticos foram relatados por Wadt et al. (2016). Esse teste de acurácia foi realizado em apenas algumas culturas, como cana-de-açúcar com CND (Silva et al., 2020) e mudas de eucalipto (Morais et al., 2019).

Tabela 88 – Diagnóstico nutricional de resultados da análise química de folhas do citros interpretados pelo método da faixa adequada[1] e pelo DRIS[2]

	N	P	K	Ca	Mg	S
			g kg^{-1}			
Teor foliar	25,0	0,9	12,8	32,0	3,8	2,4
Faixa adequada	23-27	1,2-1,6	10-15	35-45	2,5-4,0	2,0-3,0
Diagnóstico	adequado	deficiente	adequado	deficiente	adequado	adequado
Índice DRIS	5	-14	6	4	11	8
Diagnóstico	adequado	deficiente	adequado	adequado	excesso	adequado
	B	Cu	Fe	Mn	Zn	Mo
			mg kg^{-1}			
Teor foliar	35,0	4,0	148,0	54,0	44,0	0,9
Faixa adequada	36-100	4-10	50-120	35-300	25-100	0,1-1,0
Diagnóstico	deficiente	adequado	alto	adequado	adequado	adequado
Índice DRIS	-28	-2	11	1	-2	não det.
Diagnóstico	deficiente	adequado	excesso	adequado	adequado	-
IBN médio	8,3					

[1] Faixa adequada segundo Quaggio et al. (1997); [2] Sistema DRIS/CITROS disponibilizado pela POTAFÓS em 7/2004.

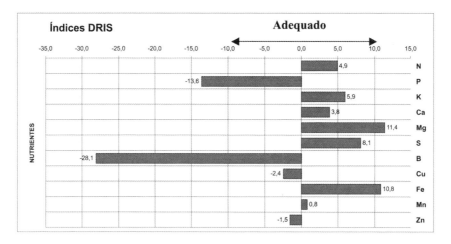

Figura 119 – Índices DRIS para a cultura do citrus.

A análise química de folhas, além de ser importante para interpretação do estado nutricional das plantas, por diagnose de deficiência, toxicidade ou desequilíbrio, conforme visto anteriormente, presta-se também para outros objetivos, segundo Fontes (2001):

a) confirmar a diagnose visual de sintomas de deficiência/toxicicidade;
b) identificar "fome oculta";
c) verificar se o nutriente aplicado ao solo foi absorvido pela planta;
d) caracterizar a concentração dos nutrientes nas plantas ao longo do(s) ano(s);
e) quantificar a remoção de nutrientes pela parte colhida;
f) predizer a produção da cultura (prognóstico);
g) mapear áreas de fertilidade no solo e estimar os níveis de nutrientes em dietas disponíveis aos animais.

A análise química de plantas deve ser considerada sempre como uma técnica complementar e não exclusiva, pois não se deve dispensar outros critérios para o diagnóstico e como meios de identificação de problemas nutricionais, tais como a análise do solo e outros (a sintomatologia visual, o uso de plantas indicadoras e a experimentação) (Souza & Carvalho, 1985).

Notou-se que o DRIS é uma ferramenta sensível e complementar importante para avaliar possíveis desequilíbrios nutricionais em culturas, entretanto, não é amplamente utilizada pelos produtores. Isso decorre possivelmente da pouca familiaridade dos técnicos envolvidos (do laboratório ou da extensão), da dificuldade de obter normas regionais ou mesmo nacionais (não há garantias de validação de que essas normas possam ser de utilização universal) e também da falta de informação relativa ao sistema sobre a verificação de campo, calibração e recomendação. Assim, é preciso avançar em termos de divulgação e também de estudos e ampliar redes de ensaios com participação efetiva, integrando as instituições de pesquisa, da extensão e da iniciativa privada (empresas e cooperativas dos produtores).

Por fim, conforme visto anteriormente, a avaliação do estado nutricional pode ser realizada de forma direta pela análise química foliar, a partir do teor total, constituindo ferramenta importante e precisa no diagnóstico; entretanto, os resultados obtidos não são utilizados para a intervenção no mesmo ciclo de produção, especialmente em culturas anuais. Isso ocorre na fase avançada do ciclo, que normalmente preconiza a coleta das amostras. Soma-se a isso o tempo que decorre da amostragem de folha e da obtenção dos resultados e do diagnóstico de intervenção, que pode demorar de 2 a 3 semanas. No entanto, em culturas perenes a diagnose foliar fundamenta o manejo sustentável da fertilização dos cultivos (Prado & Rozane, 2020).

Dessa forma, são importantes pesquisas estabelecendo curvas de calibração em culturas em fases de ciclo de produção anteriores ao comumente preconizado, associadas a estudos prévios da folha diagnosticada adequadamente e também métodos alternativos de diagnóstico rápido, como o teor de nutrientes solúveis (folha ou seiva), por meio de medidores de íons específicos, tendo *kits* para $N-NO_3^-$ e K; ou ainda métodos indiretos, como o clorofilômetro (que mede a absorção de luz pela clorofila), avaliando a intensidade da cor verde e estimando o teor de clorofila. Esse último método é interessante pelo fato de o pigmento fotossintético, responsável pela cor verde, não ocorrer isolado no cloroplasto, mas associado a proteínas que formam estruturas complexas que contêm a maior parte do N das plantas. Normalmente, as plantas submetidas a doses de N têm um incremento desse nutriente além da necessidade nutricional, ou seja, isso não reflete em produção (consumo de luxo); entretanto, isso não ocorre para a clorofila. Assim, após atingir a produção máxima, a adubação nitrogenada não influencia o teor de clorofila e, portanto, não haverá resposta da planta à aplicação desse nutriente. Portanto, existe alta correlação da medida indireta da clorofila com o teor de N na planta e na produção. Dessa forma, o monitoramento do teor de N na planta em milho, com base na medida indireta da clorofila (clorofilômetro SPAD-502 e outros aparelhos), aumenta a eficiência de uso do N em relação ao sistema de manejo não monitorado (Rambo et al., 2007). Assim, o emprego dessa técnica tem como premissa "adubar quando necessário", o que otimiza o manejo da adubação.

É oportuno acrescentar que todos os fatores que interferem na intensidade da cor verde (cultivares, desordens nutricionais de outros elementos, entre outros) deverão afetar o resultado da leitura. Portanto, exige que o produtor tenha ótimo controle da área a ser monitorada, com a limitação apenas do nitrogênio.

Desse modo, os medidores estimam o teor de clorofila, visando obter o nível crítico, que poderia ser obtido em diferentes estádios de crescimento da cultura. Uma outra forma de interpretação dos resultados seria por meio do Índice de Suficiência (IS) (Schepers et al. 1992), obtido pela expressão: IS = Valor SPAD da amostra/valor SPAD referência. O uso da interpretação pelo IS é interessante, porque pode ser feito na própria área do produtor e, portanto, minimizar interferências que podem ocorrer no método convencional pelo nível crítico. Pelo IS, a interpretação é específica para cultivar, estádio de desenvolvimento, condição edafoclimática e prática de manejo da área a ser monitorada.

Assim, o IS é obtido pelos valores da amostra-problema a ser avaliada e pelos valores obtidos em pequena área referência. Essa referência é uma microparcela no campo da cultura, onde, propositadamente, foram aplicadas quantidades abundantes ou mesmo excessivas de N, cujo valor absoluto representa a saturação, ou seja, 0,1. Obrigatoriamente todos os anos deve ser obtido um valor de referência por cultivar, em cada parcela ou em cada região de produção com condições agronômicas homogêneas, com uso de doses excessivas, cerca de 2 a 3 vezes a dose recomendada.

É amplamente utilizado, como nível adequado, o IS de 0,95, ou seja, somente abaixo desse valor é indicada a adubação nitrogenada. Entretanto, Godoy et al. (2003) sugerem que sejam adotados IS diferentes durante o ciclo do milho, utilizando os valores de 0,98 (V4), 0,95 (V7) e 0,90 (próximo ao pendoamento). Assim, é possível o IS variar com o ciclo da cultura e é interessante padronizá-lo para cada estádio de desenvolvimento da cultura.

Os índices expressos pelos clorofilômetros variam de acordo com o fabricante; por isso a padronização é importante.

Um dos aspectos mais explorados da agricultura digital seria a combinação de imagens de diversos tipos de sensores (alcance visível, multiespectral, hiperespectral, fluorescência da clorofila etc.) e técnicos de aprendizado de máquina para otimizar as práticas agrícolas como determinar o estado nutricional da cultura de forma rápida.

As características fenológicas das culturas são correlacionadas com índice de vegetação (IV) proveniente de sensores multiespectrais embarcados ou não em drones. Assim, ao mapear um dado IV de uma gleba, é possível inferir sobre a variabilidade espacial de uma variável biológica importante (altura, área foliar etc.). Essa informação biológica pode indicar a necessidade de um nutriente (mais utilizado para N) da planta e, consequentemente, definir a dose deste nutriente permitindo aplicá-lo em taxa variável no campo.

Existe tentativa na agricultura de precisão em empregar essa ferramenta para otimizar a tomada de decisão sobre a adubação, mas com a complexidade das interações do N no sistema solo-planta-ambiente é necessário experimentação para fundamentar cientificamente essa prática, integrando técnicas de sensoriamento remoto e modelagem matemática alimentada com os principais fatores de produção gerando plataformas inovadoras, auxiliando decisões econômicas sustentáveis.

Ainda existe um caminho extenso a ser percorrido com auxílio da pesquisa para que a agricultura de precisão possa integrar dezenas de fatores de produção, garantindo alta acurácia das decisões agronômicas no campo.

19
INTERAÇÕES ENTRE NUTRIENTES

Estudos das interações mais comuns

As interações que se estabelecem entre os nutrientes são de natureza muito complexa e seus efeitos refletem na composição mineral das plantas.

Embora o processo de absorção de nutrientes seja específico e seletivo, algumas vezes ocorre competição entre eles, por sua semelhança (raio iônico e carga), pois ambos os nutrientes provavelmente compartilham o mesmo transportador, seja pela ATPase específica, seja por um sistema acoplado de transporte ou cotransporte. A interação é a influência ou ação recíproca de um nutriente sobre o outro relativa ao crescimento das plantas; é a resposta diferencial de um nutriente em combinação com vários níveis (doses) de um segundo nutriente aplicado simultaneamente (Olsen, 1972). Gama (1977) afirmou que os efeitos antagônicos e sinérgicos entre os elementos variam em razão da proporção deles, das espécies, dos cultivares e do estádio de desenvolvimento do vegetal.

Durante a busca da produção máxima das culturas, é importante o teor adequado dos nutrientes isoladamente; entretanto, o equilíbrio entre os nutrientes no sistema solo-planta também passa a ser um fator limitante fundamental. Isso ocorre porque as interações entre os elementos na nutrição de plantas afetam desde os processos que ocorrem no solo, como o contato do nutriente e a raiz, e na planta, como os processos de absorção, transporte, redistribuição e metabolismo, podendo induzir desordem nutricional, seja por deficiência, seja por toxidez, com o consequente reflexo na produção das culturas. Assim, alterações química, física ou biológica no solo e na espécie cultivada podem influenciar as interações.

Desse modo, com o conhecimento dessas interações positivas ou negativas entre os nutrientes (Tabela 89) (Malavolta et al., 1997), podem ser feitos ajustes na adubação.

Tabela 89 – Interações entre nutrientes mais comuns em plantas cultivadas

Nutriente aplicado	Efeito no teor foliar de												
	N	P	K	Ca	Mg	S	B	Cl	Cu	Fe	Mn	Mo	Zn
N		+		+	+		-	-					
P		+	-	+			-	-	-			+	-
K			+	-	-								
Ca			-	+	-						-		
Mg	+	-	-	+							-		-
S	-				+		-						-
B							+						-
Cl							-	+	+				+
Cu									+	-	-	-	-
Fe									-	+	-		
Mn					-					-	+		-
Mo											-	+	
Zn		-											+

Aplicando-se o nutriente limitante ou usando fertilizantes combinados: "N-P", "N-K", tem-se aumento na eficiência da adubação (taxa de aproveitamento do nutriente aplicado pela planta).

As interações podem ser de dois tipos fundamentais: os efeitos interativos e os efeitos não interativos.

Os efeitos interativos propriamente ditos são classificados em três tipos:
Antagonismo – A presença de um nutriente diminui a absorção de outro, apesar de estar em concentrações adequadas ou altas no solo. A diminuição da absorção pode evitar a toxicidade, por exemplo: o Ca^{2+} impede a absorção exagerada de Cu^{2+}. Esse efeito ocorre quando se aumenta muito a concentração de um cátion no meio e diminui-se a absorção de outro cátion, de forma que a planta busca manter o total de cargas positivas constante.
Inibição – Consiste na diminuição da absorção de um nutriente, provocada pela presença de um outro íon, podendo ser de dois tipos: competitiva e não competitiva.

A inibição competitiva ocorre quando os dois elementos competem pelo mesmo sítio do carregador, diminuindo a absorção do nutriente que está em menor concentração. O sistema de transportador não consegue distinguir os dois íons, por exemplo: K^+ e Rb^+ ; SeO_4^{2-} e SO_4^{-2}; Zn^{+2} e Ca^{+2}. Assim, esse fenômeno pode ser corrigido aumentando a concentração do nutriente deficiente na solução do solo.

Enquanto a inibição não competitiva ocorre quando a ligação se faz em sítios diferentes, ocorre uma redução efetiva da $V_{máx}$. Assim, a concentração do nutriente não afeta sua ocorrência. Exemplo:
K^+ inibe absorção de Mg^{2+}, Ca^{2+}; $H_2PO_4^-$ inibe absorção de Zn^{2+}; Mg^{2+} inibe absorção de $Zn^{2+.}$

Sinergismo – Ocorre quando um elemento reforça o efeito de outro(s) no crescimento e promove o aumento da sua concentração nos tecidos das plantas. A presença de um dado elemento aumenta a absorção de outro nutriente – ex.: o Ca^{2+}, em concentrações não muito elevadas, aumenta a absorção de cátions e de ânions por seu papel na manutenção da integridade da plasmalema, o que tem consequência na prática da adubação.

Enquanto os efeitos não interativos podem, por razões diversas, dar origem à diluição ou à concentração de nutrientes alterando a composição química das plantas.

O efeito diluição ocorre tanto em plantas com deficiência moderada ou severa, onde a aplicação do nutriente incrementa a matéria seca e promove a diluição do nutriente, não aumentando sua concentração na folha. O efeito concentração é referido para situações ambientais extremas como frio ou déficit hídrico que retarda o crescimento, promovendo a concentração de certos nutrientes no tecido vegetal.

Relações entre nutrientes na análise foliar

Interação N × K

A interação N e K obedece à lei do mínimo, pois, quando o N é aplicado em quantidade suficiente para haver elevação da produção, essa passa a ser limitada pelos baixos teores de K aplicado (Dibb & Thompson, 1985). Assim, as maiores doses de nitrogênio somente promoverão a maior produção se acompanhadas de altas doses de potássio (Figura 120). Relação baixa N/K (cerca de 4) é a que apresenta os maiores efeitos benéficos na produção do milho (Figura 121).

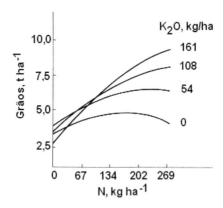

Figura 120 – Efeito de doses de nitrogênio e potássio na produção do milho (Dibb & Thompson, 1985).

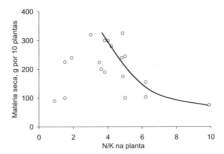

Figura 121 – Relação N/K foliar e produção do milho (Faizy, 1979).

Uma explicação do efeito benéfico da interação NxK na produção se daria pela maior eficiência de utilização do N na presença do K (Tabela 90).

A relação NxK adequada, além do aumento da produção, pode trazer outros benefícios:

1. Reduz o acamamento no milho (Tabela 91). Sabe-se que o K pode levar ao acúmulo maior de quantidade de carboidratos nos colmos, beneficiando a produção de compostos orgânicos estruturais nos colmos.

2. Aumenta a qualidade de grãos (proteína), (Tabela 92). Uma possível explicação para as culturas com alto teor de proteína necessitarem (e exportarem) de grande quantidade de K por meio dos grãos seria o envolvimento do K no transporte do N para a síntese proteica.

Tabela 90 – Efeito de doses de potássio na eficiência da nutrição nitrogenada em plantas de milho (Bitzer, 1982)

K_2O	Produção	N-eficiência	N-total absorvido
kg ha^{-1}	t ha^{-1}	kg grão/100 kg N	kg ha^{-1}
0	8,4	4872	194
67	8,8	5208	204
134	10,4	6180	240

Tabela 91 – Efeito do potássio e do nitrogênio na taxa de acamamento da cultura do milho (Schulte apud Usherwood, 1982)

K_2O (kg ha^{-1})	N (kg ha^{-1})		
	0	90	180
	Taxa de acamamento (%)		
0	9	57	59
75	4	3	8
150	4 (3,7 t ha^{-1})	4 (7,7 t ha^{-1})	4 (8,1 t ha^{-1})

Tabela 92 – Correlação entre teor de potássio na qualidade de grãos (teor de proteína) de soja, feijão, algodão e milho (adaptado de Blevins, 1985)

Semente	K^+	Proteína bruta
	g kg^{-1}	
Soja	18	380
Feijão	14	253
Algodão	12	231
Milho	3,3	90

Obs.: teor de K x teor proteína: r = 0,98.

As relações adequadas de N e K podem variar em razão do ciclo da cultura. Nesse sentido, Adams e Massey (1984) observaram que a partir do início da frutificação do tomateiro essa relação se altera drasticamente. Tendo em vista a maximização da produtividade, da qualidade dos frutos e maior resistência às enfermidades, esses autores sugerem uma relação K/N de 1,2/1 no estádio vegetativo e 2,5/1 no estádio reprodutivo.

Farinelli et al. (2004), estudando a resposta do arroz à aplicação de N e de K, observaram interação significativa, tendo a melhor combinação de doses em torno de 65 kg ha^{-1} de N e 20 kg ha^{-1} de K$_2$O, resultando em maiores valores de produtividade e proteína bruta por hectare.

Natale et al. (2006) observaram em mudas de maracujazeiro que a maior produção de matéria seca esteve associada aos teores de 44 g de N kg^{-1} e 18 g de K kg^{-1} (parte aérea) e aos teores de 33 g de N kg^{-1} e 34 g de K kg^{-1} (raízes).

Estudos têm indicado os efeitos benéficos do N, especialmente na forma amoniacal, que provocam aumentos na absorção do P. Esse fato pode ser explicado por duas teses:

• do P disponível do solo: a absorção do N, na forma amoniacal, diminui o pH da rizosfera, que por sua vez pode aumentar a disponibilidade de P (Figura 122). Além disso, o processo de absorção em si é favorecido em pH baixo nas células da epiderme;

• do transporte de P na planta: tem-se um aumento da absorção e transporte do P na planta, visto que o amônio aumenta a taxa de dissociação do complexo fosfato-carregador no xilema, aumentando as concentrações de P na parte aérea.

Saliente-se que a influência do N na absorção de P ocorre mesmo em solo com alto teor de P, onde a adubação fosfatada não teria efeito na produção da planta (Tabela 93) (Santos et al., 1975).

Dessa forma, estudos indicam que o N tem efeito sinérgico sobre o teor de P no tecido foliar, e vice-versa, e de ter havido efeito interativo positivo na produção de grãos, e o produto N e P de 1,0 no tecido foliar é que resultou na maior produção (Figura 123).

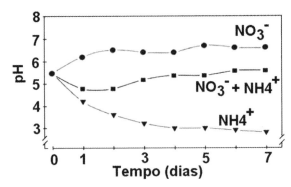

Figura 122 – Variações do pH da solução externa quando o sorgo foi suprido exclusivamente ou combinado (amônio e nitrato) (N-total = 300 mg/L) (Clark, 1982, apud Marschner, 1995).

Tabela 93 – Efeito de doses de nitrogênio sobre o teor de P na planta e na produção de grãos de milho (Santos et al., 1975)

Dose de N	P na matéria seca	Produção de grãos
kg ha^{-1}	%	t ha^{-1}
0	0,22	3,7
60	0,27	5,3
120	0,30	6,4

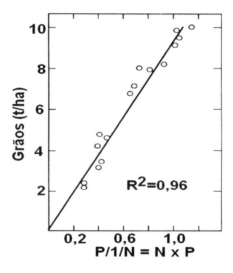

Figura 123 – Relação entre produção de grãos de milho e o produto de N e P (NxP) contidos no tecido foliar (Sumner & Farina, 1986).

Interação N e S

Como já visto, o N e o S são dois nutrientes básicos para a síntese de proteínas e um suprimento inadequado de um desses nutrientes acarreta desequilíbrio, resultando em prejuízo do produto colhido, além da produção. Isso pode ocorrer com doses elevadas de N, sem a aplicação de S. Portanto, o S é importante para incrementar a matéria seca, e o N proteico a redução do N (não proteico) (Figura 124). Dados indicam que a máxima produção de matéria seca de milho foi obtida quando a relação N/S no tecido se apresentava em torno de 11 (Stewart & Porter, 1969) (Figura 125).

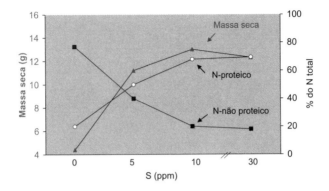

Figura 124 – Produção de matéria seca e distribuição de N na parte aérea de plantas de milho, aos 35 dias após a germinação, em função de doses de S (Stewart & Porter, 1969).

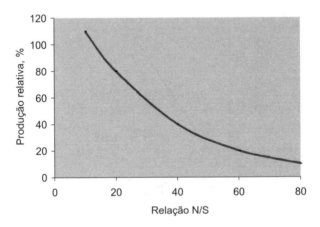

Figura 125 – Efeito da relação N/S na produção de matéria seca da parte aérea de "rygrass" (adaptado de Jones et al., 1972)

Interações K, Ca, Mg

O incremento das doses de K causa decréscimo nos teores de Ca e Mg que, em doses extremas, podem provocar diminuição da produção. Nesse sentido, teores foliares próximos de 1,8% de K proporcionam diminuição aceitável de Ca e Mg foliar com produção satisfatória (Figura 126). Entretanto, doses mais altas de K levam à diminuição muito acentuada nos teores de Ca e Mg foliar, de forma que deve ser evitada no manejo da adubação potássica, enquanto o aumento na concentração de Mg na solução não afeta a absorção do K (Fonseca & Meurer, 1997). E também é amplamente conhecido que o Ca e o Mg na solução do solo são antagônicos, ou seja, o excesso de um prejudica a absorção do outro (Moore et al., 1961).

Acrescente-se que a absorção preferencial de K é pelo fato de ele ser íon monovalente com menor grau de hidratação comparado aos divalentes.

Entretanto, alto teor de Ca em relação ao K (baixa relação K/Ca) também pode estar associado à baixa produção em eucalipto (Figura 127). A relação foliar K/Ca, próxima de 1,5, foi a que proporcionou produção próxima da máxima.

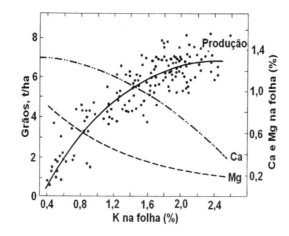

Figura 126 – Relação dos teores foliar de K, Ca e Mg na cultura do milho (adaptado de Loué, 1963).

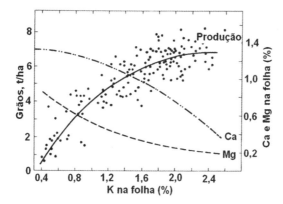

Figura 127 – Efeito da relação K/Ca nas folhas do eucalipto sobre a produtividade (Lençóis Paulista)

A resposta na colheita pela aplicação de Mg é maximizada quando o teor de K está alto ou adequado (Malavolta, 1980).

É comum associar a deficiência de Zn a altos níveis de P disponível no solo ou a adubações fosfatadas elevadas. Um experimento clássico da literatura, com fatorial N e Zn, indica que a baixa relação P/Zn está associada à baixa disponibilidade de P no solo e nas folhas, o que limita a produção; relações intermediárias foram obtidas quando ambos os nutrientes foram aplicados no solo, resultando em alta produção de grãos; e, por fim, altas relações P/Zn foram obtidas com altas doses de P, sem a correspondente aplicação do Zn, levando à deficiência de Zn, o que resultou em queda na produção (Figura 128) (Sumner & Farina, 1986).

A explicação da deficiência de Zn nas relações altas de P/Zn pode ser dada pelas reações de precipitação do P e Zn nos vasos condutores, diminuindo o transporte de Zn para a parte aérea, ou ainda, uma desordem metabólica causada pelo desequilíbrio entre os dois nutrientes.

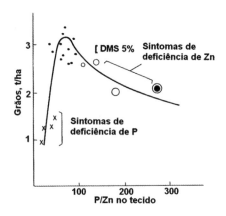

Figura 128 – Relação do P/Zn no tecido foliar e a produção de grãos de milho. O tamanho dos círculos indica a deficiência de Zn (Sumner & Farina, 1986).

Existem, ainda, algumas indicações de que o potássio poderá favorecer a absorção de P e de Zn, diminuindo a intensidade da interação P e Zn (Adriano, 1971).

Interações Mg × Mn × Zn

Em experimentação com raízes destacadas de soja, com uso de radioisótopos, observou-se que o aumento das doses de Mg diminuiu a absorção de Mn e de Zn, por inibição não competitiva (Tabela 94) (Moreira et al., 2003).

Tabela 94 – Absorção de ^{65}Zn e de ^{54}Mn por raízes destacadas de soja (média quatro cultivares) sob doses de Mg (Moreira et al., 2003)

Mg	Zn	Mn
mmol L^{-1}	% redução na absorção	
0	-	
3,0	63	32
6,0	72	60

[1] ^{65}Zn e ^{54}Mn = 2 μmol L^{-1}

Diante da importância da relação entre nutrientes e a produção das culturas, existem indicações de relações adequadas para algumas culturas como no cafeeiro (Tabela 95).

Tabela 95 – Relações entre nutrientes foliares considerados adequados para o cafeeiro[1] (Malavolta, 1996)

Relação	Faixas	Relação	Faixas
N/P	16-18	P/Cu	125-187
N/K	1,3-1,4	P/Zn	125-187
N/S	16-18	Ca/Mg	66-75
K/Ca	1,7-2,1	B/Zn	5,0-7,3
K/Mg	6,1-6,6	Cu/Zn	1
N/B	400-457	Fe/Mn	0,73-0,85
N/Cu	2000-3375		

Interações S × Mo

O ânion sulfato pode promover diminuição da absorção do ânion molibdato. Essa diminuição da absorção de Mo pode afetar o metabolismo da planta, provocando deficiência de N. Assim, a adubação com enxofre, a exemplo da gessagem, deve ser utilizada com critério para não induzir distúrbio nutricional na planta, seja por deficiência de Mo, seja por deficiência de N.

Interações N × P

A relação N x P em cereais relacionados com maior produção esteve próxima de 7 (Duivenbooden et al., 1996). Especificamente no arroz, Mkamilo (2004) verificou equilíbrio nutricional com relação N e P igual a 5,6. Sandras (2006) observou em diversas culturas que a relação N e P foi importante para explicar a absorção de P, obtendo relação adequada de 5,6 e 8,7 para cereais e leguminosas, respectivamente.

Uma possível competição na absorção entre os ânions fosfato e nitrato foi considerada como fator de menor absorção do nitrogênio, em condições de alta concentração de P no substrato de cultivo de porta-enxertos cítricos, em fase de sementeira (Fontanezzi,1989).

Outras interações

Existem outras interações entre nutrientes que podem ocorrer; entretanto, são pouco estudadas. A interação P x B pode ocorrer, pois teores baixos de P podem interferir no metabolismo do B, agravando os sintomas de deficiência ou excesso de B, em *Brassica campestris* L. (Sinha et al., 2003).

O Cl^- pode afetar o $N-NO_3^-$ absorvido pelas plantas, por sítios do carregador ou por locais nos canais iônicos (Malavolta, 2006).

Considerações finais

A área da ciência do solo referente à nutrição de plantas é relativamente nova e, com isso, os desafios existem e são importantes, para que o manejo da nutrição das culturas permita atingir a produção máxima econômica com uso racional dos nutrientes, respeitando o meio ambiente.

Para isso, duas ações simultâneas, no âmbito da extensão e da pesquisa, se fazem necessárias: a primeira refere-se a encorajar o uso da análise química de folhas pelos agricultores como ferramenta de rotina para o manejo da nutrição e adubação das culturas; a segunda, a intensificar pesquisas básicas e aplicadas em nutrição de plantas, como: a) ampliação da lista dos nutrientes de plantas; b) maior conhecimento dos mecanismos de absorção, transporte e redistribuição dos nutrientes nas plantas; c) ampliação de estudos interdisciplinares, abordando a interface da microbiologia do solo (microrganismos fixadores de N, solubilizadores de fosfato entre outros) e a nutrição equilibrada para máxima produção econômica com baixa incidência de doenças/pragas; d) uso da biologia molecular para codificar genes responsáveis pelo transporte de solutos e nutrientes pelas membranas, a tolerância aos excessos de Al e metais pesados ou a deficiência de N, P e K, para a seleção de plantas adaptadas ao solo; e) estudos sobre a eficiência de utilização de nutrientes pelas plantas; f) elucidar o papel da nutrição na obtenção de produtos agrícolas de alta qualidade; g) estabelecer níveis adequados dos nutrientes na folha e critérios de amostragem de folhas em culturas pouco estudadas nas condições brasileiras; h) estabelecer manejo adequado de nutrientes a partir de novas tendências da agricultura, como plantio direto, fertirrigação, cultivo protegido, entre outros.

Outras fotos de desordem nutricional

Deficiências de macronutrientes em culturas

Foto 1. Nitrogênio (Soja)

Foto 2. Fósforo (Café)

Foto 3. Potássio (Arroz)

Foto 4. Cálcio (Tomate e melancia)

Foto 5. Magnésio (Algodão)

Foto 6. Enxofre (Trigo)

Deficiências de micronutrientes em culturas

Café   Citrus

Foto 7. Zinco

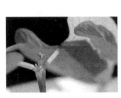 

Feijão   Mamão

Foto 8. Boro

Citrus   Arroz   Citrus   Algodão
Foto 9. Manganês   Foto 10. Ferro

Citrus   Feijão   Arroz   Beterraba
Foto 11. Cobre   Foto 12. Molibdênio

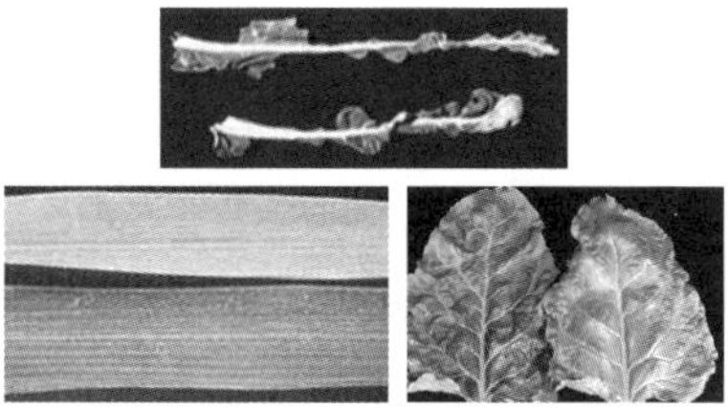

Trigo
Foto 13. Cloro

Toxicidade de micronutrientes em culturas

Feijão   Soja   Citrus   Café
Foto 14. Boro

Soja 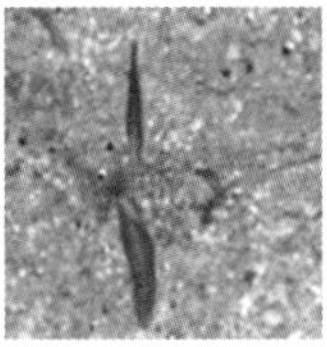   Sorgo

Foto 15. Zinco

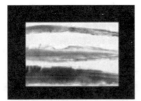 

Sorgo   Soja

Foto 16. Ferro   Foto 17. Manganês

Sorgo   Tomate

Foto 18. Cobalto   Foto 19. Alumínio

REFERÊNCIAS BIBLIOGRÁFICAS

ABD EL-SHAMAD, H. M.; SHADDAD, M. A. K. Comparative effect of sodium carbonate, sodium sulfate, and sodium chloride on the growth and related metabolic activities of plants. *Journal of Plant Nutrition*, v.19, p.717-28, 2000.

ABEL, S. et al. Phosphate sensing in higher plants. *Physiologia Plantarum*, v.115, p.1-8, 2002.

ABIA – Associação Brasileira de Indústrias de Alimentação. *Compêndio da Legislação de Alimentos*. São Paulo. 1985, v.1, 185p.

ABRANCHES, J. L. et al. Resposta da aveia preta à aplicação de zinco em Latossolo Vermelho Distrófico. *Agrária*, v.4, p.278-82, 2009.

ADAMS, P.; MASSEY, D.M. Nutrient uptake by tomatoes from recirculating solutions. In: INTERNATIONAL CONGRESS ON SOILLESS CULTURE, 6., 1984, Lunteren. *Proceedings...* Wageningen: International Society for Soilless. Culture, 1984. p.71-9.

ADATIA, M. H.; BESFORD, A. T. The effects of silicon on cucumber plants grown in recirculating nutrient solution. *Annals of Botany*, v.58, p.343-51, 1986.

ADRIANO, D. C. *Trace elements in the terrestrial environmental*. New York: Springer Verlag, 1986. 533p.

ADRIANO, D. C. et al. Phosphorus-iron and phosphorus-zinc relationships in corn seedlings as affected by mineral nutrition. *Agronomy Journal*, v.63, p.56-9, 1971.

AERTS, R. Nutrient resorption from senescing leaves of perennials: are there general patterns? *Journal Ecology*, v.84, p.597-608, 1996.

ALI, N. A. et al. Tolerance and bioaccumulation of copper in *Phragmites australis* and *Zea mays*. *Plant and Soil*, v.239, p.103-11, 2002.

ALLEN, M. The uptake of metallic ions by leaves of apples trees. II. The influence of certain anions on uptake from magnesium salts. *Journal of Horticultural Science*, v.35, p.127-35, 1960.

ALONSO, F. P. et al. Agronomic implications of the supply of lime and gypsum by-products to palexerults from western spain. *Soil Science*, v.171, p.65-81, 2006.

ALVAREZ, R. C. F. et al. Effects of foliar spraying with new zinc sources on rice seed enrichment, nutrition, and productivity. *Acta Agricultura e Scandinavica Section B-Soil and Plant Science*, p.511-515, 2019.

ALVAREZ, R. C. F. et al. Effects of soluble silicate and nanosilica applied to oxisol on rice nutrition. *Pedosphere*, v.28, 2018.

ALVES, A. U. et al. Couve-flor cultivada em substrato: marcha de absorção de macronutrientes e micronutrientes. *Ciência e Agrotecnologia*, v.35, p.45-55, 2011.

ALVES, A. U. et al. Efeito da omissão de macronutrientes no desenvolvimento e no estado nutricional da beterraba. *Horticultura Brasileira*, v.26, p.282-5, 2008.

ALVES, B. J. R. et al. Avaliação da disponibilidade de macro e micronutrientes para arroz de sequeiro cultivado em um solo calcário da região de Irece, Bahia. *Revista Universidade Rural*, v.22, p.15-24, 2002.

AMARAL, D. W. *Deficiências de macronutrientes e de boro em seringueira (Hevea brasiliensis* L.). Piracicaba, 1983. 44p. Dissertação (Mestrado em Agronomia) – Escola Superior de Agricultura Luiz de Queiroz.

AMARAL, J. A. T. et al. Efeitos do alumínio, nitrato e amônio sobre a composição de metabólitos nitrogenados e de carboidratos em *Stylosanthes guianensis* e *S. macrocephala*. *Pesquisa Agropecuária Brasileira*, v.35, p.313-20, 2000.

AMBERGER, A. *Pflanzenernährung*: Ökologische und phisiologische Grundlagen Dynamik und Stoffwechsel der Nährelemente. 3.ed. Stuttgart: Eugen Ulmer, 1988. 264p.

ANDA. *Anuário estatístico do setor de fertilizantes*. São Paulo, 1999.156p.

ANDRADE, A.G. et al. Acumulação diferencial de nutrientes por cinco cultivares de milho (*Zea mays* L.). I. Acumulação de macronutrientes. *Anais da Escola Superior de Agricultura "Luiz de Queiroz"*, v.32, p.115-49, 1975.

ANGELES, D. E. et al. Preliminary nitrogen, phosphorous, and potassium DRIS norms for pineapple. *HortScience*, v.25, p.652-5, 1990.

ARAKI, H. Water uptake of soybean (*Glycine max* L. Merr.) during exposure to O_2 deficiency and field level CO_2 concentration in the root zone. *Filed Crops Research*, v.96, p.98-105, 2006.

ASHLEY, M. K. et al. Plant responses to potassium deficiencies: a role for potassium transport proteins. *Journal of Experimental Botany*, v.57, p.425-36, 2006.

ATKINSON, C. J. et al. Interactions of calcium with abscisic acid in the control of stomatal aperture. *Biochemie und Phisiologie der Pflanzen*, v.186, p.333-9, 1990.

AVILÁN, L. R. Efectos de la deficiencia de macronutrientes sobre el crecimiento y la composicion quimica de la parcha granadina (*Passiflora quadrangularis* L.) cultivada en soluciones nutritivas. *Agronomía Tropical*, v.24, p.133-40, 1974.

AVILÁN, L. R. Efecto de la omisión de los macronutrientes en el desarollo y composición química de la guanábana (*Annona muricata* L.) cultivada en soluciones nutritivas. *Agronomia Tropical*, v.25, p.73-9, 1975.

BACKES, F. A. A. L. et al. Reposição de nutrientes em solução nutritiva para o cultivo hidropônico de alface. *Ciência Rural.*, v.34, p.1407-14, 2004.

BARBER, S. A. *Soil nutrient biovailability*: a mechanistic approach. 2.ed. NewYork: John Wiley & Sons, Inc., 1995. 414p.

BARBOSA, D.S. *Comportamento de tomateiro (Lycopersicum esculentum, Mill) cultivados sob diversos níveis de magnésio em solução nutritiva.* Viçosa, 1978. 63p. Tese (M.S.) – Universidade Federal de Viçosa.

BARKER, A. V. et al. Root environment acidity as a regulatory factor in ammonium assimilation by the bean plant. *Plant Physiology*, v.41, p.1193-9, 1966.

BARRETO, R. F. et al. Mitigation of ammonium toxicity by silicon in tomato depends on the ammonicum concentration. *Acta Agriculturae Scandinavia*, v.66, p.1-6, 2016.

BARRETO, R. F.; PRADO, R. M.; SCHIAVON JÚNIOR, P. A.; MAGGIO, M. A. Silicon alleviates ammonium toxicity in cauliflower and in broccoli. *Scientia Horticulturae*, v.225, p.743-50, 2017.

BARROSO, D. G. et al. Diagnóstico de deficiência de macronutrientes em mudas de teca. *Revista Árvore*, v.29, p.671-79, 2005.

BARTLETT, R. J. Manganese redox reactions and organic interaction in soils. In: GRAHAM, R. D.; HANNAM, R. J.; UREN, N. C. (Ed.). *Manganese in soils and plants*. Dordrecht: Kluwer Academic Publisher, 1988. p.59-73.

BASSO, L. C.; SMITH, T. Effect of mineral deficiency on amine formation in higher plants. *Phytochemistry*, v.13, p.875-83, 1974.

BATAGLIA, O. C. et al. *Métodos de análise química de plantas*. Campinas: Instituto Agronômico. 1983. 48p. (Boletim Técnico, 78).

BATAGLIA, O. C.; MASCARENHAS, H. A. A. *Absorção de nutrientes pela soja.* Campinas: Instituto Agronômico, 1977. 36p. (Boletim Técnico,41).

BATAGLIA, O. C. et al. Diagnose nutricional do cafeeiro pelo DRIS variando-se a constante de sensibilidade dos nutrientes de acordo com a intensidade e frequência de resposta na produção. *Bragantia*, v.63, p.253-63, 2004.

BATAGLIA, O. C. et al. Composição mineral de frutos cítricos na colheita. *Bragantia*, v.36, p.215-21, 1977.

BATISTA, M. M. F. et al. Efeito da omissão de macronutrientes no crescimento, nos sintomas de deficiências nutricionais e na composição mineral em gravioleiras (*Annona muricata*). *Revista Brasileira de Fruticultura*, v.25, p.315-18, 2003.

BEEBE, S. E. et al. Quantitative trait loci for root architecture traits correlated with phosphorus acquisition in common bean. *Crop Science*, v.46, p. 413-23, 2006.

BEHLING, J. P. et al. The distribution and utilization of calcium by two tomato (*Lycopersicon esculentum* Mill.) lines differing in calcium efficiency when grown under low-Ca stress. *Plant and Soil*, v.113, p.189-96, 1989.

BELOW, F. E. Fisiologia, nutrição e adubação nitrogenada do milho. *Informações Agronômica*, n.99, p.7-12, 2002.

BENNETT, A. C.; ADAMS, F. Concentration of NH_3 (aq) requered for incipient NH_3 toxicity to seedlings. *Soil Science Society of America Proceedings*, v.34, p.259-63, 1970.

BERETTA, M. J. G. et al. Indução experimental de obstruções típicas de declínio em citrus e sua possível associação com fatores do solo. *Pesquisa Agropecuária Brasileira*, v.21, p.1261-5, 1986.

BERINGER, H.; TROLLDENIER, G. Influence of K nutrition on the response to environmental stress. In: *IPI. Potassium research - review and trends*. Bern: IPI, 1979. p.189-222.

BERTON, R. S. et al. Nickel toxicity in common bean plants and effects on soil microbiota. *Pesquisa Agropecuária Brasileira*, v.4, p.11305-312, 2006.

BEVERLY, R. B. et al. Nutrition diagnosis of 'Valencia' oranges by DRIS. *Journal of the American Society for Horticultural Science*, v.109, p.649-54, 1984.

BEVERLY, R. B.; WORLEY, R. E. Preliminary DRIS diagnostic norms for Pecan. *HortScience*, v.27, p.271-5, 1992.

BEVERLY, R. B. et al. Foliar diagnosis of soybean by DRIS. *Communication Soil Science Plant Analysis*, v.17, p.237-56, 1986.

BITZER, M. No-till corn highest yield with nitrogen and potassium. *Better Crops*, v.67, p.19, 1982.

BLEVINS, D. G. Role of potassium in protein metabolism in plants. In: MUNDSON, R. D. (Ed.). *Potassium in Agriculture*. Madison: ASA/CSSA/SSSA, 1985. p.413-24.

BLEVINS, D. G.; LUKASZEWSKI, K. M. Boron in plant structure and function. *Annual Review of Plant Physiology and Plant Molecular Biology*, v.49, p.481-500, 1998.

BLOOM, A. J. et al. Nitrogen assimilation and growth of wheat under elevated carbon dioxide. *Proceedings of the National Academy of Science of the United of America*, v.99, p.1730-5, 2002.

BOARETTO, A. E. et al. Absorção e translocação de micronutrientes (^{65}Zn, ^{54}Mn, ^{10}B), aplicados via foliar, pelos citros. *Laranja*, v.24, p.177-98, 2003.

BOARETTO, A. E. et al. Effects of foliar applications of boron on citrus fruit and on foliage and soil boron concentration. In: BELL, R. W.; RERKASEM, B. (Ed.). *Boron in Soils and Plants*. Kluwer Academic Publishers, 1997. p.121-3.

BOARETTO, R. M. *Boro (^{10}B) em laranjeira: absorção e mobilidade*. Piracicaba, 2006. 120p. Tese (Doutorado) – Centro de Energia Nuclear na Agricultura, Universidade de São Paulo.

BOGORAD, L. Chlorophyll biosynthesis. In: GOODWIN, T. W. (Ed.). *Chemistry and biochemistry of plant pigments*. New York: Academic, 1976. p.64-148.

BOINK, A.; SPEIJERS, G. Health effects of nitrates and nitrites, a review. *Acta Horticulturae*, v.20, p.29-33, 2001.

BOLAÑOS, L. et al. Effects of boron on rhizobium-legume cell-surface interactions and nodule development. *Plant Physiology*, v.110, p.1249-56, 1996.

BOLAT, I. et al. Calcium sulfate improves salinity tolerance in rootstocks of plum. *Journal of Plant Nutrition*, v.29, p.553-64, 2006.

BOLLONS, H. M.; BARRACLOUGH, P. B. Inorganic orthophosphate for diagnosing the phosphorus status of wheat plants. *Journal of Plant Nutrition*, v.20, p.641-55, 1997.

_____. Assessing the phosphorus status of winter wheat crops: inorganic orthophosphate in whole shoots. *Journal of Agricultural Science*, Cambridge, v.133, p.285-95, 1999.

BORGES, B. M. M. N. et al. Macronutrient omission and the development and nutritional status of basil in nutritive solution. *Journal of Plant Nutrition*, v.39, p.1627-33, 2016.

BOWEN, J. E. Comparative DRIS and critical concentration interpretation of papaya tissue analysis data. *Tropical Agriculture*, v.69, p.63-7, 1992.

BRACCINI, M. C. L. et al. Avaliação do pH da rizosfera de genótipos de café em resposta à toxidez de alumínio no solo. *Bragantia*, v.59, p.83-8, 2000.

BRADFIELD, E. G.; GUTTRIDGE, C. G. Effects of night-time humidity and nutrient solution concentration on the calcium content of tomato fruit. *Scientia Horticulturae*, v.22, p.207-17, 1984.

BREMNER, J. M.; KEENEY, D. R. Exchangeable ammonium, nitrate and nitrite by steam-distillation methods. In: BLACK, C. A. (Ed.). *Methods of soil analysis*: chemical and microbiological properties. Madison: American Society of Agronomy; Soil Science Society of America, 1965. p.1191-206.

BRENNAN, R. F. Long-term residual value of copper fertiliser for production of wheat grain. *Australian Journal of Experimental Agriculture*, v.46, p.77-83, 2006.

BROOKS, R. R. et al. The Brazilian serpentine plant expedition (BRASPEX), 1988. *National Geographic Research*, v.6, p.205-19, 1990.

BROWN, P. H. Nickel. In: BARKER, A. V.; PILBEAN, D. J. (Ed.). *Handbook of Plant Nutrition*. (New York, NY: CRC Taylor and Francis), p.395-402, 2007.

BROWN, P. H.; HU, H. Manejo do boro de acordo com sua mobilidade nas diferentes culturas. *Informações Agronômicas*, v.84, p.13, 1998.

BROWN, P. H.; SHELP, B. Boron mobility in plants. *Plant and Soil*, v.193, p.85-101, 1997.

BROWN, P. H.; WELCH, R. M.; CARY, E. E. Nickel: a micronutrient essential for higher plants. *Plant Physiology*, v.85, p.1-3, 1987.

BROWN, P. H. et al. Nickel: a micronutrient essential for all higher plants. *Plant Physiology*, v.85, p.801-3, 1987.

BROWNE, C. A. et al. Liebig and after Liebig: a century of progress in agricultural chemistry. MOULTON, F. R. (Ed.). *American Association for the Advancement of Science, Publication*, n.16. AAAS, Washington, DC.

BROWNELL, P. F.; BIELIG, L. M. The role of sodium in the conversion of pyruvate to phosphoenolpyruvate in mesophyll chloroplasts of C4 plants. *Australian Journal of Plant Physiology*, v.23, p.171-7, 1996.

BROWNELL, P. F.; WOOD, J. G. Sodium as an essential micronutrient element for Atriplex vesicaria, Heward. *Nature*, v.179, p.635-6, 1957.

BROWYER, J. R.; LEEGOOD, R. C. Photosynthesis. In: DEY, P. M.; HARBORNE, J. B.; BONNER, J. E. (Ed.). *Pant Biochemistry*. San Diego: Academic Press, 1997. p.49-110.

BRUULSEMA, T. Potássio aumenta a produção de isoflavona na soja. *Informações Agronômicas*, n.94, p.5, 2001.

BUGBEE, B. Nutrient management in recirculanting hydroponic culture. In: ANNUAL CONFERENCE ON HYDROPONICS, 16. Tucson, 1995. *Proceedings*. Tucson, Hydroponic Society of America, 1995. p.15-30.

BÜLL, L. T.; CANTARELLA, H. *Cultura do milho*: fatores que afetam a produtividade. Piracicaba: Potafos, 1993.301p.

CAINES, A. M.; SHENNAN, C. Growth and nutrient composition of Ca^{2+} use efficient and Ca^{2+} use inefficient genotypes of tomato. *Plant Physiology and Biochemistry*, v.37, p.559-67, 1999.

CAKMAK, I.; RÖMHELD, V. Boron deficiency-induced impairments of cellular functions in plants. *Plant and Soil*, v.193, p.71-83, June 1997.

CALERO HURTADO, A. et al. Silicon attenuates sodium toxicity by improving nutritional efficiency in sorghum and sunflower plants. *Plant Physiology and Biochemistry*, v.142, p.224-233, 2019.

CALVACHE, A. M. et al. Bioavaliação de estado nutricional do arroz (Oryza sativa L. var. IAC-165) e do feijoeiro (*Phaseolus vulgaris* L. var. carioca) utilizando 15N e 32P. *Scientia Agricola*, v.51, p.393-8, 1994.

CALVACHE, A. M.; REICHARDT, K. Efeito de épocas de deficiência hídrica na eficiência do uso do nitrogênio da cultura do feijão cv. imbabello. *Scientia Agricola*, v.53, p.343-53, 1996.

CAMMARANO, P. et al. Formation of active hybrid 80-S particles from subunits of pea seedlings and mammalian liver ribossomes. *Biochimica et Byophisica Acta*, v.281, p.625-42, 1972.

CAMPBELL, W. H. Nitrate reductase biochemistry comes of age. *Plant Physiology*, v.111, p.355-61, 1996.

CAMPOS, C. N. S.; PRADO, R. M. Use of silicon in mitigating ammonium toxicity in maize plants. *American Journal of Plant Sciences*, v.6, p.1780-4, 2015.

CAMPOS, C. N. S. et al. Silicon mitigates ammonium toxicity in plants. *Agronomy Journal*, v.112, 2020.

CARIDAD CANCELA, R. Contenido de macro-micronutrientes, metales pesados y otros elementos en suelos naturales de São Paulo (Brasil) y Galicia (España). 2002. 573p. Tesis (Doctorado) – Universidad de A Coruña, A Coruña, España.

CARMELLO, Q. A. C.; ROSSI, F. *Hidroponia*: solução nutritiva – Manual. Viçosa: Centro de Produções Técnicas, 1997. 56p.

CARVALHO, A. J. C. et al. Produtividade e qualidade do maracujazeiro-amarelo em resposta à adubação potássica sob lâminas de irrigação. *Revista Brasileira de Fruticultura*, v.21, p.333-7, 1999.

CARVALHO, A. J. C. et al. Adubação nitrogenada e irrigação no maracujazeiro--amarelo. I. produtividade e qualidade dos frutos. *Pesquisa Agropecuária Brasileira*, v.35, p.1101-1108, 2000.

CARVALHO, L. H. et al. Aplicação de boro no algodoeiro, em cobertura e em pulverização foliar. *Revista Brasileira de Ciência do Solo*, v.20, p.265-9, 1996.

CASTRO, P. R. C. et al. *Manual de fisiologia vegetal*: teoria e prática. Piracicaba: Agronômica Ceres, 2005. 650p.

CAVALCANTE, V. S. et al. Gaseous exchanges, growth and foliar anatomy of sugarcane plants grown in a potassium (K) deprived nutrient solution. *Australian Journal of Crop Science*, v.9, p.577-84, 2015.

CAVALCANTE, V. S. et al. Growth and nutritional efficiency of watermelon plants grown under macronutrient deficiencies. *Hortscience*, v.54, p.738-742, 2019.

CAZETTA, J. O.; VILLELA, L. C. V. Atividade da redutase do nitrato em folhas e caules de 'tanner grass' (*Brachiaria radicans* Napper). *Scientia Agricola*, v.61, p.640-8, 2004.

CENTURION, M. A. P. C. et al. Efeito do manejo da entrelinha da seringueira sobre as propriedades químicas do solo, o estado nutricional e o crescimento. *Revista Árvore*, v. 29, p.185-93, 2005.

CERDA, A. et al. Redistribuicion de nutrientes en limonero verna determinados por un método indirecto. *Anales de Edafologia y Agrobiologia*, v.41, p.697-704, 1982.

CHARTTERJEE, J.; CHARTTERJEE, C. Phytotoxicity of cobalt, chromium and copper in cauliflower. *Environmental Pollution*, v.109, p.69-74, 2000.

CHELVAN, R. C. et al. Evaluation of low yielding vines of Thompson seedless for nutrient indices by DRIS analysis. *The Indian Journal Horticulturae*, v.41, p.166-70, 1984.

CLARK, R. B. Physiology aspects of calcium, magnesium and molybdenum deficiencies in plants. In:. ADAMS, F. (Ed.). *Soil acidity and liming*. Madison: Amer. Soc. Agron./Crop. Sci. Soc. Amer., 1984. p.99-170.

CLARK, R. B. Sorghum. In: BENNET, W. F. (Ed.). *Nutrient deficiencies and toxicities in crop plants*. Saint Paul, APS Press/The American Phytopathological Society, 1993. p.21-6.

COBRA NETTO, A. et al. Estudos sobre a nutrição mineral do feijoeiro (*Phaseolus vulgaris* L., var. Roxinho). *Anais da Escola Superior de Agricultura Luiz de Queiroz*, v.28, p.257-74, 1971.

COELHO, A. M. et al. *Cultivo do milho*: diagnose foliar do estado nutricional da planta. Sete Lagoas: Embrapa Milho e Sorgo. 2002. 5p. (Comunicado Técnico, 4).

COHEN, M. S.; LEPPER, R. Effects of boron on cell elongation and division in squash roots. *Plant Physiology*, v.59, p.884-7, 1977.

COKE, L.; WHITTINGTON, W. J. The role of boron in plant growth. IV. Interelationships between boron and Indol-3yl-acetic acid in the metabolism of bean radicles. *Journal of Experimental Botany*, v.19, p.295-308, 1968.

COLMER, T. D. et al. Interactive effects of Ca^{2+} and NaCl stress on the ionic relations and proline accumulation in the primary root tip of *Sorghum bicolor*. *Physiology Plant.*, v.97, p.421-4, 1996.

COMETTI, N. N. et al. Soluções nutritivas: formulação e aplicações. In: FERNANDES, M. S. (Ed.). *Nutrição mineral*. Viçosa: Sociedade Brasileira de Ciência do Solo, 2006. p.89-114.

CONWAY, W. S.; SAMS, C. E. Calcium infiltration of Golden Delicious apples and its effect on decay. *Phytopathology*, v.73, p.1068-71, 1983.

CORRALES, I. et al. Influence of silicon pretreatment on aluminium toxicity in maize roots. *Plant and Soil*, v.190, p.203-9, 1997.

CORRÊA, M. C. M. et al. Adubação com zinco na formação de mudas de mamoeiro. *Caatinga*, v.18, p.245-50, 2005

CORRÊA, M. C. M. et al. Resposta de mudas de goiabeira a doses e modos de aplicação de fertilizante fosfatado. *Revista Brasileira de Fruticultura*, v.25, p.164-9, 2003.

CORREIA, M. A. R. et al. Avaliação da desordem nutricional de plantas de amendoim cultivadas em solução nutritiva suprimidas de macronutrientes. *Scientia Agraria*, v.13, p.21-8, 2012.

CRAWFORD, N. M.; GLASS, A. D. M. Molecular and physiology aspects of nitrate uptake in plants. *Trends in Plant Science*, v.3, p.389-95, 1998.

CRESTE, J. E. *Uso do DRIS na avaliação do estado nutricional do limoeiro-siciliano*. Botucatu, 1996.120p. Tese (Doutoramento) – Faculdade de Ciências Agronômicas, Universidade Estadual Paulista.

CRUSCIOL, C. A. C. et al. Doses de fósforo e crescimento radicular de cultivares de arroz de terras altas. *Bragantia*, v.64, p.643-9, 2005.

CURIE, C.; BRIAT, J. F. Iron transport and signaling in plants. *Annual Review of Plant Biology*, v.54, p.183-206, 2003.

DANTAS, J. P. et al. Estudos sobre a nutrição mineral do feijão macassar (*Vigna sinensis* (L.) ENDL.). II. Efeitos das carências de macronutrientes no crescimento, produção e composição mineral. *Anais da Escola Superior de Agricultura Luiz de Queiroz*, v.36, p.247-57, 1979.

DAVEE, D. E. et al. An evaluation of the DRIS approach for identifying mineral limitations on yield in 'Napolean' sweet cherry. *Journal of the American Society for Horticultural Science*, v.111, p.988-93, 1986.

DAVID, C. H. O. et al. Nutritional disorders of macronutrients in *Bletia catenulata*. *Hortscience*, v.54, p.1836-1839, 2019.

DECHEN, A. R.; NACHTIGALL, G. R. Micronutrientes. In: FERNANDES, M. S. (Ed.). *Nutrição mineral*. Viçosa: Sociedade Brasileira de Ciência do Solo, 2006. p.327-54.

DELU FILHO, N. et al. Enzimas de assimilação de nitrogênio em seringueira. In: SILVA, A. F. (Coord.). *Relatório técnico anual do centro nacional de pesquisa de milho e sorgo 1992-1993*. Sete Lagoas: Embrapa/CNPMS, 1994. p.157-8.

DEUS, A. C. F. et al. Role of silicon and salicylic acid in the mitigation of nitrogen deficiency stress in rice plants. *Silicon*, v.11, p.1-9, 2019.

DIAS, L. E. et al. Crescimento de mudas de *Acacia mangium* Willd em resposta à omissão de macronutrientes. *Revista Árvore*, v.18, p.123-31, 1994.

DIBB, D. W.; THOMPSON JR., W. R. Corn growth as affected by ammonium vs. nitrate absorved from soil. *Agronomy Journal*, Madison, v.68, p.89-94, 1976.

_____. Interactions of potassium with other nutrients. In: INTERNATIONAL SYMPOSIUM OF POTASSIUM IN AGRICULTURE, Atlanta, 1985. *Proceedings*. Madison, American Society of Agronomy, Crop Science Society of America, Soil Science Society of America, 1985. p.515-33.

DIEM, H. G. et al. Cluster roots in Casuarinaceae: role and relationship to soil nutrient factors. *Annals of Botany*, v.85, p.929-36, 2000.

DIRR, M. A. Nitrogen form and growth and nitrate reductase activity of the cranberry. *HortScience*, v.9, p.347-8, 1974.

DJANAGUIRAMAN, M.; DURGA DEVI, D.; SHANKLER, A. K.; SHEEBA, J. A.; BANGARUSAMY, U. Selenium – na antioxidative protectant in soybean during senescence. *Plant and Soil*, v.272, p.77-86, 2005.

DROUX, M. Surfur assimilation and the role of sulfur im plant metabolism: a survey. *Photosynthesis Research*, v.79, p.331-48, 2004.

DUIVENBOODEN, N. V. et al. Nitrogen, phosphorus and potassium relations in five major cereals reviewed in respect to fertilizer recommendations using simulation modelling. *Fertilizer Research*, v.44, p.37-49, 1996.

ELLIOTT, C. L.; SNYDER, G. H. Autoclave – induced digestion for the colorimetric determination of silicon in rice straw. *Journal of Agricultural and Food Chemistry*, v.39, p.1118-9, 1991.

ENGVILD, K. C. Chlorine-containing natural compounds in higher plants. *Phytochemistry*, v.25, p.781-91, 1986.

EPSTEIN, E. *Mineral nutrition of plants*: principles and perspectives. London, New York: John Wiley & Sons, 1972. 412p.

_____. *Nutrição mineral das plantas e perspectivas*. Trad. E. Malavolta. São Paulo: Ed. Universidade de São Paulo, 1975. 344p.

_____. Photosynthesis, inorganic plant nutrition, solutions, and problems. *Photosynthesis Research*, v.46, p.37-9, 1995.

_____. Silicon in plant nutrition. In: SECOND SILICON IN AGRICULTURE CONFERENCE. Japanese Society of Soil Science and Plant Nutrition, Tsuruoka, Yamagata, 2002, p.1-5.

EPSTEIN, E.; BLOOM, A. *Nutrição mineral de plantas*: princípios e perspectivas. Trad. Maria Edna Tenório Nunes. 2.ed. Londrina: Planta, 2006. 403p.

EPSTEIN, E.; HAGEN, C.E. A kinetic study of the absorption of alkali cations by barley roots. *Plant Physiology*, v.27, p.457-74, 1952.

ERGLE, D. R.; EATON, F. M. Surfur nutrition of cotton. *Plant Physiology*, v.26, p.639-54, 1951.

ERYING, C. et al. Variability of nitrogen use efficiency by foxtail millet cultivars at the seedling stage. *Pesquisa Agropecuária Brasileira*, v.55, p.1-9, 2020.

ESKEW, D. L.; WELCH, R. M.; CARY, E. E. Nickel: an essential micronutrient for legumes and possibly all higher-plants. *Science*, v.222, p.621-3, 1983.

EVANS, D. E. et al. Active calcium transport by plant cell membranes. *Journal of Experimental Botany*, v.42, p.285-303, 1991.

EVANS, H. J.; WILDES, R. A. Potassium and its role in enzyme activation. In: PROC. 8TH COLLOQ. INT. POTASH INST. Bern, 1971, p.13-39.

EVANS, H. J. et al. Physiology, biochemistry and genetics of the uptake hydrogenase in rhizobia. *Annual Review of Microbiology*, v.41, p.335-61, 1987.

FAGERIA, N.K. Salt tolerance of rice cultivars. *Plant and Soil*, v.88, p.237-43, 1985.

_____. Eficiência de uso de fósforo pelos genótipos de feijão. *Revista Brasileira de Engenharia Agrícola e Ambiental*, v.2, p.119-246, 1998.

_____. Eficiência do uso de potássio pelos genótipos de arroz de terras altas. *Pesquisa Agropecuária Brasileira*, v.35, p.2115-20, 2000a.

_____. Níveis adequados e tóxicos de boro na produção de arroz, feijão, milho, soja e trigo em solo de cerradão. *Revista Brasileira de Engenharia Agrícola e Ambiental*, v.4, p.57-62, 2000b.

_____. Níveis adequados e tóxicos de zinco na produção de arroz, feijão, milho, soja e trigo em solo de cerrado. *Revista Brasileira de Engenharia Agrícola e Ambiental*, v.4, p.390-5, 2000c.

FAGERIA, N. K. et al. In: FAGERIA, N. K. et al. *Growth and mineral nutrition of field crops*. 2.ed. New York: M. Dekker, 1997. p.283-343.

FAGERIA, N. K. et al. Nutrição de fósforo na produção de arroz de terras altas. In:.YAMADA, T.; ABDALLA, S. R. S. (Ed.). *Fósforo na agricultura brasileira*, 1. Piracicaba: Potafos, 2004. p.401-18.

FAIZY, S. E. D. A. N-K interaction and the net influx of íons across corn roots as affected by different NPK fertilizers. In: COLLOQUIM OF THE INTERNATIONAL POTASH INSTITUTE, 14. Sevilla, 1979, *Proceedings*. Bern, International Potash Institute,1979. p.409-16.

FARINELLI, R. et al. Características agronômicas de arroz de terras altas sob plantio direto e adubação nitrogenada e potássica. *Revista Brasileira de Ciência do Solo*, v.28, p.447-54, 2004.

FASABI, J. A. V. *Carências de macro e micronutrientes em plantas de malva* (Urena lobata), *variedade BR-01*. Belém, 1996. 90f. Dissertação (Mestrado em Solos e nutrição de plantas) – FCAP.

FAYAD, J. A. et al. Absorção de nutrientes pelo tomateiro cultivado sob condições de campo e de ambiente protegido. *Horticultura Brasileira*, v.20, p.90-4, 2002.

FERNANDES, L. A. et al. Nutrição mineral de plantas de maxixe-do-reino. *Pesquisa Agropecuária Brasileira*, v.40, p.719-22, 2005.

FERNANDES, M. S.; SOUZA, S. R. Absorção de nutrientes. In: FERNANDES, M. S. (Org.). *Nutrição mineral de plantas*. Viçosa: Sociedade Brasileira de Ciência do Solo, 2006. v.1, p.115-52.

FERREIRA, R. L. C. et al. Selenium toxicity promotes oxidative stress, nutritional disorder and negatively modulates photosynthesis. *Journal of Soil Science and Plant Nutrition*, v.20, 2020.

FISCHER, R. A. Stomatal opening: role of potassium uptake by guard cells. *Science*, v.160, p.784-5, 1968.

FLANERY, R. L. Exigências nutricionais do milho em estudo de produtividade máxima. *Informações Agronômicas*, n.37, p.6-7, 1987.

FLORES, H. E. Polyamines and plant stress. In: LASCHER, R. G.; CUMMING, J. R. *Stress responses in plants*: adaptation and acclimation mechanisms. New York: Wiley-liss, 1990. p.217-39.

FLORES, R. A. et al. Growth and nutritional disorders of eggplant cultivated in nutrients solutions with suppressed macronutrients. *Journal of Plant Nutrition*, v.38, p.1097-109, 2014.

FLORES, R. A. et al. Physiological quality and dry mass production of Sorghum bicolor following silicon (Si) foliar application. *Australian Journal of Crop Science*, v.12, p.631-8, 2018.

FÖHSE, D. et al. Phosphorus efficiency of plants. I - External and internal P requirement and P uptake efficiency of different plant species. *Plant and Soil*, Netherlands, v.110, p.101-9, 1988.

FONSECA, J. A.; MEURER, E. J. Inibição da absorção de magnésio pelo potássio em plântulas de milho em solução nutritiva. *Revista Brasileira de Ciência do Solo*, v.21, p.47-50, 1997.

FONTANEZZI, G. B. da S. *Efeito de micorriza vesicular-arbuscular e de superfosfato simples no crescimento e nutrição de porta-enxertos de citros*. Lavras, 1989. 105p. Dissertação (Mestrado em Fitopatologia) – ESAL.

FONTES, P. C. R. *Diagnóstico do estado nutricional das plantas*. Viçosa: Universidade Federal de Viçosa, 2001.122p.

FOX, T. C.; GUERINOT, M. L. Molecular biology of cation transport in plants. *Annual Review of Plant Physiology and Plant Molecular Biology*, v.49, p.669-96, 1998.

FOY, C. D. Differential aluminium and manganese tolerances of plant species and varieties in acid soils. *Ciência e Cultura*, São Paulo, v.28, p.150-5, 1976.

_____. Physiological effects of hydrogen, aluminum and manganese toxicities in acid soil. In: ADAMS, F. (Ed.). *Soil acidity and liming*. 2.ed. Madison: Soil Science Society American, 1984. p.57-97.

FOY, C. D. et al. The physiology of metal toxicity in plants. *Annual Review of Plant Physiology*, v.29, p.511-66, 1978.

FOY, C. D. et al. Genetic differences in plant tolerance to manganese toxicity. In: GRAHAM, R. D.; HANNAM, R. J.; UREN, N. C. (Ed.). *Manganese in soil and plants*. Kluwer: Academic Publ. Dordrecht, 1988. p.293-307.

FOYER, C.; SPENCER, C. The relationship between phosphate status and photosynthesis in leaves and assimilate partitioning. *Planta*, v.167, p.369-75, 1986.

FRANCO, C. F.; PRADO, R. M. Uso de soluções nutritivas no desenvolvimento e no estado nutricional de mudas de goiabeira: macronutrientes. *Acta Scientiarum*, v.28, p.199-205, 2006.

FRANCO, C. F. et al. Uso da poda e de diferentes diâmetros de alporques sobre o desenvolvimento e o acúmulo de nutrientes em mudas de lichieira. *Revista Brasileira de Fruticultura*, v.27, p.491-4, 2005.

FRANCO, I. A. L. et al. Translocation and compartmentation of zinc by $ZnSO_4$ e ZnEDTA applied on coffee and bean seedlings leaves. *Ciência Rural*, v.35, p.332-9, 2005.

FRANÇOIS, L. E. et al. Calcium deficiency of artichoke buds in relation to salinity. *HortScience*, v.26, p.549-53, 1991.

FRAÚSTO DA SILVA, J. J. R.; WILLIAMS, R. J. P. *The Biological Chemistry of the Elements*: the Inorganic Chemistry of Life. Oxford: Clarendon Press, 2006.

FREIRE, M. F. et al. Nutrição foliar: princípios e recomendações. *Informe Agropecuário*, v.7, p.54-62, 1981.

FREITAS, F. A. et al. Absorção de P, Mg, Ca e K e tolerância de genótipos de arroz submetidos a estresse por alumínio em sistemas hidropônicos. *Ciência Rural*, v.36, p.72-9, 2006.

FRIEDRICH, J. W.; SCHRADER, L. E. Sulfur deprivation and nitrogen metabolism in maize seedlings. *Plant Physiology*, Baltimore, v.61, p.900-3, 1978.

FU, H. H.; LUAN, S. AtKUP1: a dual-affinity K+ transporte from Arabidopsis. *Plant Cell*, v.10, p.63-73, 1998.

FURLANI, P. R.; CLARK, R. B. Screening sorghum for aluminium tolerance in nutrient solutions. *Agronomy Journal*, v.73, p.587-94, 1981.

GABELMAN, W. H.; GERLOFF, G. C. The search for and interpretation of genetic controls that enhance plant growth under deficiency levels of a macronutrient. *Plant and Soil*, v.72, p.335-50, 1983.

GAMA, M. V. Efeitos do azoto e do potássio na composição mineral do trigo "Impeto" e do tomate "Roma". *Agronomia Lusitana*, v.38, p.111-21, 1977.

GAO, X. et al. Tolerance to zinc deficiency in rice correlates with zinc uptake and translocation. *Pland and Soil*, v.278, p.253-61, 2005.

GARCIA, A. W. R.; SALGADO, A. R. Absorção de zinco pelo cafeeiro através de sais e misturas quelatizadas. In: CONGRESSO BRASILEIRO DE PESQUISAS CAFEEIRAS, 9. São Lourenço. Resumos. 39-47, 1981.

GARCIA, L. L. C. et al. Nutrição mineral de hortaliças. XL. Concentração e acúmulo de micronutrientes em alface (*Lactuca sativa* L.) cv. Brasil 48 e Clause's Aurélia. *Anais da Escola Superior de Agricultura "Luiz de Queiroz"*, v.39, p.485-504, 1982.

GARSED, S. G.; READ, D. J. Sulfur dioxide metabolism in soybean, *Glycine max* var. Beloxi – II: biochemical distribution of $^{35}SO_2$ products. *New Phytologist*, Cambridge, v.79, p.583-92, 1977.

GAUCH, H. G.; DUGGER JR., W. M. The role of boron in the translocation of sucrose. *Plant Physiology*, v.28, p.457-66, 1953.

GERLOFF, G. C.; GABELMAN, W. H. Genetics basis of inorganic plant nutrition. In: LAUCHLI, A.; BIELESKI, R. L. *Inorganic plant nutrition*. New York, Springer-Verlag, 1983. p.453-80.

GIRIJA, C. et al. Interactive effects of sodium chloride and calcium chloride on the accumulation of proline and glycinebetaine in peanut (*Arachis hypogaea* L.). *Environmental and Experimental Botany*, v.47, p.1-10, 2002.

GODOY, L. J. G. et al. Adubação nitrogenada na cultura do milho baseada na medida do clorofilômetro e no índice de suficiência em nitrogênio (ISN). *Acta Scientiarum*, v.25, p.373-80, 2003.

GONÇALVES, F. C. et al. Deficiência nutricional em mudas de umbuzeiro decorrente da omissão de macronutrientes. *Pesquisa Agropecuária Brasileira*, v.41, p.1053-7, 2006.

GOUSSAIN, M. M. et al. Efeito da aplicação de silício em plantas de milho no desenvolvimento biológico da lagarta-do-cartucho *Spodoptera frugiperda* (J. E. Smith)(Lepidoptera: Noctuidae). *Neotropical Entomology*, v.31, p.305-10, 2002.

GRAHAM, R. D. Breeding for nutritional characteristics in cereals. In: TINKER, P. B.; LAUCHLI, A. (Ed.). *Advances in plant nutrition*. New York: Praeger, 1984. p.57-102.

GRANT, C. A. et al. A importância do fósforo no desenvolvimento inicial da planta. *Informações Agronômicas*, n.95, p.1-5, 2001.

GREWAL, J. S.; SINGH, S. N. Effect of potassium nutrition on frost damage and yield of potato plants on alluvial soils of the Punjab (India). *Plant and Soil*, v.57, p.105-10, 1980.

GRIMME, H. Soil factors of potassium availability. In: INDIAN SOCIETY OF SOIL SCIENCE. *Potassium in Soils, crop and fertilizers*. New Delhi, 1976, p.144-63. (Bolletin, 10).

GRIS, E. P. et al. Produtividade da soja em resposta à aplicação de molibdênio e inoculação com *Bradyrhizobium japonicum*. *Revista Brasileira de Ciência do Solo*, v.29, p.151-5, 2005.

GROVE, L. T. *Nitrogen fertility in Oxisols and Ultisols of the humid tropics*. Ithaca. Cornell University, 1979. 27p. (Cornell International Agricultural Bulletin, 36).

GRUSAK, M. A.; DELLAPENNA, D. Improving the nutrient composition of plants to enhance human nutrition and health. *Annual Review of Plant Physiology and Plant Molecular Biology*, v.50, p.133-61, 1999.

GUIDI, L. et al. Growth and photosynthesis of *Lycopersicum esculentum* (L.) plants as affected by nitrogen deficiency. *Biologia Plantarum*, v.40, p.235-44, 1998.

GUIMARÃES, T. G. et al. Teores de clorofila determinados por medidor portátil e sua relação com formas de nitrogênio em folhas de tomateiro cultivados em dois tipos de solo. *Bragantia*, v.58, p.209-16, 1999.

GUIRRA, A. P. P. M. et al. Tolerância do capim marandu a doses de manganês. *Bioscience Journal*, v.27, p.413-9, 2011.

GUPTA, U. C. Copper in crop and plant nutrition. In: RICHARDSON, W. H. (Ed.). *Handbook of copper compounds and applications*. New York: Marcel Dekker, 1997. p.203-29.

HAAG, H.P. et al. Estudos sobre a alimentação mineral do cafeeiro. XXVI. Efeitos de deficiências múltiplas no aspecto, crescimento e composição mineral. *Anais da ESALQ*, v.26, p.119-39, 1969.

HABERMANN, E. et al. Warming and water deficit impact leaf photosynthesis and decrease forage quality and digestibility of a C4 tropical grass. *Physiologia Plantarum*, v.165, p.383-402, 2019.

HAEDER, H. E., MENGEL, K. The absorption of potassium and sodium in dependence on the nitrogen nutrition level of the plant. *Landw. Forsch.*, v.23, p.53-60, 1969.

HAFNER, H. et al. Effects of nitrogen, phosphorus and molybdenum application on growth and symbiotic N_2 fixation of groundnut in an acid sandy soil in Niger. *Fertilizer Research*, v.31, p.69-77, 1992.

HAGEMAN, R.H.; BELOW, F. E. Role of nitrogen metabolism in crop productivity. In: ABROL, Y.P. (Ed.). *Nitrogen in higher plants*. Taunton: Research Studies, 1990. p.313-34.

HALLMARK, W. B. et al. Comparison of two DRIS methods for diagnosing nutrient deficiencies. *Journal of Fertilizer Issues*, v.4, p.151-8, 1987.

HANLON, E. A. et al. Tissue and soil analysis. In: TUCKER, D. P. H.; ALVA, A. K.; JACKSON, L. K.; WHEATON, T. A. (Ed.). Univ. of Florida, Coop. Extension Ser. Bull. No. SP169, Gainesville, FL, p.13-6, 1995.

HANSEN, E. H.; MUNNS, D. N. Effect of $CaSO_4$ and NaCl on mineral content of *Leucaena leucocephala*. *Plant and Soil*, v.107, p.101-5, 1988.

HANSON, E. J. et al. Applying calcium chloride postharvest to improve highbush blueberry firmness. *HortScience*, v.28, p.1033-4, 1993.

HARLING, H. et al. A plant cation-chloride co-transporter promoting auxin-independent tobacco protoplast division. *EMBO*, New York, v.16, p.5855-66, 1997.

HASLETT, B. S. et al. Zinc mobility in wheat: uptake and distribution of zinc applied to leaves or roots. *Annals of Botany*, v.87, p.379-86, 2001.

HAYNES R.; GOH, K.M. Ammonium and nitrate nutrition of plants. *Biological Reviews*, v.53, p.465-510, 1978.

HENDRICH, R. et al. Ca^{2+} and nucleotide dependent regulation of voltage dependent anion channels in plasma membrane of guard cells. *The Embo Journal*, v.9, p.3889-92, 1990.

HERNANDEZ, F. B. T. et al. Adubação fosfatada e potássica em amendoim (*Arachis hypogaea* L.). *Científica*, v.19, p.15-27, 1991.

HIRSCH, R. E. et al. A role for the AKTI potassium channel in plant nutrition. *Science*, v.280, p.918-21, 1998.

HOAGLAND, D. R.; ARNON, D. I. *The water culture method for growing plants without soils*. Berkeley: California Agricultural Experimental Station, 1950. 347p.

HOLLAND, D. A. et al. Soil and leaf sampling in apple orchards. *Journal of Horticultural Science*, v.42, p.403-17, 1967.

HÖMHELD, V. Efeitos do potássio nos processos da rizosfera e na resistência das plantas a doenças. In: YAMADA, T.; ROBERTS, T. L. (Ed.). *Potássio na agricultura brasileira*. Piracicaba: Potafós, 2005. p.301-19.

HORIGUCHI, T. Mechanism of manganese toxicity and tolerance of plants. *Soil Science Plant Nutrition*, v.34, p.65-73, 1988.

HU, H. et al. Species variability in boron requirement is correlated with cell wall pectin. *Journal of Experimental Botany*, v.47, p.227-32, 1996.

HU, H.; BROWN, P. H. Absorption of boron by plants roots. In: DELL, B.; BROWN, P. H.; BELL, R. W. (Ed.). *Boron in soils and plants*: reviews. Dordrecht: Kluwer Academic, 1997. p.49-58.

HUNDT, I. et al. Investigatios on the influence of the micronutrient boron on nucleic acid metabolism. *Albrecht-Thaer-Archiv*, v.14, p.725-37, 1970.

JACKSON, P. C.; HAGEN, C. E. Products of orthophosphate absorption by barley roots. *Plant Physiology*, v.35, p.326-32, 1960.

JENSEN, M. H.; COLLINS, W. L. Hydroponic vegetable production. *Horticultural Reviews*, v.7, p.483-557, 1985.

JO, J. et al. Isolation of ALU1-P gene encoding a protein with aluminum tolerance activity from arthrobacter viscosus. *Biochemical and Biophysical Research Communications*, v.239, p.835-9, 1997.

JOHNSON, J.R. Calcium nutrition and cultivar influence incidence of tipburn of collard. *HortScience*, v.26, p.544-6, 1991.

JONES JR., J. B. *Plant nutrition manual*. Boca Raton: CRC Press. 1998. 147p.

JONES, C. A. Proposed modifications of the Diagnosis and Recommendation Integrated Systems (DRIS) for interpreting plant analysis. *Communications in Soil Science and Plant Analysis*, v.12, p.785-94, 1981.

JONGRUAYSUP, S. et al. Distribution and redistribution of molybdenum in black gram (*Vigna mungo* L. Hepper) in relation to molybdenum supply. *Annals of Botany*, v.73, p.161-7, 1994.

KABATA-PENDIAS, A.; PENDIAS, H. *Trace elements in soils and plants*. Boca Raton: CRC Press, 1984. 315p.

KABATA-PENDIAS, A.; PENDIAS, H. *Trace elements in soils and plants*. 4.ed. New York: CRC Press, Taylor and Francis Group, 2011. 576p.

KARABOURNIOTIS, G. et al. Epicuticular phenolics over guard cells: exploitation for in situ stomatal counting by fluorescence microscopy and combined image analysis. *Annals of Botany*, v.87, p.631-9, 2001.

KASAI, F. S. et al. Adubação fosfatada e épocas de colheita do amendoim: efeitos na produção de óleo e de proteína. *Bragantia*, v.57, 1998.

KEENEY, D. R. Nitrogen management for maximum efficency and minimum pollution. In: STEVENSON, F. J. (Ed.). *Nitrogen in agricultural soils*. Agron. Manogr., 22. Madison: American Society of Agronomy, 1982. p.605-49.

KHAN, M. J. et al. Response of maize to different levels of sulfur. *Communications in Soil Science and Plant Analysis*, v.37, p.41-51, 2006.

KHURANA, N.; CHATTERJEE, C. Influence of variable zinc on yield, oil content, and physiology of sunflower. *Communications in Soil Science and Plant Analysis*, v.32, p.3023-30, 2001.

KIRSCH, M. et al. Salt stress induces as increased expression of V-type H^+-ATPase in mature sugar beet levaes. *Plant Molecular Bology*, v.32, p.543-7, 1996.

KOBAYASHI, H. et al. Effects of Excess magnesium on the growth and mineral content of rice and *Echinochloa*. *Plant Production Science*, v.8, p.38-43, 2005.

KOPRIVOVA, A. et al. Regulation of sulfate assimilation by nitrogen in Arabidopsis. *Plant Physiology*, v.122, p.737-46, 2000.

KÖRNDORFER, G. H. et al. Calibration of soil and plant silicon analysis for rice production. *Journal of Plant Nutrition*, v.24, p.1071-84, 2001.

KÖRNDORFER, G. H. et al. Papel do silício na produção da cana-de-açúcar. *STAB - Açúcar Álcool e Subprodutos*, v.21, p.6-9, 2002.

KRASKA, J. E.; BREITENBECK, G. A. Simple, robust method for quantifying silicon in plant tissue. *Communications in Soil Science and Plant Analysis*, v.41, p.2075-85, 2010.

KRISHNAN, H. B. Engineering soybean for enhanced sulfur amino acid content. *Crop Science*, v.45, p.454-61, 2005.

KROHN, N. G. et al. Teores de nitrato em folhas de alface em função do horário de coleta e do tipo de folha amostrada. *Horticultura Brasileira*, v.21, p.216-9, 2003.

KRUPA, Z.; SIEDLECKA, A.; MAKSYMIEC, W.; BASZYNSKI, Y. T. In vivo response of photosynthetic apparatus of *Phaseolus vulgaris* L. to nickel toxicity. *Journal of Plant Physiology*, v.142, p.664-8, 1993.

LACERDA, C. F. et al. Influência do cálcio sobre o crescimento e solutos em plântulas de sorgo estressadas com cloreto de sódio. *Revista Brasileira de Ciência do Solo*, v.28, p.289-95, 2004.

LADHA, J. K. et al. Efficiency of fertilizer nitrogen in cereal production: retrospects and prospects. *Advances in Agronomy*, v.87, p.85-156, 2005.

LAGATU, H.; MAUME, L. Le diagnostic foliare de la pomme de terre. *Annales de l'Ecole Nationale d'Agriculture*, v.22, p.50-158, 1934.

LAM, H. M. et al. The molecular-genetics of nitrogen assimilation into amino acids in higher plants. *Annual Review of Plant Physiology and Plant Molecular Biology*, v.47, p.569-93, 1996.

LAUCHLI, A. Soil science in the next twenty five years: does a biotechnology play a role? *Soil Science Society of America Journal*, v.51, p.1405-9, 1987.

LAVRES JUNIOR, J. et al. Deficiências de macronutrientes no estado nutricional da mamoneira cultivar Iris. *Pesquisa Agropecuária Brasileira*, v.40, p.145-51, 2005.

LEA, P. J.; MIFLIN, B. J. An alternative route for nitrogen assimilation in higher plants. *Nature*, v.251, p.614-6, 1974.

LEGGET, J. E.; EPSTEIN, E. Kinetics of sulfate absorption by barley roots. *Plant Physiology*, v.31, p.222-6, 1956.

LEHR, J. J. Sodium as a plant nutrition. *Journal of the Science of Food and Agriculture*, v.4, p.460-1, 1953.

LENOBLE, M. E. et al. Boro extra mantém crescimento radicular sob condições de alumínio tóxico. *Informações Agronômicas*, n.92, p.3-4, 2000.

LESTIENNE, F. et al. Impact of defoliation intensity and frequency on N uptake and mobilization in *Lolium perenne. Journal of Experimental Botany*, v.57, p.997-1006, 2006.

LETZSCH, W. S. Computer program for selection of norms for use in the Diagnosis and Recommendation Integrated System (DRIS). *Communications in Soil Science and Plant Analysis*, v.16, p.339-47, 1985.

LI, B. et al. Genetic variation in nitrogen use efficiency of loblolly pine seedlings. *Forest Science*, v.37, p.613-26, 1991.

LIMA FILHO, O. F. *Calibração de boro e zinco para o cafeeiro (Coffea arabica L. cv. catuaí amarelo)*. Piracicaba, 1991. 100p. Dissertação (Mestrado) – Centro de Energia Nuclear na Agricultura, Universidade de São Paulo.

LIMA FILHO, O. F.; MALAVOLTA, E. Sintomas de desordens nutricionais em estévia Stevia rebaudiana (Bert.) Bertoni. *Scientia Agricola*, v.54, p.53-61, 1997.

LIN, X. et al. Nitrogen accumulation, remobilization and partitioning in rice (*Oryza sativa* L.) under an improved irrigation practice. *Field Crops Research Research*, v.96, p.448-54, 2006.

LISUMA, J. B. et al. Maize yield response and nutrient uptake after micronutrient application on a volcanic soil. *Agronomy Journal*, v.98, p.402-6, 2006.

LONERAGAN, J. F. Distribuition and movement of cooper in plants. In: LONERAGAN, J. R.; ROBSON, A. D.; GRAHAN, R. D. (Ed.). *Copper in soil and plants*. London: Academic Press, 1981. p.165-88.

LOUÉ, A. Contribuição para o estudo da nutrição catiônica do milho, principalmente a do potássio. *Fertilité*, v.20, p.1-57, 1963.

_____. *Oligoelements en agriculture*. Paris: SCPA Nathan, 1993. 577p.

LUCAS, R. E.; KNEZEK, B. D. Climatic and soil conditions promoting micronutrient deficiencies in plants. In: MORTVEDT, J. J.; GIORDANO, P. M.; LINDSAY, W. L. (Ed.). *Micronutrients in agriculture*. Madison: Soil Science Society of America, 1972. Cap.12, p.265-88.

MAATHUIS, F. J. M. et al. Transcriptome analysis of root transporters reveals participation of multiple gene families in the response to cation stress. *The Plant Journal*, v.35, p.675-92, 2003.

MACHADO, C. T. de T.; FURLANI, A. M. C. Cinética de absorção de fósforo e morfologia radicular de variedades locais e melhoradas de milho. *Scientia Agricola*, v.61, p.69-76, 2004.

MACHADO, C. T. T. et al. Variabilidade entre genótipos de milho para eficiência no uso de fósforo. *Bragantia*, v.58, p.109-24, 1999.

MACKAY, A. D.; BARBER, S. A. Soil moisture effects on potassium uptake by corn. *Agronomy Journal*, v.77, p.524-7, 1985b.

MACKAY, A. D.; BARBER, S. A. Soil moisture effects on root growth and phosphorus uptake by corn. *Agronomy Journal*, v.77, p.519-23, 1985a.

MAGALHÃES, J. R. et al. Kinetics of $15NH_4^+$ assimilation in *Zea mays* L. Preliminary studies with a glutamate dehydrogenase (GDH1) null mutant. *Plant Physiology*, v.94, p.646-56, 1990.

MAGALHÃES, J. V. *Absorção e translocação de nitrogênio por plantas de milho (Zea mays L.) submetidas a períodos crescentes de omissão de fósforo em solução nutritiva.* Viçosa, 1996. 76p. Dissertação (Mestrado) – Universidade Federal de Viçosa.

MALAVOLTA, E. *Elementos de nutrição de plantas.* São Paulo: Agronômica Ceres, 1980. 251p.

_____. *O potássio e a planta.* Piracicaba: Potafós,1984. 61p. (Boletim Técnico, 1).

_____. *ABC da análise de solos e folhas*: amostragem, interpretação e sugestões de adubação. São Paulo: Agronômica Ceres, 1992.124p.

_____. *Informações agronômicas sobre nutrientes para as culturas* – Nutri-fatos. Piracicaba: Potafos, 1996. 12p. (Arquivo do Agrônomo, 10).

_____. Potássio: absorção, transporte e redistribuição na planta. In: YAMADA, T.; ROBERTS, T. L. (Ed.). *Potássio na agricultura brasileira.* Piracicaba: Potafós, 2005. p.179-238.

_____. *Manual de nutrição mineral de plantas.* São Paulo: Agronômica Ceres, 2006. 638p.

MALAVOLTA, E.; CROCOMO, O. J. O potássio e a planta. In: POTÁSSIO NA AGRICULTURA BRASILEIRA, Londrina, 1982. *Anais.* Piracicaba, Potafós, 1982. p.95-162.

MALAVOLTA, E. et al. Efeitos das deficiências de macronutrientes em duas variedades de soja (*Glycine max* Merr.), Santa Rosa e UFV-1, culturas em solução nutritiva. Anais da ESALQ, v.37, p.473-84, 1980.

_____. Nutrients repartition in the coffee branches, leaves and flowers. *Pesquisa Agropecuária Brasileira*, v.37, p.1017-22, 2002.

MALAVOLTA, E. et al. *Avaliação do estado nutricional das plantas*: princípios e aplicações. Piracicaba: Potafós, 1989. 201p.

MALAVOLTA, E. et al. Repartição de nutrientes nas flores, folhas e ramos da laranjeira cultivar natal. *Revista Brasileira de Fruticultura*, v.2, p.506-11, 2006.

MANN, E. N. et al. Efeito da aplicação de manganês no rendimento e na qualidade de sementes de soja. *Pesquisa Agropecuária Brasileira*, v.37, p.1757-64, 2002.

MANSFIELD, T.A. et al. Some aspects of stomatal physiology. *Annual Review of Plant Physiology and Molecular Biology*, v.41, p.55-75, 1990.

MANTOVANI, C. et al. Silicon toxicity induced by different concentrations and sources added to in vitro culture of epiphytic orchids. *Scientia Horticulturae*, v.265, p.109272, 2020.

MANTOVANI, C.; PRADO, R. M.; PIVETTA, K. F. L. Silicon foliar application on nutrition and growth of Phalaenopsis and Dendrobium orchids. *Scientia Horticulturae*, v.18, p.83-92, 2018.

MANTOVANI, J.R. et al. Comparação de procedimentos de quantificação de nitrato em tecido vegetal. *Pesquisa Agropecuária Brasileira*, v.40, p.53-9, 2005.

MARCANTE, N. C. et al. Determinação da matéria seca e teores de macronutrientes em folhas de frutíferas usando diferentes métodos de secagem. *Ciência Rural*, v.40, p.2398-2401, 2010.

MARENCO, R. A.; LOPES, N. F. *Fisiologia vegetal*: fotossíntese, respiração, relações hídricas e nutrição mineral. Viçosa: UFV, 2005. 451p.
MARIN, A. et al. Germinação de sementes de guandu sob efeito da disponibilidade hídrica e de doses subletais de alumínio. *Bragantia*, v.63, p.13-24, 2004.
MARINHO, M. L. Respostas das culturas aos micronutrientes ferro, manganês e cobre. In: BORKET, C. M.; LANTMANN, A. F. (Ed.). *Enxofre e micronutrientes na agricultura brasileira*. Londrina: Embrapa/CNPSo/Iapar/SBCS, 1988. p.239-64.
MARSCHNER, H. *Mineral nutrition of higher plants*. London: Academic Press, 1986. 674p.
_____. *Mineral nutrition of higher plants*. 2.ed. London: Academic Press, 1995. 889p.
_____. Functions of mineral: micronutrients. In: _____. *Mineral nutrition of higher plants*. 2.ed. San Diego: Academic Press, 1997. p.313-404.
MARTINS, A. P. L.; REISSMANN, C. B. Material vegetal e as rotinas laboratoriais nos procedimentos químico-analítico. *Scientia Agraria*, v.8, p.1-17, 2007.
MARTINEZ, H. E. P.; SILVA FILHO, J. B. *Introdução ao cultivo hidropônico*. 2.ed. Viçosa: Universidade Federal Viçosa, 2004. 111p.
MARTINEZ, H. E. P. et al. Diagnose foliar. In: RIBEIRO, A. C.; GUIMARÃES, P. T. G. & ALVAREZ, V. H. (Ed.). Recomendações para o uso de corretivos e fertilizantes em Minas Gerais. 5ª Aproximação. Viçosa, MG, Comissão de Fertilidade do Solo do Estado de Minas Gerais – CFSEMG, 1999. p.144-68.
MASCAGNI JR., H. J.; COX, F. R. Evaluation of inorganic and organic manganese fertilizer sources. *Soil Science Society of American Journal*, v.49, p.458-61, 1985.
MASS, E. V. et al. Influence of calcium and magnesium on manganese absorption. *Plant Physiology*, v.44, p.796-800, 1969.
MATOH, T. et al. Salt-induced damage to rice plants and alleviation effect on silicate. *Soil Science Plant Nutrition*, v.32, p.295-304, 1986.
MCCRAY, J. M. et al. Sugarcane plant nutrient diagnosis. Florida Cooperative Extension Service Pub. SS-AGR-129.2006.[http://edis.ifas.ufl.edu/sc075]
McSWAIN, B. D. et al. Effects of magnesium and chloride ions on light-induced electron transport in membranes fragments from a blue-green alga. *Biochimica et Biophysica Acta*, v.423, p.313-22, 1976.
MELGAR, R. J. et al. Aplicação de fertilizante nitrogenado para milho em Latossolo da Amazônia. *Revista Brasileira de Ciência do Solo*, v.15, p.289-96, 1991.
MELLIS, E. V.; CRUZ, M. C. P.; CASAGRANDE, J. C. Nickel adsorption by soils in relation to pH, organic matter and iron oxides. *Scientia Agricola*, v.61, p.190-5, 2004.
MENDONCA, R. J. et al. Capacidade de cultivares de arroz de modificar o pH de soluções nutritivas na presença de alumínio. *Pesquisa Agropecuária Brasileira*, v.40, p.447-52, 2005.
MENGEL, K.; KIRKBY, E. A. *Principles of plant nutrition*. Worblaufen-Bern: International Potash Institute, 1987. 687p.

MENOSSO, O. G. et al. Crescimento radicular e produção de ácidos orgânicos em cultivares de soja com diferentes tolerâncias ao alumínio. *Pesquisa Agropecuária Brasileira*, v.36, p.1339-45, 2001.

MEURER, E. J. Potássio. In: FERNANDES, M. S. (Ed.). *Nutrição mineral de plantas*. Viçosa: SBCS, 2006. p.281-98.

MIELNICZUK, J.; SELBACH, P. A. Capacidade de suprimento de potássio de seis solos do Rio Grande do Sul. *Revista Brasileira de Ciência do Solo*, v.2, p.115-20, 1978.

MILLER, L. P. Utilization of DL methionine as a source of sulfur by growing plants. Contrib. *Boyce Thompson Institute*, v.14, p.443-56, 1947.

MIMURA, T. et al. Phosphate transport across biomembranes and cytosolic phosphate homeostasis in barley leaves. *Plant*, v.180, p.139-46, 1990.

MINOCHA, R. et al. Cell division by polyamines in Catharanthus roseus suspension cultures. *Plant Cell Reports*, v.10, p.126-30, 1991.

MISHRA, D.; KAR, M. Nickel in plant growth and metabolism. *The Botanical Review*, v.140, p.395-452, 1974.

MIYAKE, Y.; TAKAHASHI. Effect of silicon on the growth of soybean plants in solution culture. *Soil Science and Plant Nutrition*, v.31, p.625-36, 1985.

MIYAKE, Y.; TAKAHASHI, E. Silicon deficiency of tomato plant. *Soil Science and Plant Nutrition*, v.24, p.175-189, 1978.

MKAMILO, G. S. Maize–sesame intercropping in southeast tanzania: farmers' practices and perceptions, and intercrop performance. Tropical resource management Papers, No. 54. Wageningen University, Wageningen, 2004.

MOCQUOT, B. et al. Copper toxicity in young maize (*Zea mays* L.) plants: effects on growth, mineral and chlorophyll contents, and enzyme activities. *Plant and Soil*, v.182, p.287-300, 1996.

MOLASSIOTIS, A. et al. Effects of 4-month Fe deficiency exposure on Fe reduction mechanism, photosynthetic gas exchange, chlorophyll fluorescence and antioxidant defense in two peach rootstocks differing in Fe deficiency tolerance. *Journal of Plant Physiology*, v.163, p.176-85, 2006.

MONTEIRO, F. A. et al. Cultivo de *Brachiaria brizantha* Stapf. cv. Marandu em solução nutritiva com omissões de macronutrientes. *Scientia Agricola*, v.52, p.135-41, 1995.

MONTEIRO, F. A. et al. Aplicação de níveis de enxofre, na forma de gesso, para cultivo de leguminosa forrageiras. *Boletim da Indústria Animal*, v.40, p.229-40, 1983.

MOORE, D. P. et al. Uptake of magnesium and its interactions with calcium in excised barley roots. *Plant Physiology*, v.36, p.290-5, 1961.

MORAIS, T. C. B. et al. Efficiency of the CL, DRIS and CND methods in assessing the nutritional status of eucalyptus spp. rooted cuttings. *Forests*, v.10, p.786-804, 2019.

MOREIRA, A. et al. Influência do magnésio na absorção de manganês e zinco por raízes destacadas de soja. *Pesquisa Agropecuária Brasileira*, v.38, p.95-101, 2003.

MORGAN, P. W. Effects of abiotic stresses on plant hormone systems. In: *Stress responses in plants*: adaptation and acclimation mechanisms. Willey-Liss. Ed., 1990. Chapter 6. p.113-46.

MÜNCH, E. *Die Stoffbewegungen in der Pflanze*. Jena: Verlag von Gustav Fischer, Jena.1930.

MUNOZ HERNANDEZ, R. J.; SILVEIRA, R. I. Efeitos da saturação por bases, relações ca:mg no solo e níveis de fósforo sobre a produção de material seco e nutrição mineral do milho (Zea mays L.). *Scientia Agricola*, v.55, p.79-85, 1998.

MÜNTZ, K. Deposition of storange proteins. *Plant Molecular Biology*, v.38, p.77-99, 1998.

NAEVE, S. L.; SHIBLES, R. M. Distribution and mobilization of sulfur during soybean reproduction. *Crop Science*, v.45, p.2540-51, 2005.

NAMBIAR, P.T.C. et al. Nitrate concentration and nitrate reductase activity in the leaves of three legumes and three cereals. *Annals of Applied Biology*, v.112, p.547-53, 1988.

NATALE, W. et al. Adubação nitrogenada e potássica no estado nutricional de mudas de maracujazeiro-amarelo. *Acta Scientiarum*, v.28, p.187-92, 2006.

NATALE, W. et al. Resposta de mudas de goiabeira à aplicação de zinco. *Revista Brasileira de Fruticultura*, v.24, p.770-3, 2002.

NATALE, W. et al. Efeitos da aplicação de zinco no desenvolvimento, no estado nutricional e na produção de matéria seca de mudas de maracujazeiro. *Revista Brasileira de Fruticultura*, v.26, p.310-4, 2004.

NATALE, W. et al. Alterações anatômicas da parede celular de frutos de goiabeira induzidas pelo cálcio. *Pesquisa Agropecuária Brasileira*, v.40, p.1239-42, 2005.

NATIONAL RESEARCH COUNCIL – NRC. *Nutrient requirements of dairy cattle*. 7.ed. rev. Washington. National Academy of Science, 2001, p.140.

NEIVA, L. C. S. *Influência do potássio sobre a economia de água de quatro cultivares de arroz submetidos a déficit hídrico*. Viçosa, 1977. Dissertação (Mestrado) – Universidade Federal de Viçosa.

NICK, J. A. *DRIS para cafeeiros podados*. Piracicaba. 1998. 86p. Dissertação (Mestrado) – Escola Superior de Agricultura Luiz de Queiroz, Universidade de São Paulo.

NICOLOSO, F. T. et al. Fontes de nitrogênio mineral ($N-NO_3^-$ e $N-NH_4^+$) no crescimento de mudas de grápia (*Apuleia leiocarpa* (Vog.) Macbride). *Ciência Rural*, v.15, p.221-31, 2005.

NIU, X. et al. Ion Homeostasis in NaCl stress environments. *Plant Physiology*, v.109, p.735-42, 1995.

NOLLER, C. H.; RHYKERD, C. L. Relationship of nitrogen fertilization and chemical composition of forage to animal health and performace. In: MAYS, D. A. (Ed.). *Forage fertilization*. Madison: American Society of Agronomy, 1974. cap.17, p.363-87.

NORISADA, M. et al. Effects of phosphate supply and elevated CO_2 on root acid phosphatase activity in *Pinus densiflora* seedlings. *Journal of Plant Nutrition and Soil Science*, v.169, p.274-9, 2006.

NUNES, F. N. et al. Fluxo difusivo de ferro em solos sob influência de doses de fósforo e de níveis de acidez e umidade. *Revista Brasileira de Ciência do Solo*, v.28, p.423-9, 2004.

OERTLI, J. J.; GRGURVIC. Effect of pH on the absorption of boron by excised barley roots. *Agronomy Journal*, v.67, p.278-80, 1975.

OLIVEIRA JR. et al. Sources and additive effects on ^{35}S foliar uptake by bean plants. *Scientia Agricola*, v.52, p.452-7, 1995.

OLIVEIRA, K. S. et al. Leaf spraying of manganese with silicon addition is agronomically viable for corn and sorghum plants. *Journal of Soil Science and Plant Nutrition*, v.20, p.1-9, 2020.

OLIVEIRA, R. L. L. et al. Silicon mitigates manganese deficiency stress by regulating the physiology and activity of antioxidant enzymes in sorghum plants. *Journal of Soil Science and Plant Nutrition*, v.19, p.524-534, 2019.

OLIVER, S.; BARBER, S. A. Mechanisms for the moviment of Mn, Fe, B, Cu, Zn, Al and Sr from the soil to the soil to the surface of soybean roots. *Soil Science Society of American Proceedings*, v.30, p.468-70, 1966.

OLSEN, S. R. Micronutrients Interactions. In: MONTVERDT, J. J.; GIORDANO, P. M.; LINDSAY, W. L. (Ed.). *Micronutrients in agriculture*. Soil Science of America Monographs. Madison (Wisconsin), 1972. p.243-88.

O'NEILL, P. M. et al. Agronomic responses of corn hybrids from different eras to deficit and adequate levels of water and nitrogen. *Agronomy Journal*, v.96, p.1660-7, 2004.

PAGE, V.; FELLER, U. Selective transport of zinc, manganese, nickel, cobalt and cadmium in the root system and transfer to the leaves in young wheat. *Annals of Botany*, v.96, p.425-34, 2005.

PALIYATH, F.; THOMPSON, J. E. Calcium and calmodulin regulated breakdown for phospholipid by microsomal membranes from bean cotyledons. *Plant Physiology*, v.83, p.63-8, 1987.

PAPADAKIS, I. E. et al. Effects of B excess on some physiological and anatomical parameters of 'Navelina' orange plants grafted on two rootstocks. *Environmental and Experimental Botany*, v.51, p.247-57, 2004.

PAREDES, F. L.; PRIMO-MILLO, E. 1988. *Normas para la Fertilización de los Agrios*. Fullets Divulgación n.5-88. Generalitat Valenciana. IVIH. 28p.

PARENT, L. E.; GRANGER, R. L. Derivation of DRIS norms from a high-density apple orchard established in the Quebec Appalachian Mountains cherry. *Journal of the American Society for Horticultural Science*, v.114, p.915-9, 1989.

PARKER, M. B. et al. Soil zinc and pH effects on leaf zinc and the interaction of the leaf calcium and zinc on zinc toxicity of peanuts. *Communication in Soil Science and Plant Analysis*, v.21, p.2319-32, 1990.

PARTELLI, F. L. et al. Comparação de dois métodos DRIS para o diagnóstico de deficiências nutricionais do cafeeiro. *Pesquisa Agropecuária Brasileira*, v.41, p.301-6, 2006.

PEASLEE, D. E.; MOSS, D. N. Photosynthesis in K and Mg-deficient maize (*Zea mays* L.) leaves. *Soil Science Society of America Proceedings*, v.30, p.220-3, 1966.

PENCE, N. S. et al. The molecular physiology of heavy metal transport in the Zn/Cd hyperaccumulator Thlaspi caerulescens. *Proceedings of the National Academy of Science of the USA*, v.97, p.4956-60, 2000.

PEREIRA, C. et al. Balanço nutricional e incidência de queima de bordos em alface produzida em sistema hidropônico – NFT. *Horticultura Brasileira*, v.23, p.810-4, 2005.

PERYEA, F. J. Sample washing procedures influence mineral element concentrations in zinc sprayed apple leaves. *Communications in Soil Science and Plant Analysis*, v.36, p.2923-31, 2005.

PFLÜGER, R. E.; WIEDEMANN, R. D. E. R. Einfluss monovalenter kationen auf die nitratreduktion von *Spinacia oleracea* L. *Z Pflanzenphysiol*, v.85, p.125-33, 1977.

PIERCE, J. Determinants of substrate specificity and the role of metal in the reaction of ribolosebisphosphate carboxylase/oxygenase. *Plant Physiology*, v.81, p.943-5, 1986.

PILBEAM, D. J.; KIRKBY, E. A. The physiological role of boron in plants. *Journal of Plant Nutrition*, v.6, p.563-82, 1983.

PINTON, R. et al. Modulation of nitrate uptake by water-extractable humic substances: involvement of root plasma membrane H^+-ATPase. *Plant and Soil*, v.215, p.155-63, 1999.

PIRES, A. A. et al. Parcelamento e época de aplicação foliar do molibdênio na composição mineral das folhas do feijoeiro. *Acta Scientiarum*, v.27, p.25-31, 2005.

POLIDORO, J. C. et al. Evaluation of techniques for determination of molybdenum in sugarcane leaves. *Communications in Soil Science and Plant Analysis*, v.37, p.77-91, 2006.

PORTIS JUNIOR, A. R.; HELDT, H. W. Light-dependent changes of the Mg^{2+} concentration in the stroma in relation to the Mg^{2+} depending of CO_2 fixation in intact chloroplasts. *Biochimica et Biophysica Acta*, v.449, p.434-46, 1976.

PRADA, F. et al. Concentração de cobre e molibdênio em algumas plantas forrageiras do Estado do Mato Grosso do Sul. *Brazilian Journal of Veterinary Research and Animal Science*, v.35, p.275-8, 1998.

PRADO, R. M. Influência da saturação de bases na implantação do sistema plantio direto em solo de cerrado. I- Efeito na produção da cultura da soja. *Revista de Agricultura*, v.74, p.269-77, 1999.

_____. Saturação por bases e híbridos de milho sob sistema plantio direto. *Scientia Agricola*, v.58, p.391-4, 2001.

PRADO, R. M. Efeito da aplicação de calcário no desenvolvimento, estado nutricional e produção de frutos de goiabeira e de caramboleira durante três anos em pomares em implantação. Jaboticabal, 2003, 68p. Tese (Doutorado) – Faculdade de Ciências Agrárias e Veterinárias, Universidade Estadual Paulista.

PRADO, R. M. et al. Aplicação de potássio no estado nutricional e na produção de matéria seca de mudas de maracujazeiro-amarelo. *Revista Brasileira de Fruticultura*, v.26, p.295-9, 2004.

PRADO, R. M. et al. Applying boron to coconut palm plants: effects on the soil, on the plant nutritional status and on productivity boron to coconut palm trees. *Journal of Soil Science and Plant Nutrition*, v.13, p.79-85, 2013.

PRADO, R. M. et al. Crescimento e marcha de absorção de nutrientes em tomateiro cultivar Raísa cultivado em sistema hidropônico. *Semina*, v.32, p.17-28, 2011.

PRADO, R. M. et al. Desempenho do capim-tanzânia cultivado em solução nutritiva com a omissão de macronutrientes. *Scientia Agraria Paranaensis*, v.10, p.58-68, 2011.

PRADO, R. M. et al. Foliar and radicular absorption of boron by beetroot and tomato plants. *Communications in Soil Science and Plant Analysis*, v.49, p.1435-43, 2013.

PRADO, R. M. et al. Resposta de mudas de goiabeira à aplicação de escória de siderurgia como corretivo de acidez do solo. *Revista Brasileira de Fruticultura*, v.25, p.160-3, 2003b.

PRADO, R. M. et al. Efeito da cinza da indústria de cerâmica no solo e na nutrição de mudas de goiabeira. *Acta Scientiarum*, v.24, p.1493-500, 2002c.

PRADO, R. M. et al. Avaliação da escória de siderurgia e de calcário como corretivos de acidez do solo no cultivo da alface. *Pesquisa Agropecuária Brasileira*, v.37, p.539-46, 2002b.

PRADO, R. M.; ALCÂNTARA-VARA, E. Influência de formas de nitrogênio e do pH na correção da deficiência de ferro no girassol. *Revista de Ciências Agrárias*, v.34, p.210-17, 2011b.

PRADO, R. M.; ALCÂNTARA-VARA, E. Tolerance to iron chlorosis in nongrafted quince seedlings and in pear grafted onto quince plants. *Journal of Soil Science and Plant Nutrition*, v.11, p.119-28, 2011a.

PRADO, R. M.; CRUZ, F. J. R.; FERREIRA, R. L. C. Selenium biofortification and the problem of its safety. In: SHIOMI, Naofumi (Org.). *Superfood and functional food*: an overview of their processing and utilization. 1.ed. Rijeka, Croatia: InTech, v.1, p.221-38, 2017.

PRADO, R. M.; FELISBERTO, G.; BARRETO, R. F. Nova abordagem do silício na mitigação de estresse por deficiência de nutrientes. In: PRADO, R. M.; CAMPOS, C. N. S. *Nutrição e adubação de grandes culturas*. 1.ed. Jaboticabal: FCAV, 2018, v.1, p.17-26.

PRADO, R. M.; FERNANDES, F. M. Escória de siderurgia e calcário na correção da acidez do solo cultivado com cana-de-açúcar em vaso. *Scientia Agricola*, v.57, p.739-44, 2000a.

PRADO, R. M.; FERNANDES, F. M. Escória de siderurgia e calcário na taxa de folhas senescentes da cultura da cana-de-açúcar. *Revista de Agricultura*, v.75, p.311-21, 2000b.

_____. Resposta da cana-de-açúcar a aplicação da escória de siderurgia como corretivo de acidez do solo. *Revista Brasileira de Ciência do Solo*, v.25, p.199-207, 2001a.

_____. Efeito da escória de siderurgia e calcário na disponibilidade de fósforo de um Latossolo Vermelho Amarelo cultivado com cana-de-açúcar. *Pesquisa Agropecuária Brasileira*, v.36, p.1199-204, 2001b.

PRADO, R.M. et al. Calcário e escória de siderurgia avaliados por análise foliar, acúmulo e exportação de macronutrientes da cana-de-açúcar. *Scientia Agricola*, v.59, p.129-35, 2002a.

PRADO, R.M. et al. Efeito residual da escória de siderurgia como corretivo de acidez do solo na soqueira de cana-de-açúcar. *Revista Brasileira de Ciência do Solo*, v.27, p.287-96, 2003a.

PRADO, R. M. et al. Resposta da cultura do milho a modos de aplicação e doses de fósforo, em adubação de manutenção. *Revista Brasileira de Ciência do Solo*, Viçosa, v.25, p.83-90, 2001.

PRADO, R. M.; LEAL, R. M. Desordens nutricionais por deficiência em girassol var. Catissol 01. *Pesquisa Agropecuária Tropical*, v.36, p.173-9, 2006.

PRADO, R. M.; NATALE, W. Calagem na nutrição de cálcio e no desenvolvimento do sistema radicular da goiabeira. *Pesquisa Agropecuária Brasileira*, v.39, p.1007-12, 2004a.

_____. Calagem na nutrição de cálcio e no desenvolvimento do sistema radical da caramboleira. *Revista de Ciências Agroveterinárias*, v.39, p.1007-12, 2004b.

_____. Leaf sampling in carambola trees. *Fruits*, v.52, p.281-9, 2004c.

_____. Aplicação do silicato de cálcio em Argissolo Vermelho no desenvolvimento de mudas de maracujazeiro. *Acta Scientiarum*, v.26, p.387-93, 2004d.

_____. Efeitos da aplicação de resíduo industrial (silicato de cálcio) no desenvolvimento, no estado nutricional e na produção de matéria seca de mudas de maracujazeiro. *Revista Brasileira de Engenharia Agrícola e Ambiental*, v.9, p.185-90, 2005.

PRADO, R. M. et al. Estado nutricional do maracujazeiro-amarelo "FB 200" sobre cinco porta-enxertos, cultivado em um latossolo vermelho distrófico. *Revista de Agricultura*, v.80, p.388-99, 2005.

PRADO, R. M. et al. Efeitos da aplicação de calcário no desenvolvimento, no estado nutricional e na produção de matéria seca de mudas de maracujazeiro. *Revista Brasileira de Fruticultura*, v.26, p.140-4, 2004e.

PRADO, R. M. et al. Liming and postharvest quality of carambola fruits. *Brazilian Archives of Biology and Technology*, v.48, p.689-96, 2005b.

PRADO, R. M. et al. Liming and quality of guava fruit cultivated in Brasil. *Scientia Horticulturae*, v.104, p.91-102, 2005a.

PRADO, R. M. et al. Níveis críticos de boro no solo e na planta para o cultivo de mudas de maracujazeiro-amarelo. *Revista Brasileira de Fruticultura*, v.28, p.305-9, 2006.

PRADO, R. M. et al. Fósforo na nutrição e produção de mudas de maracujazeiro. *Acta Scientiarum*, v.27, p.493-8, 2005c.

PRADO, R. M.; NATALE, W.; ROZANE, D. E. Soil liming effects on the development and the nutritional status of the carambola tree and its fruit yielding capacity. *Communication in Soil Science and Plant Analysis*, v.38, p.493-511, 2007a.

PRADO, R. M.; NATALE, W.; MOURO, M. C. Fontes de zinco aplicado via semente na nutrição e crescimento inicial do milho cv. fort. *Bioscience Journal*, v.23, p.16-24, 2007b.

PRADO, R. M.; ROZANE, D. E. Leaf analysis as diagnostic tool for balanced fertilization in tropical fruits. In: SRIVASTAVA, A. K.; CHENGXIAO Hu. (Org.). *Fruit crops*: diagnosis and management of nutrient constraints. Netherlands: Elsevier, 2020, p.131-144.

PUGA, A. P. et al. Efeitos da aplicação de manganês no crescimento, na nutrição e na produção de matéria seca de plantas de *Brachiaria brizantha* (cv. MG4) em condições de casa de vegetação. *Revista Ceres*, v.58, p.811-6, 2011.

PURITCH, G. S.; BARKER, A. V. Structure and function of tomato leaf chloroplasts during ammonium toxicity. *Plant Physiology*, v.42, p.1229-38, 1967.

RABOY, V. Seeds for a better future: 'low phytate' grains help to overcome malnutrition and reduce pollution. *Trends in Plant Science*, v.6, p.458-62, 2001.

RAFIQUE, E. et al. Zinc deficiency in rainfed wheat in pakistan: magnitude, spatial variability, management, and plant analysis diagnostic norms. *Communications in Soil Science and Plant Analysis*, v.37, p.181-97, 2006.

RAGHOTHAMA, K. G. Phosphate acquisition. *Annual Review of Plant Physiology and Plant Molecular Biology*, v.50, p.665-93, 1999.

RAGHUPATHI, H. B.; BHARGAVA, B. S. Preliminary nutrient norms for 'Alphonso' mango using diagnosis and recommendation integrated systems. *Indian Journal of Agricultural Science*, v.60, p.648-50, 1999.

RAIJ, B. VAN. et al. (Ed.). *Recomendações de adubação e calagem para o Estado de São Paulo*. 2.ed. Campinas: Instituto Agronômico & Fundação IAC, 1996. 285p.

RAINS, D. W. Mineral metabolism. In: BONNER, J.; VARNER, J. E. (Ed.). *Plant biochemistry*. 3.ed. New York: Academic Press, 1976. p.561-98.

RAINS, D. W. et al. Active silicon uptake by wheat. *Plant and Soil*, v.280, p.223-8, 2006.

RAMALHO, J. C. et al. Effects of calcium deficiency in *Coffea arabica*. Nutrients changes and correlation of calcium levels with some photosynthetic parameters. *Plant and Soil*, v.172, p.87-96, 1995.

RAMBO, L. et al. Monitoramento do nitrogênio na planta e no solo para predição da adubação nitrogenada em milho. *Pesquisa Agropecuária Brasileira*, v.42, p.407-17, 2007.

RAMON, A. M. et al. L-van. The effects of short term deficiency of boron on potassium, calcium and magnesium distribution in leaves and roots of tomato (*Lycopersicon esculentum*) plants. *Developments in Plant and Soil Science*, v.21, p.287-90, 1990.

RANJITH, S. A. et al. Partitioning of carboxylase activity in nitrogen-stressed sugarcane and its relationship to bundle sheath leakiness to CO_2, photosynthesis and carbon isotope discrimination. *Australian Journal Plant Physiology*, v.22, p.903-11, 1995.

RAO, I. M. et al. Leaf phosphate status, photosynthesis, and carbon partitioning in sugar beet. III. Diurnal changes in carbon partitioning and carbon export. *Plant Physiology*, v.92, p.29-36, 1990.

RAVEN, J. A. H^+ and Ca^{2+} in phoem and symplast: relation of relative immobility of the ions to the cytoplasmic nature of the transport paths. *New Phytologist*, v.79, p.465-80, 1977.

RAYLE, D. L.; CLELAND, R. E. The acid growth theory of auxin-induced cell elongation is alive and well. *Plant Physiology*, v.99, p.1271-4, 1992.

READ, J. J. et al. Yield and fiber quality of upland cotton as influenced by nitrogen and potassium nutrition. *European Journal of Agronomy*, v.24, p.282-90, 2006.

REDDY, A. S. N. Calcium: silver bullet in signalling. *Plant Science*, v.160, p.381-404, 2001.

REICHARDT, K. et al. Fate of fertilizer nitrogen in soil-plant systems with emphasis on the tropics. In: INTERNATIONAL ATOMIC ENERGY AGENCY. *Agrochemicals: fate in food and the environment*. 1982. 380p. p.277-90.

REIS JR., R. A. DRIS norms university in the corn crop. *Communication Soil Science Plant Analysis*, v.33, p.711-35, 2002.

REIS JR., R. A.; MONNERAT, P. E. Sugarcane nutritional diagnosis with DRIS norms established in Brazil, South Africa, and the United States. *Journal Plant Nutrition*, v.25, p.2831-51, 2002.

RENGEL, Z.; ZHANG, W. H. Role of dynamics of intracellular calcium in aluminium-toxicity syndrome. *New Phytologist*, v.159, p.295-314, 2003.

RESENDE, A. et al. Fontes e modos de aplicação de fósforo para o milho em solo cultivado da região do Cerrado. *Revista Brasileira de Ciência do Solo*, v.30, p.453-66, 2006.

RESH, H. M. *Hydroponic food production*. 6.ed. Califórnia: Woodbridge Press, 2002. 567p.

RIGHETII, T. L. et al. Verifying critical values from DRIS norms in sweet cherry and hazelnut. *Communication Soil Science Plant Analysis*, v.19, p.1446-9, 1988.

RITCHEY, K. D. *Residual zinc effects*. Agronomic-economic research on tropical soils: Annual report for 1976-1977. Raleigh: Soil Science Department, North Carolina State University, 1978. p.113-4.

ROBINSON, R. G. Production and culture. In: CARTER, J. F. (Ed.). *Sunflower science and technology*. Madison: American Society of Agronomy, 1978. p.89-143.

ROCHA FILHO, J. V. et al. Deficiência de macronutrientes, boro e ferro em *Eucalyptus urophylla*. *Anais da ESALQ*, v.35, p.19-34, 1978.

ROMHELD, V. Different strategies for iron acquisition in higher plants. *Physiology Plant*, v.70, p.231-4, 1987.

ROQUE, C. G. et al. Estado nutricional e produtividade da seringueira em solo com calcário aplicado superficialmente. *Pesquisa Agropecuária Brasileira*, v.39, p.485-90, 2004.

ROSOLEM, C. A.; LEITE, V. M. Anatomia de ramos e folhas de cafeeiro sob deficiência de boro. *Revista Brasileira de Ciência do Solo*, v.31, p.477-83, 2007.

ROSOLEM, C. A.; SILVA, R. H.; ESTEVES, J. A. F. Suprimento de potássio a raízes de algodoeiro em razão da adubação potássica e calagem. *Pesquisa Agropecuária Brasileira*, v.38, p.635-41, 2003.

ROSOLEM, C. A.; BASTOS, G. B. Deficiências minerais no cultivar de algodão IAC-22. *Bragantia*, v.56, p.377-87, 1997.

ROSOLEM, C. A. et al. Absorção de ureia via foliar pelo algodoeiro em função do pH da solução. *Pesquisa Agropecuária Brasileira*, v.25, p.491-7, 1990.

ROSOLEM, C. A. et al. Crescimento radicular e nutrição de algodoeiro em resposta a calagem. *Pesquisa Agropecuária Brasileira*, v.35, p.827-33, 2000.

ROSS, J. R. et al. Boron fertilization influences on soybean yield and leaf and seed boron concentrations. *Agronomy Journal*, v.98, p.198-205, 2006.

ROZANE, D. E. et al. Amostragem para diagnose do estado nutricional de mangueiras. *Revista Brasileira de Fruticultura*, v.29, p.371-6, 2007.

ROZANE, D. E.; PRADO, R. M.; FRANCO, C. F.; NATALE, W. Eficiência de absorção, transporte e utilização de macronutrientes por porta-enxertos de caramboleira, cultivados em diferentes soluções nutritivas. *Ciência e Agrotecnologia*, v.31, p.1020-6, 2007.

RUBLO, G. et al. Topsoil foraging and its role in plant competitiveness for phosphorus in common bean. *Crop Science*, v.43, p.598-607, 2003.

RUFTY JR., T. W. et al. Alterations in leaf carbohydrate metabolism in response to nitrogen stress. *Plant Physiology*, v.88, p.725-30, 1988.

RUIZ, J. M. et al. Boron increases synthesis of glutathione in sunflower plants subjected to aluminum stress. *Plant and Soil*, v.279, p.25-30, 2006.

SADRAS, V.O. The N:P stoichiometry of cereal, grain legume and oilseed crops. *Field Crops Research*, v.95, p.13-29, 2006.

SALISBURY, F. B.; ROSS, C. W. *Plant Physiology*. 4.ed. Belmont, CA: Wadsworth Publishing, 1992. 682p.

SALVADOR, J. O. et al. Sintomas de deficiências nutricionais em cupuaçuzeiro (*Theobroma grandiflorum*) cultivado em solução nutritiva. *Scientia Agricola*, v.51, p.407-14, 1994.

SALVADOR, J. O. et al. Sintomas visuais de deficiências de micronutrientes e composição mineral de folhas em mudas de goiabeira. *Pesquisa Agropecuária Brasileira*, v.34, p.1655-62, 1999.

SAMONTE, S. O. P. B. et al. Nitrogen utilization efficiency: relationships with grain yield, grain protein, and yield-related traits in rice. *Agronomy Journal*, v.98, p.168-76, 2006.

SAMPAIO, E. V. S. B. et al. Redistribuition of the nitrogen reserves of 15N enriched stem cuttings and dinitrogen fixed by 90 days old sugarcane plants. *Plant and Soil*, v.108, p.275-9, 1988.

SANTI, A. et al. Deficiências de macronutrientes em sorgo. *Ciência Agrotecnológica*, v.30, p.228-33, 2006.

SANTOS, H. L. et al. Ensaios de adubação com nitrogênio, fósforo e potássio na cultura do milho em Minas Gerais. II. Avaliação da nutrição do milho pela análise foliar. *Pesquisa Agropecuária Brasileira*, v.10, p.47-51, 1975.

SANTOS, J. H. S. *Proporções de nitrato e amônio na nutrição e produção dos capins aruana e marandu*. Piracicaba, 2003. 92p. Dissertação (Mestrado) – Escola Superior de Agricultura Luiz de Queiroz.

SANTOS, O. S. dos. *Hidroponia da alface*. Santa Maria: Imprensa Universitária, 2000. 160p.

SANZ, M. Evaluation of interpretation of DRIS system during growing season of the peach tree: Comparison with DOP method. *Communication Soil Science Plant Analysis*, v.30, p.1025-36, 1999.

SARCINELLI, T. S. et al. Sintomas de deficiência nutricional em mudas de *Acacia holosericea* em resposta à omissão de macronutrientes. *Revista Árvore*, v.28, p.173-81, 2004.

SATTER, R. L.; MORAN, N. Ion channel in plant cell membranes. *Physiologia Plantarum*, v.72, p.816-20, 1988.

SCHACHTMAN, D. P. et al. Phosphorus uptake by plants: from soil to cell. *Plant Physiology*, v.116, p.447-53, 1998.

SCHACHTMAN, D. P.; SCHROEDER, J. I. Structure and transport mechanism of a high-affinity potassium uptake transporter from higher plants. *Nature*, v.370, p.655-8, 2000.

SCHEPERS, J. S. et al. Comparision of corn leaf nitrogen concentration and chlorophyll meter reading. *Communication Soil Science Plant Analysis*, v.23, p.2173-87, 1992.

SCHICKLER, H.; CASPI, H. Response of anti oxidative enzymes to nickel and cadmium stress in hyperaccumulator plant of Genus, Alyssum. *Phisiologia Plantarum*, v.105, p.39-44, 1999.

SCOTT, J. J.; LOEWUS, F. A. A calcium-actived phytase from pollen of *Lilium longiflorum*. *Plant Physiology*, v.82, p.333-5, 1986.

SHELP, B. J. Boron mobility and nutrition in brocoli (*Brassica oleracea* var. italica). *Annals of Botany*, v.61, p.83-91, 1988.

SHEORAN, I. S.; SINGAL, A. R.; SING, H. R. Effect of cadmium and nickel on photosynthesis and the enzymes of the photosynthetic carbon reduction cycle in pigeonpea (*Cajunus cajan* L.). *Photosynthesis Research*, v.23, p.345-51, 1990.

SIDDIQI, M. Y.; GLASS, A. D. M. Utilisation index: a modified approach to the estimation and comparison of nutrient utilisation efficiency in plants. *Journal of Plant Nutrition*, v.4, p.289-302, 1981.

SIEGEL, L. M.; WILKERSON, J. Q. Structure and function of spinach ferredoxin-nitrite reductase. In: WRAY, J. L.; KINGHOMN, J. R. (Ed.). *Molecular and Genetic Aspects of Nitrate Assimilation*. Oxford: Oxford Science Publications, 1989. p.263-83.

SILVA, D. H. et al. Variação do pH de solução nutritiva em cultivo de laranjeira "valencia" enxertada em limoeiro 'Cravo'. In: SIMPÓSIO INTERNACIONAL DE INICIAÇÃO CIENTÍFICA DA UNIVERSIDADE DE SÃO PAULO, 10., 2002, Piracicaba. *Resumos...* São Paulo: USP, 2002. CD-ROM.

SILVA, D. J. et al. Transporte de enxofre para as raízes de soja em três solos de Minas Gerais. *Pesquisa Agropecuária Brasileira*, v.37, p.1161-7, 2002.

SILVA, E. T.; MELO, W. J. Atividade de proteases e disponibilidade de nitrogênio para laranjeira cultivada em Latossolo Vermelho distrófico. *Revista Brasileira de Ciência do Solo*, v.28, p.833-41, 2004.

SILVA, E. B. et al. Uso do DRIS na avaliação do estado nutricional do cafeeiro em resposta à adubação potássica. *Revista Brasileira de Ciência do Solo*, v.27, p.247-55, 2003.

SILVA, G.; PRADO, R. M.; FERREIRA, R. Nutritional disorders of ammonium toxicity in rice and spinach plants. *Emirates Journal of Food and Agriculture*, v.28, p.882-9, 2016.

SILVA, G. G. C. et al. Avaliação da universalidade das normas DRIS, M-DRIS e CND. *Revista Brasileira de Ciência do Solo*, v.29, p.755-61, 2005.

SILVA, G. P. et al. Accuracy of nutritional diagnostics for phosphorus considering five standards by the method of diagnosing nutritional composition in sugarcane. *Journal of Plant Nutrition*, v.43, 2020.

SILVA, J. R. S.; FALCÃO, N. P. S. Caracterização de sintomas de carências nutricionais em mudas de pupunheira cultivadas em solução nutritiva. *Acta Amazônica*, v.32, p.529-39, 2002.

SILVA, J. V. et al. Physiological responses of NaCl stressed cowpea plants grown in nutrient solution supplemented with $CaCl_2$. *Brazilian Journal of Plant Physiology*, v.15, p.99-105, 2003.

SILVA, T. M. R. et al. Toxicidade do zinco em milheto cultivado em Latossolo Vermelho Distrófico. *Agrária*, v.5, p.336-40, 2010.

SILVA, T. R. B. et al. Manejo da época de aplicação da adubação potássica em arroz de terras altas irrigado por aspersão em solo de cerrado. *Acta Scientiarum*, v.24, p.1455-60, 2002.

SILVA JUNIOR, G. B. et al. Silicon mitigates ammonium toxicity in yellow passion-fruit seedlings. *Chilean Journal of Agricultural Research*, v.79, p.425-434, 2019.

SILVEIRA, J. A. G.; CROCOMO, O. J. Biochemical and physiological aspects of sugarcane (*Saccharum* sp. L.). Effects of NO_3 nitrogen concentration on the metabolism of sugar and nitrogen. *Energia Nuclear na Agricultura*, v.3, p.19-33, 1981.

SILVEIRA, R. L. V. A.; MALAVOLTA, E. Produção e características químicas da madeira juvenil de porgênies de *Eucalypitus grandis* em função das doses de potássio na solução nutritiva. *Scientia Florestalis*, v.63, p.115-35, 2003.

SILVEIRA, R. L. V. A. et al. Sintomas de deficiência de macronutrientes e de boro em clones híbridos de *Eucalyptus grandis* com *Eucalyptus urophylla*. *Cerne*, v. 8, p.107-16, 2002.

SIMÕES, J. W.; COUTO, H. T. Z. Efeitos da omissão de nutrientes na alimentação mineral do pinheiro do Paraná *Araucaria angustifolia* (Bert.).O. Ktze cultivado em vaso. *Revista IPEF*, n.7, p.3-39, 1973.

SIMON-SYLVESTRE, G. Les composés du soufree du sol et leur evolution – rapports avec la microflore, utilisation par les plantes. *Annales Agronomiques*, v.3, p.311-32, 1960.

SINGH, V. et al. Phosphorus nutrition and tolerance of cotton to water stress: II. Water relations, free and bound water and leaf expansion rate, *Field Crops Research*, v.96, p.199-206, 2006.

SINGH, Z.; DHILLON, B. S. Effect of foliar application of boron on vegetative and panicle growth, sex expression, fruit retention and physicochemical characters of fruits of mango (*Mangifera indica* L.) cv. Dusehri. *Tropical Agriculture*, v.64, p.305-8, 1987.

SINHA, P. et al. Phosphorus stress alters boron metabolism of mustard. *Communications in Soil Science and Plant Analysis*, v.34, p.315-26, 2003.

SIVASANKAR, S.; OAKS, A. Nitrate assimilation in highem plants: the effects of metabolites and light. *Plant Physiology and Biochemistry*, v.34, p.609-20, 1996.

SKOOG, F. Relationships between zinc and auxin in the growth of higher plants. *American Journal of Botany*, v.27, p.939-51, 1940.

SMITH, F. W. The phosphate uptake mechanism. *Plant and Soil*, v.245, p.105-14, 2002.

SMITH, F. W. et al. Plant members of a family of sulfate transporters reveal functional subtypes. *Proceedings of the National Academy of Science of The USA*, v.92, p.9373-7, 1995.

SMITH, F. W. et al. Internal phosphorus flows during development of phosphorus stress in *Stylosanthes hamata*. *Australian Journal of Plant Physiology*, v.17, p.451-64, 1990.

SMITH, T. A. Plant polyamine: metabolism and function. In: FLORES, H. E.; ARTECA, R. N.; SHANON, J. C. (Ed.). *Polyamine and ethylene*: bichemistry, physiology and interation. Rockville: American Society of Plant Physiology, 1990. p.1-23.

SNYDER, G. H. et al. Silicon fertilization of rice an Everglades histosols. *Soil Science Society American Journal*, v.50, p.1259-63, 1986.

SOARES, C. R. F. S. et al. Toxidez de zinco no crescimento e nutrição de *Eucalyptus maculata* e *Eucalyptus urophylla* em solução nutritiva. *Pesquisa Agropecuária Brasileira*, v.36, p.339-48, 2001.

SORATTO, R. P. et al. Níveis e épocas de aplicação de nitrogênio em cobertura no feijoeiro irrigado em plantio direto. *Cultura Agronômica*, v.10, p.89-99, 2001.

SOTIROPOULOS, T. E. et al. Growth, nutritional status, chlorophyll content, and antioxidant responses of the apple rootstock mm 111 shoots cultured under high boron concentrations in vitro. *Journal of Plant Nutrition*, v.29, p.575-83, 2006.

SOUZA, D. M. G.; CARVALHO, L. J. C. B. Nutrição mineral de plantas. In: GOEDERT, W. J. (Ed.). *Solos dos cerrados*: tecnologias e estratégias de manejo. Planaltina: Embrapa/Cerrados, 1985. p.75-98.

SOUZA, J. Z. et al. Silicon leaf fertilization promotes biofortification and increases dry matter, ascorbate content, and decreases post-harvest leaf water loss of chard and kale. *Communications in Soil Science and Plant Analysis*, v.50, p.164-172, 2018.

SOUZA, S. R. et al. Nitrogen remobilization durig the reproductive period in two Brazilin rice varieties. *Journal of Plant Nutrition*, v.21, p.2049-63, 1998.

SOUZA JÚNIOR, J. P. et al. Release of potassium, calcium and magnesium from sugarcane straw under different irrigation layers. *Australian Journal of Crop Science*, v.9, p.767-71, 2015.

SOUZA JÚNIOR, J. P. et al. Silicon mitigates boron deficiency and toxicity in cotton cultivated in nutrient solution. *Journal of Plant Nutrition and Soil Science*, v.182, p.805-814, 2019.

STAUFLER, M. D.; SULEWSKI, G. Fósforo – essencial para a vida. In: YAMADA, T.; ABDALLA, S. R. S. (Ed.). *Fósforo na agricultura brasileira*. 1. Piracicaba: Potafos, 2004. p.1-12.

STEINECK, O.; HAEDER, H. E. The effect of potassium on growth and yield components of plants. In: CONGRESS INTERNATIONAL OF THE POTASH INSTITUTE, 11., Bern, International Potash Institute, 1978. p.165-87.

STONE, L. F. et al. Adubação nitrogenada em arroz sob irrigação suplementar por aspersão. *Pesquisa Agropecuária Brasileira*, v.34, p.927-32, 1999.

STRYKER, R. B. et al. Nonuniform transport of phosphorus from single roots to the leaves of *Zea mays*. *Physiology Plant*, v.30, p.231-9, 1974.

SUBBARAO, G. V. et al. Sodium – A functional plant nutrient. *Critical Reviews in Plant Science*, v.22, p.391-416, 2003.

SUGIYAMA, T. et al. Structure and function of chloroplast proteins. V. Homotropic effect of bicarbonate in RuBP carboxylase relation and the mechanism of activation by magnesium ions. *Archives of Biochemistry and Biophysics*, v.126, p.734-45, 1968.

SUMNER, M. E. A new approach for predicting nutrient needs for increased crop yields. *Solutions*, v.22, p.68-78, 1978.

SUMNER, M. E.; FARINA, M. P. W. Phosphorus interaction with other nutrients and lime in field cropping systems. *Advances in Soil Science*, v.5, p.201-36, 1986.

SVECNJAK, Z.; RENGEL, Z. Canola cultivars differ in nitrogen utilization efficiency at vegetative stage. *Field crops Research*, v.97, p.221-6, 2006.

SWANSON, G. A.; WHITNEY, J. B. Studies on the translocation of foliar applied P^{32} and other radioisotopes in bean plants. *American Journal of Botany*, v.40, p.816-23, 1953.

SWIADER, J. M. et al. Genotypic differences in nitrate uptake and utilization efficiency in pumpkin hybrids. *Journal of Plant Nutrition*, v.17, p.1687-99, 1994.

TACHIBANA, J.; OHTA, Y. Root surface area as a parameter in relation to water and nutrient uptake by cucumber plant. *Soil Science and Plant Nutrition*, v.29, p.387-92, 1983.

TAIZ, L.; ZEIGER, E. *Fisiologia vegetal*. 3.ed. Porto Alegre: Artmed, 2004. 719p.

TAKAHASHI, Y. M. E. Effect of silicon on the growth of soybean plants in a solution culture. *Soil Science Plant Nutrition.*, v.31, p.625-36, 1985.

TAKATSUJI, H. Zinc finger proteins: the classic zinc finger emerges in contemporany plant science. *Plant Molecular Biology*, v.39, p.1073-8, 1999.

TANG, S. et al. The uptake of copper by plants dominantly growing on copper mining soils along yangtze river, the people's republic of china. *Plant and Soil*, v.209, p.225-32, 1999.

TEIXEIRA, G. C. M. et al. Silicon in pre-sprouted sugarcane seedlings mitigates the effects of water deficit after transplanting. *Journal of Soil Science and Plant Nutrition*, v.20, p.1-9, 2020a.

TEIXEIRA, G. C. M. et al. Silicon increases leaf chlorophyll content and iron nutritional efficiency and reduces iron deficiency in sorghum plants. *Journal of Soil Science and Plant Nutrition*, v.20, 2020b.

TEIXEIRA, L. A. J. et al. Parcelamento da adubação NPK em abacaxizeiro. *Revista Brasileira de Fruticultura*, v.24, p.219-24, 2002.

TEIXEIRA, M. P. et al. Microwave drying of plant tissue for nutritional analysis of *Corymbia citriodora* (Hook.) and *Hevea brasiliensis* Muell. Arg. *Agrociencia*, v.51, p.555-60, 2017.

TEO, Y. H. et al. Nutrition uptake relationship to root characteristics of rice. *Plant and Soil*, v.171, p.297-302, 1995.

TESTER, M.; BLATT, M. R. Direct measurement of K^+ channels in thylakoid membranes by incorporation of vesicles into planar lipid bilayers. *Plant Physiology*, v.91, p.249-54, 1989.

TEWARI, R. K. et al. Magnesium deficiency induced oxidative stress and antioxidant responde in mulberry plants. *Scientia Horticulturae*, v.108, p.7-14, 2006.

TIBBITTS, T. W.; PALZKILL, D. A. Requirement for root-pressure flow to provide adequate calcium to low-transpiring tissue. *Communications in Soil Science and Plant Analysis*, v.10, p.251-7, 1979.

TOMAZ, M. A. et al. Eficiência de absorção, translocação e uso de cálcio, magnésio e enxofre por mudas enxertadas de *Coffea arabica*. *Revista Brasileira de Ciência do Solo*, v.27, p.885-92, 2003.

TRASPADINI, E. I. F. et al. *Guia prático para aplicação do método da diagnose da composição nutricional (CND)*: exemplo de uso na cultura da cana-de-açúcar. Campinas: EMBRAPA Informática Agropecuária, 2018, 30p.

TREBST, A. V. et al. Photosynthesis by isolated chloroplasts: XII. Inhibitors of CO_2 assimilation in a reconstituted chloroplast system. *Journal of Biological Chemistry*, v.235, p.840-4, 1960.

TREWAVAS, A. J.; GILROY, S. Signal transduction in plant cells. *Trends in Genetics*, v.7, p.356-61, 1991.

UEXKULL, H. R. VON. Oil palm (*Elaeis grineensis* Jacq.). In: *IFA world fertilizers use manual*. Paris: IFA, 1992. 632p. p.245-53.

ULLRICH, W. R. Nitrate and ammonium uptake in green algae and higher plants: mechanism and relationship with nitrate metabolism. In: ULLRICH, W. E.; APARICIO, E. J.; SYRETT, P. J.; CASTILHO, E. (Ed.). *Inorganic nitrogen metabolism*. New York: Springer, 1987. p.32-8.

USHERWOOD, N. R. Interação do potássio com outros íons. In: SIMPÓSIO SOBRE POTÁSSIO NA AGRICULTURA BRASILEIRA, Londrina, 1982. *Anais*. Piracicaba, Instituto da Potassa, 1982. p.227-47.

VALARINI, M. J.; GODOY, R. Contribuição da fixação simbiótica de nitrogênio na produção do guandu (*Cajanus cajan* (L.) Mill sp). *Scientia Agricola*, v.51, p.500-4, 1994.

VASCONCELOS, R. L. et al. Filter cake in industrial quality and in the physiological and acid phosphatase activities in cane-plant. *Industrial Crops And Products*, v.105, p.133-41, 2017.

VELOSO, C. A. C.; MURAOKA, T. Diagnóstico de sintomas de deficiência de macronutrientes em pimenteira-do-reino (*Piper nigrum* L.). *Scientia Agricola*, v.50, p.232-6, 1993.

VELOSO, C. A. C. et al. de. Diagnose de deficiências de macronutrientes em pimenta-do-reino. *Pesquisa Agropecuária Brasileira*, v.33, p.1889-96, 1998.

VICIEDO, D. O. et al. Short-term warming and water stress affect *Panicum maximum* Jacq. stoichiometric homeostasis and biomass production. *Science of the Total Environment*, v.681, p.267-274, 2019a.

VICIEDO, D. O. et al. Silicon supplementation alleviates ammonium toxicity in sugar beet (*Beta vulgaris* L.). *Journal of Soil Science and Plant Nutrition*, v.19, p.413-419, 2019b.

VIÉGAS, I. de J. M. et al. *Carência de macronutrientes em plantas de quina*. Belém: Embrapa – CPATU, 1998. 31p. (Boletim de Pesquisa, 192).

VIEGAS, I. J. M. et al. Limitações nutricionais para o cultivo de açaizeiro em latossolo amarelo textura média, Estado do Pará. *Revista Brasileira de Fruticultura*, v.26, p.382-4, 2004.

VIEGAS, I. J. M. et al. Efeito da omissão de macronutrientes e boro no crescimento, nos sintomas de deficiências nutricionais e na composição mineral de plantas de camucamuzeiro. *Revista Brasileira de Fruticultura*, v.26, p.315-9, 2004.

VIEGAS, R. A.; SILVEIRA, J. A. G. Ativação de redutase de nitrato de folhas de cajueiro por NO_2^- exogéno. *Brazilian Journal of Plant Physiology*, v.14, p.39-44, 2002.

VITORELLO, V. A. et al. Avanços recentes na toxicidade e resistência ao alumínio em plantas superiores. *Brazilian Journal of Plant Physiology*, v.17, p.129-43, 2005.

VITTI, A. C. et al. Produtividade da cana-de-açúcar relacionada ao nitrogênio residual da adubação e do sistema radicular. *Pesquisa Agropecuária Brasileira*, v.42, p.249-56, 2007.

VITTI, G. C. et al. Cálcio, magnésio e enxofre. In: FERNANDES, M. S. (Ed.). *Nutrição mineral*. Viçosa: Sociedade Brasileira de Ciência do Solo, 2006. p.299-325.

VON WIREN, N. et al. The molecular physiology of ammonium uptake and retrieval. *Current Opinion in Plant Biology*, v.3, p.254-61, 2000.

WADT, P. G. S. et al. Medidas de acurácia na qualificação dos diagnósticos nutricionais: teoria e prática. In: PRADO, R. M.; CECÍLIO FILHO, A. B. *Nutrição e adubação de hortaliças*. 1.ed. Jaboticabal: FCAV/UNESP/CAPES, 2016. v.1, p.373-91.

WADT, P. G. S. et al. Padrões nutricionais para lavouras arrozeiras irrigadas por inundação pelos métodos da CDN chance matemática. *Revista Brasileira de Ciência do Solo*, v.37, p.145-56, 2013.

WALKER, C. D. et al. Effects of nickel deficiency on some nitrogen metabolites in cowpeas (*Vigna unguiculata* L. Walp). *Plant Physiology*, v.79, p.474-9, 1985.

WALWORTH, J. L.; SUMMER, M. E. The diagnosis and recomendation integrated systems (DRIS). In: *Advances in Soil Sciences*. New York: Spring-Verlag, 1987. v.6, p.149-88.

WARINGTON, K. The effect of boric acid and borax on the broad bean and certain other plants. *Annals of Botany*. London, v.37, p.629-72, 1923.

WATERER, J. G.; VESSEY, J. K. Effect of low static nitrate concentrations on mineral nitrogen uptake, nodulation, and nitrogenase fixation in field pea. *Journal of Plant Nutrition*, v.16, p.1775-89, 1993.

WELCH, R. M. Importance of seed mineral nutrient reserves in crop growth and development. In: RENGEL, Z. (Ed.). *Mineral nutrition of crops*: Fundamental mechanisms and implications. New York: Food Products Press, 1999. p.205-26.

WELCH, R. M. Micronutrient nutrition of plants. *Critical Reviews in Plant Sciences*, v.14, p.49-82, 1995.

WEN, T. N.; LI, C.; CHIEN, C. S. Ubiquity of selenium containing t RNA in plants. *Plant Science*, v.57, p.158-93, 1988.

WHITE, P. J. Long-distance transport in the xylem and phoem. In: MARSCHNER, P. (Ed.). *Mineral nutrition of higher plants*. 3.ed. United States of America: Elsevier, 2012, p.49-70.

WIESE, M. V. Wheat and other small grains. In: BENNETT, W. F. (Ed.). *Nutrient deficiencies and toxicities in crop plants*. Saint Paul: APS Press/The American Phytopathological Society, 1993. p.27-33.

WILLIAMS, L. E. et al. Emerging mechanisms for heavy metal transport in plants. *Biochimica et Biophysica Acta-Biomembranes*, v.1465, p.104-26, 2000.

WOJCIK, P. Effect of postharvest sprays of boron and urea on yield and fruit quality of apple trees. *Journal of Plant Nutrition*, v.29, p.441-50, 2006.

WOLSCHICK, D. et al. Adubação nitrogenada na cultura do milho no sistema plantio direto em ano com precipitação pluvial normal e com "El Niño". *Revista Brasileira de Ciência do Solo*, v.27, p.461-8, 2003.

WORTMANN, C. S. et al. Foliar nutrient analyses in bananas grown in the highlands of East-Africa. *Journal of Agronomy and Crop Science*, v.172, p.223-6, 1994.

WRIGHT, P. R. Premature senescence of cotton (*Gossypium hirsutum* L.) – Predominantly a potassium disorder caused by an imbalance of source and sink. *Plant and Soil*, v.211, p.231-9, 1999.

XU, Z. et al. Nitrogen accumulation and translocation for winter wheat under different irrigation regimes. *Journal of Agronomy and Crop Science*, v.191, p.439-49, 2005.

XU, Z. et al. Nitrogen translocation in wheat plants under soil water deficit. *Plant and Soil*, v.280, p.291-303, 2006.

YAGI, R. M. et al. Aplicação de zinco via sementes e seu efeito na germinação, nutrição e desenvolvimento inicial do sorgo. *Pesquisa Agropecuária Brasileira*, v.41, p.655-60, 2006.

YAMAMOTO, Y. et al. Aluminium toxicity is associated with mitocondrial dysfunction and the production of reactive oxygen species in plant cells. *Plant Physiology*, v.128, p.63-72, 2002.

YAMAZAKI, M. et al. Nitrogen-regulated accumulation of mRNA and protein for photosynthetic carbon assimilating enzymes in maize. *Plant and Cell Physiology*, v.27, p.443-52, 1986.

YIN, X.; VYN, T. J. Relationships of isoflavone, oil, and protein in seed with yield of soybean. *Agronomy Journal*, v.97, p.1314-21, 2005.

YRUELA, I. Cobre em plantas. *Brazilian Journal of Plant Physiology*, v.17, p.145-56, 2005.

YUSUF, M. et al. Nickel: an overview of uptake, essentiality and toxicity in plants. *Bulletin of Environmental Contamination and Toxicology*, v.86, p.1-17, 2011.

ZAKIR HOSSAIN, A. K. M.; KOYAMA, H.; HARA, T. Growth and cell wall properties of two wheat cultivars differing in their sensitivity to aluminum stress. *Journal of Plant Physiology*, v.163, p.39-47, 2006.

ZIEGLER, H. The evolution of stomata. In: ZEIGER, E.; FARQUHAR, G. D.; COWAN, I. (Ed.). *Stomatal function*. Stanford: Stanford University Press, 1987.

Glossário

Conceitos gerais

Absorção – a entrada de um elemento, na forma iônica ou molecular, no espaço intercelular ou em qualquer outra parte da célula, podendo ser via radicular ou foliar.

Acetil-CoA – é o substrato inicial para a síntese de esqueletos de carbono de todos os ácidos graxos, onde tais reações ocorrem nos plastídeos.

Adsorção, adsorver – processo pelo qual átomos, moléculas ou íons são retidos na superfície de sólidos mediante interações de natureza química ou física.

Alcaloides – são compostos derivados de aminoácidos aromáticos (triptofano, tirosina), que por sua vez são derivados do ácido chiquímico, e também de aminoácidos alifáticos (ornitina, lisina). Por exemplo, a cafeína, um dos alcaloides mais consumidos no mundo.

Alocação de assimilados – é a regulação da divisão do carbono fixado entre as várias vias metabólicas, compreendendo o armazenamento, a utilização e o transporte do carbono.

Amina – classe nitrogenada de compostos orgânicos que se deriva da amônia pela substituição, total ou parcial, dos hidrogênios por radicais alquila ou arila.

Aminoácido – molécula orgânica que contém pelo menos um grupamento amina e um grupamento carboxila. São as unidades fundamentais das proteínas. Pode ser produzido sinteticamente, via fermentação e biotransformação, essencial para um ser vivo.

Apoplasto – é o espaço entre as células vegetais, constituído pela parede celular.

Biodisponibilidade – esse termo restringe o termo de disponibilidade ao processo de suprimento de nutrientes nas plantas.

Biomassa – (1) quantidade total de organismos vivos existentes em um determinado território e em dado momento; (2) a massa de matéria vegetal existente nas florestas ou a matéria orgânica não fóssil de origem biológica; (3) qualquer matéria de origem vegetal, utilizada como fonte de energia, para adubação verde ou para proteger o solo da erosão.

Carboidratos – são as biomoléculas mais abundantes na natureza. Para muitos carboidratos, a fórmula geral é $[C(H_2O)]_n$, daí o nome "carboidrato", ou "hidratos de carbono".

Carotenoides – é um tetraterpeno, sendo compostos lipossolúveis que fazem parte das antenas de captação de luz nos fotossistemas. E também são importantes antioxidantes e dissipadores de radicais livres produzidos na fotossíntese.

Cinética enzimática – é estudada avaliando-se a quantidade de produto formado ou a quantidade de substrato consumido por unidade de tempo de reação. Uma reação enzimática pode ser expressa pela seguinte equação: E + S <==> [ES] ==> E + P

Clorofilômetro – medidor portátil que permite a obtenção de valores indiretos do teor de clorofila presente na *folha* de modo não destrutivo, rápido e simples.

Clorose – consiste na alteração da coloração das folhas, a exemplo do amarelecimento.

Cobertura morta – camada de resíduos de planta espalhada sobre a superfície do solo que o protege contra a ação dos raios solares, do impacto das chuvas e de outras formas de erosão. A cobertura morta ajuda a manter a umidade do solo, possibilitando o desenvolvimento de vida microbiana que efetua a decomposição da matéria orgânica, liberando o nitrogênio e outros elementos químicos fundamentais ao desenvolvimento das plantas.

Cofatores – são pequenas moléculas orgânicas ou inorgânicas que podem ser necessárias para a função de uma enzima.

Compostos orgânicos – forma de adubo mais usada na agricultura orgânica. Resultam da mistura de substâncias que possuem o elemento carbono, como restos vegetais, estercos e outros materiais, orgânicos ou não.

Condutividade elétrica (CE) – é um indicativo da concentração de sais ionizados na solução.

Consumo de luxo – significa que após atingir a produção máxima o aumento da concentração do nutriente na folha não vai mais resultar em acréscimo de produção.

Cutícula – camada de material de natureza cerosa (cutina), pouco permeável à água, revestindo a parede externa de células epidérmicas.

Déficit hídrico – resultado (negativo) do balanço hídrico em que o total de água que entra no sistema via precipitação é menor que a quantidade total de água perdida pela evaporação e pela transpiração pelas plantas.

Desordem nutricional – é um estado nutricional da planta que pode corresponder a uma deficiência ou toxidez, ou seja, quando o nutriente está em nível muito baixo ou muito alto na planta, respectivamente.

Diagnose foliar – consiste na avaliação do estado nutricional de uma planta por meio da análise química das folhas (ou parte) e comparando-a com seu padrão preestabelecido (lavoura com alta produção).

Diagnose visual – consiste na avaliação do estado nutricional de uma planta por meio da sintomatologia típica (exemplo de clorose/necrose nas folhas novas ou velhas), de desordem nutricional, por deficiência ou excesso, que dependerá das funções que o nutriente desempenha nas plantas e também da sua mobilidade.

Disponibilidade – proporção de um nutriente que pode ser absorvido e utilizado pela planta para satisfazer as exigências nutricionais. É expressa em mmol$_C$ e dm^{-3} (Ca, Mg e K) ou mg dm^{-3} (P) para os nutrientes no solo.

Drenos – são órgãos que apresentam fotossíntese líquida negativa, dependem da importação de nutrientes para seu metabolismo. Exemplo: durante a fase vegetativa, os maiores drenos são raízes e ápices caulinares. Na fase reprodutiva os frutos se tornam dominantes.

DRIS (Sistema integrado de diagnose e recomendação) – é um método de avaliação do estado nutricional da planta, em que a relação entre nutrientes é o aspecto mais importante para explicar a produção, de forma que se comparam índices calculados por meio das relações entre nutrientes da amostra e uma população de referência. (glebas de alta produção).

Elemento benéfico – é definido como elemento que estimula o crescimento dos vegetais, mas que não é essencial ou que é essencial somente para certas espécies ou sob determinadas condições.

Elemento tóxico – aquele que não se enquadra como um nutriente ou elemento benéfico. Normalmente, são elementos que mesmo em concentrações baixas no ambiente podem apresentar alto potencial maléfico, acumulando-se na cadeia trófica e diminuindo o crescimento podendo levar à morte do vegetal. Como exemplo tem-se: Al, Cd, Pb, Hg etc.

Enzimas – são proteínas com atividade catalítica, e praticamente todas as reações que caracterizam o metabolismo celular são catalisadas por enzimas.

Espaço livre aparente (ELA = ELágua + ELD) – composto que se refere ao espaço livre de água (ELágua = por onde se movem livremente a água e os solutos, com e sem cargas, conhecido por macroporos) e o espaço livre de Donnan (ELD – onde ocorre a troca de cátions e a repulsão de ânions, conhecido por microporos).

Estresse hídrico – (1) condição de tensão que altera o equilíbrio de um sistema ou de um organismo vegetal causada pelo não fornecimento ou pelo fornecimento inadequado de água, alterando, dessa forma, seu desenvolvimento; (2) condição de limitação ao desenvolvimento da planta pela ausência ou fornecimento inadequado de água.

Estresse nutricional – é conhecido por desordem nutricional, podendo ser desencadeado por diferentes condições: salinidade, sodicidade, toxidez de alumínio e de metais pesados, deficiências de macro e micronutrientes, relações com desequilíbrio nutricional, baixa fertilidade.

Evapotranspiração – soma da transpiração das plantas com a evaporação das superfícies, incluindo a do solo.

Exigência nutricional – representa a quantidade de nutrientes que uma determinada cultura extrai (ou retira) do solo (ou meio de crescimento qualquer), para atender a seu desenvolvimento vegetativo e reprodutivo.

Exportação – refere-se aos nutrientes levados da área agrícola mobilizados no produto da colheita.

Exsudação – líquido que, atravessando os poros vegetais, toma certa consistência ou viscosidade na superfície em que aparece.

Faixa adequada/suficiência – é uma faixa de concentração de nutriente na folha correspondente a 100% da produção máxima.

Fertilizante – substância natural ou artificial que contém elementos químicos e propriedades físicas que aumentam o crescimento e a produtividade das plantas, melhorando a natural fertilidade do solo ou devolvendo os elementos retirados do solo pela erosão ou por culturas anteriores.

Fisiológico – relativo ao estudo das funções e do funcionamento normal dos seres vivos, especialmente dos processos físico-químicos que ocorrem nas células, tecidos, órgãos e sistemas dos seres vivos sadios; biofisiologia.

Folha diagnóstica (ou folha índice) – é uma folha específica em determinada cultura que melhor reflete seu estado nutricional.

Fome oculta – representa a concentração de nutriente em nível de deficiência; entretanto, não está manifestando os sintomas visuais característicos.

Fontes – normalmente são órgãos que atingiram um grau de desenvolvimento que lhes permite absorver quantidades adequadas de água e nutrientes pela corrente transpiratória e ter uma fotossíntese líquida capaz de torná-los autotróficos. Exemplo: folhas expandidas e órgãos de reserva na fase em que estão exportando nutrientes (período de inverno etc.).

Fosforilação oxidativa – ocorre a transferência de elétrons ao oxigênio através dos complexos (NADH desidrogenase; sucinato desidrogenase; citocromo bc1; citocromo c oxidase) acoplando a síntese de ATP a partir do ADP e Pi, realizada pelo complexo ATP sintetase. À medida que os elétrons são transportados ao longo da cadeia transportadora, eles passam de um nível mais alto para um nível mais baixo de energia. A energia liberada é aproveitada e utilizada para gerar um gradiente de prótons, que, por sua vez, conduz à formação de ATP, e ao final da cadeia os elétrons são aceitos pelo O_2 e combinam-se com os prótons (H^+) produzindo água.

Foto-oxidação – é um processo irreversível e envolve diretamente receptores de luz. Quando esses absorvem muita luz, ficam muito tempo excitados e interagem com o CO_2, produzindo radicais livres (superóxido) que destroem pigmentos.

Fotossíntese – (1) conversão de energia luminosa em energia química a partir do dióxido de carbono na presença de clorofila, ou seja, assimilação do carbono pelos organismos clorofilados na presença de luz; (2) processo pelo qual a energia solar é usada para formar as ligações químicas que mantêm juntas as moléculas orgânicas; (3) processo biológico pelo qual a planta portadora de pigmento capaz de absorver a energia do solo converte água, sais minerais e gás carbônico em substância orgânica e oxigênio; (4) processo de partição da molécula de água, em que parte do hidrogênio, através de uma sequência de reações, se combina com o carbono do gás carbônico, para formar substâncias orgânicas, ficando como subproduto oxigênio livre.

Funções dos carboidratos – fonte de energia; reserva de energia; estrutural; matéria-prima para a biossíntese de outras biomoléculas.

Hidroponia – uma técnica alternativa de cultivo em que o solo é substituído por uma solução aquosa contendo elementos essenciais para o desenvolvimento da planta.

Isoenzimas – formas diferentes da enzima que catalisa a mesma reação.

Isótopo – significa no mesmo lugar da tabela periódica dos elementos, e refere-se aos nucleotídeos que possuem mesmo número atômico e diferentes números de massa (diferentes números de nêutrons no núcleo). Existem isótopos estáveis (que não emitem radiação) e os radioativos (que a emitem) naturais e radioisótopos artificiais.

Lei do mínimo (de liebig) – refere-se ao fato de que a produção de uma planta é limitada pelo elemento mais escasso entre todos os nutrientes presentes no solo. Isto é, a produção fica limitada quando pelo menos um dos elementos necessários está disponível em quantidade inferior à requerida pela planta (nutriente limitante).

Lipídios – são biomoléculas ricas em carbono e hidrogênio, insolúveis em água, e solúveis em solventes orgânicos; funções dos lipídios: reserva de energia (triacilgliceróis, ceras); compostos ativos na transferência de elétrons (clorofila; ubiquinona, plastoquinona); componente estrutural das membranas biológicas (Glicerolipídeos); fotoproteção (carotenoides); proteção de membranas a radicais livres (tocoferóis); sinalização interna (ABA, giberelinas, ácidos graxos; inositol fosfato).

Lixiviação – processo pelo qual os elementos químicos do solo migram das camadas mais superficiais de um solo para as camadas mais profundas, em decorrência de um processo de lavagem pela ação da água da chuva ou de irrigação, ficando fora do alcance das raízes, tornando-se indisponíveis para as plantas. Nas regiões de clima úmido ou em solos arenosos com poucos anos de uso tem-se perda intensa de nutrientes em grande parte em razão dos efeitos da lixiviação.

Macronutrientes – os nutrientes que são absorvidos ou exigidos pelas plantas em maiores quantidades: N, P, K, Ca, Mg e S (expresso em g kg^{-1} de matéria seca).

Marcha de absorção – estuda a fase de desenvolvimento da cultura em que essa apresenta maior exigência em um determinado nutriente, ou seja, em qual fase se tem a maior velocidade de absorção do nutriente.

Metabolismo – conjunto de reações químicas que acontecem dentro das células dos organismos vivos, para que esses transformem energia. Existem dois grandes processos metabólicos: a *biossíntese* (conjunto das reações de síntese necessárias para o crescimento de novas células e a manutenção de todos os tecidos) e o *catabolismo* (um processo contínuo, centrado na produção da energia necessária para a realização de todas as atividades físicas externas e internas, implicando também a quebra das moléculas químicas complexas em substâncias mais simples).

Metabolismo primário – o conjunto de processos metabólicos que desempenham uma função essencial nas plantas, como a fotossíntese, a respiração e o transporte de solutos. E os compostos envolvidos no metabolismo primário (aminoácidos, nucleotídeos, carboidratos, clorofilas etc.) possuem distribuição universal nas plantas.

Metabolismo secundário – é um conjunto de processos metabólicos que não origina compostos que não possuem uma distribuição universal, pois não são necessários para a vida das plantas. Existem três grandes grupos: terpenos, compostos fenólicos e alcaloides.

Micronutrientes – são os nutrientes absorvidos ou exigidos pelas plantas em menores quantidades: Fe, Mn, Zn, Cu, B, Cl e Mo (expresso em mg kg^{-1} de matéria seca).

Mineralização – processo de transformação de matéria orgânica em substâncias inorgânicas que ocorre no solo, geralmente de forma lenta, a partir do qual retornam ao solo os nutrientes retirados pelas plantas.

Mobilidade – considerado o movimento do nutriente dentro da planta, englobando o processo de transporte e de redistribuição do nutriente.

NAD^+ – a forma oxidada do cofator e ele passa por uma reação de 2 elétrons reversível que produz NADH ($NAD^+ + 2\ e^- + H^+$).

$NAD^+/NADH$ – um cofator orgânico associado com muitas enzimas deidrogenases que catalisam reações redox.

NADP – um composto que desempenha uma função redox na fotossíntese e na rota oxidativa das pentoses fosfato.

Necrose – consiste na morte da folha (secamento).

Nitrificação – transformação dos sais amoníacos encontrados nos solos em nitratos pelos organismos que neles vivem através da utilização da matéria orgânica nitrogenada.

Nível crítico – uma dada concentração do nutriente na folha que, abaixo desse valor, a produção é significativamente diminuída e, acima, a produção é pouco econômica.

Nutrição de plantas – um ramo da ciência do solo que estuda quais são os elementos essenciais para o ciclo de vida da planta, como são absorvidos, translocados e acumulados, suas funções, exigências e os distúrbios que causam quando em quantidades deficientes ou excessivas.

Nutriente – elemento químico essencial às plantas, ou seja, sem ele a planta não vive.

Nutriente biodisponível ou fitodisponível – um dado nutriente que está presente na solução do solo na forma iônica e pode se mover para a superfície do sistema radicular.

Oxidação – (1) qualquer troca *química* que implica a adição de oxigênio ou seu equivalente químico. É um processo que se realiza de forma permanente nos solos, em geral por meio da hidratação de compostos ferrosos; (2) reação que, envolvendo um elemento químico, ocasiona perda de elétrons e consequente aumento de sua carga.

pH – abreviação de "potencial hidrogeniônico", que é uma escala usada para medir a acidez ou a alcalinidade de soluções evitando o uso de expoentes, através da medida de concentração do íon hidrogênio em solução. É dado matematicamente como o logaritmo negativo da concentração de H+. O pH abaixo de 7 é ácido; acima de 7, alcalino; e 7 é considerado neutro.

Plasmodesmo – um canal de ligação entre o citoplasma de células contíguas.

Pressão radicular – fenômeno que se desenvolve nas plantas quando a transpiração é reduzida a uma taxa menor do que a taxa de entrada de água pelas raízes.

Proteínas – formadas a partir da ligação em sequência de apenas 20 aminoácidos; entretanto, existem, além desses aminoácidos principais, alguns aminoácidos especiais, que só aparecem em determinados tipos de proteínas. Assim, as proteínas são macromoléculas mais abundantes nas células vivas e constituem 50% ou mais de seu peso seco. Elas se encontram em todas as células e em todas as partes das células

Radiação solar – conjunto de radiações emitidas pelo Sol que atingem a Terra e que se caracterizam por curto comprimento de onda.

Redistribuição – a transferência do nutriente de um órgão ou região de residência para outro ou outra, em forma igual ou diferente da absorvida, predominantemente via floema.

Respiração aeróbica – processo biológico pelo qual compostos orgânicos reduzidos são mobilizados e oxidados de uma maneira controlada, de forma que a energia livre é liberada e incorporada na forma de ATP, que pode ser facilmente utilizado para a manutenção e desenvolvimento da planta. Ocorre em três etapas: glicólise, o ciclo de krebs (ou ciclo do ácido cítrico) e a cadeia transportadora de elétrons.

Sacarose – a principal forma de carboidrato translocável na planta através do floema, sintetizado no citosol a partir da triose fosfato gerada pelo ciclo de Calvin-Benson.

Salinidade – medida de concentração de sais minerais dissolvidos na água.

Senescência – (1) falha geral de várias reações bioquímicas que precedem a morte celular – essa fase se estende da maturação completa até a morte, caracterizada principalmente pela degradação de clorofila, RNA, proteínas, entre outros; (2) que está em processo de envelhecimento.

Solubilidade – capacidade que uma substância tem de se dissolver num meio líquido.

Suscetibilidade – tendência ou predisposição de um organismo em sofrer os efeitos de um patógeno ou condições adversas.

Terpeno – é constituído a partir do ácido mevalônico ou do piruvato e 3-fosfoglicerato, montado através da justaposição sucessiva de unidades de cinco carbonos denominados isopentenilpirofosfato. Esses compostos são precursores de classes hormonais (citocininas; ácido abscísico; giberelinas; brassinosteroides).

Tonoplasto – a membrana que envolve o núcleo das células.

Transporte – a transferência do nutriente do local de absorção para outro qualquer dentro ou fora da raiz (da raiz para a parte aérea, via xilema por exemplo, caso mais comum, embora possa ser via floema quando o nutriente é absorvido na folha e deslocado para outro órgão).

Transporte a longa distância – a transferência do nutriente do xilema até a parte aérea, percorrendo longa distância.

Transporte radial – a transferência do nutriente da epiderme até o xilema, caracterizando um transporte a curta distância, podendo ocorrer por dois caminhos; via apoplasto e/ou simplasto.

Tratamento de sementes – aplicação de produtos com o propósito de proteger a semente do ataque de pragas e patógenos ou melhorar a sua capacidade de produzir uma planta normal. Além dos defensivos, podem-se incluir alguns micronutrientes nas sementes.

Turgescência – processo pelo qual uma célula (tecido ou órgão), ao absorver água, se torna intumescida por meio do aumento da pressão interna.

Ubiquinona – um pequeno carregador de elétrons e prótons.

Umidade relativa do ar – (1) a razão, expressa em porcentagem, entre o conteúdo do vapor de água no ar e a pressão máxima do vapor de água à mesma temperatura; (2) quantidade de vapor de água contida no ar, medida em porcentagem, em relação ao máximo de vapor que aquele ambiente pode conter (saturação).

Variabilidade genética – quantidade da variação genética existente para uma determinada espécie.

Vascular – refere-se aos vasos do xilema (parte linificada ou lenhosa do sistema vascular dos vegetais superiores) e do floema (o tecido condutor da seiva elaborada ou orgânica nos vegetais vasculares) da planta.

Via simplasto – refere-se ao transporte de solutos (exemplo, nutriente) através da membrana das células.

Vigor – característica genética que pode ser modificada fenotipicamente e que revela a capacidade de um organismo gerar produtos mais rapidamente e suportar significativas interferências do meio ambiente.

Volatilização – passagem de uma substância do estado sólido ou líquido para o estado gasoso.

Anexo
Prática experimental: diagnose de deficiência nutricional em culturas

1. Introdução

O estudo prático tem intuito geral de fornecer ao aluno informações diretas sobre o efeito da omissão de nutrientes no crescimento das plantas e a relação com as funções que desempenham nas plantas associado aos sintomas de deficiência, ilustrando as respectivas aulas teóricas.

Para isto serão instalados experimentos que têm as seguintes finalidades:
1. Avaliar o estado nutricional das culturas A (Turma 1), B (Turma 2) e C (Turma 3) com respeito aos elementos N, P, K, Ca, Mg e S, através da diagnose visual.
2. Verificar que a planta necessita dos nutrientes para obter seu ótimo desenvolvimento e a omissão deles afeta o crescimento, a nutrição e a produção de biomassa das plantas.
3. As sintomatologias da deficiência nutricional são características de cada nutriente e são visíveis quando a deficiência é aguda e está associada a sua função fisiológica nas plantas.

2. Obtenção das plantas

2.1. Material

1. Selecionar sementes das culturas A: _____, B: _____ e C: _____ (germinação>80%);

2. Bandejas plásticas ou tubetes com vermiculita;
3. Solução nutritiva correspondente à solução concentrada de Hoagland & Arnon (1:20), Tabela 1.

Tabela 1 – Solução nutritiva diluída para irrigar as bandejas ou tubetes

Soluções-estoque (mol L^{-1})	(mL / 5.000 mL)
KH_2PO_4	1
KNO_3	3
$Ca(NO_3)_2.4H_2O$	4
$MgNO_3..6H_2O$	2
Micronutrientes completos	1
Fe EDTA	1

OBS: Das soluções-estoque (ausência de enxofre) retirar a quantidade a ser irrigada.

2.2. Procedimento

1. As sementes foram tratadas conforme as normas para comercialização de sementes;
2. Foram distribuídas uniformemente cerca de 80 sementes de cada cultura, em bandejas plásticas ou em tubetes, contendo vermiculita;
3. As sementes foram recobertas com uma camada de vermiculita de 1 cm de espessura;
4. Esse substrato foi umedecido;
5. Proteger da luz direta até iniciar a germinação;
6. As bandejas ou tubetes foram levadas para a casa de vegetação;
7. Irrigou com solução nutritiva de Hoagland & Arnon (Tabela 1);
8. De duas a três semanas após a semeadura, as plantas estarão prontas para receber os tratamentos;
9. Anotar as datas da semeadura, germinação e transplante para os vasos.

3. Preparo das soluções estoques

3.1. Para as bandejas/tubetes

A solução nutritiva utilizada nas bandejas ou tubetes será aplicada, logo após a emergência das plântulas, durante a fase inicial de crescimento (até duas semanas após a emergência).

As proporções em que as diferentes soluções estoque de Hoagland & Arnon (1950) que entram na composição das soluções de trabalho ou final estão presentes na Tabela 1. Atenção, o volume da solução-estoque em mL deve ser transferido para recipiente de 5 L para compor a solução final diluída. Ressalta-se que nesta fase as plantas são sensíveis à solução concentrada, assim, o uso de solução diluída evita danos fisiológicos nas culturas.

3.2 Para os tratamentos em vasos

Após duas semanas da emergência (ou três semanas após a semeadura), será utilizada solução nutritiva, sem a diluição referida, ou seja, a solução de trabalho, que deverá ser mantida até o período final do experimento (seis semanas após a emergência).

As proporções em que as diferentes soluções-estoque entram na composição das soluções de trabalho estão presentes nas Tabelas 2 e 3. Atenção: os números em mL se referem a 1 L de soluções finais, correspondentes à solução original (concentrada) de Hoagland & Arnon (1950). As soluções de trabalho, em função do tamanho do vaso, estão presentes na Tabela 5.

Apenas como exemplo, qual seria a concentração de Cl^- (mg/L ou ppm) na solução de KCl, no tratamento (-N) (Tabela 2):
KCl 1M => 35,5 g Cl/L (em 1 L) (massa atômica do Cl=35,5) => mas em 1 mL ($\div$1000) temos: 0,0355 g Cl/mL (x5 mL) = 0,1775g Cl/5 mL, que será aplicado em 1 L, ou seja, 177,5 mg Cl/L = ppm. Salienta-se que: mmol L^{-1} x massa atômica = mg L^{-1} ou g por 1.000L ou ppm. (mmol L^{-1} = µmol L^{-1}/1.000).

Tabela 2 – Composição da solução nutritiva (estoque) de Hoagland & Arnon (1950)

Fertilizantes/Sais da solução-estoque	Concentração da solução-estoque	completo	-N	-P	-K	-Ca	-Mg	-S
		Volume da solução-estoque por L da solução final						
	(g por L de água)	mL/L						
1-KH_2PO_4 (Mol L^{-1})	136,09	1	1	-	-	1	1	1
2-KNO_3 (Mol L^{-1})	101,11	5	-	5	-	5	3	3
3-Ca$(NO_3)_2$.$4H_2O$ (Mol L^{-1})	236,16	5	-	5	5	-	4	4
4-$MgSO_4$.$7H_2O$ (Mol L^{-1})	246,47	2	2	2	2	2	-	-
5-KCl (Mol L^{-1})	74,56	-	5	1	-	-	2	-
6-$CaCl_2$.$2H_2O$ (Mol L^{-1})	147,02	-	5	-	-	-	1	1
7-$NH_4H_2PO_4$ (Mol L^{-1})	115,31	-	-	-	1	-	-	-
8-NH_4NO_3 (Mol L^{-1})	80,04	-	-	-	2	5	-	-
9-$(NH_4)_2SO_4$ (Mol L^{-1})	132,14	-	-	-	-	-	2	-
10-$Mg(NO_3)_2$.H_2O (Mol L^{-1})	256,43	-	-	-	-	-	-	2
11-Solução de micros (*)	-	1	1	1	1	1	1	1
12-Solução Fe EDTA (**)	-	1	1	1	1	1	1	1

(*)- Em 1L: 2,86 g H_3BO_3; 1,81 g $MnCl_2$.$4H_2O$; 0,22 g $ZnSO_4$.$7H_2O$; 0,04 g $CuCl_2$; 0,02 g $H_2MoO_4H_2O$.

(**)- 24,9 g $FeSO_4$.$7H_2O$ ou 24,25 g de $FeCl_2$.$6H_2O$; 33,2g EDTA-Na; 89 mL NaOH 1N completar em 800 mL H_2O. Aquecer a água para dissolução do quelato. Arejar uma noite ao abrigo da luz, completar a 1 L de água. Alternativamente, tem-se a fonte Fe-EDDHA com 6% de Fe (83,33 g L^{-1}). Obs. Em gramíneas, dobrar a quantidade de Fe e Mn, pois tem exigência maior nos dados nutrientes.

Nota-se na Tabela 2 que as soluções nutritivas completa e -P e -S contêm o N apenas na forma nítrica, e, nas demais omissões, o N está presente nas formas de NO_3^- e NH_4^+, e a quantidade de N amoniacal chega a 33% do total de N no tratamento com omissão de Ca. A omissão de Ca e K em espécies sensíveis ao NH_4^+ pode induzir baixo crescimento pela toxicidade, enquanto em espécies tolerantes tem-se maior crescimento comparado com a solução completa na fase inicial de crescimento devido aos benefícios do NH_4^+, conforme descrito no Capítulo 4. Propomos uma adaptação da solução nutritiva de Hoagland e Arnon (1950) para diminuir a diferença do N nas formas de NO_3^- e NH_4^+ (Tabela 3), tendo as concentrações de amônio variando de 3 a 5 mmol/L (Tabela 4).

Tabela 3 – Composição da solução nutritiva de Hoagland e Arnon (1950) adaptada para diminuir a diferença entre NO_3^- e NH_4^+

Fertilizantes/Sais da solução estoque	Concentração da solução-estoque	completo	-N	-P	-K	-Ca	-Mg	-S
Mol L^{-1}	(g por L de água)				mL/L			
1-KH$_2$PO$_4$	136,09	1	1	-	-	1	1	1
2-KNO$_3$	101,11	-	-	-	-	5	3	3
3-Ca(NO$_3$)$_2$.4H$_2$O	236,16	3,5	-	3,5	5	-	4	1
4-MgSO$_4$.7H$_2$O	246,47	-	2	-	2	2	-	-
5-KCl	74,56	5	5	6	-	-	2	2
6-CaCl$_2$.2H$_2$O	147,02	1,5	5	1,5	-	-	1	4
7-NH$_4$H$_2$PO$_4$	115,31	-	-	-	1	-	-	-
8-NH$_4$NO$_3$	80,08	-	-	-	2	5	-	3
9-(NH$_4$)$_2$SO$_4$	132,14	2	-	2	-	-	2	-
10-Mg(NO$_3$)$_2$.6H$_2$O	256,43	2	-	2	-	-	-	2
11-Solução de micros (*)	-	1	1	1	1	1	1	1
12-Fe-EDDHA (**)	-	1	1	1	1	1	1	1

(*) (**) Idem à Tabela 2.

Tabela 4 – Concentrações dos nutrientes da solução nutritiva de Hoagland e Arnon (1950) adaptada

Nutrientes	Completo	-N	-P	-K	-Ca	-Mg	-S
				mL/L			
NO$_3^-$	11	0	11	12	10	11	12
NH$_4^+$	4	0	4	3	5	4	3
P	1	1	0	1	1	1	1
K	6	6	6	0	6	6	6
Ca	5	5	5	5	0	5	5
Mg	2	2	2	2	2	0	2
S	2	2	2	2	2	2	0
Cl	8	15	9	0	0	4	10

Tabela 5 – Solução nutritiva de trabalho ou final de cada tratamento *(Completar a Tabela 3, multiplicando o valor correspondente da Tabela 1 pelo volume do vaso a ser utilizado)*

Fertilizantes/Sais da solução-estoque	Tratamentos					
	completo	- N	- P	- K	- Ca	- Mg	- S
	———————mL/vaso———————					
1 – KH_2PO_4						
2 – KNO_3						
3 – $Ca(NO_3)_2\ 5H_2O$						
4 – $MgSO_4 \cdot 7H_2O$						
5 – KCl						
6 – $CaCl_2\ 2H_2O$						
7 – $NH_4H_2PO_4$						
8 – NH_4NO_3						
9 – $(NH_4)_2SO_4$						
10 – $Mg(NO_3)_2 \cdot 6H_2O$						
11 – Solução de micros						
12 – Solução Fe EDTA						

OBS: Vaso = __ L.

4. Esquema do ensaio

Cada turma será responsável por um experimento, conforme segue:
• Turma 1 – Cultura A;
• Turma 2 – Cultura B;
• Turma 3 – Cultura C.

4.1. Tratamentos por grupo

Cada turma prática será dividida em 6 grupos, abrangendo os tratamentos conforme descritos abaixo:

Grupos	Tratamentos	Número de plantas
G1	- N	3
G2	- P	3
G3	- K	3
G4	- Ca	3
G5	- Mg	3
G6	- S	3
Estagiários	Completo	

Obs. Adotou-se que cada tratamento será constituído de três repetições, tendo uma planta em cada, totalizando três plantas. Caso a planta seja de pequeno porte usar 2 plantas por vaso para garantir a massa seca mínima para análise química.

5. Condução do ensaio

- As plantas obtidas serão transplantadas para os vasos, fixando-as pelo colo com ajuda de espuma sintética;
- Arejamento constante dos vasos, por um tubo de plástico que se liga à tubulação de ar comprimido;
- Medir diariamente o pH da solução e acertá-lo a 5,0-6,0 usando HCl 0,1N (se o valor do pH estiver alto >6,0) ou NaOH 0,1N (se o valor do pH estiver baixo <5,0);
- Monitoramento e controle de eventuais pragas/doenças;
- A solução nutritiva será renovada na segunda semana (anotar a data);
- Avisar o docente responsável ou estagiário-docente de qualquer ocorrência inesperada.

6. Avaliações

Semanalmente, efetuar as avaliações referentes ao crescimento e à sintomatologia (descrição), durante as quatro semanas de duração do ensaio.

No final do experimento (4ª semana), acrescentar as variáveis área foliar e matéria seca. Portanto, tem-se as seguintes avaliações:
1) altura; 2) diâmetro do caule; 3) número de folhas; 4) descrição dos sintomas de deficiência; 5) área foliar; 6) matéria seca da parte aérea e da raiz; 7) análise química dos macronutrientes na parte aérea e raízes das plantas.

7. Relatório prático

Cada grupo apresentará um relatório com a respectiva cultura considerando o nutriente avaliado (deficiente) e comparando com o tratamento completo (todos os nutrientes).

Para elaboração do relatório prático os seguintes tópicos devem ser considerados:
1. Introdução e revisão de literatura
2. Objetivos
3. Material e métodos
3.1. Cultura (importância econômica e a nutrição na produção)
3.2. Solução nutritiva utilizada (antes e após a aplicação dos tratamentos)
3.3. Tratamentos utilizados
3.4. Descrição das avaliações realizadas
4. Resultados e discussão
4.1. Descrição dos sintomas (se possível com foto) e confrontação com resultados de pesquisa da mesma cultura em questão (consultar na biblioteca a literatura)
4.2. Dados de crescimento (altura, diâmetro do caule, número de folhas, área foliar)
4.3. Produção de matéria seca (parte aérea e raiz)
4.4. Análise química dos macronutrientes na parte aérea e/ou raiz
5. Conclusões
6. Resumo
7. Referências

SOBRE O LIVRO

Formato: 16 x 23 cm
Mancha: 27,5 x 49 paicas
Tipologia: Horley Old Style 11/15
Papel: Offset 75 g/m² (miolo)
Cartão Supremo 250 g/m² (capa)
1ª edição Editora Unesp: 2008
2ª edição Editora Unesp: 2020

EQUIPE DE REALIZAÇÃO

Coordenação Geral
Marcos Keith Takahashi

Carmen T. S. Costa (revisão)

Assistência editorial
Alberto Bononi

Rua Xavier Curado, 388 • Ipiranga - SP • 04210 100
Tel.: (11) 2063 7000 • Fax: (11) 2061 8709
rettec@rettec.com.br • www.rettec.com.br